河西地区
沙尘暴天气与预报方法

主编：李岩瑛

气象出版社

China Meteorological Press

内 容 简 介

本书是在国家自然基金面上项目"河西地区高层大气向边界层动量下传对强沙尘暴的影响机制"（41975015）研究成果基础上，由课题组和合作者近年完成的本项目成果，精选近 20 年发表的有关甘肃省河西沙尘暴论文共 33 篇，其内容主要包括河西沙尘暴天气特征、沙尘暴大气边界层特征、典型沙尘暴天气过程分析、沙尘暴天气预报技术与方法 4 个方面。这些研究成果不仅具有较高的理论水平和学术价值，而且具有较好的业务参考价值和实用价值，大部分成果已应用于实际业务预报预警和服务中，在防灾减灾、生态环境治理等方面产生了良好的社会和经济效益。该书可供气象、环保、地理、农林等领域从事科研或业务服务的专业人员、管理人员及高校师生参考。

图书在版编目（ＣＩＰ）数据

河西地区沙尘暴天气与预报方法 / 李岩瑛主编. --
北京 : 气象出版社，2023.3
　　ISBN 978-7-5029-7935-5

Ⅰ. ①河… Ⅱ. ①李… Ⅲ. ①沙尘暴－天气预报－甘
肃 Ⅳ. ①P425.5

中国国家版本馆CIP数据核字(2023)第040877号

河西地区沙尘暴天气与预报方法
Hexi Diqu Shachenbao Tianqi yu Yubao Fangfa

出版发行：气象出版社

地　　址	：北京市海淀区中关村南大街 46 号	**邮政编码**	：100081
电　　话	：010-68407112（总编室）　010-68408042（发行部）		
网　　址	：http://www.qxcbs.com	**E-mail**	：qxcbs@cma.gov.cn
责任编辑	：陈　红	**终　　审**	：张　斌
责任校对	：张硕杰	**责任技编**	：赵相宁
封面设计	：艺点设计		
印　　刷	：北京中石油彩色印刷有限责任公司		
开　　本	：787 mm×1092 mm　1/16	**印　　张**	：21.75
字　　数	：557 千字	**彩　　插**	：2
版　　次	：2023 年 3 月第 1 版	**印　　次**	：2023 年 3 月第 1 次印刷
定　　价	：120.00 元		

《河西地区沙尘暴天气与预报方法》
编委会

主　编：李岩瑛

成　员：李玲萍　王伏村　李红英　罗晓玲

　　　　杨晓玲　钱　莉　张春燕　杨　梅

绘　图：马幸蔚

序　言

  位于中国西北部的河西地区分布有四大沙漠,境内以荒漠下垫面为主,年降水量不足200 mm,处在大陆性干旱气候区,沙漠化土地占总面积的 54.9%～64.3%,是中国沙尘暴的最主要沙源地之一,因此,该地区沙尘暴天气不仅是土地沙漠化的重要驱动因素,而且常伴有大风、雨雪、寒潮和霜冻等并发性灾害天气,已成为危及该地区人民生产生活和经济社会发展的重大自然灾害。一些强的沙尘暴过程不仅会影响整个河西地区,而且还会波及中国北方、韩国、日本、北美地区乃至欧洲大陆,对交通、电力、农林、畜牧、人体健康和生态环境等造成了广泛影响。

  本书作者是甘肃省河西地区气象部门从事沙尘暴天气观测、监测、预报预警和服务等的业务技术工作者小组,他们长期扎根基层一线,敬业乐业,勤奋钻研,具有比较扎实的大气科学基础和沙尘暴天气预报能力,在业务工作实践中积累了比较丰富的沙尘暴预报服务的业务技术经验,已形成了各自在沙尘暴业务技术领域的专长。尤其在近几年,李岩瑛博士主持的国家自然科学基金面上项目"河西地区高层大气向边界层动量下传对强沙尘暴的影响机制"实施期间,他们对西北河西地区的沙尘暴问题从气候学特征、沙尘大气边界层特征、能量下传的形成机理、水平螺旋度预报方法等方面进行了比较系统的分析研究,对河西地区沙尘暴天气形成了相对比较完整的科学认识和预报预警技术体系。该书正是在这些工作的基础上,通过总结归纳和梳理,比较系统地阐述了河西地区近 70 年沙尘暴天气的发生变化特征及其对人民生命财产、农林牧业等造成的危害;揭示了典型沙尘暴天气过程空间结构和形成机制;发展了沙尘边界层、锋生函数、水平螺旋度等沙尘暴预报方法,并得出了不同强度沙尘暴预报指标及阈值。本书的出版将会帮助读者全面、深入地了解河西沙尘暴天气气候特点和发生发展规律,尤其可为基层一线气象业务技术人员提供沙尘暴预报预警技术方面值得借鉴的宝贵技术经验,将会对促进沙尘暴天气预报预警业务技术高质量发展具有现实意义。

（甘肃省气象局总工程师）

2022 年 11 月

前　　言

河西走廊位于中国西北,南依甘肃省西北部的祁连山,北邻合黎山、北山,东起乌鞘岭,西至甘肃新疆边界,长约 1000 km,宽约 200 km 不等,是呈西北东南走向的长条堆积平原。其上游有塔克拉玛干等四大沙漠,境内及北部内蒙古和蒙古国遍布戈壁沙地,东部地处巴丹吉林和腾格里两大沙漠之间,干旱气候和丰富的沙源,使民勤县成为中国沙尘暴天气日数最多的地方之一。由于该区所处的中高纬地理位置,产生于此的沙尘大多会随西风带传输到下游的河套、中国北方,直至韩国、日本、北美等地区,进而对当地的空气质量、生态环境、天气气候、电力通信、交通旅游和人体健康等造成严重影响。

作为一线气象科技工作者,本书编者全程参与了发生在河西走廊的 1993 年"5·5"、2010年"4·24"等特强沙尘暴天气监测预报服务,目睹了电视上数十个因沙尘天气死亡小学生的遗体画面,面对因大风沙尘暴所造成的近 200 人死亡、高达数十亿元的经济损失等惨痛教训,编者一直在思考沙尘暴监测预报预警中的关键科学问题和短板。近年来,李岩瑛带领团队,围绕如何提高河西走廊沙尘暴预报预警准确率和防灾减灾等核心目标,做了大量细致而不凡的科学研究工作。经过 30 多年对河西数百个大风和沙尘暴个例的分析、研究和总结,本书才得以与读者见面。

本书是国家自然基金面上项目"河西地区高层大气向边界层动量下传对强沙尘暴的影响机制"(41975015)的主要成果之一,选取了课题组成员及河西三地市基层预报人员发表的 33篇研究论文。应用天气学、动力统计学等方法,围绕中国沙尘暴四大沙源地之一的河西走廊,内容重点针对沙尘暴的天气气候特点、边界层特征、典型个例分析和预报预测方法 4 个方面。这些成果不仅具有较高的理论水平和学术价值,而且有良好的实际应用效果,几十年来在河西沙尘暴天气预报预警服务中发挥了重要作用。期望该成果能够为科研人员、气象业务人员和高校师生从事大风沙尘暴研究、预报服务和防灾减灾等提供帮助。

本书由李岩瑛、李玲萍、王伏村、李红英、罗晓玲、杨晓玲、钱莉、张春燕、杨梅、马幸蔚等收集、整理和审校,并得到课题组全体同仁大力协助和支持。本书得到国家自然科学基金、中国气象局兰州干旱气象研究所、武威市气象局、张掖市气象局和酒泉市气象局等单位的资助和支持。在本书编写过程中,还得到甘肃省气象局总工程师张强研究员和中国气象科学研究院郭建平研究员的科学指导和建议,特表感谢。由于时间仓促,编者水平有限,难免有疏漏,敬请批评指正。

编者

2022 年 10 月

目　　录

序言
前言

第四篇　沙尘暴天气预报技术与方法

第一篇
沙尘暴天气特征

河西走廊东部近50年沙尘暴成因、危害及防御措施*

李岩瑛[1]，杨晓玲[1]，王式功[2]

(1. 甘肃省武威市气象局，武威 733000；2. 兰州大学资源环境学院，兰州 730000)

摘要：利用我国沙尘暴多发区，甘肃省河西走廊东部民勤、武威等4站建站以来近50年的气象资料，详细分析了河西走廊东部沙尘暴天气发生的时空特点、成因及造成的危害，指出河西走廊东部的沙尘暴天气主要是由大风天气过程与其特殊的地形地貌、干旱气候背景相互作用的结果，它造成河西走廊东部两亿多元的经济损失，使50多人丧生。为了有效地预防或减轻沙尘暴的危害和损失，最后提出沙尘暴天气的防御对策是：建立沙尘暴天气的监测和预报预警系统，早发现早预防；开发空中云水资源，实施人工增雨(雪)作业；恢复生态植被，控制土壤沙化，减轻沙尘暴危害。

关键词：河西走廊东部；沙尘暴；成因与危害；防御对策

　　沙尘暴是中国西北沙漠及其附近边缘地区春季最大的突发性灾害天气，特别是甘肃河西走廊东部，是中国乃至整个亚洲地区沙尘暴发生最频繁的地区。随着人类活动影响的增加和科学技术日新月异的飞速发展，地球日趋变暖，中国北方地区的冬春连旱、春末夏初干旱频繁发生，尤其是20世纪90年代后期，西北地区的沙尘暴天数逐年增加，它给人们的生产和生活带来了极大的危害(王式功 等，2000；赵光平 等，2000；王涛 等，2001)。

　　为了有效地预防或减轻沙尘暴的危害和损失，文中针对河西走廊东部这一沙尘暴多发中心区，就沙尘暴成因、危害及防治对策做以分析，为西部生态环境建设及防灾减灾提供科学依据。

1　资料来源

　　文中的降水、气温、沙尘暴资料和灾情资料均来自武威市的民勤、武威(凉州区，下同)、古浪和天祝4个气象站的气象年、月报表，天气形势资料来源于武威市气象台的天气图表分析资料，其他资料来自《武威五十年》(武威地区行政公署统计处 等，1999)。

2　沙尘暴的时空分布特点及强度划分

2.1　时空分布特点

　　甘肃省河西走廊东部的沙尘暴天气，一年四季均可发生，主要集中在3—7月，灾害程度最强的是春播春种期(3—5月)的沙尘暴天气。地理分布上，北部沙漠地区民勤沙尘暴日数最多、强度最大，而向南逐渐减少，山区最少。

---

* 本文已在《中国沙漠》2002年第22卷第3期正式发表。

2.2　强度特点

西北地区沙尘暴天气强度的划分标准如表1(孙军,1998),得知河西东部50年来不同强度沙尘暴的分布特点如表2。

表1　西北地区沙尘暴天气强度划分标准

强度	10 min最大风力(级)	瞬间极大风速(m/s)	最小能见度(m)
特强(黑风)	≥10	≥25	0级、<50 m
强	≥8	≥20	<200 m
中	6~8	≥17	200~500 m
弱	4~6	≥10	500~1000 m

表2　河西东部50年沙尘暴天气日数分布(单位:d)

地名	特强(黑风)	强	中	弱
民勤	19	60	200	1211
武威	10	29	85	345

当能见度和风速不一致时,取二者的上一级,具体划分如下:

(1)区域黑风暴(0级)。河西东部水平能见度小于50 m或风速≥25.0 m/s,且水平能见度在[50 m,200 m]的区域性黑风暴(≥2站)至少有10 d,其中20世纪50年代8 d,90年代2 d。主要发生在3—5月(占70%以上),出现时间均在午后至傍晚,1959年4月27日出现的黑风暴强度最强,武威瞬间极大风速达34 m/s,持续时间达10多个小时,是近50年以来持续最长的一次。

(2)强沙尘暴(1级)。水平能见度在[50 m,200 m],且风速≥20.0 m/s,或水平能见度在[200 m,500 m],且风速在[17.2 m/s,20.0 m/s]的区域性强沙尘暴有30 d左右,集中在1—7月,20世纪50年代最多,达18 d。

(3)中等沙尘暴(2级)。水平能见度在[200 m,500 m],且风速[10 m/s,17.2 m/s],或水平能见度在[500 m,1000 m],且风速≥17.2 m/s的区域性中等强度沙尘暴有85 d。

(4)一般性沙尘暴(3级)。水平能见度在[500 m,1000 m],且风速≤17.2 m/s的区域性一般沙尘暴有345 d。

年代际变化:20世纪50年代最多区域黑风日数有8 d,90年代2 d。民勤沙尘暴日数分布特征是:50年代最多年平均达59 d左右,70年代次之为40 d,90年代较少为10 d,其中1953年最多达59 d。而武威沙尘暴日数远少于民勤,50年代较多年平均20 d左右,60年代和70年代年平均10 d,90年代2 d左右,其中,1953年最多,达34 d(表3)。沙尘暴减少的主要原因是近年来大风日数减少、三北防护林体系的大力建设及沙漠的综合治理。

表3　河西东部各年代平均沙尘暴天气日数分布(单位:d)

地名	1951—1960年	1961—1970年	1971—1980年	1981—1990年	1991—2000年
民勤	45.6	30.7	39.3	30.7	11.8
武威	20.3	12.1	9.1	3.3	2.1

月际变化:各月均会出现,其中,春季至夏季的3—7月出现最多,强度最强,民勤占全年的

60%以上,武威占70%以上,4月最多,占年总日数的15%～20%;秋季9—10月最少,占年总日数的4%～5%,强度最弱。这是由于冬季降水稀少,民勤11月至次年2月月均降水量不足1 mm,气温较低(-7～-5 ℃);地表上的植被干枯。而春季的升温幅度较大,地表植被干枯、土壤疏松,当有较强冷空气过境时,很容易出现较强的沙尘暴天气。而秋季地面被植被覆盖、降水均匀,气候湿润且多西南暖湿气流,因此沙尘暴天气较少。

日变化:主要集中在12时以后,最大风速出现在1959年4月27日,瞬间极大风速为34.0 m/s,持续时间超过10 h。由于午后太阳辐射强,地面温度升高,当有冷空气经过时,高低空对流加强,有利于沙尘暴的发生。

3 河西东部沙尘暴的成因分析

陈隆亨等(1993)指出,强沙尘暴的起因主要有自然因素和人为因素两个方面,大风和地面物质属于自然因素,不合理农垦、过度放牧、破坏植被及河流上、下游水资源的不合理分配属于人为因素。

3.1 地形、地貌成因

河西东部的南部为祁连山区、中部为绿洲灌溉区、北部为沙漠戈壁干旱区,而其西北方的巴丹吉林沙漠主要为复合沙山,海拔在1200～1500 m,沙漠边缘区为新月形沙丘、沙丘链和半固定沙丘。北部的民勤县东与腾格里沙漠接壤,境内多新月形沙丘和沙丘链,民勤常年降水稀少,气候干燥,多年平均降雨量仅110 mm,当气候变暖时,在有利于大风的天气条件下易发沙尘暴。河西东部沙尘暴出现时的风向多在西北西至北之间,这充分说明发生沙尘暴的沙源区主要有三个方面:①西方路径:南疆盆地的沙漠及河西走廊的戈壁沙漠区。南疆盆地分布着中国最大的沙漠戈壁,总面积达71.5万 km²,气候干燥(郑新江等,2000)。而河西平原地区沙漠和戈壁广为分布,其中,戈壁,沙漠、沙丘及沙地,土漠和盐土平地合计总面积达10.7万km²,占河西平原总面积的89.2%。此外,河西走廊以北全为大戈壁和沙漠(赵兴梁,1993)。②西北方及北方路径:位于河西东部西北方的巴丹吉林沙漠及其中间地带的沙漠戈壁区、金昌市的尾矿。③河西东部境内的戈壁沙漠及其东部边缘的腾格里沙漠区。该区境内的沙漠总面积达1.58万 km²,主要分布在民勤、武威和古浪(图1)。

从以上3个方面分析得出,河西东部沙尘暴的发生有着丰富的沙尘源。另外,土地的不合理利用也强化了沙尘暴的发生,如新垦农田缺乏防风沙措施、沙区植被保护不力、水资源分配不合理等。

3.2 天气气候成因

沙尘暴的强度主要是由水平能见度和风力大小来决定。能见度与沙源区的降雨量、气温、地面的干燥程度和植被情况有关,而其他站的降雨量、气温、地面的干燥程度和植被情况则影响着沙尘暴发生的范围和强度。当起沙区干旱少雨、地面气温偏高、地表土壤疏松、沙源丰富时,水平能见度较差。而风力的大小主要取决于高低空大风天气系统的强弱及测站周围建筑物的高低与多少。系统性锋面大风天气过程是造成沙尘暴天气的直接原因(杨根生等,1993),它发生的强度和频率直接影响着沙尘暴的强度和频率。沙尘暴天气是由大风天气过程与特殊的地形地貌、气候背景相互作用的结果。

而沙尘暴发生的年度频率与当年是否有ENSO(厄尔尼诺与南方涛动)现象发生有关,当

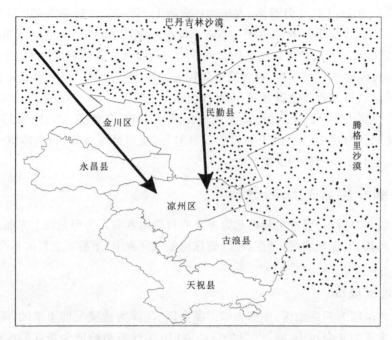

图 1　河西东部地形特征及沙漠分布(箭头所示为沙尘来向)

ENSO 出现时,其当年及次年沙尘暴日数较多,强度较强。如河西东部近 50 年来沙尘暴日数最多的 1951 年和 1953 年,强度最强、灾情最重的 1957 年和 1993 年均是 ENSO 出现年;中期看前 2~3 个月的降水量、气温状况;中短期看前 5 d 内的降水和气温情况;短时看高空地面有无大风的天气形势,主要看高空变高场分布、地面冷锋强度、变压场分布及热力不稳定因子。

　　经分析,出现强沙尘暴时,民勤该月或前 2 个月内干旱少雨,气温偏高。民勤当月或前期 2 个月的月降水量距平百分率至少有 2 个月为负距平,其中有一月偏少 5 成以上;当月平均气温或前期 2 个月平均气温距平值为正。区域黑风出现时民勤当月月平均气温≥3 ℃。

　　沙尘暴的起因主要是由较强的大风与地面干燥疏松的沙尘源表层以及较好的热力条件共同作用的结果。水平能见度的大小主要与下垫面地表性质有关,而风力的大小主要取决于高低空天气系统的强弱(图 2)。

4　沙尘暴的危害情况

　　黑风暴是最强的沙尘暴天气,主要造成人畜伤亡、掩埋农田、破坏林木及毁坏交通通信设施等,是河西东部冬春季最严重的气象灾害。

4.1　人畜伤亡情况

　　有文献记载的河西东部黑风暴灾情过程主要有 4 次:1957 年 3 月 3—9 日的黑风暴造成民勤 10 人死亡,羊死亡 110 多只,大牲畜死亡 105 头;1968 年 6 月 24 日,民勤 1 个小孩被强风吹到沙窝填埋致死;1977 年 5 月 19 日持续 8 级以上大风达 3 h 之久的黑风暴使民勤 14 人失踪;最后一次就是众所周知的 1993 年 5 月 5 日的黑风暴,致使民勤丢失羊 2 万多只,死亡大牲畜 120 头;武威死亡 20 人,牲畜死亡 3862 头;古浪死亡 23 人,173 人受伤,10 人失踪,伤亡丢失羊 6892 只。

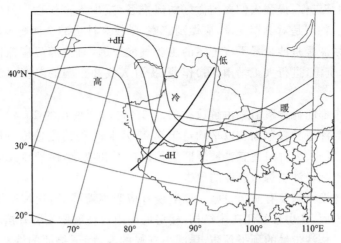

图 2　河西东部沙尘暴天气出现的主要 500 hPa 环流背景

4.2　农林损失情况

20 世纪 50 年代的 4 次强风暴,沙埋农田 3000 km²,吹走幼苗和种子,吹落果树幼果,致使当时林木的 50% 以上受害;20 世纪 60 年代造成 2400 km² 农作物和瓜类被沙埋,1667 km² 农田受害;20 世纪 70 年代的两次强风暴使 2.93 万 km² 农田遭受沙害,刮倒树木 2000 多棵;20 世纪 80 年代由于强厄尔尼诺事件的影响,民勤出现了 4 次较强的沙尘暴天气,使全县受害农田达 1.17 万 km²,其中,沙埋 1.14 万 km²,揭走地膜 1400 km²,总经济损失达 300 多万元。进入 20 世纪 90 年代随着黑风暴范围的南扩,武威、民勤、古浪农田受灾总面积达 8.5 万 km²,埋压防风固沙林 1067 km²,2067 km² 果园受灾。

4.3　其他方面

20 世纪 50—60 年代主要是人畜伤亡及农田方面的灾害;70—80 年代灾情扩大到农业中的经济作物及电力通信设备;90 年代由于自 1959 年以来,一是武威及以南地区无黑风天气出现,人们缺乏对黑风的防备经验;二是近年来高效日光节水农业,如地膜、蔬菜塑料大棚的蓬勃发展;三是基础建设如水利、电力、交通运输、城市建设及邮电通信等的迅速发展,因而灾情的危害程度加重,造成人畜、农林、水电设施、交通通讯、工矿企业,进而引发火灾等多重灾难,使灾情损失的广度、深度达历史之最,全区总经济损失达 1.4 亿元。

5　防御对策

大气环流和河西东部特殊的地面沙尘环境人为改变尚难有大的作用,只有加强生态环境建设来抑制沙尘暴的发生和发展,减轻其危害。防御对策主要有以下几个方面:

(1)目前,沙尘暴的形成及其对大气和生态环境的影响已引起了全球科学界的高度重视,为积极有效地防御沙尘暴,发展有效的黑风暴天气防护体系,建立中尺度天气监测网和预报、预警系统,是减轻黑风暴天气危害的有力措施之一,准确的沙尘暴天气预报是减少沙尘暴灾害的关键。近年来,中国的气象预报能力显著增强,时效大幅度提高,2001 年 3 月 1 日起我国的国家级沙尘暴监测、预警、服务业务化系统开始试运行,如果社会各方面能够充分利用气象预报,对沙尘暴可能造成的影响提前采取有效的防御措施,灾情就会减轻。气象部门应加强对沙尘暴天气的预报预警工作,提醒人们提前做好防风准备,减少人畜伤亡。另外,大力宣传沙尘暴天气的防范知识,特别是对少年儿童,应做到家庭、学校和社会的全面防风教育。

(2)干旱和气候变暖是沙尘暴天气增多的主要气候原因,有关部门应抓住一切有利时机,大力开发空中云水资源,进行人工增雨(雪)作业,提升大气和土壤的湿度,减少沙尘暴发生的次数。

(3)尽管河西东部的森林覆盖率由解放初的 4.6% 提高到现在的 10.43%,营造农田防护林、防风固沙林和封沙造林育草面积以平均每年 0.06 万 km^2 的速度递增,但从长远角度上应加大生态环境的恢复,大力种植适宜沙漠地区生长的树木和牧草,保护沙漠区的植被,严禁采集沙生植物,以此来减轻沙尘暴对农业的危害。

(4)公共基础建设设施要有防风设施。如电线杆应竖立背风处,压埋坚固,以防风吹倒伤人砸物;家用设施方面,住房最好用砖木结构,楼房的阴阳台玻璃要安装有挡风设施。

综合上述分析,从沙尘暴的预报预防、局部小气候的改变、下垫面的综合治理以及人为环境的保护等多方面、立体化采取措施,才能有效地制约沙尘暴天气的发生,最大限度地减轻沙尘暴对人类的危害。

6　结论

沙尘暴天气是一种中小尺度天气系统,来势猛烈,持续时间在数十分钟至十几小时。河西走廊东部的沙尘暴主要集中在 3—7 月,其中,3—5 月的沙尘暴强度最强,灾情严重,而沙尘暴发生的年度频率与当年是否有 ENSO 现象出现有关。

冷空气的活动强弱及下垫面丰富的沙源是影响沙尘暴强度的主要因素,干旱少雨、气候变暖是沙尘暴频发的气候原因,而近年来人口剧增、水资源的不合理利用、新开垦土地及破坏植被等人为因素加剧了沙尘暴的发生。

沙尘暴是河西走廊东部冬春季最严重的气象灾害,近 50 年来,它已造成该区至少 2 亿元的经济损失,使 50 多人丧生。为改变这种状况,减轻其危害,长远来看,应建立完善的沙尘暴预报预防体系,增强人们的防范意识;大力开发空中云水资源,进行人工增雨(雪)作业;保护和恢复生态植被,减少沙源,达到测防综合治理的目的。

参考文献

陈隆亨,李福兴,1993.宁夏和内蒙古阿拉善盟强沙尘暴危害及防治对策[J].中国沙漠,13(3):8-12.

孙军,1998.西北地区沙尘暴预报方法的研究[D].南京:南京气象学院硕士学位论文.

王式功,董光荣,陈惠忠,等,2000.沙尘暴研究的进展[J].中国沙漠,20(4):349-356.

王涛,陈广庭,钱正安,等,2001.中国北方沙尘暴现状及对策[J].中国沙漠,21(4):322-327.

武威地区行政公署统计处,《武威五十年》编辑委员会,1999.武威五十年[M]:武威:武威地区行政公署.

杨根生,王一谋,1993."五·五"特大风沙尘暴的形成过程及防治对策[J].中国沙漠,13(3):68-72.

赵光平,王连喜,杨淑萍,等,2000.宁夏强沙尘暴生态调控对策的初步研究[J].中国沙漠,20(4):447-450.

赵兴梁,1993.甘肃特大沙尘暴的危害与对策[J].中国沙漠,13(3):1-5.

郑新江,徐建芬,罗敬宁,等,2000.利用风云-1C 气象卫星监测南疆沙尘暴研究[J].中国沙漠,20(3):286-287.

河西走廊东部沙尘天气与武威市
大气污染的关系研究[*]

罗晓玲[1,2]，李岩瑛[2]，李耀辉[1]，李君[3]，张爱萍[3]

(1. 中国气象局兰州干旱气象研究所，甘肃省干旱气候变化与减灾重点实验室，兰州 730020；
2. 甘肃省武威市气象局，武威 733000；3. 甘肃省民勤县气象局，民勤 733300)

摘要：利用河西走廊东部武威市 1991—2003 年春季污染物浓度资料和 1971—2003 年气象要素资料，分析了污染物浓度与各种气象要素和非气象要素的关系，找出造成河西走廊东部春季污染严重的气候成因，并提出大气污染治理对策。结果表明，春季(3—5 月)沙尘暴发生日数和颗粒物污染资料两者有很好的正相关关系，相关系数达 0.8，沙尘暴天气是造成河西走廊东部春季空气重度污染的主要原因。

关键词：沙尘暴；大气污染；春季；防治措施；河西走廊

随着西部地区经济的飞速发展和人们生活质量的不断提高，政府和公众对生存环境日益关注，特别是近几年，由于高温干旱，甘肃省河西走廊地区沙尘暴天气频发，空气质量日趋恶化，对人们的生产、生活造成很大的影响，尤其"93.5.5"黑风，造成 43 人死亡，直接经济损失达 1.36 亿元的惨重后果，给人们敲响了警钟，如果不加以控制和防治，将严重地破坏生态系统和人类生存环境。为了使当地政府和有关部门有效防治大气污染，本文通过利用污染浓度资料和气象要素资料，分析污染物浓度与各种气象要素的关系，找出造成河西走廊东部春季污染严重的主要原因，为大气污染治理提供决策依据。

1 污染现状

1.1 资料来源

沙尘资料选取年份为 1971—2003 年，环保资料选取年份为 1991—2003 年，其中，沙尘资料取自武威市 5 个气象站地面观测月报表中的逐日气象资料，而环保资料来自武威市环境监测站于武威市城区三个监测点每隔 5 d 连续观测 3 d 的日平均资料和武威市逐年环境质量公报。

1.2 污染源分布特征

城区的大气污染源主要包括人为源和自然源。人为源又分为工业交通污染源和生活污染源，人为源是影响大气环境质量的主要排放源。

武威市能源构成单一，主要以煤为主，冬季采暖构成烟煤型大气污染源。

---

* 本文已在《中国沙漠》2004 年第 24 卷第 5 期正式发表。

1996—2000 年武威市工业废气年排放量 61.51 亿标立方米。年排放有害物 14390.01 t，占污染物排放总量的 45.55%，污染贡献率依次为工业粉尘 36.06%、SO_2 22.11%、烟尘 22.02%。

1996—2000 年，生活采暖废气年排放量 35.56 亿标立方米，年排放有害物 17199.55 t，占污染物排放总量的 54.45%，污染贡献率依次为 CO 52.14%、SO_2 21.74%、烟尘 17.80%、氮氧化物 8.32%。由此可见，生活污染源是人为源的主要部分。

自然源是影响大气环境质量的主要因素，影响方式主要表现为沙尘暴、扬沙、浮尘等引起的沙尘污染（邱启鸿，2004）。由于武威市是沙尘暴高频区之一，特别是春季，每年有大量的细小沙尘漂浮在该市上空，造成该市空气质量下降。武威市环境质量公报显示，2001 年武威市月平均自然降尘量为 37.68 t/km²，其中，春季（3—5 月）自然降尘量为 179.10 t/km²，月均 59.7 t/km²，超过全年月均值 58%，占全年自然降尘总量的 39.64%，由此可见，自然源是春季的主要影响源，由沙尘颗粒形成的自然源对该市春季大气污染影响最大。

1.3　大气污染物分布特征

通过分析武威市 1991—2001 年大气污染物浓度资料可知，武威市全年大气污染物浓度最高值是总悬浮颗粒物（TSP），其次是二氧化硫（SO_2），最低是氮氧化物（NO_x）。分析可知，武威市的首要污染物是 TSP，因此着重研究 TSP 的变化规律。经统计（罗晓玲 等，2003），春季是武威市城区 TSP 浓度最高的季节，TSP 浓度排列顺序为：春季＞秋季＞冬季＞夏季（图 1）。

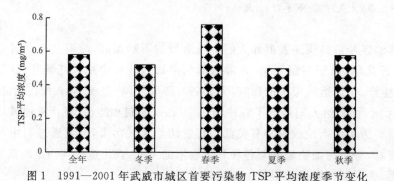

图 1　1991—2001 年武威市城区首要污染物 TSP 平均浓度季节变化

2　河西走廊东部地理和气候特征

武威市地处黄土、青藏、蒙新三大高原交汇地带，地势南高北低，由西南向东北倾斜，属于温带大陆性干旱气候，太阳辐射强，日照充足，降水稀少，蒸发量大；夏季短而较热，冬季长而寒冷，气温年较差大。

2.1　干旱少雨，降水分布不均

武威市地处青藏高原东北侧，由于高原主体的阻挡作用对大气环流的影响，海洋暖湿气流不易到达该区，而在高原东北侧形成绕流高压区，导致该区气候干旱。武威及北部年降雨量不足 200 mm，其中，冬半年（11 月至翌年 4 月）降雨总量不足 25 mm，不仅降水稀少，而且分布不均，呈现由北向南逐渐增加的规律。降水量年内分布也很不均匀，冬春季降水稀少，武威 5 站冬半年（11 月至翌年 4 月）降水量占全年降水总量的 12% 左右，其中，夏半年（6—9 月）较多，占全年降水总量的 72% 左右。

2.2　大风沙尘天气频繁

　　沙漠和河西地区土质疏松的地表为沙尘暴提供了"取之不尽"的"物质"条件(陈广庭，2002)。河西走廊东西长超过 1000 km。东南为蜿蜒千里的祁连山，北部为合黎、龙首山等低山区，中间形成狭窄的"走廊"地带。它既是地理走廊，同时又是一个特殊气候带，由于其特殊走廊地形，南北两山之间平均宽度 100～200 km，最狭窄处约 100 km 左右，当冷空气进入河西走廊时，在其"狭管效应"的作用下，风力可被增强 1.6 倍(陈敏连，1996)，是沙尘暴形成的动力条件。

　　有关研究表明，全球变暖，当气温升高 1～2 ℃，就会引起大气环流的强烈振荡，使冷暖空气经常性地在某些地区交汇，以致出现干旱、大风和高温异常天气。1998—2000 年西北地区持续干旱少雨，连续出现暖冬现象，特别是 1999—2000 年冬春气温显著偏高为近 40 年来所少见，同时降水明显偏少，致使解冻后大面积表层土壤干燥、疏松，因此引发了多次沙尘暴天气(谢金南 等，2001)。

2.3　春季——沙尘暴的高频期

　　由于长期冬春季干旱少雨，暖冬现象严重，为春季沙尘暴频发提供了有利时机(李岩瑛等，2002)。经分析，河西走廊东部的武威市 5 站(凉州区、民勤县、永昌县、古浪县和乌鞘岭)1971—2000 年 3—5 月沙尘暴日数占全年沙尘暴总日数的 63%，春季的沙尘暴日数占全年沙尘暴日数的百分率呈上升趋势。其中，20 世纪 90 年代以来 3—5 月沙尘暴日数占全年沙尘暴总日数的 87%左右。由此可见，河西走廊东部的沙尘暴天气主要集中在春季。

3　春季大气污染严重的主要成因及空气质量预报

3.1　春季大气质量特点

　　分析武威市春季污染物比例可知，TSP 浓度占 3 种污染物总浓度的 91%，SO_2 和 NO_x 浓度各占总浓度的 4.5%，也就是说该市春季的空气质量主要取决于 TSP 浓度的大小。

3.2　主要污染物与气象要素的相关分析

　　武威市环境质量公报显示，1991—2001 年武威市 3—5 月平均自然降尘量 193.39 t/km²。1993 年 3—5 月自然降尘量为 432.13 t/km²，是平均值的 2 倍多，而 1993 年河西走廊东部金昌、民勤、武威出现了强度、范围均罕见的"5·5"黑风，使该年春季的自然降尘量出现极值。从表 1 可知，武威市自然降尘量、TSP 浓度与河西走廊东部沙尘天气的次数和强度呈正相关，特别是春季 TSP 浓度与沙尘暴次数相关系数达 0.801，通过了 0.01 显著性检验，表明两者之间具有极显著正相关；另外，还分析了 2003 年 3—4 月逐日 TSP 与降水、风速、云量、能见度和湿度的关系，由表 2 可知，TSP 浓度与降水、湿度和能见度呈负相关，与风速和云量呈正相关，这一关系在预报方程中也得到了很好的体现(见 3.3 节)。特别需要指出的是，春季 TSP 浓度与能见度相关系数为 -0.575，通过了 0.001 显著性检验，两者之间具有极显著负相关。而造成春季能见度低的主要因素是浮尘、扬沙和沙尘暴等天气现象，由此进一步验证了 TSP 浓度与沙尘天气的正相关；风速与 TSP 相关系数为 0.382，通过了 0.01 显著性检验，两者之间具有显著正相关，风速的大小与沙尘天气的强弱也呈正相关。通过以上分析，从相关系数不难得出结论：虽然降水、湿度和云量对 TSP 的浓度有影响，但远不及沙尘天气的影响大，因此沙尘天气是影响 TSP 浓度的主要因素。

表 1　武威市春季自然降尘量、TSP 浓度与沙尘天气对比

年份	自然降尘量 (t/km²)	TSP 浓度 (mg/m³)	沙尘天气日数(d)			沙尘暴天气日数(d)		
			凉州	民勤	永昌	凉州	民勤	永昌
1991	167.31	0.66	43	15	17	2	6	2
1992	148.74	0.66	27	10	20	1	8	1
1993	432.13	0.24	22	6	14	2	6	1
1994	213.90	0.55	19	13	21	1	9	0
1995	178.14	0.44	25	19	22	0	6	0
1996	130.05	0.76	37	11	13	2	7	3
1997	142.50	0.60	8	10	9	0	3	0
1998	175.71	1.10	64	15	15	2	5	1
1999	228.09	0.54	34	11	12	3	4	3
2000	131.28	1.74	32	10	17	4	8	3

由于 1993 年"5·5"黑风出现时未观测 TSP,故 1993 年的 TSP 浓度不具有代表性;虽然 1998 年该市沙尘天气次数最多,但强度较大的沙尘暴天气(对应 TSP 观测相应月份)次数仍然是 2000 年最多,故该年 TSP 浓度最高,因此,沙尘暴天气是影响 TSP 浓度的主要因素。又由于春季干旱少雨,冷空气活动频繁,大风、沙尘暴肆虐,分析河西走廊东部 30 年沙尘资料可知:该市沙尘暴发生频次总体呈下降趋势,但是 1997 年以后,沙尘暴发生频次又有上升之势(图 2)。频繁的沙尘暴使该市总悬浮颗粒物负荷过重,始终处于高超标状态,导致空气质量污染级别超过国家二级标准。因此,大风、沙尘暴是造成该市空气质量恶化的主要因素。

表 1 中自然降尘量与 TSP 的浓度对应并不一致,是因为观测时间不同所致(自然降尘量为春季平均值,TSP 浓度为 4 月平均值,沙尘天气和沙尘暴天气均为春季总日数)。

表 2　TSP 浓度与气象参数的相关系数

污染物	沙尘暴	降水	湿度	风速	能见度	云量
TSP	0.801**	−0.226***	−0.252*	0.382**	−0.575***	0.193***

注:*、**、***分别表示通过 0.05、0.01、0.001 显著性检验。

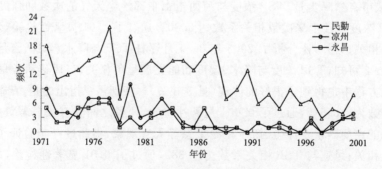

图 2　1971—2000 年河西走廊东部沙尘暴频次变化趋势

3.3 污染物浓度及空气质量级别预报

建立了春季(3—5月)首要污染物浓度预报逐步回归方程:

$$Y_{TSP} = 0.1424 - 0.0215X_1 + 0.0592X_2 \quad R^2 = 0.74 \tag{1}$$

式中,Y_{TSP}为TSP浓度,单位为mg/m³;X_1为当日02时露点温度;X_2为当日24 h平均风速。

通过方程分析可知:春季TSP浓度与风速成正相关,与湿度成负相关。其中风速对春季大气污染的贡献最大,这一结论与3.2节中的分析基本吻合。

另外把与空气质量关系最为密切的6个因子,经过标准化处理后建立了春季(3—5月)潜势预报多元回归和逐步回归方程,依次为:

$$Y = 5.80 - 0.39X_1 + 0.15X_2 + 0.70X_3 + 0.04X_4 - 0.74X_5 - 0.08X_6 \quad R^2 = 0.82 \tag{2}$$

$$Y = 5.17 - 0.34X_1 + 0.70X_3 - 0.59X_5 \quad R^2 = 0.81 \tag{3}$$

式中,Y为空气质量级别;X_1为大气稳定度;X_2为降水量;X_3为沙尘天气;X_4为日平均风速;X_5为日平均相对湿度;X_6为日平均气压。

因子标准化处理如下:空气质量级别用首要污染物污染指数(API)表示:

当API≤50时为1;50<API≤100时为2;100<API≤150时为3;150<API≤200时为4;200<API≤250时为5;250<API≤300时为6;API≥300时为7。

大气稳定度:经过对民勤逐日08时和20时高低空逆温层强度及厚度分析,在冬季较厚的逆温层对空气质量有很大的影响,但预报难度较大,经对比分析,用700 hPa气温与08时地面气温的差值在一定程度上可表征大气稳定度,所以用民勤700 hPa气温与08时地面气温差值(ΔT)表示:

当$\Delta T \leqslant -10$ ℃时为1;-10 ℃$< \Delta T \leqslant -5$ ℃时为2;-5 ℃$< \Delta T \leqslant 0$ ℃时为3;0 ℃$< \Delta T \leqslant 5$ ℃时为4;$\Delta T \geqslant 5$ ℃时为5。

日平均风速(f):当$f \leqslant 1.0$ m/s时为1;1.0 m/s$< f \leqslant 2.0$ m/s时为2;2.0 m/s$< f \leqslant 3.0$ m/s时为3;$f \geqslant 3$ m/s时为4。

沙尘天气:预报明日有沙尘暴为5;预报明日有扬沙和浮尘为4;预报明日有浮尘为3;今日和昨日有沙尘暴,明日无沙尘天气为2;今日有沙尘暴,昨日无沙尘天气,明日无沙尘天气为1;昨日、今日和明日无沙尘天气为0。

分析表明,大风、沙尘天气对春季大气污染的贡献最大,这一结论与3.2节中的分析也是一致的。

环保资料证明,当有沙尘暴天气出现时当日空气质量为重度污染,空气质量级别为五级。

3.4 大气污染与人文活动的关系

武威市是一个有192万人的农业大市(武威地区行政公署统计处 等,1999),随着各行各业的发展,河西走廊耕地面积和人口迅速增多,人口、耕地的增多加大了生活和生产用水量,使本来就紧张的水资源更加紧缺,给生态环境带来了许多负面影响。武威市民勤县绿洲光热资源得天独厚,为良好的天然牧场和发展农业的理想地区,由于农业用水极度缺乏,20世纪60年代以来,开始大量开采地下水,导致地下水位下降,造成大量地表植被干枯死亡,且矿化度增高,水质日趋恶化。用高矿化的地下水浇地,使土地盐渍化,失耕地逐年增多,土地长期大面积撂荒,使绿洲常年植被覆盖率下降,加剧了风蚀过程,造成风沙肆虐。

随着城市和城镇化的快速发展,工业企业总数亦不断增多,交通运输业也有了飞速的发展。各种车辆超过 1.2 万辆。其结果导致城镇用水量大幅度增多,使现有的水资源远不能满足现代人们生活、生产和发展的需求,大量削弱了生态用水,加剧了生态环境恶化。

此外,人类在生产、生活中乱砍滥伐、过度开垦草原、人为破坏地表植被,使地表缺乏植被保护易受风蚀,形成土地荒漠化、沙化,工业废弃物的大量堆放等都为沙尘暴提供了大量细沙和尘土,加剧了沙尘暴天气的发生(乌云娜 等,2002),增大了 TSP 浓度,即加重了大气污染程度。

4　减轻污染、净化空气的措施

4.1　保护生态环境,减缓和遏止沙尘暴天气的发生

减轻春季大气污染程度的最有效措施是遏止沙尘暴天气的发生,而沙尘暴的形成不仅与该区气温偏高、干旱少雨和大风天气频繁有关。而且与其生态环境恶化和沙漠化土地面积的不断扩大有关。

4.2　充分合理开发利用水资源

由于工农业生产和人民生活的不断增长需要,用水量大幅度增多,使现有的水资源远不能满足现代人们生活、生产和发展的需求,生态用水被大量削减,生态环境恶化加剧(马金珠,2002)。因此,合理分配内陆河流域的水资源,大力开发利用空中水资源。积极开展人工增雨(雪)工作,教育公民节约用水,提高水的利用率是减轻污染的重要前提。

综上所述,要想净化空气,治理大气污染。首先要从改善生态环境着手,搞好地面的生态保护与建设,特别是地表植被的保护,才有可能减缓沙尘暴灾害频度与强度,还我们一个秀美的家园。

5　小结

(1)河西走廊东部武威市的首要污染物是 TSP,其浓度排列顺序为:春季>秋季>冬季>夏季。该市春季的空气质量主要取决于 TSP 浓度的大小。

(2)由大风、沙尘暴引起的自然源是河西走廊东部春季的主要影响源。

(3)河西走廊东部特殊的地理环境和气候特点使该市成为沙尘暴高发区。该市春季沙尘暴频繁,TSP 浓度居高不下,空气污染严重。

(4)通过主要污染物与气象要素的相关分析和建立预报方程分析可知:大风、沙尘暴是造成该市春季空气质量恶化的主要因素。

(5)分析大气污染与人文活动的关系进一步表明:人类对大自然的破坏,使生态环境日益恶化,加剧了沙尘暴天气的发生,加重了大气污染程度。

(6)改善生态环境,减缓沙尘暴灾害频度与强度是减轻大气污染的有效手段。

(7)提高法制观念,增强环保意识,落实环保行动,是每位公民的应尽责任。

参考文献

陈广庭,2002.北京强沙尘暴史和周围生态环境变化[J].中国沙漠,22(3):210-211.
陈敏连,1996.西北地区强沙尘暴研究的进展[J].甘肃气象(1):8-10.
李岩瑛、杨晓玲,王式功,2002.河西走廊东部近 50 年沙尘暴成因、危害及防御对策[J].中国沙漠,22(3):

　283-286.

罗晓玲,郭良才,李岩瑛,2003.武威市空气质量分析与污染防治[J].甘肃环境研究与检测,16(2):166-167.

马金珠,2002.新疆和田地区地下水资源及其可持续开发利用[J].中国沙漠,22(3):243-247.

邱启鸿,2004.沙尘天气对北京市空气质量的影响及其预测预报[J].环境科学研究,17(1):56-57.

武威地区行政公署统计处,《武威五十年》编辑委员会,1999.武威五十年[M].武威:武威地区行政公署.

乌云娜,裴浩,白美兰,2002.内蒙古土地沙漠化与气候变化和人类活动[J].中国沙漠,22(3):292-297.

谢金南,邓振镛,2001.旱区气象变幻的奥妙[M].北京,气象出版社.

河西走廊东部沙尘日数变化特征及
与气象因子的关系 *

杨晓玲[1,2]，陈玲[3]，张义海[1]，王鹤龄[2]

(1. 甘肃省武威市气象局，武威 733099；

2. 中国气象局兰州干旱气象研究所，兰州 730020；3. 甘肃省永昌县气象局，永昌 733200)

摘要：沙尘天气是河西走廊东部多发的灾害天气之一。为提高河西走廊东部沙尘天气的预测、预报、预警水平，更好地预防沙尘灾害和沙尘天气对空气质量的影响。利用河西走廊东部 5 个气象站 1960—2016 年逐日沙尘(包括浮尘、扬沙及沙尘暴)资料和四季平均气温、最高气温、最低气温、平均风速、大风日数、蒸发量、降水量、相对湿度等资料，运用统计学方法分析了河西走廊东部各强度沙尘日数的时空分布特征以及沙尘日数与气象因子的相关性。结果表明：受海拔高度、地形地貌以及天气系统等影响，各强度沙尘日数(除浮尘外)由东北向西南呈递减趋势。年代、年各强度沙尘日数呈显著减少趋势，沙尘暴、扬沙、浮尘递减率分别为 -2.436、-5.277、-5.719 d/10a，气候趋势系数均通过了 $\alpha=0.01$ 的显著性检验。年沙尘日数的时间序列均存在着 6~8 年的准周期变化。各强度沙尘日数均为春季最多，秋季最少，且各季节沙尘日数均呈显著减少趋势，递减率为春季＞夏季＞冬季＞秋季，气候趋势系数均通过了 $\alpha=0.01$ 的显著性检验。各强度沙尘日数月变化比较一致，高峰在 4 月，低谷在 9 月。气象因子对沙尘天气有一定的影响，同一季节气象因子对各强度沙尘日的影响相对一致，但不同的季节气象因子对各强度沙尘日数的影响不一致。热力因子和动力因子是影响沙尘天气的主导因子，水分因子的影响较弱。研究显示，气候变暖、冷空气活动频次和强度减弱是沙尘日数减少的主要原因之一，大气环流的季节性转变是沙尘天气季节性变化的主要原因。

关键词：沙尘日数；变化特征；气象因子；相关性；河西走廊东部

沙尘天气是指大风将地面沙尘吹(卷)起或被高空气流带到下游地区，使水平能见度明显下降的一种大气混浊现象(朱炳海 等，1985)。沙尘天气由弱到强分为浮尘、扬沙和沙尘暴三大类(中国气象局，2003)：浮尘是指当天气条件为无风或平均风速≤3 m/s，沙尘浮游在空中，使水平能见度小于 10 km 的天气现象；扬沙是指风将地面尘沙吹起，使空气相当混浊，水平能见度在 1~10 km 的天气现象；沙尘暴是指大风将地面尘沙吹起，使空气很混浊，水平能见度小于 1 km 的天气现象。

沙尘天气是一种灾害性天气，不仅给工农业生产和交通运输带来不利影响，还会导致空气质量严重恶化，危害人体健康。近年来，沙尘问题引起了国内外学者的关注和研究，并获得了很多有意义的研究成果(曾庆存 等，2006；He et al.，2012；陈辉 等，2012；Qiu et al.，2001；Kambezidis et al.，2008；陈跃浩 等，2013；Song et al.，2005；Zhang et al.，2014；Yang et al.，

---

* 本文已在《环境科学研究》2018 年第 31 卷第 8 期正式发表。

2013；Wang et al.，2003；Yan et al.，2011；Wu et al.，2010）。河西走廊东部地处干旱、半干旱内陆地区，尤其是中北部年降水量少，植被稀疏，沙漠戈壁众多，为沙尘天气提供了大量沙源，冬春季冷空气活动频繁，大风天气多，沙尘天气发生频率高，沙尘天气已成为当地最严重的气象灾害之一（王涛 等，2001；Wang et al.，2007；Kambezidis et al.，2008；杜吴鹏 等，2009；Du et al.，2008；Gillette et al.，1989）。目前对河西走廊东部沙尘天气气候学特征、时空分布特征、天气成因、预报方法以及灾害预防等已作了大量研究（王式功 等，1996；Zhang et al.，2005；江灏 等，2004；杨晓玲 等，2005；张锦春 等，2008；杨先荣 等，2011），但对沙尘日数与气象因子关系的研究还鲜有报道。因此，该研究利用河西走廊东部5个气象站1960—2016年沙尘日数和气温、蒸发量、降水量、相对湿度、风速等资料，分析了当地各强度沙尘日数的时空变化特征，探讨了沙尘日数与各气象因子的关系，以期进一步提高对河西走廊东部沙尘天气的预测、预报、预警能力和水平，将对防御沙尘灾害有着积极的意义，同时可为政府部门进行大气污染防治提供科学依据。

1　研究区概况

河西走廊东部地处青藏高原北坡，南靠祁连山脉，北邻腾格里和巴丹吉林两大沙漠，东接黄土高坡西缘，地理位置101°06′～104°14′E，36°30′～39°24′N，海拔高度1300～4872 m，地势南高北低，地形、地貌极为复杂，从北向南依次为民勤、永昌、武威、古浪和天祝（图1），其中北部民勤为沙漠戈壁干旱区，中部凉州为绿洲平川区，北部永昌和南部古浪、天祝属于祁连山边坡山区，是季风性气候与大陆性气候、高原气候与沙漠气候的交汇处，是较典型的气候过渡带，属于温带干旱、半干旱气候区（白肇烨 等，1988）。河西走廊东部由于深居大陆腹地、远离水汽

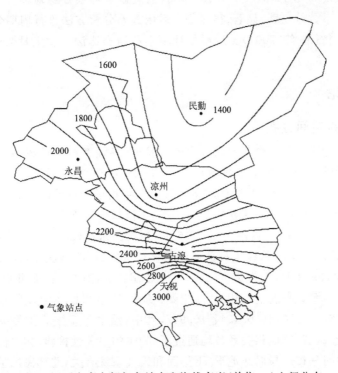

图1　河西走廊东部气象站点和海拔高度（单位：m）空间分布

源地,近地层水汽通道受到了山系阻挡较难到达当地,干旱少雨,年降水量 113～405 mm,由南向北递减;年平均气温 0.1～8.4 ℃,由南向北递增;日照时数长,蒸发和辐射强烈,风多沙大,特别是河西走廊东部民勤是中国沙尘暴多发地区之一。

2　资料来源与方法

2.1　资料来源

所用资料来源于河西走廊东部武威市永昌、民勤、凉州、古浪、天祝的乌鞘岭气象站逐日沙尘(包括浮尘、扬沙及沙尘暴)及年最高气温、平均气温、蒸发量、降水量、相对湿度、风速资料,时间序列为 1960—2016 年。5 个气象站 57 年来均未迁移,观测数据完整性和连续性较好,时间序列长。

2.2　研究方法

总沙尘日数是指浮尘、扬沙和沙尘暴日三者之和。季节按照春季(3—5 月)、夏季(6—8月)、秋季(9—11 月)和冬季(12 月至翌年 2 月)进行划分。分析年代、年、季和月各强度沙尘日数的变化趋势及沙尘日数的极值。沙尘日数的变化趋势采用线性趋势计算方法,用 x_i 表示样本量为 n 的气候变量,用 t_i 表示 x_i 所对应的时间,建立 x_i 和 t_i 的一元线性回归方程(魏凤英,2007):

$$x_i = a + bt_i \quad i = 1,2,3,\cdots,n$$

式中,b 为气候变量的倾向率,$b>0$ 表示直线递增,$b<0$ 表示直线递减,$b \times 10$ 表示每 10 年的变率。

变化趋势的显著性,采用时间(t)与序列变量(x)的相关系数即气候趋势系数(R)进行检验。根据蒙特卡罗模拟方法(Livezey et al.,1983):通过 0.1、0.05、0.01 显著性检验所对应的相关系数临界值依次为 0.3058、0.3653、0.4430,当气候趋势系数绝对值大于上述临界值时,分别认为气候趋势系数较显著、显著、很显著。运用方差分析方法进行周期分析,求出 F 值并进行显著性检验(周石清 等,2001)。运用累计距平和信噪比法对沙尘日数进行突变分析(黄嘉佑,1995)。

3　结果与讨论

3.1　沙尘日数的空间分布

统计分析河西走廊东部 5 个气象站沙尘资料发现:各强度沙尘日数(除浮尘日数外)由东北向西南呈递减趋势。年均沙尘暴日数民勤最多(22.7 d),凉州次多(5.4 d),再次为永昌(3.4 d),古浪次少(2.2 d),天祝最少(0.1 d)(图 2a);年均扬沙日数民勤最多(37.1 d),凉州次多(20.5 d),再次为永昌(12.6 d),天祝次少(9.7 d),古浪最少(6.2 d)(图 2b);年均浮尘日数为南北少中间多,凉州最多(39.4 d),古浪次多(32.6 d),再次为永昌(23.3 d),民勤次少(13.4 d),天祝最少(10.9 d)(图 2c);年均总沙尘日数民勤最多(73.2 d),凉州次多(65.3 d),再次为古浪(41.0 d),永昌次少(39.3 d),天祝最少(21.4 d)(图 2d)。由图 1 和图 2 可知,河西走廊东部沙尘日数的空间分布与海拔高度呈负相关,沙尘暴、扬沙、浮尘和总沙尘日数与海拔高度的相关系数分别为 −0.676、−0.704、−0.424、−0.947,其中,浮尘与海拔的相关系数通过了 0.5 的显著性检验,相关性显著,其他相关系数均通过了 0.01 的显著性检验,相关性很显著。

沙尘日数的空间分布还与局地地形、下垫面和天气系统有关,北部民勤被巴丹吉林沙漠和腾格里沙漠包围,为空旷戈壁荒漠,自身就是沙尘源地,建筑物和遮挡物较少,风速大,气候干燥,在有利天气条件下易发生沙尘暴和扬沙(Soddoway et al.,1965);中部凉州地处绿洲平川区,植被覆盖率高,风速较小,地面不易起沙,沙尘暴和扬沙发生概率较小;而山区涵养林多,气候润湿,不利于沙尘暴和扬沙形成。但浮尘日数凉州最多,古浪次之,主要原因是浮尘多为远处沙尘经上层气流传播而来,或为沙尘暴、扬沙出现后风速减小,尚未下沉的细粒浮游空中而形成。LI 等(2006)用武威市 2003—2005 年逐日 TSP、PM$_{10}$以及沙尘资料分析发现,该地30%的沙尘来自本地,而50.9%来自周边的沙漠戈壁。究其原因:①凉州和古浪处于巴丹吉林沙漠的南缘,较民勤远离沙漠,下垫面沙源较少;②河西走廊大风沙尘天气的环流背景是西北气流和偏北气流,民勤又是中国大风、沙尘暴多发区之一,而凉州和古浪风速较小,如果上游民勤发生沙尘暴或扬沙天气,在西北或偏北气流输送下,易在下游风速较小的凉州和古浪形成浮尘。

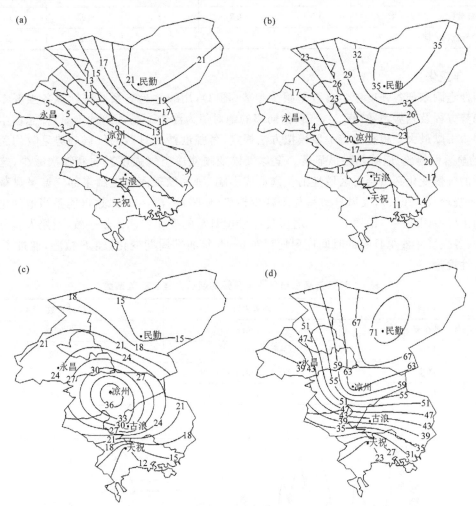

图2　河西走廊东部年平均沙尘日数(单位:d)的空间分布(a.沙尘暴,b.扬沙,c.浮尘,d.总沙尘)

3.2　沙尘日数的时间变化

3.2.1　年代变化

表1为河西走廊东部逐年代各强度沙尘日数距平,距平计算以57年平均值为基准。由表1可知,各强度沙尘日数年代变化一致,总体均在减少。沙尘暴日数20世纪60—70年代偏

多、80 年代略偏多、90 年代至 2016 年偏少;扬沙日数 20 世纪 60—70 年代偏多、80 年代持平、90 年代略偏少、21 世纪最初 17 年偏少;浮尘日数 20 世纪 60 年代和 80 年代偏多、70 年代特多、90 年代略偏少、21 世纪最初 10 年偏少、2010—2016 年特少;总沙尘日数 20 世纪 60 年代偏多、70 年代特多、80 年代略偏多、90 年代偏少、21 世纪最初 17 年特少。20 世纪 70 年代至 2016 年沙尘暴、扬沙、浮尘和总沙尘日数减少分别为 11.7 d、23.2 d、35.7 d 和 70.6 d。

表 1　河西走廊东部逐年代沙尘日数距平

项目	1960—1969 年	1970—1979 年	1980—1989 年	1990—1999 年	2000—2009 年	2010—2016 年
沙尘暴日数(d)	4.0	5.5	1.9	−3.7	−3.3	−6.2
扬沙日数(d)	10.2	11.1	0.8	−4.6	−9.1	−12.1
浮尘日数(d)	4.6	17.1	3.7	−2.5	−9.9	−18.6
总沙尘日数(d)	18.7	33.8	6.4	−10.8	−22.3	−36.8

3.2.2　年变化

河西走廊东部各强度沙尘日数呈减少趋势(图 3),用线性趋势系数法计算各强度年沙尘日数趋势方程及趋势系数(表 2),气候倾向率的绝对值为浮尘>扬沙>沙尘暴,即总沙尘日数减少浮尘贡献最大。根据蒙特卡罗模拟方法规定,各强度沙尘日数的气候趋势系数均通过了 0.01 的显著性检验,递减趋势很显著。全球气候变暖使冷空气强度减弱和频次减少,这种全球范围的气候变化必然会对区域性的气候造成影响,研究发现河西走廊东部气温呈显著升高趋势(杨晓玲 等,2011),大风日数呈显著减少趋势(杨晓玲 等,2017),这可能是当地沙尘日数减少的主要原因之一。由图 3 可见,各强度年沙尘日数的变化步调比较一致,运用方差分析周期发现,各强度年沙尘日数的时间序列均存在 6~8 年的准周期变化,经 F 检验,通过了 0.05 的显著性检验。

表 2　河西走廊东部年沙尘日数的趋势方程和趋势系数

项目	趋势方程	趋势系数
沙尘暴	$x = -0.2436t + 491.24$	−0.828
扬沙	$x = -0.5277t + 1066.2$	−0.888
浮尘	$x = -0.5719t + 1160.9$	−0.692
总沙尘	$x = -1.3432t + 2718.3$	−0.821

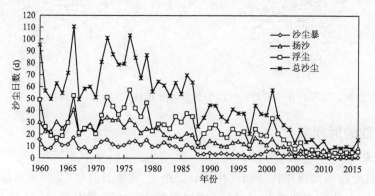

图 3　河西走廊东部年沙尘日数变化曲线

河西走廊东部年均沙尘暴日数为 6.9 d,最多为 17.2 d(1966 年),最少为 0.2 d(2012 年);
年均扬沙日数为 17.2 d,最多为 40.8 d(1966 年),最少为 2.2 d(2013 年);年均浮尘日数为
23.9 d,最多为 57.4 d(1976 年),最少为 3.2 d(2011 年);年均总沙尘日数为 48.1 d,最多为
110.6 d(1966 年),最少为 7.0 d(2011 年)。

3.2.3　季节变化

由表 3 可见,各强度沙尘日数季节差异较大,春季最多,夏季次之,秋季最少。各季节各强
度沙尘日数均呈明显减少趋势,递减率为春季>夏季>冬季>秋季。根据蒙特卡罗模拟方法
规定,各季节各强度气候趋势系数均通过了 0.01 的显著性检验,减少趋势很显著。研究表明,
春季冷暖空气交替频繁,地气间气压梯度加大,常出现强风,风速较大;夏季气层不稳定,多出
现阵性大风;秋季逐渐转为浅脊控制,太阳辐射减少,低层大气降温迅速,层结趋于稳定,风速
明显减小;冬季气层稳定,加之地面辐射冷却,产生了深厚逆温层,风速较小。沙尘天气是大风
将地面沙尘吹起所导,风速的季节变化引起了沙尘天气的季节变化,春季风速最大,沙尘天
气自然最多。因此,大气环流的季节性转变是沙尘天气发生季节性变化的主要原因。

表 3　河西走廊东部各季节平均沙尘日数、气候倾向率及趋势系数

季节	项目	沙尘暴	扬沙	浮尘	总沙尘
冬季	平均值(d)	1.4	3.1	4.0	8.2
	递减率(d/10a)	−0.599	−0.874	−1.091	−2.564
	趋势系数	−0.706	−0.711	−0.555	−0.686
春季	平均值(d)	2.9	7.1	11.6	21.6
	递减率(d/10a)	−0.874	−1.920	−2.168	−4.962
	趋势系数	−0.673	−0.808	−0.533	−0.684
夏季	平均值(d)	2.2	5.3	7.1	14.5
	递减率(d/10a)	−0.782	−1.705	−2.007	−4.494
	趋势系数	−0.768	−0.839	−0.711	−0.822
秋季	平均值(d)	0.7	2.3	2.2	5.2
	递减率(d/10a)	−0.252	−0.815	−0.565	−1.633
	趋势系数	−0.477	−0.685	−0.445	−0.593

3.2.4　月变化

由图 4 可见,各强度月沙尘日数变化比较一致,月变率较大,均表现出一个明显高峰和一
个明显低谷,1—4 月迅速增多,4 月为高峰;4—9 月逐渐减少,9 月为低谷;9—12 月逐渐增多。
其中,3—5 月为沙尘天气高发时段,沙尘暴、扬沙、浮尘和总沙尘日数分别占年总日数的
48.8%、48.3%、56.1%和 52.3%;9—11 月为沙尘天气少发时段,沙尘暴、扬沙、浮尘和总沙尘
日数分别占年总日数的 7.4%、18.8%、8.2%和 9.6%。

3.3　沙尘日数的突变分析

采用累计距平方法对河西走廊东部各强度年沙尘日数进行突变分析,为检验转折是否达
到气候突变,计算转折年份信噪比,信噪比≥1.0 时,认为存在气候突变,最大信噪比对应年份
为气候突变年份。从图 5 可见,各强度沙尘日数累计距平的变化趋势比较一致,20 世纪 60 年

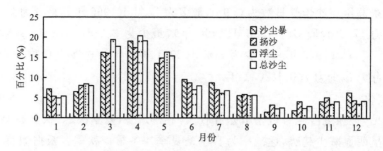

图 4　河西走廊东部逐月沙尘日数占年沙尘总日数的百分比

代至 80 年代中后期均呈波动增多趋势,1987 年开始均呈波动减少趋势;20 世纪 80 年代中后期至 21 世纪最初 17 年为波动减少阶段,1987 年沙尘暴、扬沙、浮尘和总沙尘日数信噪比分别为 1.8、1.6、1.0 和 1.4,均通过了信噪比检验。因此,认为各强度年沙尘日数发生了突变,突变时间均在 1987 年。杨晓玲等(2011,2017,2010)发现,河西走廊东部在 20 世纪 80 年代中后期开始气温呈明显上升趋势、风速呈减小趋势、降水呈弱增多趋势,这可能是在 1987 年发生突变的主要原因之一,说明气象因子对沙尘天气有一定的影响。

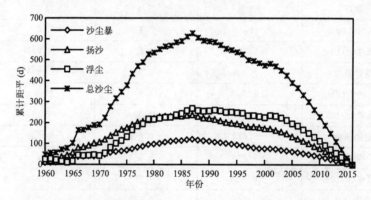

图 5　河西走廊东部年沙尘日数的累计距平变化

3.4　沙尘日数与气象因子的关系

在全球气候变暖的背景下,沙尘日数的减少与气象因子的变化关系密切,研究表明(王金艳 等,2017;Soddoway et al.,2004),气象因子是造成沙尘日数变化的主要原因。为了深入分析河西走廊东部沙尘天气的主要影响因子,运用相关系数(Pearson)法选取了与沙尘天气变化相关密切的 8 个气象因子(平均气温、最高气温、最低气温、平均风速、大风日数、蒸发量、降水量和相对湿度),将这些因子分为热力因子、动力因子、水分因子 3 类(李玲萍 等,2011)来进行多元回归分析,为更好地比较各个自变量在回归方程中的重要性,应消除单位的影响,为此在做多元线性回归时对各个变量做标准化变换(即变量减去均值并除以标准差的估计),得到的回归系数为标准化回归系数(表 4),其含义为当自变量增加一个单位时,因变量增加或减少的单位。并对标准化回归系数的显著性进行了 t 检验。不同季节沙尘天气的形成机理不同,与气象因子的关系也存在一定差异,因此分季节进行了分析。

由表 4 可见,春季各强度沙尘日数与热力因子平均气温呈显著负相关,与最高气温呈显著正相关,与最低气温呈较显著正相关;与动力因子平均风速呈较显著正相关,与大风日数呈弱正相关;与水分因子蒸发量、降水量呈弱正相关,与相对湿度呈弱负相关。夏季各强度沙尘日数与热力因子平均气温、最低气温呈弱负相关,与最高气温呈弱正相关;与动力因子平均风速、大风日数呈正相关,其中浮尘、总沙尘日数与平均风速相关性较显著,扬沙日数与大风日数相关性较显著;与水分因子蒸发量、相对湿度呈弱正相关,与降水量呈弱负相关。秋季各强度沙尘日数与热力因子平均气温呈负相关,与最高气温、最低气温呈正相关,其中扬沙、总沙尘日数与平均气温相关性较显著,扬沙日数与最高气温、最低气温相关性较显著;与动力因子平均风速、大风日数呈正相关,其中扬沙、总沙尘日数与平均风速相关性较显著;与水分因子蒸发量、相对湿度呈弱正相关,与降水量呈弱负相关。冬季各强度沙尘日数与热力因子平均气温呈正相关,其中总沙尘日数与平均气温相关性较显著,与最高气温呈较显著正相关,与最低气温呈显著负相关;与动力因子平均风速呈显著正相关,与大风日数呈弱正相关;与水分因子蒸发量、降水量呈弱负相关,与相对湿度呈弱正相关。由此可见,同一季节各气象因子对各强度沙尘日数的影响相对一致,但不同的季节各气象因子对各强度沙尘日数的影响不一致。总体来看,热力因子和动力因子是影响沙尘天气的主导因子,水分因子的影响较弱。

表4 河西走廊东部各季节沙尘日数影响因子的标准回归系数

项目		热力因子			动力因子			水分因子	
		平均气温	最高气温	最低气温	平均风速	大风日数	蒸发量	降水量	相对湿度
春季	沙尘暴	−5.717*	3.289*	2.072**	0.167	0.094	0.183	0.063	−0.176
	扬沙	−4.894*	3.116*	1.563**	0.220***	0.058	0.240	0.020	0.148
	浮尘	−4.735*	2.547*	1.900***	0.283***	0.122	0.297	0.203	−0.176
	总沙尘	−5.277*	3.035*	1.947**	0.261***	0.104	0.278	0.132	−0.082
夏季	沙尘暴	−0.195	−0.083	−0.224	0.131	0.217	0.248	−0.103	−0.024
	扬沙	−0.458	0.521	−0.272	0.082	0.298**	0.074	−0.162	0.203
	浮尘	−0.304	0.123	−0.124	0.338**	0.064	0.202	−0.104	0.236
	总沙尘	−0.364	0.242	−0.207	0.229**	0.184	0.178	−0.133	0.193
秋季	沙尘暴	−1.357	0.335	0.751	0.119	0.188	0.204	−0.138	−0.027
	扬沙	−2.333**	0.937***	1.206***	0.319***	0.161	0.389	−0.057	0.289
	浮尘	−1.656	0.513	0.929	0.194	0.172	0.340	−0.170	0.140
	总沙尘	−2.059***	0.714	1.109	0.254**	0.187	0.370	−0.132	0.187
冬季	沙尘暴	0.112	1.126**	−1.150*	0.259**	0.166	−0.323	−0.172	0.218
	扬沙	0.190	0.727**	−1.148*	0.288**	0.093	−0.152	−0.121	−0.042
	浮尘	0.213	0.587	−0.811**	0.469**	−0.006	−0.139	−0.141	0.107
	总沙尘	0.200***	0.804**	−1.066*	0.400**	0.065	−0.196	−0.153	0.115

注:*、**、***分别表示通过0.01、0.05、0.1的显著性检验。

4 结论

(1)受海拔高度、地形地貌、天气系统等影响,河西走廊东部沙尘日数(除浮尘日数外)由东北部沙漠区向西南山区逐渐减少,低海拔地区明显多于高海拔地区。

(2)河西走廊东部年代、年各强度沙尘日数呈显著减少趋势,递减率浮尘＞扬沙＞沙尘暴,年沙尘日数的时间序列均存在着 6～8 年的准周期变化,通过了 0.05 的显著性检验。各强度沙尘日数为春季最多,夏季次之,秋季最少,大气环流的季节性转变是沙尘天气发生季节性变化的主要原因之一。各季节沙尘日数均呈显著减少趋势,递减率春季＞夏季＞冬季＞秋季。月沙尘日数变化比较一致,4 月为一个高峰,9 月为一个低谷。各强度年沙尘日数均发生了突变现象,突变的年份均在 1987 年。

　　(3)同一季节各气象因子对各强度沙尘日数的影响相对一致,不同的季节各气象因子对各强度沙尘日数的影响不一致。总体来看,热力因子和动力因子是影响沙尘天气的主导因子,水分因子的影响较弱。

　　(4)气候变暖、冷空气活动频次和强度减弱是沙尘日数减少的主要原因;风速加大、大风日数增多是沙尘日数增多的主要原因之一;水分因子对沙尘日数的影响较弱,可在一定程度上抑制沙尘天气的发生、发展,但不是主要影响原因。

参考文献

白肇烨,许国昌,孙学筠,等,1988.中国西北天气[M].北京:气象出版社.

陈辉,赵琳娜,赵鲁强,等,2012.沙尘天气过程对北京空气质量的影响[J].环境科学研究,25(6):609-614.

陈跃浩,高庆先,高文康,等,2013.沙尘天气对大气环境质量影响的量化研究[J].环境科学研究,26(4):364-369.

杜吴鹏,高庆先,王跃思,等,2009.沙尘天气对我国北方城市大气环境质量的影响[J].环境科学研究,22(9):1021-1026.

黄嘉佑,1995.气候状态变化趋势与突变分析[J].气象,21(7):54-57.

江灏,吴虹,尹宪志,等,2004.河西走廊沙尘暴的时空变化特征与其环流背景[J].高原气象,23(4):548-552.

李玲萍,李岩瑛,王兵,2011.河西走廊东部冬春季积雪对沙尘天气的影响[J].环境科学研究,24(8):882-889.

王金艳,王式功,马艳,2017.我国北方春季沙尘暴与气象因子之关系[J].中国沙漠,27(2):296-300.

王式功,杨德保,孟梅芝,1996.甘肃河西"5.5"黑风天气系统结构及其成因分析//方宗义.中国沙尘暴研究[M].北京:气象出版社.

王涛,陈广庭,钱正安,等,2001.中国北方沙尘暴现状及对策[J].中国沙漠,21(4):322-327.

魏凤英,2007.现代气候统计诊断与预测技术(第 2 版)[M].北京:气象出版社.

杨先荣,王劲松,张锦泉,等,2011.高空急流带对甘肃沙尘暴强度的影响[J].中国沙漠,31(4):1046-1051.

杨晓玲,丁文魁,钱莉,等,2005.一次区域性大风沙尘暴天气成因分析[J].中国沙漠,25(5):702-705.

杨晓玲,丁文魁,郭利梅,2010.河西走廊东部的降水特征[J].干旱区研究,27(5):663-668.

杨晓玲,丁文魁,刘明春,等,2011.河西走廊东部近 50 年气温变化特征及其对比分析[J].干旱区资源与环境,25(8):76-81.

杨晓玲,周华,杨梅,等,2017.河西走廊东部大风日数时空分布及其对沙尘天气的影响[J].中国农学通报,33(16):123-128.

曾庆存,董超华,彭公炳,等,2006.千里黄云——东亚沙尘暴研究[M].北京:科学出版社.

张锦春,赵明,方峨天,等,2008.民勤沙尘源区近地面降尘特征研究[J].环境科学研究,21(3):17-21.

中国气象局,2003.地面气象观测规范[M].北京:气象出版社.

周石清,陈建江,耿峻岭,2001.单因子方差分析法对三屯河年均流量序列的周期分析[J].新疆水利,122(3):25-29.

朱炳海,王鹏飞,束家鑫,1985.气象学词典[M].上海:海辞书出版社.

DU WUPENG,XIN JINYUAN,WANG MINGXING,et al,2008.Photometric measurements of spring aerosol optical properties in dust andnon-dust periods in China[J]. Atmospheric Environment,42(34):7981-7987.

GILLETTE D A,HANSON K J,1989. Spatial and temporal variability of dust production cause by wind erosion in the United States[J]. Journal of GeophysicalResearch,94(D2):2197-2206.

HE MIAO, ICHINOSE T, YOSHIDA S, et al, 2012. Asian sand dust enhances murine lung inflammation caused by Klebsiella pneumoniae[J]. Toxicology Applied Pharmacology,258(2):237-247.

KAMBEZIDIS H D,KASKAOUTIS D G,2008. Aerosol climatology over four AEROSOL sites:an overview [J]. Atmospheric Environment,42(8):1892-1906.

LIVEZEY R E,CHENW Y,1983. Statistical filed significance and its determination by Monte Carlotechniques [J]. Monthly Weather Review,111(1):46-59.

LI YANYING,ZHANG QIANG,SUN AIZHI,et al,2006. Study on air quality characteristics and influence of environment in arid sand source area of northwestern China[C]//POSTER(EI). Beijing:ESSP.

QIU XINFA,ZENG YAN,MIAO QILONG,2001. Sand-dust storms in China:temporal-spatial distribution and tracks of source lands[J]. Journal of Geographical Sciences,11(3):253-260.

SODDOWAY F H,CHEPIL W S,ARMBRUST D V,1965. Effect of kindmount and placement of residue on wind erosion control[J]. Transactions of the ASAE,(3):327-331.

SONG YANG,QUAN ZHANJUN,LIU LIANYOU,et al,2005. The influence of different underlying surface onsand-duststormin northern China[J]. Journal of Geographical Sciences,15(4):431-438.

WANG SHIGONG,WANG JINYAN,ZUOU ZIJIANG,et al,2003. Regional characteristics of dust events in China[J]. Journal of Geographical Sciences,13(1):35-44.

WANG YING,ZHUANG GUOSHUN,TANG AOHAN,et al,2007. The evolution of chemical components of aerosols at five monitoring sites of China during dust storms[J]. Atmospheric Environment, 41 (5): 1091-1106.

WU YUNFEI,ZHANG RENJIAN,HAN ZHIWEI,et al,2010. Relationship between East Asian Monsoon and dust weather frequency over Beijing[J]. Advances in Atmospheric Sciences,27(6):1389-1398.

YAN ZHENGYI,XIAO JIANHUA,LI CHUNXIAO,et al,2011. Regional characteristics of dust storms observed in the Alxa Plateau of China from 1961 to 2005[J]. Environmental Earth Sciences,64(1):255-267.

YANG YUANQIN,WANG JIZHI,NIN TAO,et al,2013. The variability of spring sand-dust storm frequency in northeast Asia from 1980 to 2011[J]. Acta Meteorologica Sinica,27(1):119-127.

ZHANG KECUN,QU JIANJUN,ZU RUIPING,et al,2005. Dharacteristics of sandstorm of Minqin oasis in China for recent50 years[J]. Journal of Environmental Sciences,17(5):857-860.

ZHANG HONGSHENG,LI XIAOLAN,2014. Review of the field measurements and parameterization for dust emission during sand-dust events[J]. Acta Meteorologica Sinica,28(5):903-922.

河西走廊东部夏季沙尘暴气象要素变化特征[*]

李玲萍[1]，胡丽莉[1]，刘维成[2]，李岩瑛[1]，梁红霞[1]

(1. 甘肃省武威市气象局,武威 733000;2. 兰州中心气象台,兰州 730020)

摘要:利用河西走廊东部民勤和凉州站 1971—2013 年夏季(6—8 月)地面常规气象日观测资料及民勤探空站同期逐日 08 时和 20 时探空资料,选取民勤和凉州同一天均出现沙尘暴天气的 12 个沙尘暴个例,统计分析河西走廊东部夏沙尘暴过程中风向、风速和沙尘暴持续时间、出现时间以及过程前后高低空相关气象要素的变化特征。结果表明:(1)风向、风速对河西走廊东部夏季沙尘暴天气的发生具有重要影响,在西北、西西北、西 3 个风向下出现沙尘暴天气的频率达 75%;(2)夏季沙尘暴持续时间较短,且有 75% 的夏季沙尘暴出现在下午到晚上(13—20 时);(3)夏季沙尘暴发生前大气整层湿度较小、中低层升温明显、高层有冷平流、不稳定度增大、地面为热低压控制、气温高、相对湿度小。

关键词:河西走廊东部;夏季沙尘暴;气象要素

引言

　　沙尘天气是指强风从地面卷起大量沙尘,使空气混浊,水平能见度明显下降的天气现象,可分为浮尘、扬沙、沙尘暴、强沙尘暴和特强沙尘暴 5 个等级(中国气象局,2003;朱炳海 等,1985;张凯 等,2003;王式功 等,2003;周自江,2001)。其中沙尘暴以上等级天气水平能见度 <1 km,是危害极大的灾害性天气,它的频繁发生既是环境状况恶化的重要表现,又大大加快了土地沙漠化的进程,对中国工农业生产造成了严重危害(方宗义 等,1997;王式功 等,1995;王汝佛 等,2014;李岩瑛 等,2002;马建勇 等,2016;霍文 等,2014;王柯 等,2013;宗志平 等,2012;王金辉 等,2012)。甘肃河西走廊(以民勤为中心)是中国沙尘暴多发区之一,特别是在河西走廊东部,沙尘暴已经成为春夏季最严重的气象灾害。对河西走廊沙尘暴的天气气候学特征、时空分布、预报方法及沙尘暴发生时地面气象要素变化等方面已有大量研究(李岩瑛 等,2004;江灏 等,2004;钱莉 等,2012;汤绪 等,2004;张强 等,2005;常兆丰 等,2009;郭萍萍 等,2015;李玲萍 等 2007;杨吉萍 等,2016;钱莉 等,2010;杨晓玲 等,2005;王劲松 等,2004;董安祥 等,2003;胡泽勇 等,2002;牛生杰 等,2007;赵明瑞 等,2013),而对于沙尘暴过境前后地面气象要素变化特征的研究相对较少(李艳春 等,2005),夏季是河西走廊沙尘暴发生的次多季节,民勤、凉州是河西走廊东部沙尘暴多发区,且灾情重。文中选取民勤和凉州作为代表站,利用地面常规气象观测资料和探空资料,对河西走廊东部夏季区域性沙尘暴天气过程前后高低空相关气象要素的变化特征进行研究,试图揭示夏季沙尘暴发生的特征和形成机理,以便为沙尘暴天气预报预警和防灾减灾气象服务提供参考。

---

　　* 本文已在《干旱气象》2017 年第 35 卷第 3 期正式发表。

1　研究区概况

河西走廊东部地处青藏高原北坡,南靠祁连山脉,北邻腾格里和巴丹吉林沙漠,东接黄土高坡西缘,深居内陆,远离海洋,青藏高原和祁连山脉阻挡了偏南暖湿气流的北上,降水稀少,大陆性干旱气候十分显著,大风、沙尘暴是本地一种危害极大的灾害性天气。民勤作为中国沙尘暴多发区之一,年均出现沙尘暴 27 d,而凉州约为 5 d(图 1)。

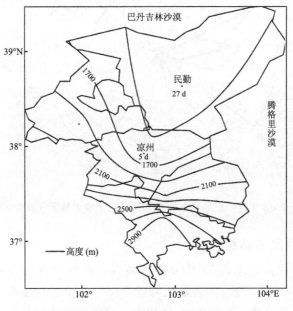

图 1　河西走廊东部地形特征

2　资料与方法

所用资料包括:民勤、凉州常规气象观测站 1971—2013 年夏季(6—8 月)的逐日沙尘暴、平均气压、平均气温、平均 0 cm 地温、平均相对湿度、最大风速、风向等资料;民勤探空站同期逐日 08 时(北京时,下同)和 20 时 850~150 hPa 温度、露点温度、风向、风速等资料。

选取 1971—2013 年夏季民勤和凉州同一天均出现沙尘暴天气(河西走廊东部有 2 站出现沙尘暴天气定为一次区域性沙尘暴天气过程)的 12 个沙尘暴个例为研究对象,运用天气统计学方法对沙尘暴过程中风向、风速及沙尘暴持续时间、出现时间以及高低空相关气象要素变化特征进行研究,进而分析夏季沙尘暴的发生机理。

3　风向、风速特征及沙尘暴持续、出现时间

3.1　沙尘暴过程中风向特征

由凉州和民勤站夏季不同风向下沙尘暴发生频率看出(图 2),风向对河西走廊东部夏季沙尘暴的发生具有重要影响,凉州和民勤站沙尘暴主要在西北(NW)、西西北(WNW)、西(W)3 个风向下出现,占沙尘暴天气总次数的 75%;在东(E)、东东南(ESE)、东南(SE)、南东南(SSE)、南(S)、西南(SW)、西西南(WSW)7 个风向上没出现过沙尘暴天气。这主要是因为造

成河西走廊东部夏季沙尘暴的冷空气路径主要为西方路径和西北路径,其次是河西走廊特殊地形的"狭管效应"使风向发生偏西或偏北方向变化。

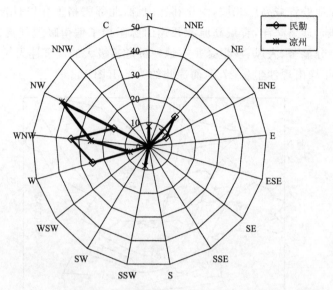

图 2 1971—2013 年夏季民勤和凉州站不同风向下沙尘暴天气发生频率(单位:%)

3.2 沙尘暴过程中风速特征

1971—2013 年河西走廊东部 12 个夏季区域性沙尘暴天气个例中,2 站最大风速同时≥10.8 m/s 的沙尘暴天气有 4 次,民勤最大风速≥10.8 m/s 的沙尘暴天气有 7 次,凉州区最大风速≥10.8 m/s 的沙尘暴天气有 6 次,说明大风对沙尘暴的贡献很大,河西走廊东部夏季出现沙尘暴时,常伴有大风天气。

3.3 沙尘暴天气持续时间

图 3 为 1971—2013 年夏季民勤和凉州站沙尘暴天气的持续时间。可以看出,12 个沙尘暴天气个例中,沙尘暴天气持续时间较短,最长持续时间为 258 min,最短只有 2 min。相比春季沙尘暴影响时间长、范围大、尺度大的特点(王式功 等,2000),夏季沙尘暴突发性强、影响时间短、范围小、尺度小,常和强对流天气同时发生。

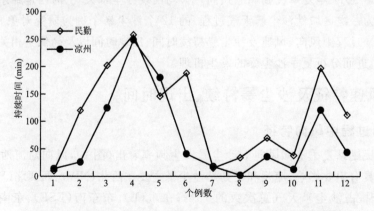

图 3 1971—2013 年夏季民勤和凉州站沙尘暴天气持续时间

3.4　沙尘暴天气出现时间

统计民勤和凉州夏季同时出现的 12 个沙尘暴个例发生时间(图 4),发现 12 个个例中,有 3 次开始时间在早晨到中午(07—13 时),占 25%,其余 9 次在下午到晚上(13—20 时),占 75%。说明夏季单纯的冷空气活动较难起沙,须有热力条件配合;下午至晚上地面升温最明显,易出现对流不稳定,所以这一时段沙尘暴天气出现较多。

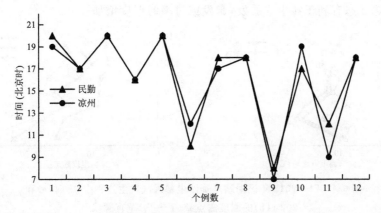

图 4　1971—2013 年夏季民勤和凉州站沙尘暴天气出现时间

4　沙尘暴天气过程中气象要素的垂直变化

为了解夏季沙尘暴过程中及前、后期气象要素的垂直变化,统计分析 12 个区域性沙尘暴个例天气发生前 1 天、当天、后 1 天 08 时和 20 时 850～150 hPa 的温度、温度露点差、风向和风速变化。

4.1　温度

图 5 为 1971—2013 年夏季民勤站沙尘暴天气发生当天及前、后 1 天 08 时和 20 时的温度垂直廓线。可以看出,沙尘暴发生当天 08 时(图 5a),即沙尘暴暴发前(12 个沙尘暴个例只有 1 次出现在 07—08 时,其余均出现在 09 时以后),中低层 600 hPa 以下温度明显较沙尘暴发生前 1 天、后 1 天 08 时升高,特别是 700 hPa 温度出现明显上升,低层升温有利于对流发展。沙尘暴发生当天 20 时(图 5b),600 hPa 以下温度明显低于沙尘暴发生前 1 天、后 1 天 20 时的温度。

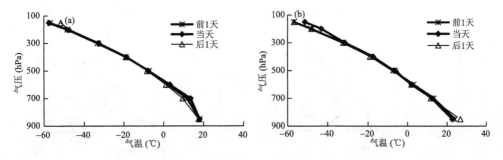

图 5　1971—2013 年民勤站夏季沙尘暴天气发生过程中 08 时(a)和 20 时(b)的气温垂直廓线

4.2 温度露点差

图 6 为 1971—2013 年夏季民勤站沙尘暴天气发生当天及前、后 1 天温度露点差的垂直廓线。可以看出,沙尘暴发生当天 08 时(图 6a),整层大气温度露点差较沙尘暴发生前 1 天、后 1 天 08 时的温度露点差大,特别是 600～700 hPa 增大明显,说明中低层大气干燥。沙尘暴发生当天 20 时(图 6b),整层大气温度露点差较沙尘暴发生前 1 天、后 1 天的 20 时迅速减小,说明前期中低层干热状态有利于沙尘暴暴发,暴发或过境时湿度增加。

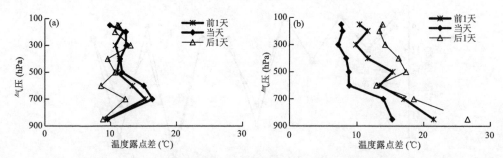

图 6　1971—2013 年民勤站夏季沙尘暴天气发生过程中 08 时(a)和
20 时(b)的温度露点差($T-T_d$)垂直廓线

4.3 风向、风速

图 7 为 1971—2013 年夏季民勤站沙尘暴天气发生当天及前 1 天、后 1 天 08 时和 20 时的风速、风向垂直廓线。可以看出,沙尘暴发生当天 08 时(图 7a),600～200 hPa 风速随高度升高而增大,200 hPa 以上风速又迅速减小。沙尘暴发生当天 20 时(图 7b),近地面 850 hPa 风速较前 1 天、后 1 天 20 时迅速增大,下午到晚上地面升温迅速,不稳定增强,因此在沙尘暴暴发 20 时前后出现风速激增现象,为起沙过程提供了必要的动力条件。

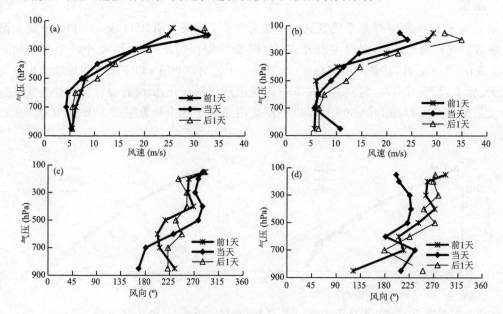

图 7　1971—2013 年夏季民勤站沙尘暴天气发生过程中 08 时(a、c)和
20 时(b、d)风速(a、b)及风向(c、d)的垂直廓线

沙尘暴发生当天 08 时(图 7c),400 hPa 以下风向呈明显顺时针旋转,400~300 hPa 风向为逆时针旋转,即中低层为暖平流、高层为冷平流,高低空层结不稳定。沙尘暴发生前 1 天及当天 20 时(图 7d),700 hPa 以下为暖平流,700~600 hPa 为冷平流,中低层存在明显不稳定,而后 1 天 20 时 700 hPa 以下为冷平流,大气层结趋于稳定,沙尘暴结束。20 时与 08 时相比,中低层存在明显的不稳定层结,风速更大,这也是午后到夜间出现沙尘暴较多的重要原因。

5 沙尘暴天气过程中地面气象要素变化

为了解河西走廊东部夏季沙尘暴过程中及前、后期地面气象要素的变化,统计分析 12 个区域性沙尘暴个例天气发生前 5 天至后 3 天日平均地面气压、日平均气温、日平均 0 cm 地温、日平均相对湿度及日最大风速(图 8)。

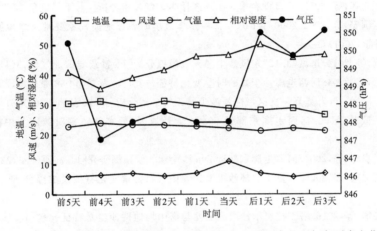

图 8　1971—2013 年夏季民勤站沙尘暴天气发生过程中地面气象要素变化

由图 8 可以看出,日平均气温和 0 cm 地温在沙尘暴出现前 4 天开始上升,沙尘暴出现后呈小幅下降趋势。夏季沙尘暴天气过程中冷空气较弱,天气影响系统主要是高空小槽、切变线等;而春季沙尘暴中的冷空气较强,影响系统是高空冷槽、蒙古冷涡和地面冷锋(徐国昌 等,1979)。空气相对湿度在沙尘暴天气出现前有明显下降趋势,沙尘暴出现后又呈上升趋势。夏季沙尘暴主要发生在中小尺度天气系统引发的局地热对流中,沙尘暴出现后常伴有阵性降水。沙尘暴发当天风速出现骤升,沙尘暴结束后一天风速骤降。沙尘暴出现前 4 天地面气压开始下降,沙尘暴天气过境后一天,气压上升,但是前后期气压变化浮动较小。分析发现河西走廊东部春、夏季沙尘暴发生前后地面气压变化趋势相同,出现前期地面为热低压控制,过境后气压上升,但是春季沙尘暴的地面气压变化较夏季更加剧烈。

6 结论

(1)风速、风向对河西走廊东部沙尘暴天气的发生有重要影响。在西北、西西北、西 3 个风向下出现沙尘暴天气的次数占沙尘暴天气总次数的 75%。其主要原因是河西走廊东部夏季沙尘暴的冷空气路径为西方路径和西北路径,以及河西走廊特殊地形的"狭管效应"。

(2)河西走廊东部夏季沙尘暴 75% 出现在下午到晚上(13—20 时),且持续时间较短。夏季沙尘暴主要发生在中小尺度天气系统引发的局地热对流中,下午到晚上地面升温最明显,易出现对流不稳定,所以这一时段出现的沙尘暴较多,且持续时间较短。

（3）夏季沙尘暴发生前后高空、地面要素变化明显。沙尘暴发生前大气整层湿度较小,中低层升温明显,高层有冷平流,不稳定度加大;地面为热低压控制,气温高、相对湿度小。

参考文献

常兆丰,韩福贵,仲生年,等,2009.民勤沙尘暴分布的地理因素及其前期气象特征[J].干旱区地理,32(3)：412-417.

董安祥,白虎志,陆登荣,等,2003.河西走廊强和特强沙尘暴变化趋势的初步研究[J].高原气象,22(4)：422-425.

方宗义,朱福康,1997.中国沙尘暴研究[M].北京：气象出版社.

郭萍萍,杨建才,殷雪莲,等,2015.甘肃省春季一次连续浮尘天气过程分析[J].干旱气象33(2)：303-309.

胡泽勇,黄荣辉,卫国安,等,2002.2000年6月4日沙尘暴过境时敦煌地面气象要素及地表能量平衡特征的变化[J].大气科学,26(1)：1-7.

霍文,张广兴,秦贺,等,2014.塔城"3.12"东风沙尘暴天气模拟分析[J].沙漠与绿洲气象,8(4)：26-31.

江灏,吴虹,尹宪志,等,2004.河西走廊沙尘暴的时空变化特征与其环流背景[J].高原气象,23(4)：820-826.

李玲萍,罗晓玲,王润元,2007.盛夏一次区域性强沙尘暴天气个例分析[J].灾害学,22(4)：81-85.

李岩瑛,杨晓玲,王式功,2002.河西走廊东部近50a沙尘暴成因、危害及防御对策[J].中国沙漠,22(3)：283-287.

李岩瑛,俞亚勋,罗晓玲,等,2004.河西走廊东部近50a沙尘暴气候预测研究[J].高原气象,23(6)：851-856.

李艳春,赵光平,胡文东,等,2005.宁夏中北部沙尘暴过程中气象要素变化特征及成因分析[J].高原气象,24(2)：212-217.

马建勇,何清,杨兴华,等,2016.塔克拉玛干沙漠区域性与塔中局地性沙尘暴特征比较[J].沙漠与绿洲气象,10(2)：36-42.

牛生杰,岳平,刘晓云,等,2007.2004年春夏季两次沙尘暴期间地面气象要素变化特征对比分析[J].中国沙漠,27(6)：1067-1071.

钱莉,李岩瑛,杨永龙,等,2010.河西走廊东部强沙尘暴分布特征及飑线天气引发强沙尘暴特例分析[J].干旱区地理,33(1)：30-36.

钱莉,薛生梁,杨永龙,等,2012.民勤"2010.4.24"黑风天气过程的稳定度分析[J].干旱区地理,35(3)：408-414.

汤绪,俞亚勋,李耀辉,等,2004.甘肃河西走廊春季沙尘暴与低空急流[J].高原气象,23(6)：840-846.

王金辉,刘海涛,王东,等,2012.克州地区春季一次强风沙天气成因分析[J].沙漠与绿洲气象,6(1)：41-45.

王劲松,李耀辉,康凤琴,等,2004."4.12"沙尘暴天气的数值模拟及诊断分析[J].高原气象,23(1)：89-96.

王柯,何清,王敏仲,等,2013.塔中一次强沙尘暴过程边界层风场变化特征[J].沙漠与绿洲气象,7(1)：6-11.

王汝佛,冯强,尚可政,2014.2010年春季我国一次强沙尘暴过程分析[J].干旱区地理,37(1)：31-44.

王式功,杨德保,金炯,等,1995.我国西北地区黑风暴的成因和对策[J].中国沙漠,15(1)：19-20.

王式功,董光荣,2000.沙尘暴研究的进展[J].中国沙漠,20(4)：349-356.

王式功,王金艳,周自江,等,2003.中国沙尘天气的区域特征[J].地理学报,58(2)：193-200.

徐国昌,陈敏连,吴国雄,1979.甘肃省"4.22"特大沙尘暴分析[J].气象学报,37(4)：26-35.

杨吉萍,胡兴才,崔志强,2016.甘肃民勤"4.24"沙尘暴过程的数值模拟分析[J].干旱气象,34(4)：718-724.

杨晓玲,丁文魁,钱莉,等,2005.一次区域性大风沙尘暴天气成因分析[J].中国沙漠,25(5)：702-705.

张凯,高会旺,2003.东亚地区沙尘气溶胶的源和汇[J].安全与环境学报,3(3)：7-12.

张强,王胜,2005.论特强沙尘暴(黑风)的物理特征及其气候效应[J].中国沙漠,25(5)：675-681.

赵明瑞,刘明春,钱莉,等,2013.民勤绿洲 1971—2010 年沙尘暴特征及影响因素分析[J].沙漠与绿洲气象,7 (5):35-39.

中国气象局,2003.地面气象观测规范[M].北京:气象出版社.

周自江,2001.近 45a 中国扬沙和沙尘暴天气[J].第四纪研究,21(1):9-17.

朱炳海,王鹏飞,束家鑫,1985.气象学词典[M].上海:上海辞书出版社.

宗志平,张恒德,马杰,2012.2009 年 4 月下旬蒙古气旋型大范围沙尘暴天气过程的诊断分析[J].沙漠与绿洲 气象,6(1):1-9.

河西走廊东部沙尘暴时间变化特征及
地面气象因素影响机制分析[*]

李玲萍[1,2]，李岩瑛[2]，孙占峰[2]，王荣喆[2]

(1. 中国气象局乌鲁木齐沙漠气象研究所，中国气象局树木年轮理化研究重点开放实验室，
乌鲁木齐 830002；2. 甘肃省武威市气象局，武威 733000)

摘要：利用 1961—2015 年河西走廊东部民勤、凉州和永昌逐时沙尘暴资料以及代表站民勤逐日气温、地温、降水、最大冻土深度、积雪日数、积雪深度、平均风速、平均大风日数和近 10 年逐时气温、地温和风速资料。运用常规的气候统计方法，对河西走廊东部沙尘暴特征进行了研究，并采用相关系数(Pearson)法进一步分析了沙尘暴的影响因素。结果表明：河西走廊东部沙尘暴频次下午到傍晚出现最多，凌晨最少，沙尘暴频次春季上午开始增多，秋、冬季中午开始增多，夏季下午开始增多；河西走廊东部持续 60～180 min 沙尘暴频次最多，夏季持续 1～30 min 频次最多，长持续时间的沙尘暴上午开始增多，而短时间的沙尘暴基本出现在下午到晚上；沙尘暴频次 4 月和春季出现最多，9 月和秋季最少；近 55 年沙尘暴频次呈减少趋势，主要是由于大风日数减少、风速减小，地-气温升高、降水增多、下垫面生态环境改善等因素造成。

关键词：河西走廊东部；沙尘暴；特征；影响机制

前言

沙尘天气是指强风从地面卷起大量沙尘，使空气混浊，水平能见度明显下降的天气现象，依强度可分为浮尘、扬沙、沙尘暴、强沙尘暴和特强沙尘暴 5 个等级(朱炳海 等，1985；方宗义 等，1997；王式功 等，2000；周自江，2001；王式功 等，2003；中国气象局，2003)。沙尘暴是强风将地面尘沙吹起，使空气很混浊，水平能见度小于 1 km 的一种天气现象，是危害极大的灾害性天气，它会给人们的生活及生产带来巨大影响(王式功 等，1995a；李岩瑛 等，2002；张瑞军 等，2007；王汝佛 等，2014)。如：20 世纪 30 年代发生在美国西南大平原的"黑风暴"，是一场危及人类的生态灾难(Bonnifield，1979；Howarth，1984；Stallings，2001)，其影响持续了 10 年，因"黑风暴"造成的农业荒废延长了美国的经济萧条。中国也是受沙尘暴危害最严重的国家之一，尤其是西北地区，几乎每年都有强沙尘暴发生。甘肃河西走廊(以民勤为中心)是中国三大沙尘暴多发区之一(钱正安 等，2002)，特别是在河西走廊东部，沙尘暴已经成为春夏季最严重的气象灾害。

关于各地沙尘暴的变化特征及机理分析，许多学者做了大量研究(董安祥 等，2003；王劲松 等，2004；蒋雨荷 等，2018；许东蓓 等，1999；岳平 等，2005；牛生杰 等，2007；赵庆云 等，

---

* 本文已在《干旱区研究》2019 年第 36 卷第 6 期正式发表。

2012;徐启运 等,1998;刘洪兰 等,2014;邱新法 等,2001;江灏 等,2004;张强 等,2005;杨晓玲 等,2016;钱莉 等,2010;胡泽勇 等,2002),指出中国沙尘暴的多发时间,在一年中主要发生在春季,其次是夏季。在日分布上,对 1994 年 4 月上旬中国西北地区沙尘暴发生频率日变化的研究表明,沙尘暴主要发生在午后到傍晚,占总数的 65.4%,清晨到中午,仅占 34.6%(王式功 等,1995b)。付有智等(1994)分析指出甘肃河西走廊中部地区黑风暴大都出现在 12—22 时的时段内。

　　目前,利用几十年逐时沙尘暴资料分析河西走廊东部沙尘暴逐时变化特征及沙尘暴持续时间和不同持续时间沙尘暴日变化特征及影响因素的文章还未见报道,而利用逐时沙尘暴资料分析沙尘暴时间变化特征对做好沙尘暴短时临近预报预警有很好的参考作用。因此,文中利用河西走廊东部 3 个自动气象站 1961—2015 年逐时沙尘暴资料,从一日内不同时次的沙尘暴频次及不同持续时间对河西走廊东部沙尘暴日变化特征及影响因素进行了重点研究,旨在进一步了解河西走廊东部沙尘暴变化机理,为提高本地沙尘暴短时临近预报预警准确率及防灾减灾提供依据。

1　数据和方法

1.1　研究区气候背景和地形特征

　　河西走廊东部地处青藏高原北坡的中纬度地带,在 $101°49'\sim104°43'E,36°29'\sim39°27'N$,南靠祁连山脉,北邻腾格里和巴丹吉林两大沙漠,处于河西走廊狭管地形出口处,东西长约 240 km,南北宽约 300 km,海拔高度从 1200 m 过渡到 4600 m,地势自东而西,由南向北倾斜,依次形成南部祁连山山地、中部走廊平原和北部荒漠 3 个地貌单元(图 1a)。地形地貌复杂,境内山地、高山、平原、沙漠、戈壁和冰川等交错分布。它是季风气候与大陆性气候、高原气候与沙漠气候等的共同影响区,是一较典型的气候过渡带和气候变化的敏感区,远离海洋,青藏高原和祁连山脉阻挡了偏南暖湿气流的北上,降水稀少,大陆性干旱气候特征十分显著,大风、沙尘暴是本地一种危害极大的灾害性天气。

　　河西走廊东部沙尘暴日数自北向南呈递减趋势(图 1b),民勤自建站(1953 年)以来年均沙尘暴达 25.9 d,其他站分别为凉州(1951 年)7.7 d、永昌(1959 年)3.7 d、古浪(1959 年)2.5 d、乌鞘岭(1951 年)1.9 d,可以看出南部山区古浪、乌鞘岭出现沙尘暴频次较少。因此,文中选取沙尘暴频次出现较多的民勤、凉州和永昌作为代表站来研究河西走廊东部沙尘暴变化特征。

1.2　资料与分析方法

　　利用 1961—2015 年河西走廊东部民勤、凉州和永昌逐时沙尘暴资料(沙尘暴频次是指 3 站总频次的平均)以及代表站民勤自动气象站逐日气温、地温、降水、最大冻土深度、积雪日数、积雪深度、平均风速、平均大风日数和近 10 年逐时气温、地温和平均风速资料。运用常规的气候统计方法,对河西走廊东部沙尘暴特征进行了研究,并采用相关系数(Pearson)法分析了沙尘暴的影响机制。气象观测规范规定日界为北京时间 20 时(中国气象局,2003),某一次沙尘暴过程跨越 20 时,则按两个出现日计算;当某一天沙尘暴过程出现两次或以上时,计算沙尘暴年、月日数按一个出现日计算。逐时沙尘暴频次是指某整点到下一整点的沙尘暴频次,记为下一整点沙尘暴频次(如 08:05—09:05 出现沙尘暴,记为 09 时和 10 时沙尘暴频次各 1 次);沙尘暴持续时间是指将一次沙尘暴事件开始至结束期间的小时数定义为其持续时间,在计算沙

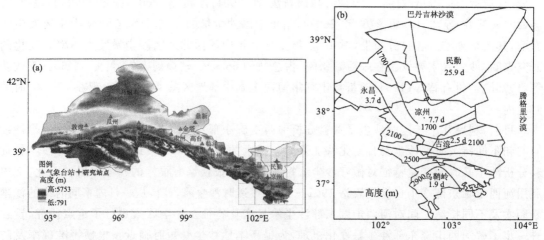

图1　河西走廊(a)及河西走廊东部(b)地形特征

尘暴开始时间时,为了和统计逐时沙尘暴频次一致,也把开始时间记为下一整点;当某一天沙尘暴过程出现两次或以上时,逐时沙尘暴频次和沙尘暴持续时间就分开时段统计。冬季定义为前一年12月至当年2月即前一年冬季,春季定义为当年3—5月,夏季定义为当年6—8月,秋季定义为当年9—11月。

2　沙尘暴时间变化特征

2.1　沙尘暴日变化

河西走廊东部年沙尘暴各时次频次表现为两峰型分布(图2),集中出现在中午到晚上(12—21时),占总沙尘频次的70.7%,频次最多集中出现在下午到傍晚(14—20时),占总频次的52.4%,凌晨(02—05时)频次最少,占总频次的5.5%。

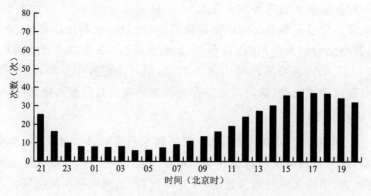

图2　河西走廊东部年沙尘暴逐时频次分布

河西走廊东部沙尘暴频次各季节日变化有所不同(图3)。春季沙尘暴和年沙尘暴各时次频次分布相似,表现为两峰型分布(图3a),春季沙尘暴频次在11时就开始增多,集中出现11—21时,占总沙尘频次的73.2%,频次最多集中出现在下午到傍晚(15—20时),占总频次的45.4%,凌晨(02—05时)频次最少,占总频次的5.1%。夏季沙尘暴出现次数较春季少,各时次频次为两峰型分布(图3b),集中出现时较春季推迟,集中出现在傍晚到晚上(18—22时),占总频次的47.5%,凌晨(04—05时)频次最少,占总频次的2.7%,其余时间段频次分布较均匀。秋季沙尘暴最少,各时次频次显示单峰型分布(图3c),主要集中出现在中午到傍晚(13—19时),占总频次的64.5%,其中14—16时最多,占总频次的32.3%,凌晨(02—04时)频次最少,占总频次的2.4%。冬季沙尘暴频次较秋季显著增多,各时次频次分布和秋季相似,为单峰型分布(图3d),主要集中在13—19时出现,占总频次的67.7%,下午(15—17时)出现频次最多,占总频次的34.8%;频次最少出现在深夜(23—00时),占总频次的1.5%。说明春、秋、冬季沙尘暴由系统性天气过程引起的较多,天气系统影响一地的时间与系统移动速度、强度、发生时间有关,而夏季沙尘暴由局地对流不稳定引起的较多。

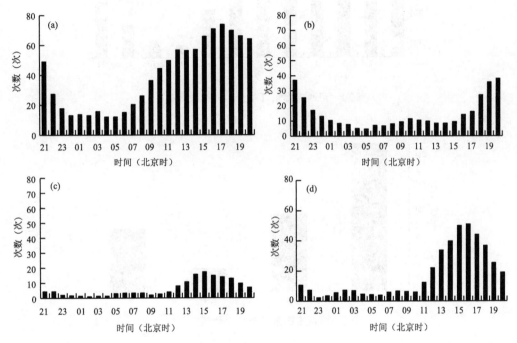

图3　河西走廊东部四季逐时沙尘暴频次分布
(a)春季;(b)夏季;(c)秋季;(d)冬季

2.2　沙尘暴月、季变化

河西走廊东部月沙尘暴频次分布显示(图4),沙尘暴频次的峰值出现在4月,共104次,占全部的18.2%;其次是3月,出现89次,占全部的15.7%;9月频次最少,出现8次,占全部的1.57%,次少出现在10月,出现12次,占全部的2.0%。

河西走廊东部季沙尘暴频次分布显示(图5),沙尘暴频次的峰值出现在春季,共271次,占全部的47.5%;其次是夏季,出现142次,占全部的24.9%;最少是秋季,出现42次,占全部的7.4%。

2.3　沙尘暴年变化

河西走廊东部年沙尘暴频次55年来都呈明显下降趋势(图6),气候倾向率为3.6 d/10a,且通过了0.10显著性检验。河西走廊东部年沙尘暴频次的年际波动较大,沙尘暴频次都是

20 世纪 70 年代开始出现增多趋势,且 70 年代频次最多,为 18 d,90 年代出现明显的直线减少趋势,2011—2015 年出现频次最少,为 1 d。其中 20 世纪 60 年代、70 年代、80 年代为正距平,70 年代正距平最大,90 年代、2001—2010 年、2011—2015 年为负距平,21 世纪的 2011—2015年负距平最大。

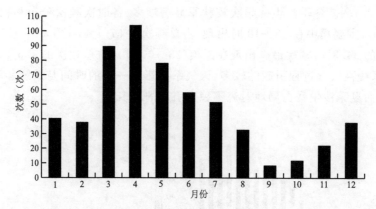

图 4　河西走廊东部月沙尘暴频次分布

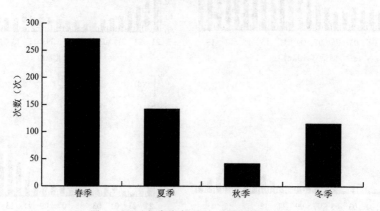

图 5　河西走廊东部季沙尘暴频次分布

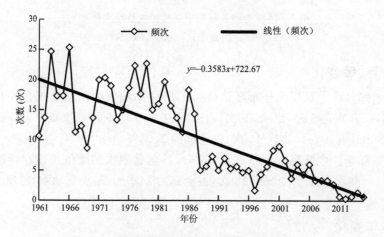

图 6　河西走廊东部沙尘暴频次年际变化

3　不同持续时间沙尘暴变化特征

河西走廊东部年沙尘暴持续 60～180 min 频次最多（图 7），其次是持续 1～30 min、30～60 min、180～300 min、>300 min 沙尘暴。持续 1～30 min、30～60 min 沙尘暴集中出现在下午到夜间，持续 60～180 min、180～300 min 及 300 min 以上沙尘暴多集中在中午前后到下午。

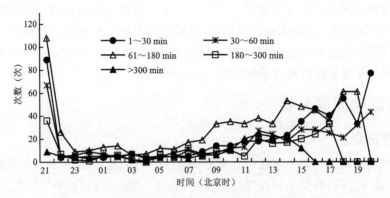

图 7　河西走廊东部年沙尘暴不同持续性时间日变化

河西走廊东部各季节不同持续时间沙尘暴频次变化有所不同（图 8）。春季沙尘暴（图 8a）持续 60～180 min 频次最多，再依次为持续 1～30 min、30～60 min、180～300 min、>300 min 沙尘暴；夏季沙尘暴（图 8b）持续 1～30min 频次最多，其次分别为持续 60～180 min、30～

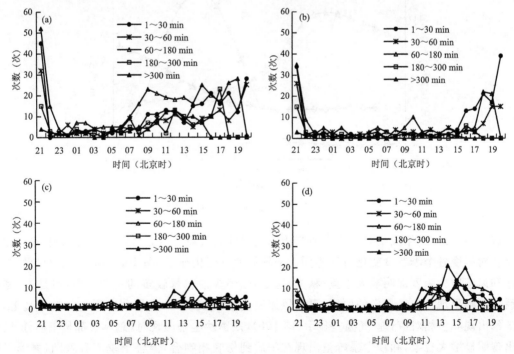

图 8　河西走廊东部中北部四季沙尘暴不同持续时间日变化

(a)春季；(b)夏季；(c)秋季；(d)冬季

60 min、180～300 min、＞300 min 沙尘暴；秋、冬季沙尘暴(图 8c、8d)持续 60～180 min 最多，其次分别为持续 30～60 min、1～30 min、180～300 min、＞300 min 沙尘暴。各季节都表现为持续 1～30 min、30～60 min 沙尘暴集中出现在下午到夜间，持续 60～180 min、180～300 min 及 300 min 以上沙尘暴多出现在中午前后到下午。

　　从不同持续时间沙尘暴变化特征看出，年、春、秋、冬季沙尘暴都是持续 60～180 min 频次最多，夏季持续 1～30 min 频次最多。长持续时间的沙尘暴各个时段都有出现，集中时段上午开始增多，而短时间的沙尘暴基本出现在下午到晚上。更进一步说明春、秋、冬季沙尘暴以及长持续时间沙尘暴多由系统性天气过程引起，而夏季沙尘暴及短时间沙尘暴多由局地对流不稳定引起，有关深入的影响机制分析及春、夏、秋、冬沙尘暴影响机制的异同点有待进一步利用 MICAPS(气象信息综合分析处理系统)资料进行细致分析。

4　沙尘暴影响因素分析

4.1　沙尘暴日变化

　　用近 10 年民勤地面气象要素逐时资料分析看出(图 9)，地-气温差和平均风速都是中午前后开始出现大幅度上升，峰值出现在午后到傍晚，低点出现在凌晨，而午后湿度迅速减小，这和沙尘暴频次最多时段出现在下午到傍晚、最少出现在凌晨吻合，说明午后近地面不均匀升温，产生低层大气层结不稳定和变压梯度，引起低空大气扰动发展，导致动量下传和变压风加大，沙尘暴随之增多。

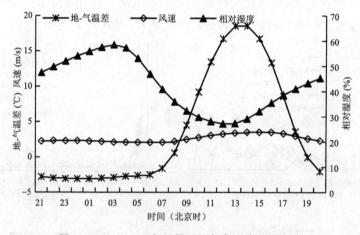

图 9　2006—2016 年民勤地面气象要素逐时变化

　　进一步用近 10 年民勤有沙尘暴时当天的逐时地面气象要素分析，平均风速、地-气温差和最小相对湿度各个季节日变化有所不同。平均风速日变化显示(图 10a)，春、冬季沙尘暴午后风速和风速增大幅度都明显大于夏、秋季，这是春、冬季沙尘暴较多的一个原因，也是春、冬季午后到傍晚出现沙尘暴最多的原因，夏季风速变化幅度较小，风速最大出现在傍晚到晚上，和沙尘暴出现峰值相对应；地-气温差显示(图 10b)，四季沙尘暴出现时，总体看都是午后地-气温差出现明显增大现象，和沙尘暴峰值出现在午后到傍晚相吻合，但各个季节有差别，夏季午后到夜间地-气温差最大，说明夏季沙尘暴热对流起的作用较大；相对湿度显示(图 10c)，沙尘暴出现时，各个季节都表现为午后湿度迅速减小，和沙尘暴峰值出现在午后到傍晚也相吻合。

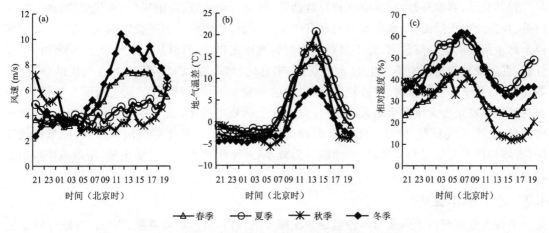

图 10　近 10 年民勤沙尘暴当天地面气象要素逐时变化 2006—2016 年
(a)风速；(b)地-气温差；(c)相对湿度

4.2　沙尘暴月、季变化

　　为了解近 55 年河西走廊东部月、季沙尘暴变化特征的原因,统计分析了河西走廊东部(以沙尘暴最多的民勤站为例)近 55 年相关地面气象要素的变化,从地面气象要素的月变化可以看出(图 11a),河西走廊东部大风日数和平均风速 3 月开始出现增多、增大,4 月达到峰值,9月、10 月最低;地-气温差 2 月开始变为正值,地表温度开始高于低空气温,6 月达最大;2 月开始地-气温开始上升,3 月明显增大,到 4 月增幅达最大,气温的升温幅度明显小于地温,升温差 4 月也是峰值,9 月、10 月地-气温明显出现下降,10 月达最低,且地温的降温幅度明显大于气温。

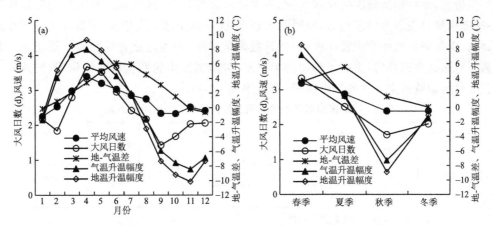

图 11　1961—2015 年民勤月(a)、季(b)地面气象要素变化

　　季变化显示(图 11b),春季大风日数和平均风速都为最大,夏季次之,秋季最少;地-气温差春季开始变大,夏季最大;地-气温的升温幅度春季最明显,而且地温的升温幅度明显大于气温,秋季地-气温出现降温,而且地温的降温幅度明显大于气温。所以沙尘暴频次从开春 3 月开始出现增多,4 月达到最多,四季中春季最多,夏季次之,秋季 9 月开始出现明显减少的趋势,秋季沙尘暴频次最少。

究其原因,春季开始,冷暖空气都异常活跃、气旋活动频繁、降雨稀少、天气干燥、地面解冻回暖、裸露地表土质疏松、地表温度明显高于低空气温,易形成干热不稳定的大气层结,加上河西走廊东部被两大沙漠包围,处于河西走廊狭管地形出口处,所以从天气学和土壤特性的角度分析,春季最易满足沙尘暴产生的 3 个条件:丰富的沙源、强风和不稳定的空气层结(高庆先等,2000);夏季冷空气较弱、植被较好,所以沙尘暴较春季明显减少,但夏天地面升温迅速,易出现对流不稳定性大风沙尘暴天气,所以夏季沙尘暴较冬季多;秋季冷空气活动较弱,地面植被较好,对流天气较弱,所以一年中秋季沙尘暴最少;冬季虽然冷空气活动频繁,但是地表冻结,土壤特性不易出现沙尘暴,同时地面升温减小,对流性大风沙尘不易出现,所以冬季沙尘暴较春、夏两季都少。

4.3　沙尘暴年变化

为深入分析河西走廊东部年沙尘暴频次减少的原因,采用相关系数(Pearson)法计算了民勤沙尘暴与主要气象因子的相关系数(表 1),可以看出,与年沙尘暴频次相关性最好的是年大风频次和年平均风速,均为显著正相关,年大风频次和年平均风速的气候倾向率分别为 -2.9 d/10a、-0.06 m/s/10a,呈现显著的下降趋势,年沙尘暴次数呈现极显著的减少趋势,所以大风日数的减少和平均风速的减小是沙尘暴减少的主要原因;其次是沙尘暴次数与年平均气温、地温为显著的负相关,平均气温、地温气候倾向率分别为 0.44 ℃/10a、2.43 ℃/10a,都呈显著的上升趋势,所以地温、气温的升高也是沙尘暴减少的主要原因;沙尘暴次数与冬季冻土呈明显的正相关,说明冬季冻土越深沙尘暴频次越多,这是因为沙尘暴日数的变化总是与气温的变化相伴,冻土深度的变化也总与气温的变化相伴,这些表明冻土深度与沙尘暴的关系实际上在某种程度上反映的是气温与沙尘暴的关系,即冬季气温越低,冻土越深,沙尘暴越多(赵建华 等,2005),但冻土深度呈增长趋势(未通过显著性检验)和气温呈上升趋势有矛盾,有待进一步研究;年沙尘暴频次与年降水量、冬季降水量为负相关(未通过显著性检验),年降水量、冬季降水量也表现为增多趋势,说明降水越多,下垫面土壤湿度增加,有利于抑制沙尘暴的发生;年沙尘暴频次与冬季积雪深度、积雪日数为负相关(未通过显著性检验),说明积雪确实能改善下垫面的生态环境,提高下垫面的粗糙度,对抑制沙尘的发生有一定作用,但地表积雪覆盖状况只是影响沙尘天气的一个因子(李玲萍 等,2013)。

表 1　河西走廊东部沙尘暴频次与各气象要素的相关系数

气候要素	年平均气温	年平均地温	年平均降水	年平均大风日数	年平均风速	冬季降水	冬季冻土	冬季积雪日数	冬季积雪深度
相关系数	-0.594^{**}	0.563^{**}	-0.062	0.713^{**}	0.425^{**}	-0.193	0.402^{**}	-0.145	-0.113
倾向率	0.0435^{**}	0.243^{**}	0.268	-0.29^{**}	-0.006^{*}	0.036	0.127	-0.023	0.023

注:*、**分别表示通过 0.05、0.01 显著性检验。

5　结论

受气温、地温和平均风速的日变化影响,河西走廊东部沙尘暴日变化中午前后大幅度上升,即峰值出现在午后到傍晚,低值点出现在凌晨。

由于春、秋、冬季沙尘暴一般由系统性天气过程引起,而夏季沙尘暴多由局地对流不稳定引起,造成河西走廊东部春、秋、冬季沙尘暴各时次频次增多现象明显早于夏季,且持续 60～

180 min频次最多,春季上午开始增多,秋、冬季中午开始增多,而夏季沙尘暴下午开始增多,持续1～30 min的频次最多。

由于春季气旋活动频繁,河西走廊东部春季大风日数和平均风速最大,夏季次之,秋季最少,地-气温的升温幅度春季最明显,而且地温的升温幅度大于气温,造成春季裸露地表土质疏松,秋季地-气温出现下降,而且地温的降温幅度明显大于气温,所以河西走廊东部沙尘暴开春的3月开始出现增多,4月达到最多,四季中春季最多,秋季9月开始出现明显减少的趋势,秋季沙尘暴频次最少。

河西走廊东部沙尘暴频次与大风频次、平均风速和冬季冻土为显著的正相关,与平均气温、地温为显著的负相关,与降水、冬季积雪深度、积雪日数为弱的负相关,所以近55年河西走廊东部沙尘暴频次减少主要是受大风日数减少,风速减小,地-气温升高,降水增多,下垫面生态环境的改善所致。

参考文献

董安祥,白虎志,陆登荣,等,2003.河西走廊强和特强沙尘暴变化趋势的初步研究[J].高原气象,22(4): 422-425.

方宗义,朱福康,1997.中国沙尘暴研究[M].北京:气象出版社.

付有智,刘坤训,丁荣,等,1994.甘肃河西黑风成因及预报[J].气象,20(12):50-53.

高庆先,李令军,张运刚,等,2000.我国春季沙尘暴研究[J].中国环境科学,20(6):495-500.

胡泽勇,黄荣辉,卫国安,等,2002.2000年6月4日沙尘暴过境时敦煌地面气象要素及地表能量平衡特征的变化[J].大气科学,26(1):1-7.

江灏,吴虹,尹宪志,等,2004.河西走廊沙尘暴的时空变化特征与其环流背景[J].高原气象,23(4):820-826.

蒋雨荷,王式功,靳双龙,等,2018.中国北方一次强沙尘暴天气过程的大气污染效应[J].干旱区研究,35(6): 1344-1351.

李玲萍,陈英,李文莉,等,2013.石羊河流域冬季冻土对沙尘天气的影响分析[J].土壤通报,44(5): 1204-1209.

李岩瑛,杨晓玲,王式功,2002.河西走廊东部近50a沙尘暴成因、危害及防御对策[J].中国沙漠,22(3): 283-287.

刘洪兰,张强,张俊国,等,2014.1960—2012年河西走廊中部沙尘暴空间分布特征和变化规律[J].中国沙漠, 34(4):1102-1108.

牛生杰,岳平,刘晓云,等,2007.2004年春夏季两次沙尘暴期间地面气象要素变化特征对比分析[J].中国沙漠,27(6):1067-1071.

钱莉,杨金虎,杨晓玲,等,2010.河西走廊东部"2008.5.2"强沙尘暴成因分析[J].高原气象,29(3):719-725.

钱正安,宋敏红,李万元,2002.近50a来中国北方沙尘暴的分布及变化趋势分析[J].中国沙漠,22(2): 106-111.

邱新法,曾燕,缪启龙,2001.我国沙尘暴的时空分布规律及其源地和移动路径[J].地理学报,58(3):316-322.

王劲松,李耀辉,康凤琴,等,2004."4.12"沙尘暴天气的数值模拟及诊断分析[J].高原气象,23(1):89-96.

王汝佛,冯强,尚可政,2014.2010年春季我国一次强沙尘暴过程分析[J].干旱区地理,37(1):31-44.

王式功,杨得宝,金炯,等,1995a.我国西北地区黑风暴的成因和对策[J].中国沙漠,15(1):19-20.

王式功,杨德保,周玉素,等,1995b.我国西北地区"94.4"沙尘暴成因探讨[J].中国沙漠,15(4):332-338.

王式功,董光荣,陈惠忠,等,2000,沙尘研究的进展[J].中国沙漠,20(4):349-358.

王式功,王金艳,周自江,等,2003.中国沙尘天气的区域特征[J].地理学报,58(2):193-200.

许东蓓,杨民,孙兰东,等,1999.1999 年西北地区"4.18"强沙尘暴、浮尘天气成因分析[J].甘肃气象,17(2)：
　　6-9.

徐启运,胡敬松,1998.我国西北地区沙尘暴天气时空分布特征[J].应用气象学报,7(4):479-482.

杨晓玲,丁文魁,王鹤龄,等,2016.河西走廊东部沙尘暴气候特征及短时预报[J].中国沙漠,36(2):449-457.

岳平,牛生杰,刘晓云,2005."7.12"特异沙尘暴成因研究[J].干旱区研究,23(3):345-349.

张强,王胜,2005.论特强沙尘暴(黑风)的物理特征及其气候效应[J].中国沙漠,25(5):675-681.

张瑞军,何清,孔丹,等,2007.近几年国内沙尘暴研究的初步评述[J].干旱气象,25(4):88-94.

赵建华,俞亚勋,孙国武,2005.冻土对沙尘暴的影响研究[J].中国沙漠,25(5):658-662.

赵庆云,张武,吕萍,等,2012.河西走廊"2010.4.24"特强沙尘暴特征分析[J].高原气象,31(3):688-696.

中国气象局,2003.地面气象观测规范[M].北京:气象出版社.

周自江,2001.近 45a 中国扬沙和沙尘暴天气[J].第四纪研究,21(1):9-17.

朱炳海,王鹏飞,束家鑫,1985.气象学词典[M].上海:上海辞书出版社.

BONNIFIELD M P,1979.The Dust Bowl:Men,Dirt,and Depression[M].University of New Mexico Press.

HOWARTH W,1984.The okies:Beyond the dust bowl[J].National Geographic,166(3):322-349.

STALLINGS F L,2001.Black Sunday:The Great Dust Storm of April 14,1935 [M].Eakin Press.

近 60 年河西走廊地区沙尘暴发生演变特征及其气象影响因子分析[*]

罗晓玲[1]，李岩瑛[1,2]，严志明[3]，杨梅[1]，聂鑫[2]

(1. 甘肃省武威市气象局，武威 733000；2. 中国气象局兰州干旱气象研究所，甘肃省干旱气候
变化与减灾重点实验室/中国气象局干旱气候变化与减灾重点开放实验室，兰州 730020；
3. 甘肃省武威市党政专用通信局，武威 733000)

摘要：为探讨沙尘暴演变特点及影响因素，应用河西走廊 13 个气象站 1960—2019 年的逐日沙尘暴和同期 130 项大气环流特征量资料，采用概率统计、线性倾向率、滑动 t 检验等方法，详细分析了河西走廊沙尘暴频次的时空演变特征、沙尘暴持续时间和强度特点及变化规律，并使用相关系数 (Pearson)法进一步探索沙尘暴的气候影响因素。结果表明：沙尘暴频次呈显著减少趋势，年际倾向率为 -3.2 d/10a，且这种减少趋势存在突变；四季沙尘暴均为减少趋势，减少速度为春季＞夏季＞冬季＞秋季；空间演变特点为，沙尘暴发生频次与减少速度呈显著正相关，减少速度为民勤最快，马鬃山最慢。沙尘暴平均持续时间为 119 min，持续 $60\sim300$ min 的频次最多，＞300 min 的频次最少；持续时间呈显著缩短趋势，倾向率为 -7.42 min/10a，近 9 年持续时间缩短最明显。沙尘暴过程平均最小能见度为 0.569 km，最小能见度为 $0.5\sim1.0$ km 的一般沙尘暴频次最多，＜0.05 km 的特强沙尘暴频次最少；近 16 年沙尘暴强度无明显变化。沙尘暴频次和持续时间与副热带高压西伸脊点指数呈显著正相关，与西太平洋副热带高压面积指数、西太平洋副热带高压强度指数、东亚槽强度指数、西藏高原—1 指数、西藏高原—2 指数、大西洋多年代际振荡指数呈显著负相关。由此可见，大气环流指数是影响沙尘暴发生、发展的重要因素之一。

关键词：沙尘暴；要素变化特征；影响因子；相关性分析；河西走廊

　　沙尘暴是特殊下垫面和地理环境条件下，因不同大尺度环流背景与中小尺度天气系统叠加而造成的一种小概率、大危害的灾害性天气(王式功 等，2000；甄泉 等，2019；Xie et al.，2005)。甘肃省气象灾害种类多、发生频率高、危害重，因气象灾害造成的损失占自然灾害损失的 88.5%，高出全国平均状况 18.5%，占 GDP 的 3%～5%(韩兰英 等，2019)。甘肃河西走廊因其特殊的地理位置成为甘肃乃至全国沙尘暴的高发区之一(江灏 等，2004；Gao et al.，1992；Xuan et al.，2002)。因沙尘暴造成的损失位列全部气象灾害损失第 3 位，仅武威市年均经济损失就已超过 3783 万元，年均农业受灾面积超过 13195 hm²，已严重影响地方经济的发展(罗晓玲 等，2015)。

　　有研究(王春学 等，2018；蒋盈沙 等，2019；孔锋，2020；姜萍 等，2019；马潇潇 等，2019)分析中国沙尘暴的分布及频次变化特征认为，中国 50%以上的沙尘暴发生在春季，沙尘暴频次变化呈波动下降趋势，随着时间序列变长，沙尘暴是否有新的变化特征，作者用最新气象资料

---

* 本文已在《水土保持研究》2021 年第 28 卷第 5 期正式发表。

做了深入研究,以期有新的发现。近年来,沙尘暴的形成机理引起了广大学者的关注,研究表明(袁国波,2017;李宽 等,2019;常兆丰 等,2012;李玲萍 等,2019;高振荣 等,2014;刘洪兰 等,2014;赵明瑞 等,2012;李璠 等,2019;张伟 等,2016;李玄姝 等,2012;王森 等,2019;王文彪 等,2013;赵光平 等,2005),沙尘暴频次与大风频次、风速、冬春季蒸发量为显著正相关,与气温、日照时数为负相关,降水对沙尘暴的发生有抑制作用,地形、地貌为沙尘暴的发生、发展提供沙源和起沙条件。Li 等(2014)、赵勇等(2012)得出塔里木盆地和蒙古高原中西部地区的沙尘暴频率与 500 hPa 位势高度为显著负相关,前冬北大西洋涛动指数与春、夏季沙尘暴日数有较好的相关性,刘生元等(2015)研究表明,春季东亚副热带西风急流强度与中国春季沙尘暴日数呈显著负相关,Yang 等(2013)则认为,在沙尘暴高频年,东亚高纬度地区上部和中部对流层的经向气流明显强于低纬度地区,冯鑫媛等(2010)利用 1954—2005 年沙尘暴资料研究出沙尘暴持续时间分布为,短时型、中间型和持续型,但对持续时间变化特征未做研究。有关沙尘暴持续时间及强度变化特征的文献极少,虽然赵明瑞等(2013)分析了甘肃民勤 2001—2010年沙尘暴强度,但范围小,时间短,代表性不强,因此,本研究利用近 60 年河西走廊区域性沙尘暴资料,从沙尘暴频次空间和时间变化以及沙尘暴持续时间和强度变化 4 个方面进行了系统性分析,并首次研究了大气环流特征量指数与河西走廊沙尘暴的关系,以期寻找出更多的影响因素,为准确预报沙尘暴,防灾减灾,减轻损失,为地方提供决策服务依据意义重大。

1　研究区概况

河西走廊位于甘肃省西北部,在祁连山以北,合黎山以南,乌鞘岭以西,甘肃新疆边界以东,为西北—东南走向的狭长平地。地域上包括甘肃省的河西五市:武威、张掖、金昌、酒泉和嘉峪关。西部敦煌市与库木塔格沙漠相连,北部金塔县与巴丹吉林沙漠接壤,东北部民勤县被腾格里沙漠所围。地势南高北低,其海拔高度为 1139~3100 m,年降水量 40~410 mm,年蒸发量 1500~3311 mm。气候干旱少雨,大风沙尘暴频发。

2　资料与分析方法

2.1　资料来源及说明

所用气象要素数据来源于河西走廊酒泉市、张掖市、武威市 13 个沙尘暴发生频次较高气象站的逐日观测记录。为对比研究,按照地理位置划分为西部(马鬃山、肃州、敦煌、玉门镇、鼎新、金塔、瓜州)、中部(甘州、高台、山丹)、东部(民勤、永昌、凉州)3 个区域。

根据中华人民共和国国家质检总局和国家标准委 2006 年 11 月 1 日批准发布的《沙尘暴天气等级》,根据地面水平能见度依次分为浮尘、扬沙、沙尘暴、强沙尘暴和特强沙尘暴 5 个等级。分级标准为,沙尘暴:能见度<1.0 km;强沙尘暴:能见度<0.5 km;特强沙尘暴:能见度<0.05 km。由于能见度的观测在 1979 年及以前为 0~9 级,1980—2003 年的单位不一致,而且在地面观测月报表中有些年份没有最小能见度观测记录,故用 2004—2019 年的最小能见度资料统计分析沙尘暴的强度。

大气环流特征量指数由中国气象局国家气候中心气候监测室提供。冷空气次数,取酒泉、兰州等 8 个北方站和南京、汉口等 7 个南方站逐日平均气温。判定标准:三天内(个别情况二天或四天)连续降温≥5 ℃(允许某一天变温在 0~1 ℃)为一次冷空气过程,其数目为冷空气次数;Nino 3.4 区海表温度距平指数为(5°S~5°N,170°~120°W)区域内,海表温度距平的区域平均值;大西洋多年代际振荡指数为(EQ～70°N,80°W～0°)区域内海表温度距平的区域平均值;类 El Nino 指数定义为:[SSTA]C－0.5[SSTA]E－0.5[SSTA]W,其中[SSTA]C,[SSTA]E 和[SSTA]W 分别表示热带太平洋中部(10°S～10°N,165°E～140°W)、东部(15°S～5°N,110°～70°W)和西部(10°S～20°N,125°～145°E)区域海表温度距平的区域平均值;西太平洋副高面积指数是 500 hPa 高度场(10°～60°N,110°E～180°)区域内≥5880 gpm 区域的球面面积;西太平洋副高强度指数是 500 hPa 高度场(10°～60°N,110°E～180°)范围≥5880 gpm 的区域内,格点位势高度与 5870 gpm 之差乘以格点面积的累积值;东亚槽位置指数为 500 hPa 高度场(30°～55°N,110°～170°E)区域内,槽线的平均经向位置;西藏高原－1 指数为 500 hPa 高度场(25°～35°N,80°～100°E)区域内,格点位势高度与 5000 gpm 之差乘以格点面积的累积值。西藏高原－2 指数为 500 hPa 高度场(30°～40°N,75°～105°E)区域内,格点位势高度与 5000 gpm 之差乘以格点面积的累积值;欧亚纬向环流指数是 500 hPa 高度场(45°～65°N,0°～150°E)区域内,以 30 个经度为间隔划分为 5 个区,分别按照式(1)计算的纬向指数 I_{zi},然后计算 5 个区的平均纬向指数。

$$I_{Zi} = -\frac{\overline{\Delta Z}}{\Delta \varphi} = \frac{\overline{Z_1 - Z_2}}{\varphi_2 - \varphi_1} = \frac{\sum\limits_{i=1}^{l} Z_{1i} - \sum\limits_{i=1}^{l} Z_{2i}}{l(\varphi_2 - \varphi_1)} \tag{1}$$

式中,φ_1、φ_2 表示计算 I_{Zi} 的纬度范围,Z_{1i}、Z_{2i} 分别是在 φ_1、φ_2 两个纬圈上的高度值,l 为分别在 φ_1、φ_2 纬圈上均匀取点的高度值的数量。

2.2 统计与分析方法

用河西走廊 13 个气象观测站 1960—2019 年的逐日沙尘暴资料,利用线性倾向率方法分析沙尘暴频次的时间及空间变化趋势,通过滑动 t 检验方法检验是否存在显著突变;应用概率统计和线性倾向率方法研判该区沙尘暴持续时间和强度(最小能见度)特征及演变规律。

使用国家气候中心提供的 130 项 1960—2019 年逐日大气环流特征量指数,从大尺度天气系统、海温、冷空气的角度出发,利用相关系数(Pearson)法分析气候系统指数与沙尘暴频次、沙尘暴过程持续时间的关系。

通过 Excel 2007、SPSS 22.0、vb6.0 等软件,对资料进行统计、处理和分析。

3 结果与分析

3.1 沙尘暴的空间分布及演变特征

河西走廊是中国沙尘暴的高发区之一,沙尘暴发生频次最多的是东北部的民勤(21.7 d/a),其次是金塔(15.7 d/a)、鼎新(13.3 d/a)、甘州(10.5 d/a)、敦煌(9.3 d/a),最少的是马鬃山(1.2 d/a)。从地理位置看,邻近沙漠地区,沙尘暴频次较多,反之亦然。民勤三面被巴丹吉林沙漠和腾格里沙漠所围,金塔、鼎新、甘州北面与巴丹吉林沙漠接壤,敦煌西接库姆塔格沙漠。随着时间变化各地沙尘暴均呈减少趋势,倾向率为民勤(－7.2 d/10a)＞金塔(－5.7 d/10a)＞鼎新(－4.8 d/10a)＞甘州(－4.4 d/10a)＞高台(－3.2 d/10a)＞敦煌(－3.1 d/10a)＞肃州(－2.6 d/10a)＞凉州(－2.4 d/10a)＞瓜州(－2.0 d/10a)＞玉门镇(－1.9 d/10a)＞山丹(－1.7 d/10a)＞永昌(－1.1 d/10a)＞马鬃山(－0.2 d/10a)(马鬃山 P ＜0.05,其他站 P＜0.001)。由此可见,沙尘暴发生频次与减少速度呈显著正相关,民勤是沙尘暴发生频次最多的地方,也是减少速度最快的地方,这与近年来全球气候变暖、中纬度西风带强度减弱、大风日数减少,区域生态的重建和恢复息息相关。

3.2 沙尘暴频次的时间演变特征

3.2.1 沙尘暴频次的年际及年代际演变特征

沙尘暴频次年变化曲线显示(图1),沙尘暴呈显著减少趋势,年际倾向率为东部(-3.5 d/10a)(P<0.001)>中部(-3.1 d/10a)(P<0.001)>西部(-2.9 d/10a)(P<0.001)。东、中、西部减少速度最快的分别为民勤、甘州、金塔;年代际变化表明(表1),20世纪70年代是沙尘暴高发期,80年代开始到90年代迅速减少,2000年以后减少速度减缓,近9年减少最显著。

滑动 t 检验监测显示,河西走廊沙尘暴发生了突变减少,显著突变点(P<0.05),西部在1979年,中部在1966年、1972年、1973年,东部则在1966年。

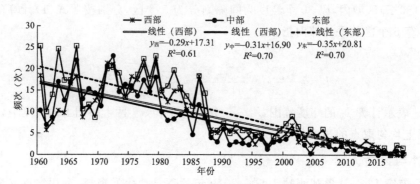

图1　河西走廊沙尘暴年变化趋势

表1　河西走廊各县(区)沙尘暴距平年代际变化(单位:d)

起止年限	马鬃山	肃州	敦煌	玉门镇	鼎新	金塔	瓜州	甘州	高台	山丹	民勤	永昌	凉州
1961—1970	-0.1	2.4	6.6	1.9	4.2	4.8	2.5	11.1	4.8	3.3	8.9	0.2	7.0
1971—1980	0.8	11.2	6.5	6.9	15.3	21.9	3.4	9.8	12.0	5.3	17.7	3.8	3.9
1981—1990	0.2	0.9	1.3	1.9	5.6	3.4	2.3	0.3	1.3	-1.7	9.1	0.8	-1.8
1991—2000	-0.2	-4.8	-3.7	-2.6	-7.0	-10.5	-2.3	-6.1	-4.9	-2.4	-9.6	-1.7	-3.2
2001—2010	-0.5	-4.4	-4.9	-3.2	-9.2	-10.1	-3.1	-7.1	-5.6	-2.5	-10.8	-1.5	-3.3
2011—2019	-0.4	-6.1	-7.2	-5.3	-11.8	-13.0	-5.2	-9.2	-7.9	-3.1	-19.7	-3.0	-4.3

3.2.2 沙尘暴频次的月际及季节演变特征

河西走廊沙尘暴一年四季均有发生,其中9月、10月最少,月均0.2 d,各占全年沙尘暴频次的2.3%,4月最多(1.6 d),占全年沙尘暴频次的18.6%;春季最多(4.2 d),占全年沙尘暴频次的48.9%,其次是夏季(2.1 d)、冬季(1.6 d),秋季最少(0.7 d),仅占全年沙尘暴频次的8.1%。

四季沙尘暴也为显著减少趋势(图2),减少速度是春季>夏季>冬季>秋季。春季沙尘暴频次倾向率为中部(-1.6 d/10a)>东部(-1.4 d/10a)>西部(-1.2 d/10a);夏季倾向率为东部(-0.99 d/10a)>中部(-0.84 d/10a)>西部(-0.66 d/10a);秋季年际倾向率为西部

（−0.29 d/10a）＞东部（−0.28 d/10a）＞中部（−0.20 d/10a）；冬季倾向率为东部（−0.89 d/10a）＞西部（−0.70 d/10a）＞中部（−0.48 d/10a）。四季均为 20 世纪 70 年代是最多期，之后持续减少，近 9 年减少最显著，春、夏、秋、冬较 70 年代分别减少了 7.3 d、4.0 d、1.1 d、3.9 d（四季变化趋势均 $P<0.001$）。

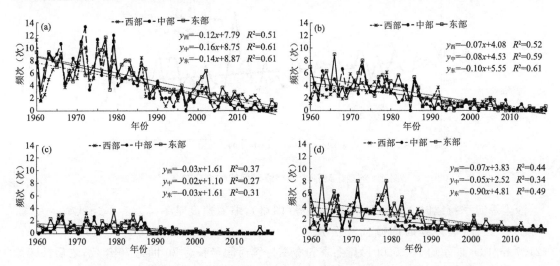

图 2　河西走廊沙尘暴季节年际变化趋势（a.春季；b.夏季；c.秋季；d.冬季）

3.3　沙尘暴持续时间特征及演变规律

河西走廊沙尘暴过程平均持续时间（图 3a）为 119 min，持续 60～300 min 的频次最多，其次是＜60 min 的，＞300 min 的频次最少。其中，西部和东部是持续 60～300 min 的频次最多，＞300 min 的频次最少；中部是＜60 min 的频次最多，＞300 min 的频次最少。

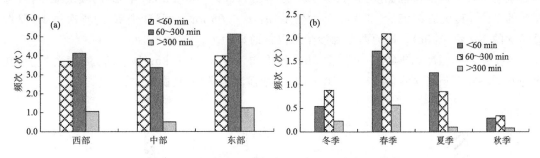

图 3　河西走廊沙尘暴持续时间年（a）、季节（b）特征

四季平均持续时间（图 3b）分别为，春季 106.7 min、夏季 41.9 min、秋季 35.1 min、冬季 64.2 min。冬季、春季和秋季均是持续 60～300 min 的频次最多，＞300 min 的频次最少；夏季是＜60 min 的频次最多，＞300 min 的频次最少。

以沙尘暴发生频次最高的民勤为例研究发现，＜60 min 的沙尘暴主要出现在下午到夜间，持续 60～300 min 和＞300 min 的沙尘暴则多出现在中午前后到下午。

近 60 年沙尘暴平均持续时间呈显著缩短趋势（图 4），倾向率为 −7.42 m/10a（$P<0.001$）。年代际变化显示，20 世纪 60—70 年代是沙尘暴持续时间最长时期，平均持续时间为 132 min，80 年代持续时间有所缩短，平均持续时间为 116.9 min，90 年代迅速反弹延长，平均

持续时间为 124.2 min,1996 年出现了 1965 年以来河西走廊西部最强的沙尘暴,也是近 60 年持续时间最长的沙尘暴,2000 年以后持续时间迅速缩短,平均持续时间为 103.3 min,特别是近 9 年时间缩短最明显,持续时间是平均持续时间的 2/3。

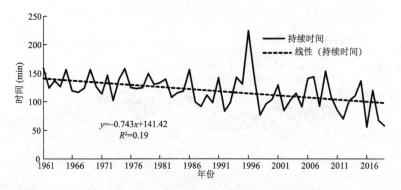

图 4　河西走廊沙尘暴持续时间线性变化趋势

沙尘暴四季持续时间也呈显著缩短趋势(图略),缩短速度是冬季>春季>秋季>夏季。春、夏、秋、冬四季持续时间倾向率分别为 −16.8 m/10a、−11.2 m/10a、−13.6 m/10a、−21.7 m/10a(四季均 $P < 0.001$)。冬季和春季持续时间最长为 20 世纪 70 年代,之后持续缩短,近 9 年是持续时间最短期,较 70 年代分别缩短了 108.2 min 和 100.0 min;夏季和秋季持续时间最长为 20 世纪 60 年代,之后持续缩短,近 9 年是持续时间最短期,较 60 年代分别缩短了 62.7 min 和 63.1 min。

3.4　沙尘暴的强度特征及演变规律

用每次沙尘暴天气过程中最小能见度来表征沙尘暴的强度,沙尘暴个例资料显示,河西走廊沙尘暴过程平均最小能见度为 0.569 km(沙尘暴),0.5~1.0 km(沙尘暴)的频次最多,占总频次的 70%,其次是 0.05~0.5 km(强沙尘暴)的,<0.05 km(特强沙尘暴)的频次最少,仅占总频次的 3.2%(图 5a)。即河西走廊沙尘暴以普通型为主。

沙尘暴四季强度和年特征一样(图 5b),各季均是 0.5~1.0 km(沙尘暴)的频次最多,其次为 0.05~0.5 km(强沙尘暴)的,<0.05 km(特强沙尘暴)的频次最少。

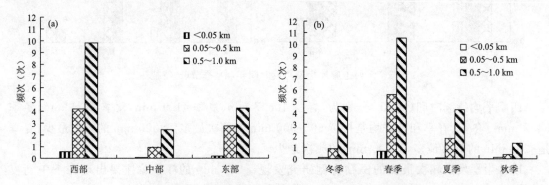

图 5　河西走廊沙尘暴最小能见度空间(a)、季节(b)特征

近 16 年沙尘暴年均最小能见度序列变化显示,河西走廊沙尘暴强度无明显变化,最小能见度维持在 0.57 km 左右。

3.5　沙尘暴变化影响因素分析

3.5.1　频次变化影响因素分析

影响沙尘暴发生的因素很多,诸多学者已有研究,这里不再一一赘述,本研究拟从大尺度天气系统、海温、冷空气的角度分析大气环流特征量指数变化对该地区沙尘暴的影响(表 2)。

表 2　河西走廊沙尘暴频次与各影响因子的相关系数

	大西洋多年代际振荡指数	西藏高原−1指数	西藏高原−2指数	副高西伸脊点指数	西太平洋副高面积指数	西太平洋副高强度指数	东亚槽强度指数	东亚槽位置指数	Nino 3.4区海表温度距平指数	类ENSO指数	冷空气次数	欧亚纬向环流指数
西部	−0.74**	−0.51**	−0.50**	0.50**	−0.48**	−0.46**	−0.48**	0.31*	−0.27*	0.21	0.20	−0.22
中部	−0.74**	−0.65**	−0.62**	0.60**	−0.55**	−0.50**	−0.47**	0.22	−0.31*	0.30*	0.23	−0.26*
东部	−0.70**	−0.61**	−0.62**	0.53**	−0.52**	−0.51**	−0.49**	0.30*	−0.27*	0.25	0.26*	−0.23
走廊	−0.75**	−0.61**	−0.60**	0.56**	−0.53**	−0.51**	−0.50**	0.29*	−0.29*	0.26*	0.24	−0.24

注:*、**分别表示通过 0.05,0.01 显著性检验,下同。

分析发现,与河西走廊年沙尘暴频次相关性最好的是大西洋多年代际振荡指数,其次是西藏高原−1 指数、西藏高原−2 指数、副高西伸脊点指数、西太平洋副高面积指数、西太平洋副高强度指数、东亚槽强度指数、东亚槽位置指数、Nino 3.4 区海表温度距平指数、类ENSO 指数(以上均 $P<0.05$)。其中,与大西洋多年代际振荡指数、Nino 3.4 区海表温度距平指数呈显著负相关,类 ENSO 指数呈显著正相关,说明沙尘暴频次与 ENSO 事件关系密切,PDO(太平洋年代际震荡)负位相(拉尼娜)有利于沙尘暴发生;与西藏高原−1 指数和西藏高原−2 指数均呈显著负相关,且相关系数较大,表明高原槽的位置和强度对沙尘暴频次影响较明显;与副高西伸脊点指数呈显著正相关,与西太平洋副高面积指数、西太平洋副高强度指数呈显著负相关,说明西太平洋副热带高压 588 dagpm 等值线位置越偏西,面积越小,强度越弱,河西走廊沙尘暴频次越多;与东亚槽位置指数呈正相关,与东亚槽强度指数呈显著负相关,说明东亚槽的位置和强度直接影响沙尘暴频次;与冷空气次数呈弱正相关,冷空气次数多,就意味着天气过程多,伴随地面冷锋过境,在锋面前后强气压梯度作用下形成大风,继而引发沙尘暴;与欧亚纬向环流指数呈弱负相关,表明 500 hPa 环流经向度加大,偏北气流引导冷空气南下,形成大风,导致沙尘暴频次增多。

3.5.2　持续时间变化影响因素分析

分析沙尘暴持续时间与大气环流特征量的关系发现(表 3),与河西走廊沙尘暴持续时间相关性最好的是西太平洋副高面积指数,其次是西太平洋副高强度指数、西藏高原−2 指数、西藏高原−1 指数、副高西伸脊点指数、大西洋多年代际振荡指数、东亚槽强度指数(以上均 $P<0.05$)。与副高西伸脊点指数呈显著正相关,与西太平洋副高面积指数、西太平洋副高强度指数呈显著负相关,表明西太平洋副热带高压 588 dagpm 等值线位置越偏西,面积越小,强度越弱,河西走廊沙尘暴持续时间越长;与西藏高原−1 指数、西藏高原−2 指数均呈显著负相关,即高原槽的位置和强度对沙尘暴持续时间有一定影响;与大西洋多年代际振荡指数呈显著负相关,说明沙尘暴持续时间与 ENSO 事件有一定关系;与东亚槽强度指数呈负相关,表明东亚槽的强度直接影响着沙尘暴的持续时间。

表3　河西走廊沙尘暴持续时间与各影响因子的相关系数

	西太平洋副高面积指数	西太平洋副高强度指数	西藏高原-2指数	西藏高原-1指数	副高西伸脊点指数	大西洋多年代际振荡指数	东亚槽强度指数	冷空气次数	类ENSO指数	Nino 3.4区海表温度距平指数	欧亚纬向环流指数	东亚槽位置指数
西部	-0.40**	-0.41**	-0.38**	-0.37**	0.41**	-0.41**	-0.23	-0.29*	0.26*	-0.20	-0.05	-0.08
中部	-0.31*	-0.26*	-0.35**	-0.34**	0.28*	-0.20	-0.16	-0.06	0.12	-0.05	-0.09	0.01
东部	-0.42**	-0.39**	-0.34*	-0.35**	0.34**	-0.33*	-0.28*	-0.05	-0.05	-0.10	-0.20	0.16
走廊	-0.52**	-0.50**	-0.50**	-0.49**	0.49**	-0.46**	-0.31*	-0.24	0.21	-0.19	-0.12	0.00

综合以上分析,年沙尘暴频次与环流指数的关系比持续时间与环流指数的关系更为密切,河西走廊沙尘暴的发生、发展,下垫面条件是主要影响因素,大尺度天气系统演变是触发机制,气候要素变化是直接影响因子。

4　讨论

河西走廊沙尘暴年、季频次呈显著减少趋势,与高振荣等(2014)研究结论完全一致,年际倾向率有所差别是所用资料时间长短不同所致;沙尘暴过程,持续60～300 min的频次最多,>300 min的频次最少,与李玲萍等(2019)分析的河西走廊东部沙尘暴持续时间结果基本一致;河西走廊沙尘暴强度无明显变化,最小能见度维持在0.57 km左右,这一结论与赵明瑞等(2013)用2001—2010年民勤沙尘暴资料得出的"最小能见度有减小趋势"有所不同,主要原因是研究范围和资料长度不同所致;大气环流经向度加大,沙尘暴发生频次增多、持续时间延长,这一个结论与江灏等(2004)的研究一致;沙尘暴频次与Nino 3.4区海表温度距平指数、大西洋多年代际振荡指数呈显著负相关,与类ENSO指数呈显著正相关,与南方涛动指数SOI关系不显著,这一结论与李威(2006)用1957—2002年资料分析结果"北方春季沙尘暴与Nino 3区海表温度的相关不如与SOI的好"不完全相同,究其原因,与资料年代长短、研究区大小、地理位置不同有关,有待进一步研究。

5　结论

(1)河西走廊沙尘暴分布特点为,邻近沙漠地区发生频次多,远离沙漠地区发生频次少。随着时间推移各地沙尘暴均呈减少趋势,且发生频次与减少速度呈显著正相关。

(2)河西走廊沙尘暴频次呈显著减少趋势,倾向率为东部(-3.5 d/10a)>中部(-3.1 d/10a)>西部(-2.9 d/10a)。20世纪70年代是沙尘暴高发期,之后持续减少,近9年减少最显著。四季也呈显著减少趋势,减少速度是春季>夏季>冬季>秋季。沙尘暴发生了突变减少。

(3)河西走廊沙尘暴过程平均持续时间为119 min,持续60～300 min的频次最多,>300 min的频次最少。沙尘暴平均持续时间呈显著缩短趋势,倾向率为-7.42 m/10a,近9年持续时间缩短最明显;四季持续时间也呈显著缩短趋势,缩短速度是冬季>春季>秋季>夏季。

(4)河西走廊沙尘暴过程平均最小能见度为0.569 km,0.5～1.0 km(沙尘暴)的频次最多,占总频次的70%,<0.05 km(特强沙尘暴)的频次最少,仅占总频次的3.2%。近16年沙

尘暴年均最小能见度无明显变化,始终在平均值上下波动。

（5）河西走廊年沙尘暴频次与副高西伸脊点指数、东亚槽位置指数、类 ENSO 指数呈显著正相关,与西太平洋副高面积指数、西太平洋副高强度指数、东亚槽强度指数、西藏高原－1 指数、西藏高原－2 指数、Nino 3.4 区海表温度距平指数、大西洋多年代际振荡指数呈显著负相关。

（6）河西走廊沙尘暴过程持续时间与副高西伸脊点呈显著正相关,与西太平洋副高面积指数、西太平洋副高强度指数、西藏高原－1 指数、西藏高原－2 指数、东亚槽强度指数、大西洋多年代际振荡指数呈显著负相关。

参考文献

常兆丰,王耀琳,韩福贵,等,2012.沙尘暴发生日数与空气湿度和植物物候的关系:以民勤荒漠区为例[J].生态学报,32(5):1378-1386.

冯鑫媛,王式功,程一帆,等,2010.中国北方中西部沙尘暴气候特征[J].中国沙漠,30(2):394-399.

高振荣,李红英,瞿汶,等,2014.近 55 年来河西地区沙尘暴时空演变特征[J].干旱区资源与环境,28(12):76-81.

韩兰英,张强,杨阳,等,2019.气候变化背景下甘肃省主要气象灾害综合损失特征[J].干旱区资源与环境,33(7):107-114.

江灏,吴虹,尹宪志,等,2004.河西走廊沙尘暴的时空变化特征与其环流背景[J].高原气象,23(4):548-552.

姜萍,徐洁,陈鹏翔,等,2019.南疆近 57 年沙尘暴变化特征分析[J].干旱区资源与环境,33(2):103-109.

蒋盈沙,高艳红,潘永洁,等,2019.青藏高原及其周边区域沙尘天气的时空分布特征[J].中国沙漠,39(4):83-91.

孔锋,2020.中国灾害性沙尘天气日数的时空演变特征(1961—2017)[J].干旱区资源与环境,34(8):116-123.

李璠,肖建设,祁栋林,等,2019.柴达木盆地沙尘暴天气影响因素[J].中国沙漠,39(2):144-150.

李宽,熊鑫,王海兵,等,2019.内蒙古西部高频沙尘活动空间分布及其成因[J].干旱区研究,36(3):657-663.

李玲萍,李岩瑛,孙占峰,等,2019.河西走廊东部沙尘暴特征及地面气象因素影响机制[J].干旱区研究,36(6):1457-1465.

李威,2006.中国北方春季沙尘暴的变化与 ENSO 的关系[J].气候变化研究进展,2(6):296.

李玄姝,常春平,李云强,2012.承德沙尘天气空间分布特征、成因及防治措施[J].水土保持研究,19(4):270-273.

刘洪兰,张强,张俊国,等,2014.1960—2012 年河西走廊中部沙尘暴空间分布特征和变化规律[J].中国沙漠,34(4):1102-1108.

刘生元,王金艳,王式功,等,2015.春季东亚副热带西风急流的变化特征及其与中国沙尘天气的关系[J].中国沙漠,35(2):431-437.

罗晓玲,胡丽莉,杨梅,2015.近 30 年石羊河流域气象灾害特征及风险评估技术研究[J].中国农学通报,31(32):205-210.

马潇潇,王海兵,左合君,2019.近 54 年内蒙古自治区西部沙尘暴的变化趋势[J].水土保持通报,39(4):17-21,101.

王春学,秦宁生,2018.中国北方春季沙尘暴周期变化特征及其对最大风速的响应[J].水土保持研究,25(3):133-141.

王森,王雪姣,陈东东,等,2019.1961—2017 年南疆地区沙尘天气的时空变化特征及影响因素分析[J].干旱区资源与环境,33(9):81-86.

王式功,董光荣,陈惠忠,等,2000.沙尘暴研究的进展[J].中国沙漠,20(4):349-356.

王文彪,党晓宏,胡生荣,等,2013.呼和浩特地区近48年沙尘暴发生规律及其影响因子研究[J].水土保持研究,20(3):131-134.

袁国波,2017.21世纪以来内蒙古沙尘暴特征及成因[J].中国沙漠,37(6):1204-1209.

张伟,杨淑敏,周向玲,2016.喀什地区沙尘暴天气变化特征及影响因素分析[J].干旱区资源与环境,30(6):95-101.

赵光平,陈楠,王连喜,2005.宁夏中部干旱带生态恢复对沙尘暴的降频与减灾潜力分析[J].生态学报,25(10):2750-2756.

赵明瑞,闫大同,李岩瑛,等,2013.甘肃民勤2001—2010年沙尘暴变化特征及原因分析[J].中国沙漠,33(4):1144-1149.

赵明瑞,杨晓玲,滕水昌,2012.甘肃民勤地区沙尘暴变化趋势及影响因素[J].干旱气象,30(3):421-425.

赵勇,李红军,何清,2012.塔里木盆地沙尘天气日数的变化及其与北大西洋涛动的联系[J].中国沙漠,32(4):1082-1088.

甄泉,王雅晴,冼超凡,等,2019.沙尘暴对北京市空气细菌多样性特征的影响[J].生态学报,39(2):717-725.

GAO Y,ARIMOTO R,ZHOU M Y,et al,1992. Relationships between the dust concentrations over eastern Asia and the remote North Pacific[J]. Journal of Geophysical Research:Atmospheres,97(D9):9867-9872.

LI H J,YANG X H,ZHAO Y,et al,2014. The atmospheric circulation patterns influencing the frequency of spring sand-dust storms in the Tarim Basin[J]. Sciences in Cold and Arid Regions,6(2):168-173.

XIE S,QI Y Z L,TANG X,2005. Characteristics of air pollution in Beijing during sand-dust storm periods[J]. Water,Air & Soil Pollution:Focus,5(3):217-229.

XUAN J,SOKOLIK I N,2002. Characterization of sources and emission rates of mineral dust in Northern China[J]. Atmospheric Environment,36(31):4863-4876.

YANG Y,WANG J,NIU T,et al,2013. The variability of spring sand-dust storm frequency in Northeast Asia from 1980 to 2011[J]. Acta Meteorologica Sinica,27(1):119-127.

基于 NDVI 的石羊河流域植被演变特征及其对沙尘暴的影响分析[*]

罗晓玲[1]，杨梅[1]，李岩瑛[1,2]，蒋菊芳[1]，聂鑫[2]

(1. 甘肃省武威市气象局，武威 733000；2. 中国气象局兰州干旱气象研究所，甘肃省干旱气候变化与减灾重点实验室/中国气象局干旱气候变化与减灾重点开放实验室，兰州 730020)

摘要：利用石羊河流域2000—2016 年卫星遥感数据和 7 个气象站 1961—2020 年逐日沙尘暴资料，使用一元回归趋势法、线性倾向率、相关系数等方法，分析该流域植被覆盖与沙尘暴频次、持续时间、强度的多尺度变化特征及关系，探讨其对沙尘暴发生发展的影响程度。结果表明：流域植被轻微增大，NDVI（归一化差分植被指数）以每年 0.0009 的速度增大，2007 年开始恢复，2010 年以后恢复比较明显，上中游恢复速度比下游快。沙尘暴频次显著减少，倾向率为 −2.8 d/10a，近 10 年减少最显著，较 20 世纪 70 年代减少了 14.5 d；中游减少速度较慢，下游减少速度较快；四季减少速度为春季＞夏季＞冬季＞秋季。沙尘暴持续时间显著缩短，倾向率为 −12.2 mim/10a，近 10 年持续时间最短，较 70 年代缩短了 60.9 min；中游时间缩短较慢，下游时间缩短较快。沙尘暴强度无明显变化，最小能见度维持在 0.496 km 左右。沙尘暴频次和持续时间与当年和前一年全流域 NDVI、NDVI＞0.3 面积、上中下游 NDVI 呈显著负相关。沙尘暴强度与当年全流域 NDVI、NDVI＞0.3 面积、上中下游 NDVI 呈弱负相关，与前一年的 NDVI 因子呈弱正相关。流域植被覆盖的改善对沙尘暴有明显抑制作用。

关键词：归一化差分植被指数；沙尘暴；变化趋势；影响分析；石羊河流域

　　植被是生态系统的重要组成部分，在全球气候和碳循环中有极为重要的地位，是连接土壤圈、大气圈、水圈、生物圈的自然纽带，植被覆盖是植被地表最直接的表征，反映了植被的茂密程度和植物进行光合作用面积的大小（何航 等，2020），是了解区域生态环境中的初级生产力、环境承载力、水土流失强度等生态环境系统的状态与功能的重要基础（Pan 等，2014；车彦军 等，2016），一方面，植被覆盖度变化影响大气中 CO_2 浓度，塑造异质性明显的流域气候，另一方面，气候变化打破原有的物质、能量的交互平衡，特别是碳循环等问题（李丽丽 等，2018）。沙尘暴是中国北方常见的一种灾害天气，因其造成的损失不容小觑（甄泉 等，2019）。沙尘暴形成的 3 个要素是大风、丰富的沙源和不稳定天气，研究区因受河西走廊地形峡管效应的影响，大风频次较高，下游三面被沙漠包围，沙源丰富，而成为甘肃乃至全国沙尘暴的高发区之一，因沙尘暴造成的年均经济损失超过 3 783 万元，年均农业受灾面积超过 13195 hm^2，对地方经济的发展已造成一定影响（罗晓玲 等，2015）。20 世纪 50—60 年代，因各种原因，石羊河流域生态环境日趋恶化，祁连山冰川萎缩、雪线上升，上游来水量逐年减少，中游截流超用，下游地下水过度开采，植被曾一度退化，成了全国最干旱、荒漠化最严重、水资源最短缺，用水矛盾最突

---

　　* 本文已在《水土保持学报》2022 年第 36 卷第 2 期正式发表。

出的地区之一。植被覆盖度差,地表沙源丰富,沙尘暴频繁,造成恶性循环。对沙尘暴的防控,有学者提出通过植树种草、提高地表植被覆盖率来防风固沙(高超 等,2019),李璠等(2019)和马坤等(2018)分析了起沙量与植被覆盖度的关系,认为植被对沙尘暴有抑制作用,但这些研究多为定性描述,Aulia 等(2016)利用遥感数据研究了植被对干旱的响应,但是缺乏石羊河流域植被与沙尘暴的定量分析研究。本研究利用近 60 年石羊河流域沙尘暴资料和石羊河流域综合治理前后的遥感数据,从植被指数、沙尘暴频次、持续时间、强度四个方面的变化进行了系统性分析,并首次研究植被指数与沙尘暴频次、持续时间、强度的关系,以期得到流域植被与沙尘暴的定量关系,为防灾减灾,改善生态环境,践行习总书记"绿水青山就是金山银山"的重要指示,意义重大。

1　研究区概况

石羊河流域位于甘肃省河西走廊东部,乌鞘岭以西,祁连山北麓,36°29′~39°27′N,101°41′~104°16′E,行政区划包括武威市、金昌市和张掖市的部分地区,其水系发源于祁连山,是甘肃省三大内陆河流域之一,上游贯穿天祝县、民乐县、肃南县,中游贯穿凉州区、永昌县、古浪县,下游在民勤县境内;流域地处黄土高原与戈壁荒漠的交汇带,为半干旱气候与干旱气候的交界区,也是高原气候和沙漠气候的共同影响区。流域内地形复杂,气候差异大,其所在区域包括了绿洲农田、荒漠、荒漠湿地、荒漠湖泊和沙漠等多种生态系统。其海拔高度为1300~5000 m,年降水量 110~600 mm,年蒸发量 700~2700 mm。流域地表植被覆盖度低,根据最新监测分析(毛忠超 等,2020;李丽丽 等,2018),上游南部祁连山拥有森林、草地和浅山灌丛,植被茂密,中游石羊河灌溉地区为绿洲,植被适中,下游大部分地区为半荒漠、荒漠和沙漠地区,植被稀疏。植被多由耐干旱的灌木、半灌木组成,植株稀疏矮小,生态环境十分脆弱。

2　材料与方法

2.1　数据来源

所用气象要素数据来源于1961—2020 年石羊河流域内 7 个气象站(凉州、民勤、永昌、古浪、乌鞘岭、肃南、民乐)逐日观测资料;上游数据为乌鞘岭、民乐、肃南 3 站平均,中游为凉州、永昌、古浪 3 站平均,下游为民勤站数据。

卫星遥感数据来自甘肃省气象局气候中心遥感应用室 2000—2016 年 5—9 月监测数据。植被覆盖面积由 HJ-1B/CCD 卫星监测所得。归一化植被指数(Normalized Difference Vegetation Index,NDVI,也称标准差异植被指数)由 Terra/MODIS 卫星资料监测分析所得,也称为生物量指标变化,可使植被从水和土中分离出来,是检测植被生长状态、植被覆盖度的最佳指示因子,被广泛运用在植被覆盖度研究中(郑倩 等,2021;白旭阳 等,2020;方健梅 等,2020)。表达式:NDVI=(NIR-R)/(NIR+R),NIR:近红外波段的反射率值,R:红波段的反射率值。NDVI 与植物的蒸腾作用、太阳光的截取、光合作用、地表净初级生产力有关。

根据《沙尘暴天气等级》,依据地面水平能见度(V)分为浮尘、扬沙、沙尘暴、强沙尘暴和特强沙尘暴 5 个等级。分级标准为,沙尘暴:$V<1.0$ km,强沙尘暴:$V<0.5$ km,特强沙尘暴:$V<0.05$ km。由于能见度的观测在 1979 年及以前为 0~9 级,1980—1999 年的单位不一致,而且在地面观测月报表中有些年份没有最小能见度观测记录,故文中用 2000—2020 年的最小能见度资料统计分析沙尘暴的强度。

2.2 统计与分析方法

基于每个像元的基础上,使用一元回归趋势法,按照趋势分析得到每年作物生长季 NDVI 的变化情况,以 NDVI 与时间序列的趋势斜率(k)值,来代表植被覆盖的变化趋势,计算公式为:

$$k = \frac{n \times (\sum\limits_{i=1}^{n} i \times C_i) - (\sum\limits_{i=1}^{n} i)(\sum\limits_{i=1}^{n} C_i)}{n \times \sum\limits_{i=1}^{n} i^2 - (\sum\limits_{i=1}^{n} i)^2}$$

式中,k 为趋势斜率;n 为监测时段的年数,C_i 为第 i 年的生长季 NDVI。根据趋势斜率的变化范围和研究区域的实际情况,将变化趋势分为 7 个等级:$k < -0.0015$ 为植被明显减少,$-0.0015 \leqslant k < -0.0010$ 表示植被中度减少,$-0.0005 \leqslant k < -0.0010$ 表示植被轻微减少,$-0.0005 \leqslant k < 0.0005$ 为植被稳定不变,$0.0005 \leqslant k < 0.0010$ 为植被轻微增大,$0.0010 \leqslant k < 0.0015$ 为植被中度增大,$k \geqslant 0.0015$ 为植被明显增大。利用判定系数分析回归结果的线性拟合优度,判定系数 $R^2 < 0.155$ 为未通过显著性检验。

以气候倾向率(杨彩云 等,2021;刘畅 等,2014)方法分析沙尘暴频次、持续时间和强度的变化趋势,在此基础上,利用相关系数(Pearson)法分析 NDVI 与它们的关系,探讨 NDVI 对沙尘暴发生发展的影响程度。

通过 Excel 2007、SPSS 22.0、vb6.0、Photoshop CC 2017 等软件,对资料进行统计、处理和分析。

3 结果与分析

3.1 植被变化特征

地表植被覆盖能够有效影响地表的水分、能量和辐射的分配及平衡,进而影响水文过程、水循环和区域气候,植被退化能引发水土流失、土地沙漠化、冻土退化等一系列严重的后果(叶培龙 等,2020)。石羊河流域以森林、绿洲、荒漠为主,是气候变化敏感区,在流域整体暖湿化背景下,植被变化非常重要。

3.1.1 时间变化特征

石羊河流域平均植被覆盖度较低,多年平均 NDVI 为 0.175,NDVI>0.3 面积为 5652 km²,NDVI 和 NDVI>0.3 面积时间序列变化显示(图 1),流域植被轻微增大,NDVI 以每年 0.0009 的速度增大($P < 0.01$),NDVI>0.3 面积每年增大 61.54 km²($P < 0.05$),但各年变

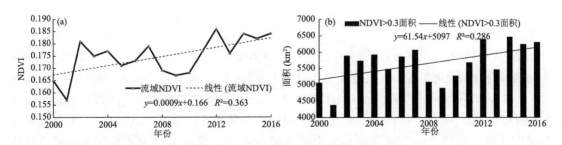

图 1 石羊河流域植被年变化趋势(a. 流域 NDVI,b. NDVI>0.3 面积)

化较大,2007年石羊河综合治理以前,由于人为活动引起的生态用水量减少、地下水位持续下降,以致2000年和2001年是植被最差的年份,2002年流域出现较大降水,植被迅速好转,2003—2006年植被波动减少,2000—2006年流域植被总体处于退化状态。2007年国务院批准以"民勤绿洲"为重点的石羊河流域重点治理规划开始实施,2007—2016年植被波动增大,特别2010年以后恢复比较明显。可以看出随着石羊河流域生态治理工程的开展,持续调水、有效退耕还林,加上流域降水量的略微增加,地下水位近年来开始上升,自然植被开始恢复。

3.1.2 空间动态变化特征

NDVI能反映植物冠层的背景影响,如土壤、潮湿地面、雪、枯叶、粗糙度等,且与植被覆盖有关,$-1 \leqslant NDVI \leqslant 1$,负值表示地面覆盖为云、水、雪等,0表示有岩石或裸土等,正值表示有植被覆盖,且随覆盖度增大而增大。流域内地势东北低,西南高,随着海拔高度的上升,植被覆盖逐渐增大,平均NDVI为:下游0.107<中游0.184<上游0.317,从流域NDVI时间变化曲线看出(图2),下游植被轻微增大($k=0.0006$ $P<0.01$),2000—2004年波动增大,2005—2010年波动减小,2011—2016年迅速增大,2012年为17年来最大(0.115),与石羊河流域生态综合治理工程的实施,压沙、营造防风固沙林、关井压田、退耕还林(草)、地下水位不断上升密切相关(滑永春 等,2017;蓝欣 等,2015)。中游植被中度增大($k=0.0011,P<0.05$),2012年、2014年为最大(0.198),2002年为次大(0.195),2001年为最小(0.161),中游植被的变化与降水量的大小,石羊河流域生态综合治理关井压田,退耕还林有关(任立清 等,2019)。上游植被中度增大($k=0.0011,P<0.05$),2001年最小(0.299),2016年最大(0.346),通过分析降水与NDVI的关系发现,降水量与NDVI呈显著正相关,故上游植被的变化主要与降水量的变化和环境保护关系密切。

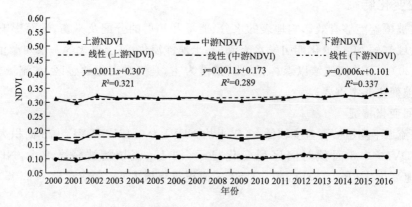

图2　石羊河流域上、中、下游植被变化趋势

通过以上分析可以看出,上游和中游的植被恢复速度较下游快,除了综合治理以外,还与不同区域自身的地理位置和气候特征不同有较大关系,上游(降水量342.8 mm)和中游(降水量245.1 mm)年均降水量较下游(降水量113.2 mm)分别多229.6 mm和131.9 mm,即为2.6倍和2.2倍,在干旱半干旱地区,这一差距是极为显著的。上、中、下游近60年降水量增加速度分别为8.25 mm/10a、7.00 mm/10a、4.07 mm/10a,降水量增加速度较快区域的自然植被恢复速度相应较快。另外,上游以森林、草原为主,地面蓄水能力强,中游以耕地居多,且

大多是水浇地,地表湿度相对较好,而下游以荒漠为主,蒸发量大(植物生长季蒸发量是降水量的 18.5 倍),地面蓄水能力差。所以,虽然流域近年来暖湿化进程加快,因区域地形、地貌和气候的差异导致植被恢复速度有所不同。

3.2 沙尘暴变化特征

3.2.1 沙尘暴频次的时间变化特征

近 60 年沙尘暴年频次变化显示(图 3),流域沙尘暴显著减少,年际倾向率为 -2.8 d/10a ($P<0.001$),中游减少速度较慢(-1.4 d/10a,$P<0.001$),下游减少速度较快(-7.1 d/10a,$P<0.001$),上游未出现过沙尘暴;年代际变化表明(表 1),20 世纪 70 年代是沙尘暴高频期,80 年代开始持续减少,2001—2010 年减少速度有所减缓,近 10 年减少最明显,较 20 世纪 70 年代减少了 14.5 d。

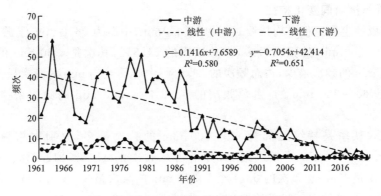

图 3　石羊河流域沙尘暴频次年变化趋势

表 1　石羊河流域沙尘暴频次距平年代际变化(单位:d)

起止年份	中游	下游	流域
1961—1970	3.1	9.5	4.7
1971—1980	3.9	18.4	7.5
1981—1990	−0.2	9.8	2.3
1991—2000	−1.9	−8.7	−3.6
2001—2010	−1.8	−10.0	−3.9
2011—2020	−3.0	−19.0	−7.0

四季均呈减少趋势(图 4),减少速度为春季(-1.2 d/10a)$>$夏季(-0.8 d/10a)$>$冬季(-0.7 d/10a)$>$秋季(-0.2 d/10a)(四季变化趋势均 $P<0.001$)。

3.2.2 沙尘暴频次的空间变化特征

石羊河流域沙尘暴发生频次为民勤(20.9 d/a)$>$凉州(4.9 d/a)$>$永昌(3.0 d/a)$>$古浪(2.1 d/a),乌鞘岭、肃南、民乐未出现过沙尘暴。地理分布为,邻近沙漠地区多,远离沙漠地区少。随着时间推移该区沙尘暴显著减少,其特点是,下游三面被沙漠所围的民勤县,也是发生频次最多的地方,减少速度最快,其次为中游的凉州区、永昌县、古浪县。这与近年来全球气候变暖、中纬度西风带强度减弱、大风日数减少,区域生态的重建和恢复息息相关。

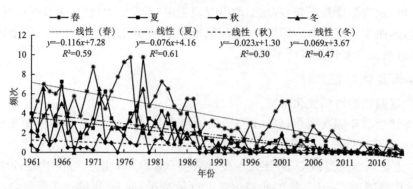

图 4　石羊河流域沙尘暴四季变化趋势

3.2.3　沙尘暴持续时间变化特征

石羊河流域沙尘暴过程平均持续时间为 133.3 min,中游为 96.8 min,下游为 146.6 min,下游是持续 60～300 min 的频次最多,占总频次的 51.8%,其次是 <60 min 的,占总频次的 34.2%,>300 min 的频次最少,占总频次的 13.9%;中游是 <60 min 的频次最多,占总频次的 50.1%,其次是 60～300 min 的,占总频次的 45.6%,>300 min 的频次最少,仅占总频次的 4.3%。

冬季、春季、秋季是持续时间为 60～300 min 的频次最多,分别占总频次的 52.9%、52.1%、56.5%,>300 min 的频次最少,分别占总频次的 15.5%、12.6%、13.8%,夏季是 <60 min 的频次最多,占总频次的 53.1%,>300 min 的频次最少,仅占总频次的 4.9%。

近 60 年沙尘暴持续时间显著缩短(图 5),倾向率为 -12.2 min/10a($P<0.01$),中游时间缩短较慢(-10.4 min/10a),$P<0.1$),下游时间缩短较快(-17.1 min/10a,$P<0.001$)。年代际变化显示(表 2),中游是 21 世纪最初 10 年持续时间最长,平均持续时间为 109.8 min,主要是因为 2006 年、2009 年出现了 2 次长时间沙尘暴所致,从 20 世纪 60 年代开始到 90 年代持续时间持续缩短,21 世纪最初 10 年迅速反弹延长,近 10 年又迅速缩短。下游是 20 世纪 70 年代持续时间最长,平均持续时间为 161.1 min,80 年代开始到 2020 年持续时间一直缩短。总体来看,流域 20 世纪 70 年代持续时间最长,之后开始缩短,21 世纪最初 10 年有所反弹,近 10 年持续时间最短,较 70 年代缩短了 60.9 min。

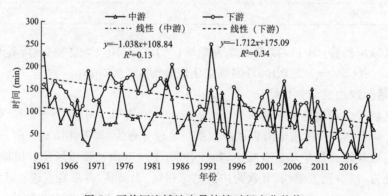

图 5　石羊河流域沙尘暴持续时间变化趋势

表 2　石羊河流域沙尘暴持续时间距平年代际变化(单位:min)

起止年份	中游	下游	流域
1961—1970	19.2	16.2	17.7
1971—1980	10.4	38.3	19.2
1981—1990	10.7	25.6	15.2
1991—2000	−1.9	5.1	−0.1
2001—2010	32.6	−12.7	17.0
2011—2020	−34.0	−64.1	−41.7

3.2.4　沙尘暴强度变化特征

以每次沙尘暴天气过程中最小能见度的大小来表征沙尘暴的强度,流域沙尘暴过程平均最小能见度为 0.496 km(沙尘暴),0.5~1.0 km(沙尘暴)的频次最多,占总频次的 54.7%,其次是 0.05~0.50 km(强沙尘暴)的,占总频次的 41.8%,<0.05 km(特强沙尘暴)的频次最少,仅占总频次的 3.5%。中、下游均是 0.5~1.0 km(沙尘暴)的频次最多,<0.05 km(特强沙尘暴)的频次最少,流域沙尘暴以普通型为主。

四季均是 0.5~1.0 km(沙尘暴)的频次最多,其次是 0.05~0.50 km(强沙尘暴)的,<0.05 km(特强沙尘暴)的频次最少。

近 21 年流域沙尘暴年均最小能见度呈波浪式持平变化,维持在 0.496 km 上下波动,2012 年 0.08 km 为最小值,2014 年 0.63 km 为最大值。

3.3　植被覆盖度与沙尘暴的关系

3.3.1　与沙尘暴频次的关系

沙尘暴年序列与同期归一化差分植被指数变化曲线显示(图 6),沙尘暴频次与 NDVI 有较好的反对应关系,沙尘暴呈逐年减少,NDVI 则逐年增大,2001 年沙尘暴最多(9.0 d),对应 NDVI 最小(0.157),2012 年沙尘暴最少(0.33 d),对应 NDVI 最大(0.186),说明植被覆盖度的改善对沙尘暴有明显抑制作用。

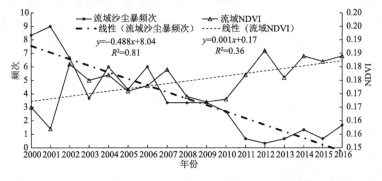

图 6　石羊河流域沙尘暴频次与 NDVI 变化趋势

进一步利用相关系数法分析沙尘暴频次与 NDVI 的关系发现(表 3),流域沙尘暴与当年和前一年流域 NDVI、NDVI>0.3 面积、上中下游 NDVI 均呈显著负相关($P<0.05$),表明,随着气候暖湿化进程加快,植被覆盖面积逐渐扩大,抑制地面尘土扬起,从而导致沙尘暴减少。

表3　石羊河流域沙尘暴频次与NDVI的相关系数

	当年全流域NDVI	当年NDVI>0.3面积	当年上游NDVI	当年中游NDVI	当年下游NDVI	前1年全流域NDVI	前1年NDVI>0.3面积	前1年上游NDVI	前1年中游NDVI	前1年下游NDVI
中游频次	−0.63**	−0.62**	−0.45	−0.57*	−0.69**	−0.62**	−0.53*	−0.44	−0.59*	−0.67**
下游频次	−0.58*	−0.45	−0.39	−0.55*	−0.60*	−0.55*	−0.47	−0.48	−0.53*	−0.47
流域频次	−0.65**	−0.55*	−0.45	−0.61**	−0.69**	−0.63**	−0.54*	−0.51*	−0.60*	−0.59*

注：*、**分别表示通过0.05、0.01显著性检验，下同。

3.3.2　与沙尘暴持续时间的关系

沙尘暴持续时间与同期NDVI变化曲线显示（图7），沙尘暴持续时间与NDVI也有较好的反对应关系，沙尘暴持续时间呈波动缩短趋势，NDVI则呈波动增大趋势，2004年沙尘暴持续时间最长（152.6 min），对应NDVI是平均状态（0.177），并不是最小，2012年沙尘暴持续时间最短（4.7 min），对应NDVI最大（0.186），说明植被覆盖对沙尘暴的持续时间有一定影响，植被覆盖较好的地方发生沙尘暴时持续时间较短。

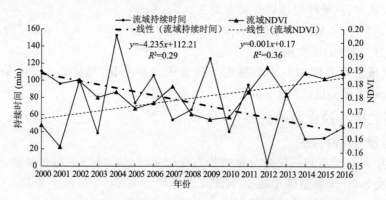

图7　石羊河流域沙尘暴持续时间与NDVI变化趋势

利用相关系数法分析沙尘暴持续时间与NDVI的关系发现（表4），流域沙尘暴持续时间与当年和前1年流域NDVI、NDVI>0.3面积、上中下游NDVI均呈显著负相关，其中当年流域NDVI、当年NDVI>0.3面积、当年中游NDVI和前1年上游NDVI通过0.05显著性检验，其他未通过显著性检验。

表4　石羊河流域沙尘暴持续时间与NDVI的相关系数

	当年全流域NDVI	当年NDVI>0.3面积	当年上游NDVI	当年中游NDVI	当年下游NDVI	前1年全流域NDVI	前1年NDVI>0.3面积	前1年上游NDVI	前1年中游NDVI	前1年下游NDVI
中游时间	−0.30	−0.35	−0.22	−0.34	−0.12	−0.44	−0.39	−0.52*	−0.42	−0.34
下游时间	−0.57*	−0.47	−0.47	−0.52*	−0.58*	−0.25	−0.16	−0.33	−0.23	−0.19
流域时间	−0.48*	−0.48*	−0.36	−0.50*	−0.32	−0.48	−0.40	−0.58*	−0.45	−0.37

3.3.3　与沙尘暴强度的关系

沙尘暴过程平均最小能见度与同期NDVI变化曲线显示（图8），沙尘暴强度与NDVI有较弱的反对应关系,沙尘暴强度基本维持不变,NDVI 则呈波动增大,2009 年平均最小能见度最大(6.07 km),对应 NDVI 是第 3 小值(0.167),2012 年沙尘暴平均最小能见度最小(0.8 km),对应 NDVI 最大(0.186),说明植被覆盖对沙尘暴强度有一定影响,植被覆盖较好的地方发生沙尘暴时强度相对较弱。

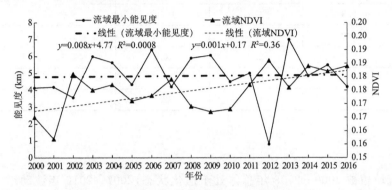

图 8　石羊河流域沙尘暴强度与 NDVI 变化趋势

利用相关系数法分析沙尘暴强度与 NDVI 的关系发现(表 5),流域沙尘暴强度与当年流域 NDVI、NDVI>0.3 面积、上中下游 NDVI 均呈弱负相关,与前一年流域 NDVI、NDVI>0.3 面积、上中下游 NDVI 均呈弱正相关,以上均未通过 0.05 显著性检验。即当年流域植被较好,发生沙尘暴时,强度较弱,当年植被对沙尘暴强度有一定弱化作用。前一年流域植被较好,发生沙尘暴时强度反而较强,究其原因主要是中游占地面积较大,地表以黏土为主,前一年降水较多时,夏季植被长势好,冬季落叶干枯,干土层增厚,来年发生大风沙尘暴时,沙源丰富,利于尘土扬起,影响能见度的大小;下游以沙土为主,前一年植被长势较好时,说明降水较多,土壤湿度大,来年发生大风沙尘暴时,能抑制沙尘扬起。

表 5　石羊河流域沙尘暴强度与 NDVI 的相关系数

	当年全流域 NDVI	当年 NDVI>0.3 面积	当年上游 NDVI	当年中游 NDVI	当年下游 NDVI	前1年全流域 NDVI	前1年 NDVI>0.3 面积	前1年上游 NDVI	前1年中游 NDVI	前1年下游 NDVI
中游强度	−0.34	−0.37	−0.19	−0.44	−0.08	0.37	0.41	0.23	0.34	0.41
下游强度	−0.16	−0.13	−0.19	−0.10	−0.19	−0.15	−0.16	0.03	−0.24	−0.07
流域强度	−0.27	−0.26	−0.22	−0.31	−0.10	0.28	0.27	0.26	0.21	0.36

3.3.4　大风日数相同情况下,植被与沙尘暴的关系

大风、丰富的沙尘源和不稳定天气是沙尘暴形成的 3 大要素,众所周知,沙尘暴发生、发展的决定因素是大风(动力因子),主要影响因素是起尘源(物质条件)。流域内植被覆盖度的好坏直接影响该区的起沙量,选取大风日数相同年份的沙尘暴频次、平均持续时间、平均最小能见度和相应年份的 NDVI 数据(表 6),分析植被对沙尘暴的影响程度。结果发现,NDVI 与沙尘暴频次和持续时间呈负相关(相关系数为−0.45、−0.24),与最小能见度呈正相关(相关系数为 0.70),均未通过 0.05 显著性检验。

通过以上分析,进一步验证了,在沙尘暴决定因素(大风)不变的情况下,流域植被覆盖度的大小直接影响着起沙量的大小,间接影响着沙尘暴的发生频次、持续时间和强度,特别对沙

尘暴的强度影响程度最大,是沙尘暴发生发展的主要影响因子之一。由此可见,植被改善对沙尘暴有明显抑制作用。

表6　大风、沙尘暴与植被的关系

年份	大风频次	沙尘暴频次	持续时间(min)	最小能见度(km)	流域 NDVI
2006	9.3	4.5	105.9	5.9	0.173
2008	9.0	2.5	66.0	5.3	0.169
2010	8.8	2.0	40.6	4.5	0.168
2013	9.3	0.5	84.7	7.0	0.176
2014	9.3	1.0	32.1	6.3	0.184

4　讨论

石羊河流域植被 2000—2006 年总体处于退化状态,2007—2016 年波动增大,特别 2010 年以后恢复比较明显,这一结论与徐晓宁等(2020)和任媛等(2018)的研究基本一致;流域平均植被覆盖度较低,随着气候暖湿化和流域综合治理工程的实施,全流域自然植被均开始恢复,因地理位置和降水量增加速度不同,上、中游恢复速度比下游快,与李丽丽等(2018)的"全流域以增加为主,绿洲区增加最为明显"的结论相同;沙尘暴频次显著减少,过程持续时间显著缩短,与李玲萍等(2019)分析的结果相同;沙尘暴强度无明显变化,最小能见度维持在 0.496 km 左右,这一结论与赵明瑞等(2013)用 2001—2010 年民勤沙尘暴资料得出的"最小能见度有减小趋势"有所不同,主要原因是研究范围和资料长度不同所致;沙尘暴频次与当年和前一年流域植被覆盖度呈显著负相关,植被覆盖度的改善对沙尘暴有明显抑制作用,与李瑶等(2019)的"植被对沙尘暴有明显影响"基本一致,与杨晓军等(2021)的"植被减少是沙源不能根本改善的主要原因"结论一致,与特日格乐等(2016)的"沙尘暴发生日数与前一年的植被覆盖度呈负相关"也基本一致,但与沈松雨等(2015)的"沙尘暴频次与植被覆盖度的相关较低"不同,究其原因是研究区地貌、气候特征、所用资料年代不同所致。沙尘暴持续时间和强度与植被覆盖度的关系尚未有同行研究,有待进一步探讨。"在大风日数相同情况下,流域植被覆盖度的大小直接影响着起沙量的大小,间接影响着沙尘暴的发生频次、持续时间和强度,特别对沙尘暴的强度影响程度较大,是沙尘暴发生发展的主要影响因素之一"这一结论,因植被资料年代较短,影响个例数量较少,有待积累更多个例资料,做进一步探索。

5　结论

(1)石羊河流域植被轻微增大,但各年度变化较大,随着石羊河流域生态治理工程的实施,2007 年开始自然植被逐渐恢复,特别 2010 年以后恢复比较明显;中游和上游植被中度增大,下游轻微增大;中游和上游植被恢复速度比下游快,自然植被的恢复速度与降水量的增加速度呈显著正相关。

(2)石羊河流域沙尘暴频次显著减少,倾向率为 −2.8 d/10a,近 10 年减少最显著,较 20 世纪 70 年代减少了 14.5 d;中游减少速度较慢,下游减少速度较快;四季减少速度为春季>夏季>冬季>秋季。沙尘暴持续时间显著缩短,倾向率为 −12.2 m/10a,近 10 年持续时间最短,较 20 世纪 70 年代缩短了 60.9 min;中游缩短时间较慢,下游缩短时间较快。沙尘暴以最小能见度 0.5～1.0 km 的普通型为主,年均最小能见度呈波浪式持平变化,维持在 0.496 km 左右。

(3)石羊河流域沙尘暴频次和持续时间均与 NDVI 有较好的反对应关系,沙尘暴频次和持续时间呈波动减少和缩短趋势,NDVI 则呈波动增大趋势;沙尘暴频次和持续时间与当年和前 1 年全流域 NDVI、NDVI＞0.3 面积、上中下游 NDVI 均呈显著负相关。

(4)石羊河流域沙尘暴强度与当年全流域 NDVI、NDVI＞0.3 面积、上中下游 NDVI 呈弱负相关,与前 1 年全流域 NDVI、NDVI＞0.3 面积、上中下游 NDVI 呈弱正相关。

(5)以上游保护涵养水源,中游修复生态环境,下游抢救民勤绿洲的具体举措,对石羊河流域进行综合治理后,自然植被逐渐恢复,抑制地面尘土扬起,加上大风频次显著减少,从而导致沙尘暴频次减少、持续时间缩短、强度有所减弱。石羊河流域专项治理成效显著,生态环境得到有效改善。

参考文献

白旭阳,刘昱坤,杨武超,等,2020.新疆玛纳斯河流域植被变化的特征与归因[J].水土保持学报,34(6):192-197,210.

车彦军,赵军,张明军,等,2016.不同气候变化情景下 2070—2099 年中国潜在植被及其敏感性[J].生态学报,36(10):2885-2895.

方健梅,马国青,余新晓,等,2020.青海湖流域 NDVI 时空变化特征及其与气候之间的关系[J].水土保持学报,34(3):105-112.

高超,赵军,李传华,等,2019.石羊河流域草地覆盖与其生态服务功能变化[J].草业科学,36(1):27-36.

何航,张勃,侯启,等,2020.1982—2015 年中国北方归一化植被指数(NDVI)变化特征及对气候变化的响应[J].生态与农村环境学报,36(1):70-80.

滑永春,李增元,高志海,2017.2001 年以来甘肃民勤植被覆盖变化分析[J].干旱区研究,34(2):337-343.

蓝欣,郑娇玉,江帆,等,2015.石羊河流域下游植被覆盖变化与地下水和气候的响应分析[J].兰州大学学报(自然科学版),51(6):866-876.

李璠,肖建设,祁栋林,等,2019.柴达木盆地沙尘暴天气影响因素[J].中国沙漠,39(2):144-150.

李丽丽,王大为,韩涛,2018.2000—2015 年石羊河流域植被覆盖度及其对气候变化的响应[J].中国沙漠,38(5):1108-1118.

李玲萍,李岩瑛,孙占峰,等,2019.河西走廊东部沙尘暴特征及地面气象因素影响机制[J].干旱区研究,36(6):1457-1465.

刘畅,胡雷,王军锋,等,2014.湖北省一次能源消费的碳排放驱动因素分解研究[J].环境科学与技术,37(4):191-197.

罗晓玲,胡丽莉,杨梅,2015.近 30 年石羊河流域气象灾害特征及风险评估技术研究[J].中国农学通报,31(32):205-210.

马坤,颜长珍,谢家丽,等,2018.1975—2015 年鄂尔多斯沙漠化的时空演变过程[J].中国沙漠,38(2):233-242.

毛忠超,李森,张志山,等,2020.荒漠-过渡带-绿洲界定——以石羊河流域为例[J].中国沙漠,40(2):177-184.

任立清,冉有华,任立新,等,2019.2001—2018 年石羊河流域植被变化及其对流域管理的启示[J].冰川冻土,41(5):1244-1251.

任媛,刘普幸,2018.基于 EVI 和 MNDWI 指数的石羊河流域水体、植被时空变化特征[J].冰川冻土,40(4):853-861.

沈松雨,陈卫林,2015.沙尘暴源区植被覆盖度变化—以北京为例[J].中国科技信息(15):34-36.

特日格乐,银山,咏梅,等,2016.气象要素与植被覆盖对沙尘暴发生发展的影响—以浑善达克沙地为例[J].赤峰学院学报(自然科学版),32(8):48-50.

徐晓宁,郭萍,张帆,等,2020.政策驱动下石羊河流域生态效应变化分析[J].水土保持学报,34(6):185-191.

杨彩云,王世曦,杨春艳,等,2021.川藏铁路沿线植被覆盖度时空变化特征分析[J].干旱区资源与环境,35(3):174-182.

杨晓军,张强,叶培龙,等,2021.中国北方2021年3月中旬持续性沙尘天气的特征及其成因[J].中国沙漠,41(3):245-255.

叶培龙,张强,王莺,等,2020.1980—2018年黄河上游气候变化及其对生态植被和径流量的影响[J].大气科学学报,43(6):967-979.

赵明瑞,闫大同,李岩瑛,等.2013.甘肃民勤2001—2010年沙尘暴变化特征及原因分析[J].中国沙漠,33(4):1144-1149.

甄泉,王雅晴,冼超凡,等,2019.沙尘暴对北京市空气细菌多样性特征的影响[J].生态学报,39(2):717-725.

郑倩,史海滨,李仙岳,等,2021.河套灌区解放闸灌域植被指数与地下水埋深的定量关系[J].水土保持学报,35(1):301-306,313.

AULIA M R,LIYANTONO,SETIAWAN Y,et al,2016. Drought detection of West Java's paddy field using MODIS EVI satellite images(case study:Rancaekek and Rancaekek Wetan)[J]. Procedia Environmental Sciences,33:646-653.

PAN S F,TIAN H Q,SHREE R S,et al,2014. Complex spatiotemporal responses of global terrestrial primary production to climate change and increasing atmospheric CO_2 in the 21st century[J]. Plos One,11(11):1-20.

河西走廊区域性沙尘暴近 70 年时空变化及沙尘传输特征[*]

李岩瑛[1,2]，李红英[3]，罗晓玲[1]，王伏村[4]

(1. 甘肃省武威市气象局,武威 733000;2. 中国气象局兰州干旱气象研究所,甘肃省干旱气候
变化与减灾重点实验室/中国气象局干旱气候变化与减灾重点开放实验室,兰州 730020;
3. 甘肃省酒泉市气象局,酒泉 735000;4. 甘肃省张掖市气象局,张掖 734000)

摘要:沙尘暴造成河西近70年死亡人数达200人,近30年经济损失15亿以上,损失最重的是河西
中东部,民勤县出现最多且灾情最重,灾情强度达0.24亿元/次;该区沙尘暴的发生发展会危及当
地及下游的人体健康、交通出行、生态环境等,将对全球大气环境及气候变化产生深远影响。利用
1954—2021年河西走廊13个站的逐日沙尘暴资料和大气环流指数数据,分析了该区近70年区域
性沙尘暴的时空变化特征及影响年沙尘暴时间和范围的主要大气环流特征量指数,并进一步探讨
了该区沙尘来源及远程传输特征。结果表明河西区域性沙尘暴:(1)年际变化中20世纪50年代
最多年均达33 d,年最多达37 d,自90年代以来显著减少到不足6 d,集中出现在3—6月;出现月
数分布中50年代和70年代沙尘暴出现最多达9～10个,其次是60年代和80年代为7～8个,
1986年最多达12个;持续时间3 d以上的过程50年代最多达16次,其次是70年代12次。(2)空
间分布上5站出现最多,河西走廊西部＋东部、全域较多,各占21.6％和37.1％;时间变化上,20
世纪60—70年代年沙尘暴出现最广近5站,其次是21世纪最初10年,为4.7站,2010年和2014
年最多达7站;1988年以来日数和月数迅速减少,持续时间缩短,趋于向春季集中,但空间范围并
没有减小,强度增强。(3)影响该区年沙尘暴时间和范围的主要大气环流特征量指数是:日数和月
数是大西洋多年代际振荡指数、西藏高原指数、副高西伸脊点指数,最大相关系数−0.73;而范围
与各环流指数的关系明显较弱,主要与西藏高原指数、西太平洋副高面积和强度指数、大西洋多年
代际振荡指数相关较好,最大相关系数为−0.39。(4)沙尘源主要来自西风带的上游和本地,其中
西到西北方占61.5％,本地占28.2％;其传输消失地中,24％在本地及甘肃中东部、48％在黄河河
套一带、15％向东远至韩国、日本、俄罗斯等国外地区。西伯利亚—蒙古国到新疆的高空冷槽决定
沙尘暴的强度、范围及传输距离。

关键词:区域性沙尘暴;时空变化及影响因子;沙尘来源和传输特征;河西走廊

引言

　　近70年来由于气候变暖,大风日数减少,中国各地沙尘日数呈减少趋势(孔锋,2020;陈晶
等,2021;许学莲 等,2021),河西东部石羊河流域近10年降水增多、植被改善,对沙尘暴有明
显抑制作用(罗晓玲 等,2022;赵明瑞 等,2018,2019)。但2021年3月14—16日发生在北方

* 资助项目:国家自然科学基金面上项目"河西地区高层大气向边界层动量下传对强沙尘暴的影响机制"(41975015)。

地区的沙尘暴天气过程被认为是近 10 年来中国出现的最强过程,河西走廊有 6 站出现沙尘暴,其中 2 站达强沙尘暴,强沙尘持续 5 d 之久,为近 7 年最强。这次过程最初起源于蒙古国南部戈壁,在地面东北大风的引导下,沿途沙漠、沙地的沙尘补给加上本地沙尘造成强沙尘暴,使北京地区 2017 年以来月平均浓度首次超过 150 $\mu g/m^3$,中国 42 个城市 PM_{10} 日均质量浓度超过 1000 $\mu g/m^3$,影响大气的区域动态和整个气候系统(张璐 等,2022;梁鹏 等,2022;Xu et al.,2022;Filonchyk et al.,2022)。由于近几十年来全球气候变暖诱发了显著的气候变化,在全球范围内加速了沙漠化的进程,世界各地对沙尘暴的广泛影响研究也日益丰富:南非开普省北部两次沙尘暴事件调查得出沙尘暴是与眼睛刺激、呼吸道和心血管疾病以及由于能见度差而导致的车辆道路交通事故等多种不利健康影响有关的气象灾害(Nkosi et al.,2022),Walters 等(2022)也进一步从科威特证实环境 PM 对肺和心血管健康的不利影响;2020 年 5 月 9—13 日撒哈拉沙尘暴气溶胶事件覆盖欧洲航空网站点,证明撒哈拉沙尘云对人类、动物和植物的危险性(Garofalide et al.,2022);Maleki 等(2022)考察了伊朗阿赫瓦兹市严重沙尘暴期间的气象参数、PM_{10}、AOD、空气质量来源与能见度的关系,得出沙尘暴对环境、公共卫生、经济、文化和其他部门造成不利影响;印度西部的沙尘暴个案研究得出沙尘暴引起颗粒物浓度的异常升高可能对大气边界层和人体健康造成严重影响(Saha et al.,2022);Jung 等(2022)在韩国首尔调查了 108 起亚洲沙尘暴事件,表明沙尘暴与生命损失年数有密切关系。Ma 等(2022)分析西北地区敦煌至兰州沙尘暴输送重金属的潜在健康风险,得出沙尘暴过程中磁性矿物与重金属浓度显著相关,重金属摄入对成人和儿童的致癌和非致癌风险均最高,儿童的风险更高。

作为中国四大沙尘暴沙源地之一的河西走廊,民勤县出现最多,1961—2020 年年均沙尘暴日数达 22 d(李岩瑛 等,2022),其中 2011—2020 年最少,年平均不足 2 d,但在 2021 年出现 10 d,2022 年截至 10 月达 5 d,沙尘来源是东北方的蒙古国、内蒙古和河套地区,呈增多趋势。河西走廊局地性沙尘暴常由低空切变、热低压和低涡形成,由于影响范围小,常在本地生成消失;但≥3 站的区域性沙尘暴由较强的大型槽脊天气系统产生,影响范围由几百千米到数千千米,跨越蒙古国、中国北方大部分地区,可以远程传输到韩国、日本、北美、大西洋,进而影响全球大气环境和气候变化。

河西是中国沙尘暴受灾最为严重的地区之一。从河西三市气象记录得知,截至 2020 年酒泉、张掖、武威 3 市因沙尘暴死亡分别为 44 人、102 人、54 人,武威失踪 24 人,其中,死亡人数最多的 4 次黑风过程分别是 1952 年 4 月 9 日 14—16 时张掖全区发生 9 级以上黑风,昏黑 80 min,死亡 45 人;1957 年 3 月 6 日,酒泉市的安西、玉门、金塔等县发生 8 级大风强沙尘暴,气温骤降,刮倒民房 56 间,压死冻死 23 人(摘自酒泉市志);1977 年 4 月 22 日 17 时 50 分张掖全区大风突起,风速 34 m/s,黑风持续 1 h,死亡 54 人(《张掖地区志(远古—1995)上卷·第八章自然灾害》第五节风暴,2020),同日酒泉金塔县极大风速 37.0 m/s,出现黑风,死亡 10 人;1993 年 5 月 5 日 16—20 时武威全区黑风,风速 28 m/s,黑风持续 1~2 h,死亡 43 人。近 30 年直接经济损失最严重的出现在 2001—2010 年(21 世纪最初 10 年,下同),酒泉(2008 年前灾情资料不实未统计)、张掖、武威分别为 1.91 亿元、4.95 亿元、4.3 亿元,其次是 1991—2000 年,张掖、武威分别为 0.96 亿元、2.28 亿元,2011—2020 年较轻,酒泉、张掖、武威分别为 0.53 亿元、0.34 亿元、0.08 亿元。直接经济损失最严重的沙尘暴过程是 2010 年 4 月 24 日,酒泉、张掖、武威分别为 0.75 亿元、4.44 亿元、2.5 亿元,单日县级损失最重的是民勤县,达 2.5 亿元

（2010年4月24日）。以武威市为例,近40年农作物受灾面积最大（直接经济损失最严重）的是21世纪最初10年,达14.37万 hm^2（4.3亿元）,其次是20世纪90年代11.73万 hm^2（2.28亿元）,其中,民勤灾情强度最大为0.24亿元/次,致灾过程最多达18次,相应古浪最弱强度为0.06亿元/次,达7次(图1)。

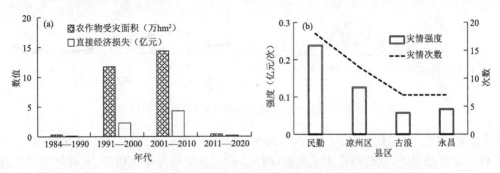

图1　1984—2020年武威市沙尘暴灾情年代(a)和县区(b)分布变化

本研究目的是分析河西走廊区域性沙尘暴近70年的时空分布和变化特征,探讨年沙尘暴频次、范围与海-气环流特征的影响关系,进而对其进行年度预测。

1　选取资料和方法

沙尘暴站点选取条件:河西走廊1960—2019年(60年)年均沙尘暴日数≥1 d的站点,共13站,其中位于走廊西部的酒泉市7站,中部张掖市3站,东部武威市3站。应用1954—2021年河西区域13个气象站的逐日沙尘暴资料,以24 h内沙尘暴站数≥3为一区域性沙尘暴日,得出区域性沙尘暴的时间变化特征。

计算方法:沙尘暴年月数是当年出现沙尘暴的月的总个数,表征沙尘暴时间分布;年站数是当月沙尘暴日的站数平均得出该月站数,然后各月站数平均得到该年站数,表征沙尘暴出现范围。沙尘暴强度:(1)最小能见度:从日资料中提取一天中每个沙尘暴出现站的最小能见度,再取这几个站中的最小值;(2)最大风速和极大风速与能见度相反,取最大值。

2　时空变化特征及影响因子

2.1　时间变化

年际分布:1959年、1979年最多达37 d,次多年是1955—1956年、1977年均达36 d;年代际分布上,20世纪50年代年均日数最多达33 d、70年代达29 d、60年代达20 d、80年代达17 d、90年代不足6 d,21世纪最初10年少于5 d,21世纪最初10年1~2 d(图2a),年递减率为-0.53 d/a。

月际分布:月平均4月最多达3.1 d,3月2.6 d,5月2.3 d,8—12月不足1 d,其他月在1~2 d;年最多是3月达11 d,4—5月9 d,6月8 d,均出现在20世纪50年代和70年代(图2b)。

出现月数分布:1971—1986年≥10个较多,20世纪50年代和70年代年均出现月数达9~10个,60年代和80年代年均出现月数7~8个,从20世纪90年代开始迅速减少,不足4个,2014年以来少于2个,都集中在春季。年均站数最多年是2010年和2014年,达7站;最

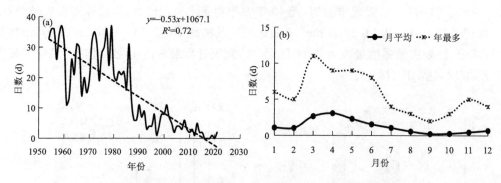

图 2　河西区域性沙尘暴过程日数年际(a)和月际(b)变化

多年代是 20 世纪 70 年代,接近 5 站,其次是 60 年代、21 世纪最初 10 年不足 5 站,除 21 世纪 10 年代达 2 站最少外,其他均在 4 站左右(图 3a,b)。从时空分布上说明 20 世纪 70 年代沙尘暴分布最广,2014 年以来时间集中在春季,但发生的空间范围并没有减小。

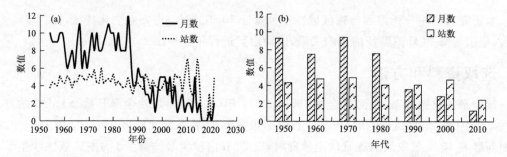

图 3　河西区域性沙尘暴过程年均出现月数和站数年际(a)和年代际(b)变化

　　持续时间:区域性沙尘暴持续≥4 d 的过程有 8 次,其中 1 月、3 月、4 月和 5 月各 2 次;持续≥3 d 的有 43 次,其中 3 月 15 次、4 月 10 次、5 月 6 次,除 8—10 月无外,其他月均少于 4 次。持续时间最长的是 1959 年 1 月 10—14 日、1977 年 3 月 9—13 日,达 5 d;日出现站数最多的是 1980 年 8 月 8 日,达 12 站;而达 11 站的有 12 次,除 10—11 月、1—2 月外,其他各月都会出现。持续时间≥3 d 的过程年代际变化中,20 世纪 50 年代最多,有 16 次,其中≥4 d 的有 4 次;其次是 70 年代 12 次,60 年代 10 次,90 年代和 21 世纪 10 年代没有出现(图 4)。

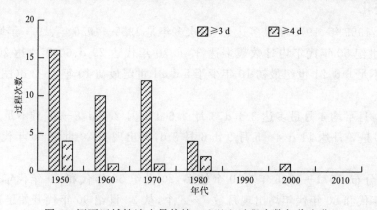

图 4　河西区域性沙尘暴持续 3 d 以上过程次数年代变化

2.2　空间分布

　　根据过程站点出现范围,将沙尘暴区划分为西部、中西部、中东部、西部＋东部和走廊全域5个区域,出现概率分别为13.4%、18.5%、9.4%、21.6%和37.1%,走廊全域最多(图5a)。出现站点分布呈点状、片状到东西带状,其中5站最多,依次是6站和4站、7站和3站、8~9站、10站、11站,12站最少只有1 d。西部、中部和东部各有1站以上出现沙尘暴为河西走廊全域,因其发生最多,下面重点对走廊全域进行分析:

　　月分布:≥3站及≥10站中4月最多,占28%~35%;5月占18%左右;3月占15%~17%;其他月不足10%;8—12月较少,不足3%;范围越大,4月出现的集中度越高(图5b)。

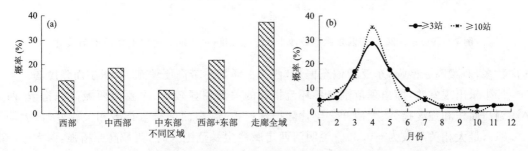

图5　河西走廊区域沙尘暴过程空间分布(a)和全域月际(b)变化

　　年际分布:20世纪50年代、70年代月数分布较多,超过6个;60年代、80年代月数分布次之,3~4个;自90年代以来月数减少,向春季集中(图6a)。分布范围减小趋势不明显,2005—2006年站数最多,超过10站;21世纪最初10年站数为7.4,达近70年最多(图6b)。近40年能见度变小,极大风速增大,强度增强(图7)。

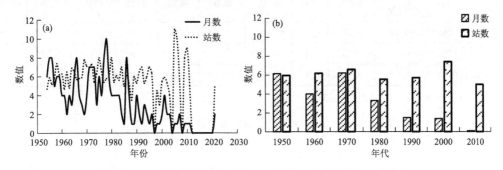

图6　河西走廊全域沙尘暴过程年际(a)和年代际(b)变化

2.3　大气环流影响因子

　　应用河西走廊1961—2020年地面气象资料和沙尘暴个例资料,进一步从大尺度天气系统、海温、冷空气的角度分析大气环流特征量指数变化对该区年沙尘暴时间和范围的影响(表1和表2):与沙尘暴日数和月数相关性最好的是大西洋多年代际振荡指数,其次是西藏高原－2指数、副高西伸脊点指数、西藏高原－1指数,而与西太平洋副高面积和强度指数、东亚槽强度指数也存在密切关系(以上均 $P<0.01$),最大相关系数在－0.7左右,其次在－0.6左右。其中与大西洋多年代际振荡指数、西藏高原指数、西太平洋副高面积和强度指数、东亚槽强度指数呈显著负相关,但与冷空气次数、副高西伸脊点指数和东亚槽位置指数呈正相关。说明沙尘暴日数和月数与大西洋海温关系最密切,海温越低,沙尘暴次数越多;当沙尘暴较多时,冷空

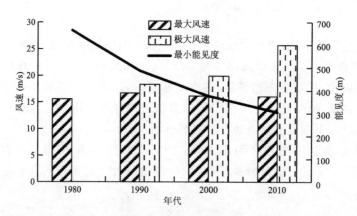

图 7　1981—2020 年河西走廊区域沙尘暴过程强度(最小能见度和风速)年代际变化

气次数多,西藏高原槽强,东亚槽偏东偏强,西太平洋副热带高压偏东、面积小而强度弱。

　　沙尘暴出现站数,即出现范围与各环流指数的关系明显较弱,主要与西藏高原指数、西太平洋副高面积和强度指数、大西洋多年代际振荡指数、副高西伸脊点指数相关较好(以上均 P <0.01),最大相关系数为−0.39。说明河西走廊沙尘暴范围大时,西藏高原槽强,西太平洋副热带高压偏东、面积小而强度弱,大西洋海温低。

　　综合以上分析,沙尘暴与环流指数的关系中时间频次比范围更显著。

表 1　河西走廊沙尘暴与各影响因子的相关系数

沙尘暴频数	冷空气次数	副高西伸脊点指数	Nino 3.4区海表温度距平指数	大西洋多年代际振荡指数	类ENSO指数	西太平洋副高面积指数	西太平洋副高强度指数	欧亚纬向环流指数	东亚槽位置指数	东亚槽强度指数	西藏高原−1指数	西藏高原−2指数
日数	0.32**	0.61**	−0.32**	−0.67**	0.21	−0.58**	−0.56**	−0.36**	0.26*	−0.47**	−0.60**	−0.61**
月数	0.23	0.55**	−0.32**	−0.73**	0.27*	−0.55**	−0.56**	−0.28*	0.29*	−0.44**	−0.59**	−0.58**
站数	−0.14	0.32**	−0.13	−0.34**	0.29*	−0.35**	−0.34**	−0.06	0.01	−0.11	−0.39**	−0.39**

　　注:*、**分别表示通过 0.05、0.01 显著性检验。

表 2　大气环流特征量指数说明

指数	标准
冷空气次数	取酒泉、兰州等 8 个北方站和南京、汉口等 7 个南方站逐日平均气温。3 天内(个别情况 2 天或 4 天)连续降温≥5 ℃(允许某一天变温在 0~1 ℃)为一次冷空气过程,其数目为冷空气次数
副高西伸脊点指数	500 hPa 月平均图上 588 dagpm 等值线最西端所在的经度
Nino 3.4 区海表温度距平指数	(5°S~5°N,170°~120°W)区域内海表温度距平的区域平均值
大西洋多年代际振荡指数	(EQ~70°N,80°W~0°)区域内海表温度距平的区域平均值
类 El Niño 指数	[SSTA]C−0.5[SSTA]E−0.5[SSTA]W。其中[SSTA]C、[SSTA]E 和[SSTA]W 分别表示热带太平洋中部(10°S~10°N,165°E~140°W)、东部(15°S~5°N,110°~70°W)和西部(10°S~20°N,125°~145°E)区域海表温度距平的区域平均值

续表

指数	标准
西太平洋副高面积指数	500 hPa 高度场(10°～60°N,110°E～180°)区域内≥5880 gpm 等值线区域的球面面积
西太平洋副高强度指数	500 hPa 高度场(10°～60°N,110°E～180°)范围≥5880 gpm 等值线区域内,格点位势高度与5870 gpm 之差乘以格点面积的累计值
东亚槽位置指数	500 hPa 高度场(30°～55°N,110°E～170°E)区域内,槽线的平均经向位置
东亚槽强度指数	500 hPa 高度场(30°～55°N,110°E～170°E)区域内,槽线上各点位势高度之和－其中位势高度最大值+其中位势高度最小值
西藏高原－1 指数	500 hPa 高度场(25°～35°N,80°～100°E)区域内,格点位势高度与 5000 gpm 之差乘以格点面积的累计值
西藏高原－2 指数	500 hPa 高度场(30°～40°N,75°～105°E)区域内,格点位势高度与 5000 gpm 之差乘以格点面积的累计值
欧亚纬向环流指数	500 hPa 高度场(45°～65°N,0°～150°E)区域内,以 30 个经度为间隔划分为 5 个区,分别按照式(1)计算纬向指数 I_{zi},然后计算 5 个区的平均纬向指数。 $$I_{zi} = -\frac{\overline{\Delta Z}}{\Delta \varphi} = \frac{Z_1 - Z_2}{\varphi_2 - \varphi_1} = \frac{\sum\limits_{i=1}^{l} Z_{1i} - \sum\limits_{i=1}^{l} Z_{2i}}{l(\varphi_2 - \varphi_1)} \quad (1)$$ 式中,φ_1、φ_2 表示计算 I_{zi} 的纬度范围,Z_{1i}、Z_{2i} 分别是在 φ_1、φ_2 两个纬圈上的高度值,l 为分别在 φ_1、φ_2 纬圈上均匀取点的高度值的数量

大气环流特征量指数由中国气象局国家气候中心气候监测室提供。

3 沙尘来源及传输特征

通过 MICAPS 间隔 3 h 地面图和间隔 12 h 高空图,对 2002—2021 年河西区域性沙尘暴过程进行追踪分析得出:该区沙尘源主要来自 6 个方向:新疆南部(西路),新疆东北部、蒙古国西部(西北路),蒙古国南部到内蒙古中西部(北路),蒙古国中东部到内蒙古中东部(东北路),宁夏、陕北(东路),河西本地。经统计 2002—2021 年 39 个个例得出:西北方 12 例、河西本地11 例、西方 9 例、西至西北方 3 例、北方 3 例、东北至东方 1 例,其中来自上游西到西北方占61.5%,本地占 28.2%。近 10 年来自河西北部的中蒙边境、东北部蒙古国到内蒙古的沙尘源有所增多,范围扩大。

进一步分析其传输消失地:48%在黄河河套一带,24%在本地及甘肃中东部,北至蒙古国、中国、东北地区,南到青藏高原、长江流域;15%向东远至韩、日、俄罗斯等国外地区(图8)。其中,2014 年 4 月 23—24 日的特强沙尘暴传输到中国华北、渤海,东北到俄罗斯;2002 年 3 月19 日的强沙尘暴席卷了整个中国北方地区,3～4 d 传到朝鲜半岛和日本,5 d 到达大西洋,完成了大半个地球的远程运输,其主要大型天气系统是西伯利亚－蒙古国到新疆的长达2000 km 以上的冷槽加强东移,对应地面配合有蒙古国到中国北方的强冷锋。

500 hPa 高空槽位置、长度与河西沙尘来源方向密切相关:高空槽在极地到新疆北部时,沙尘来源于河西西北方;极地到南疆时,来自西北—西方;南疆—青藏高原槽时,来自西方。当

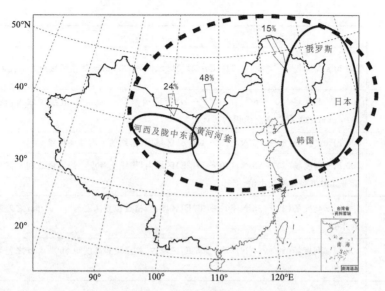

图 8　河西区域性沙尘暴传输范围（虚线内是影响范围）

地面南疆、河西到青藏高原有强烈热低压发展时，沙尘来自西方到本地；蒙古冷高压底部有偏东大风时，来自东至东北路。

4　结论与讨论

（1）近 70 来河西走廊区域性沙尘暴在 20 世纪 50 年代出现最多，70 年代范围最广，年最多达 37 d（1959 年、1979 年），自 90 年代以来迅速减少，集中出现在 3—6 月。

（2）空间分布 5 站最多，西部＋东部和走廊全域出现较多，分别占全部的 21.6％ 和 37.1％。持续时间≥3 d 的区域性沙尘暴过程中，20 世纪 50 年代最多，有 16 次，其中≥4 d 的有 4 次。其次是 70 年代、60 年代，分别为 12 次和 10 次，80 年代迅速减少，90 年代后不足 1 次。河西走廊全域沙尘暴中，70 年代年均日数和月数最多，50 年代略少，出现站数是 21 世纪最初 10 年最多，达 7.4 个。

（3）影响年沙尘暴时间的大气环流特征量指数主要是大西洋多年代际振荡指数、西藏高原指数、副高西伸脊点指数、西太平洋副高面积和强度指数、东亚槽强度指数（以上均 $P<0.01$），其中只有副高西伸脊点指数呈正相关，其他均呈负相关，大西洋多年代际振荡指数相关系数最大，为 -0.73；但沙尘暴出现范围与各环流指数的关系明显较弱，主要与西藏高原指数、西太平洋副高面积和强度指数、大西洋多年代际振荡指数呈负相关，与西藏高原指数相关系数最大，为 -0.39。表明大西洋海温越低，西藏高原槽越强，西太平洋副热带高压位置偏东、面积小而强度弱时，区域性沙尘暴出现多且范围大。

（4）河西区域性沙尘暴主要来自西风带的上游和本地，其中西到西北方占 61.5％，本地占 28.2％；其传输消失地中 24％ 在本地及甘肃中东部、48％ 在黄河河套一带、15％ 向东远至韩国、日本、俄罗斯等国外地区。西伯利亚—蒙古国到中国新疆的高空冷槽决定沙尘暴的来源、强度、范围及传输距离。

（5）近 30 年河西区域性沙尘暴出现日数和月数、造成的死亡人数显著减少，但其造成的经济损失、影响范围和强度却在增加、增强，来自北方及东北方蒙古国至内蒙古的沙尘来源逐渐增多。

（6）西北暖湿化不能改变河西的干旱气候和沙漠化土地，该区区域性沙尘暴仍将长期存在，是影响当地生活环境和人体健康的主要灾害天气之一。

参考文献

《张掖地区志（远古－1995）上卷·第八章自然灾害》第五节风暴，2020. 张掖地方志网：http://www. zhangye. gov. cn/szb/dzdt/zsbx/202009/t20200930_496708. html. 2020 年 10 月 6 日.

陈晶，郭晓宁，白文娟，等，2021. 近 60a 柴达木盆地沙尘天气时空变化特征及其影响因子[J]. 干旱区研究，38（4）：1040-1047.

孔锋，2020. 中国灾害性沙尘天气日数的时空演变特征（1961—2017）[J]. 干旱区资源与环境，34（8）：116-123.

李岩瑛，张春燕，张爱萍，等，2022. 河西走廊春季沙尘暴大气边界层垂直结构特征[J]. 气象，48（9）：1171-1185.

梁鹏，陈波，杨小平，等，2022. 揭示 2021 年中国北方特大沙尘暴的粉尘传输过程[J]. 科学通报（英文版），67（1）：21-24.

罗晓玲，杨梅，李岩瑛，等，2022. 基于 NDVI 的石羊河流域植被演变特征及其对沙尘暴的影响分析[J]. 水土保持学报，36（2）：84-91. DOI：10. 13870/j. cnki. stbcxb. 2022. 02. 011.

许学莲，韩忠全，王发科，等，2021. 气候变暖下柴达木盆地风速、大风和沙尘暴日数的变化特征分析[J]. 青海环境，31（1）：26-31.

张璐，范凡，吴昊，等，2022. 2021 年 3 月 14—16 日中国北方地区沙尘暴天气过程诊断及沙尘污染输送分析[J]. 环境科学学报，42（09）：351-363. DOI：10. 13671/j. hjkxxb. 2021. 0452.

赵明瑞，彭祥荣，徐天军，等，2019. 石羊河流域综合治理以来民勤绿洲生态变化分析[J]. 中国农学通报，35（30）：106-111.

赵明瑞，徐天军，彭祥荣，等，2018. 石羊河流域综合治理前后民勤水资源变化特征[J]. 沙漠与绿洲气象，12（5）：55-59.

FILONCHYK MIKALAI，PETERSON MICHAEL，2022. Development，progression，and impact on urban air quality of the dust storm in Asia in March 15-18，2021[J]. Urban Climate，41. doi：10. 1016/j. uclim. 2021. 101080.

GAROFALIDE SILVIA，POSTOLACHI CRISTINA，COCEAN ALEXANDRU，et al，2022. Saharan dust storm aerosol characterization of the event（9 to 13 May 2020）over European AERONET Sites[J]，Atmosphere，13（3）：493-493.

JUNG J Y，LEE EUN-MI，MYUNG WOOJAE，et al，2022. Burden of dust storms on years of life lost in Seoul，South Korea：A distributed lag analysis[J]. Environmental Pollution，296：118710. doi：10. 1016/j. envpol. 2021. 118710.

MA X Y，XIA D S，LIU X Y，et al，2022. Application of magnetic susceptibility and heavy metal bioaccessibility to assessments of urban sandstorm contamination and health risks：Case studies from Dunhuang and Lanzhou，Northwest China[J]. Science of The Total Environment，830：154801. doi：10. 1016/j. scitotenv. 2022. 154801.

MALEKI HEIDAR，SOROOSHIAN ARMIN，ALAM KHAN，et al，2022. The impact of meteorological parameters on PM_{10} and visibility during the Middle Eastern dust storms[J]. Journal of Environmental Health Science and Engineering，20（1）：1-13.

NKOSI VUSUMUZI，MATHEE ANGELA，BLESIC SUZANA，et al，2022. Exploring meteorological conditions and human health impacts during two dust storm Events in Northern Cape Province, South Africa: Findings and lessons learnt[J]. Atmosphere, 13(3):424-424.

SAHA SOURITA, SHARMA SOM, CHHABRA ABHA, et al, 2022. Impact of dust storm on the atmospheric boundary layer: a case study from western India[J]. Natural Hazards, 113(1):143-155.

WALTERS D M, AL KHULAIFI N M, RUSHING B R, et al, 2022. Respiratory and cardiovascular effects of ambient particulate matter from dust storm and non-dust storm periods in Kuwait[J]. International Journal of Environmental Science and Technology(s1), 19(2):1071-1074.

XU X M, ZHAO P Y, YIN Y C, et al, 2022. Dust particles transport during the rare strong sandstorm process in Northern China in early year 2021[J]. Air Quality, Atmosphere & Health, 15(6):929-936.

第二篇
沙尘暴大气边界层特征

民勤大气边界层特征与沙尘天气的
气候学关系研究[*]

李岩瑛[1,2],张强[1],薛新玲[3],王荣基[3]

(1. 中国气象局兰州干旱气象研究所,甘肃省干旱气候变化与减灾重点实验室/中国气象局
干旱气候变化与减灾重点开放实验室,兰州 730020;2. 甘肃省武威市气象局,武威 733000;
3. 甘肃省民勤县气象局,民勤 733300)

摘要: 为了更好地理解西北干旱区大气混合层(ML)厚度的变化特征及其对当地沙尘气候形成的影响,利用民勤 2006—2008 年 3—6 月逐日 08 时和 20 时探空资料、降水和日最高气温资料,计算和分析了最大混合层厚度、逆温层特征和垂直风场及其对沙尘气候形成的影响。结果表明,民勤沙尘天气的大气边界层有显著的昼夜变化,白天厚、逆温强而多;沙尘天气的最大混合层厚度在 2600 m 左右,介于无降水与有降水天气之间;扬沙主要由锋面中的冷空气引起,而沙尘暴主要由低层风场的剧烈扰动和 500 m 以上高层冷锋入侵引起。沙尘暴发生前近地面风场有明显的扰动,沙尘暴发生时在 500 hPa 以下有显著的冷空气活动,白天较强。能见度小于 100 m 的强沙尘暴夜间风速大,冷空气较强。

关键词: 沙尘;最大混合层厚度;逆温层;垂直风场;民勤

甘肃省民勤县是中国沙尘天气发生最为频繁的地区之一,春季 3—6 月是沙尘天气暴发最多最强的季节,其境内的沙尘天气常常随西风传输到中国北方乃至更远的地方(李岩瑛 等,2002;王式功 等,2003;赵兴梁,1993)。沙尘也是造成春季空气污染最主要的影响因子,据民勤县 2006—2008 年 3—6 月统计,沙尘暴发生当天,出现 5 级重度污染的概率为 81.8%,如 2006 年 4 月 10 日民勤出现黑风时的首要污染物 PM_{10} 浓度高达 2.57 mg/m^3。曾庆存 等(2007a,2007b)和程雪玲 等(2007)通过对起沙的阵风边界层结构研究发现,东亚春季冷锋后的强风及其伴随的系统下沉气流和叠加其上的阵风都对当地起沙十分有利。大风期间,无论是平均流、阵风和湍流脉动,至少在 120 m 高度以下,主要都有西风和北风动量下传,感热上传。平均流和阵风在动量传送上起相当大的作用,进而得出阵风对起沙量的贡献效率最高。强沙尘暴的发生具有"准干飑线"特征(胡隐樵 等,1996a,1996b;张强 等,2005);以往研究发现西北干旱区荒漠晴天经常存在超厚大气边界层,最大混合层厚度超过 5 km(张强 等,2004);张强(2003)认为沙尘暴天气的风沙大气边界层观测是有重要意义的,其特殊性主要表现在对大气边界层两个特殊强迫上:①强的干对流活动引起的宏观垂直运动对边界层结构的强迫作用和对输送过程的贡献。②大气边界层内超常沙尘分布对辐射过程的强迫作用,这可能对沙尘暴发生有重要物理意义,但过去对沙尘天气大气边界层研究并不多。最大混合层厚度对西北

---

* 本文已在《中国沙漠》2011 年第 31 卷第 3 期正式发表。

干旱气候有一定的影响,厚度越大,降水减少,气温越高,气候越干旱(李岩瑛 等,2009)。对沙尘暴的预报中国目前多采用天气学诊断、天气—热力动力统计和数值模拟等方法(孙然好 等,2010;钟海玲 等,2009;岳平 等,2008;王伏村 等,2008;赵建华 等,2009;王敏仲 等,2008;李岩瑛 等,2008),常采用 NCEP 再分析格点资料、雷达探测和常规观测资料,表明沙尘暴与高低空风速、垂直运动、涡度等因子关系密切,但对于单站的强度预报并没有从大气边界层来讨论。由于大气混合层厚度是产生干旱的成因之一,而沙尘暴是干旱、大风与下垫面相互作用的产物,与边界层的热力动力关系密切,不妨从边界层角度来考虑沙尘暴的起沙机制和强度,这对沙尘暴的短期临近预报方法是一个探讨和补充。以下主要从最大混合层高度入手,重点研究沙尘发生前后的边界层厚度、逆温层及其风场结构,为沙尘暴的短期及短时临近预报提供帮助。

着重以甘肃省民勤站为例,应用地面到高空 100 hPa 高度、气压、风场、温度和露点温度等探空资料,研究沙尘多发时段春夏季的 3—6 月沙尘天气下近地面层大气的最大混合层厚度(ML)、逆温层厚度和强度等边界层特征,得出沙尘天气的起沙机制和强度预报依据。

1 探空资料及观测场介绍

所用的探空资料均来自测风雷达观测,其观测精度如表 1,L 波段测风雷达的观测精度和范围远远高于 701 二次测风雷达,L 波段高空探测系统所反映出的测高偏差随探测高度的增加而不断变大(王荣基 等,2009),因而应用民勤站 2006 年以来的观测资料能较准确地反映大气边界层情况。

表 1　1971—2009 年民勤探空资料所用测风雷达及其观测精度说明

探测系统	59-701 系统	L 波段系统
资料时段	1971-01—2005-12	2006-01—2009-12
雷达型号	701 二次测风雷达	GFE(L)1 型二次测风雷达
探测仪器型号	GZZ2-1 型探空仪	GTS1 型探空仪
测距精度	80 m	20 m
测角精度	0.15°	0.08°
测温范围	−75～+40 ℃	−90～+50 ℃
测温精度	2 ℃	0.2 ℃
测压范围	1050～10 hPa	1060～5 hPa
测压精度	10 hPa	2 hPa(500 hPa 高度以下),1 hPa(500 hPa 高度以上)
测湿范围	15%～100%	0～100%
测湿精度	10%	5%(−25 ℃以上),10%(−25 ℃以下)
露点温度精度	精度由温度和相对湿度决定	精度由温度和相对湿度决定
测风风向精度	≤5°(风速>25 m/s) ≤10°(风速<25 m/s)	≤2.5°(风速>10 m/s) ≤5°(风速<10 m/s)
测风风速精度	≤1 m/s(风速<10 m/s) ≤10%(风速>10 m/s)	≤1 m/s(地面～100 hPa) ≤10%(100～5 hPa)

民勤探空观测场位于(38°38′N,103°05′E),海拔高度 1367.5 m,在民勤县城以北 2 km处。下垫面是沙漠绿洲,土壤性质以沙土为主,在其周围 0.5 km 内以居民区为主,其西和北

方 0.5~1.0 km 内有农田,1~5 km 内除东部有农田和沙漠外,其他方向以农田和居民区为主;5~10 km 内除东部有沙漠,南部有居民区外,其余均为农田;10~20 km 除东、北方有沙漠外,其他均为农田。观测点(观测场中心距地 1.5 m 高处)周围最大遮蔽物和人为障碍物仰角在西南方为 6.1°。雷达天线四周障碍物仰角除方位在 30°(NNE)处最大达 10°外,其余 100°~10°均不足 3°。

气候状况:甘肃省民勤县属温带大陆性干旱气候区,冬冷夏热、干旱少雨、日照充足、蒸发量大、风大沙多、灾害性天气频繁。1971—2000 年年平均气温为 8.3 ℃,年总降水量平均为 113.0 mm,年总蒸发量平均为 2623.0 mm,年总日照时数平均为 3073.5 h。灾害性天气主要有干旱、大风、沙尘暴、干热风、霜冻等。干旱每年都不同程度发生,最长连续无降水日数达 194 d,日极端最高气温达 41.1 ℃,日极端最低气温达 -26.8 ℃,1 d 最大降水量 48.0 mm。

2　最大混合层厚度计算方法及影响因子分析

主要利用 T-$\ln p$ 图法计算民勤站逐日的最大 ML 厚度,其做法如下:由逐日 07 时的温压等探空资料,在 T-$\ln p$ 图上点绘出温度层结曲线 $S_1 M$(图 1)。随着日出后太阳辐射及地面受热加强,低层大气的湍流交换增强,气层的不稳定度增大,午后达最大。故再由当日午后的地面最高气温(T_{max})和气压点(Z_{21}),沿干绝热线上升,绘状态曲线 $S_2 N$,它与层结曲线 $S_1 M$ 相交于 C 点。它表示午后地面附近最不稳定时的空气块,在抬升到 C 点高度后,已与该气块的环境温度相等,它除依靠惯性略再稍许抬升外,已不再具有进一步抬升的浮力,因而 C 点即是该日的最大 ML 高度。

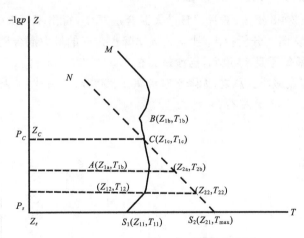

图 1　T-$\ln p$ 图方法求混合层厚度示意图

T-$\ln p$ 图方法原需手工点绘图,为适应多年相关月数百天的批量个例计算的需要,这里采用王式功等(2002)快捷的计算机算法。

因图 1 中 C 是 07 时层结曲线 $S_1 M$ 和午后状态曲线 $S_2 N$ 的交点,而 $S_2 N$ 和 $S_1 M$ 曲线中的 AB 段都是直线,则 C 点既满足通过 $A(Z_{1a}, T_{1a})$ 及 $B(Z_{1b}, T_{1b})$ 两点的"两点式"直线方程:

$$Z - Z_{1a} = (T - T_{1a}) \times (Z_{1a} - Z_{1b})/(T_{1a} - T_{1b}) \tag{1}$$

同时,C 点也满足通过 $S_2(Z_{21}, T_{max})$ 点,其斜率 $K = -1/R_d = -100 \ m/0.976 \ ℃$ 的"点斜式"直线方程:

$$Z-Z_{21}=-100/0.976\times(T-T_{max}) \tag{2}$$

上两式中令 $X=(Z_{1a}-Z_{1b})/(T_{1a}-T_{1b})$，$Y=100/0.976$，从数学角度，由式(1)和式(2)组成二元一次方程组，用代入法求解该方程组，得出

$$T=(Z_{21}-Z_{1a}+T_{1a}X+T_{max}Y)/(X+Y) \tag{3}$$

再将式(3)代入式(2)，即得出最大混合层厚度 $Z-Z_{21}$，从而得到待求的 Z_{1c} 的高度。

那么计算机如何"找"层结曲线中的 AB 线段，也即找到 A、B 两点呢？可由下而上依次将层结曲线上每个节点的高度值 Z_{11}，Z_{12}，$\cdots$，Z_{1i} 分别代入式(2)，求得干绝热线上相应高度上的温度值 T_{21}，T_{22}，$\cdots$，T_{2i}，再分别与层结曲线上同高度的温度值 T_{11}，T_{12}，$\cdots$，T_{1i} 相比较，若两曲线上同高度点 Z_{1i} 及 Z_{2i} 的温度 $T_{2i}>T_{1i}$，表明在该高度干绝热线仍在层结曲线的右边，还未与层结曲线相交，则继续重复上述计算及比较过程；若在 $Z_{1(i+1)}$ 高度 $T_{2(i+1)}<T_{1(i+1)}$，表明这时干绝热线已在层结曲线左侧，已经相交了，则点$(Z_{1(i+1)},T_{1(i+1)})$就是层结曲线上的 B 点，而其下的(Z_{1i},T_{1i})即是求得的 A 点。这样，即可编程序计算了。

通过分别用手工点绘图法和计算机算法，对比了民勤站 1979 年 7 月 3 个不同晴雨日(晴天、小雨及暴雨日)ML 厚度的计算结果，结果表明，无论是晴天或是雨天，这两种算法的厚度仅差 2～3 hPa，按所在高度层的单位气压高度差估算，约差 20 m(即 1‰的误差)，这对统计结果影响不大。相反，计算机算法却有快捷省时的明显优点。

3 最大混合层厚度特征对比

3.1 不同天气下的大气边界层特征

通过计算 2006—2008 年 3—6 月逐日最大混合层厚度，得出不同天气条件下的平均最大混合层厚度(图 2)。从图 2 分析得出，沙尘天气比降水天气的最大混合层厚度高 400 m 左右，沙尘天气，浮尘厚度最低不足 1400 m，扬沙最高在 2500～2700 m；降水个例分析中随着降雨量的增大，最大混合层厚度减小。总之，无降水时最高在 3000 m 左右；沙尘天气次之，在 2600 m 左右；有降水时最低，在 2200 m 左右。

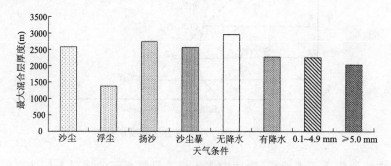

图 2　不同天气条件下的最大混合层厚度变化

3.2 沙尘与晴天大气边界层的对比分析

严格按照晴天标准：总云量≤3 成，且没有积雨云，有效能见度≥10 km，2 min 平均风速≤5 m/s，经 2006—2008 年 3—6 月逐时记录进行统计得出 11 个晴天日，分别计算它们的最大混合层高度并与沙尘暴日数进行对比，得出 3—4 月沙尘暴的最大混合层高度略高于晴天，但5—6 月晴天的迅速升高，6 月比沙尘暴高出 1500 m 以上(图 3)。

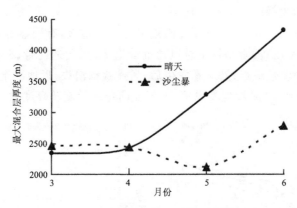

图 3　沙尘暴与晴天的最大混合层厚度对比

3.3　沙尘暴发生前后的大气边界层特征

进一步对 21 个沙尘暴天气个例在其发生前、发生时和发生后等 3 种情况下的大气边界层特征进行对比分析,得出在沙尘暴发生前一天最大混合层厚度较高(3000 m 以上),4 月更高(接近 4000 m),当沙尘暴发生时最大混合层厚度迅速降低到 2500 m 以下,沙尘暴结束后最大混合层厚度除 5 月显著升高外,其他变化不大(图 4)。

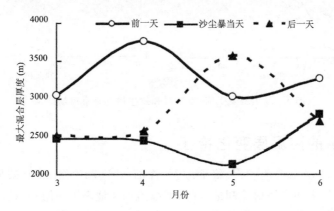

图 4　沙尘暴发生前、发生时和发生后的最大混合层厚度对比

由于最大混合层厚度与日最高气温呈正比,图 3 说明沙尘暴发生时多有冷空气活动,图 4 说明沙尘暴发生前气温较高,发生时和发生后有冷空气过境,最大混合层厚度较低容易在近地面附近形成不稳定层结,当有大风来临时容易起沙。

高空测风资料可定性判断高空冷暖平流分布和稳定度以及气层不稳定的方位和未来移向,对超短期预报有一定的指示意义。风随高度逆时针旋转为冷平流,当某层风向风速随高度切变增大,则说明高空热成风大,大气为斜压不稳定,如风随高度低层逆时针旋转、中层逆时针旋转、高层又顺时针旋转,而且热成风量级大,说明中层不稳定,大气斜压性强,而且高层辐散大于低层辐合,利于上升运动的发展和维持,若遇中低层有低槽切变移来,则利于中尺度低压的生成和发展,有利于沙尘暴的发生。

沙尘暴发生前偏西气流的强弱和风向逆时针旋转程度直接关系到沙尘暴发生的强度,地面至 800 hPa 风向逆时针旋转,有冷平流,逆风区存在风垂直切变,辐合气流很强,因而产生上升运动,是分析产生沙尘暴的一个重要指标。

沙尘暴发生前,近地面 800～600 hPa 附近风速迅速增大,有明显的扰动,地面至 800 hPa 风向逆时针旋转有冷平流;沙尘暴发生时风速继续增大,风向逆时针旋转幅度加大,高度升高至 500 hPa 附近,冷平流达最强;沙尘暴发生后,风速扰动消失,近地面至 600 hPa 风向顺时针旋转呈暖平流。08 时比 20 时沙尘暴风速小,但风向逆时针旋转幅度大,冷平流较强(图 5)。

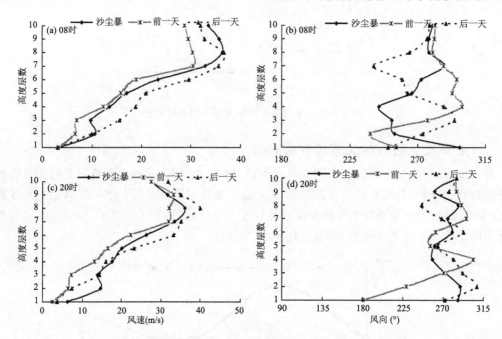

图 5　沙尘暴发生前、发生时和发生后的垂直风场结构

4　沙尘天气下的逆温层变化特征

根据逆温性质,把逆温分为辐射、锋面辐射、锋面、扰动和下沉 5 种(朱乾根 等,1981):其中辐射逆温是由于地表强烈辐射冷却造成的,逆温出现在地表第一层;扰动逆温的特点是逆温层以下至地面之间层结曲线与干绝热线平行;下沉逆温中高空气温与露点差值很大,且随高度升高而增大;锋面逆温中湿度与温度同时随高度升高而增大,若锋面逆温出现在地表第一层,则为锋面辐射逆温。

计算方法:将当天的 08 时或 20 时探空资料中的气压、气温和露点温度收集全,按气压从低层到高层排列,计算式如下:

$$\theta(j) = T(j) \times (p(1)/p(j))^{a \times r/c_p} \tag{4}$$

式中,θ 为位温;p 气压;T 气温;j 为高空层数;$a = 0.238$ cal/J,为功热当量;$r = 0.287$ J/(g·K),为干空气的气体常数;$c_p = 0.24$ cal/(g·K),为干空气的定压比热。

当 $P(j+1) < P(j)$,$T(j+1) \geqslant T(j)$ 时:

当 $T_d(j+1) < T_d(j)$(T_d 为露点温度)时,若 $j=1$,则为辐射逆温;当 $i=1$ 到 j 时,若绝对值 $[T(1) - \theta(1)] - [T(i) - \theta(i)] \leqslant 0.1$ 时,则为扰动逆温,否则为下沉逆温。

相反 $T_d(j+1) \geqslant T_d(j)$ 时,为锋面逆温;$j=1$ 时,为锋面辐射逆温。

逐日计算大气边界层内(最大混合层高度以下)逆温层的频次、厚度和强度,得出表 2。

　　白天(08 时)出现频率最多的是辐射逆温、其次是下沉逆温,最少的是扰动逆温;出现高度上从低到高分别为锋面辐射、辐射、扰动、锋面和下沉逆温;强度从强到弱分别为扰动、锋面辐射、锋面、辐射和下沉逆温,近地面层 500 m 以下较强。

表 2　2006—2008 年春季 3—6 月 08 时(20 时)逆温层的平均频率、厚度与强度

逆温性质	月平均频率(次)	起始高度(m)	终止高度(m)	厚度(m)	强度(℃/km)
锋面辐射	3	0	174	149	33.7
辐射	18(2)	0(0)	204(95)	204(95)	25.6(17.9)
扰动	2	108	255	147	34.8
下沉	15(1)	550(1969)	739(2199)	189(230)	18.6(7.3)
锋面	4(0)	455(1849)	574(2167)	119(319)	28.5(9.2)

　　昼夜变化:夜间(20 时)较白天频率显著减少,强度减弱,无锋面辐射和扰动逆温;近地层逆温层出现高度较低,厚度较小,但夜间中高层(1000 m 以上)逆温层出现高度较高,厚度较大,辐射逆温最强。

　　进一步对沙尘天气分为扬沙、沙尘暴和浮尘进行对比分析(图 6)。

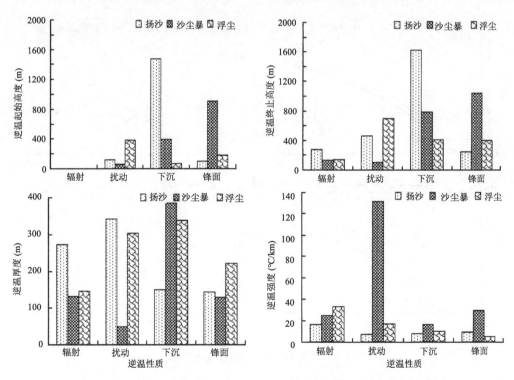

图 6　2006—2008 年春季 3—6 月 08 时沙尘平均逆温层的厚度与强度

　　从图 6 可以看出,逆温层的起止高度中扬沙的下沉逆温较高,其次是沙尘暴的锋面逆温和下沉逆温;逆温厚度中沙尘暴的下沉逆温较大,其次是扬沙的扰动逆温和浮尘的下沉逆温,沙尘暴的扰动逆温厚度较小;逆温强度中沙尘暴的扰动逆温显著较强,其次是浮尘的辐射逆温和沙尘暴的锋面逆温。

夜间(20时)扬沙的辐射和下沉逆温较白天(08时)强,但沙尘暴强度明显减弱,浮尘夜间无逆温出现。

沙尘天气中扬沙、沙尘暴和浮尘分别以锋面辐射逆温、扰动逆温和辐射逆温最强,其中辐射逆温浮尘最强,其他均是沙尘暴最强,这说明造成扬沙天气的主要影响因子是锋面带来的冷空气,而沙尘暴是由风场的剧烈扰动引起,其冷空气强度最强,浮尘天气较稳定,无上述变化。

5　沙尘天气的风场垂直结构特征

5.1　不同沙尘天气的风场垂直结构特征

计算沙尘天气的地面、850 hPa、700 hPa、600 hPa、500 hPa、400 hPa、300 hPa、250 hPa、200 hPa、150 hPa 和 100 hPa 之间 10 层垂直风场结构,其中沙尘暴共 21 个例,扬沙 34 个例,浮尘 4 个例。得出沙尘暴、扬沙和浮尘的 10 层平均气压分别为 859 hPa、799 hPa、638 hPa、536 hPa、448 hPa、356 hPa、268 hPa、220 hPa、170 hPa 和 119 hPa,在图 5、图 7 和图 8 中分别用 1~10 层表示。从垂直风速看,白天(08时)随高度升高风速增大,扬沙风速较大,浮尘较小;夜间(20时)沙尘暴风速较大,但 800 hPa 附近浮尘风速最大达 18 m/s,浮尘在 400 hPa 以下呈波动式增大,500 hPa 以下夜间风速较大。

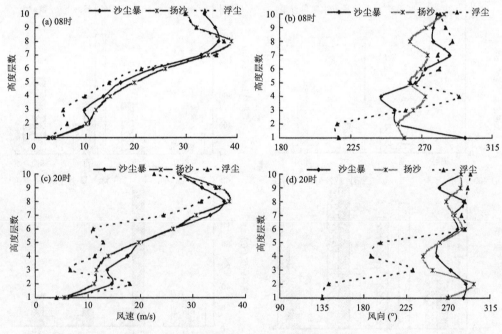

图 7　不同沙尘天气的垂直风场结构

从风向看,白天(08 时),沙尘暴近地面 800 hPa 以下风向由西北变为西南,呈逆时针旋转,幅度较大,以上各层呈顺-逆时针交替进行,幅度较小;而扬沙 500 hPa 以下呈顺时针旋转,以上各层呈顺-逆时针交替进行,幅度较小;浮尘近地面 800 hPa 以下无明显变化,800~500 hPa 呈顺时针旋转,500~400 hPa 呈逆时针旋转,幅度较大,400 hPa 以上呈顺时针旋转,幅度较小。夜间(20 时),沙尘暴 450 hPa 以下风向由西北变为西南西,呈逆时针旋转,幅度较小,450 hPa 以上略呈顺时针旋转,幅度很小;而扬沙 800 hPa 以下呈顺时针旋转,800~

500 hPa 呈逆时针旋转,500~400 hPa 呈顺时针旋转,幅度较大,400 hPa 以上无明显变化;浮尘 638 hPa 以下呈顺时针旋转,幅度较大,638~536 hPa 以下呈逆时针旋转、536~356 hPa 呈顺时针旋转,幅度较大,356 hPa 以上无明显变化。

　　从上述分析中得出垂直风速随高度呈增大趋势,其中白天(08 时)扬沙风速较大,夜间(20 时)沙尘暴风速较大,浮尘风速较小;风向中,500 hPa 以下沙尘暴呈逆时针旋转,浮尘呈顺时针旋转,幅度均较大,扬沙幅度较小;这说明沙尘暴发生时在 500 hPa 以下其垂直方向上有明显的冷空气活动,白天强,夜间弱;而浮尘在低层呈暖平流,无冷空气活动,风速较小。

5.2　强沙尘暴的风场垂直结构日变化

　　特强沙尘暴往往造成 5 级以上重度污染,风速大灾情重。进一步对民勤站 5 个最小能见度在 100 m 以下的强沙尘暴个例风场结构进行分析(图 8),得出白天(08 时)450 hPa 以下风速有明显的扰动,但风速明显小于夜间,风向大致顺时针旋转,层结稳定,无冷空气活动,而夜间(20 时)风速大,638 hPa 以下风向逆时针旋转,有冷平流。这和上述一般沙尘暴 08 时和 20 时风向都逆时针旋转完全不同,说明强沙尘暴多发生在午后,冷空气较强。

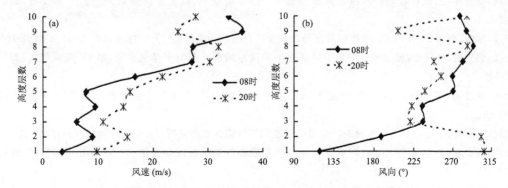

图 8　最小能见度在 100 m 以下强沙尘暴的垂直风场结构日变化

6　讨论与结论

　　T-$\ln p$ 方法计算大气边界层厚度其局限性有两方面:一是依赖探空观测资料,必须有规定层和特性层资料;二是由于日最高气温的出现远滞后于 08 时探空资料,在实际预报时必须用日最高气温的预测值,因而日最大混合层厚度与实际有误差。

　　(1)沙尘天气下的最大混合层厚度介于无降水和有降水之间,在 2600 m 左右,浮尘厚度最低不足 1400 m,沙尘暴最高在 2600~2700 m,日最高气温是影响最大混合层厚度的主要因子,两者呈线性正相关。

　　(2)春季逆温层中出现最多的是辐射逆温和下沉逆温,但强度较强的是扰动逆温和锋面辐射逆温,其中 500 m 以下近地层中以辐射、锋面辐射和扰动为主,扰动较强,而 500 m 以上中高层以下沉和锋面逆温为主,锋面较强,低层强、高层弱。

　　(3)沙尘天气中扬沙、沙尘暴和浮尘分别以锋面辐射逆温、扰动逆温和辐射逆温为主,其中沙尘暴中扰动逆温强度最强(131.3 ℃/km),这说明造成扬沙天气的主要影响因子是锋面带来的冷空气,而沙尘暴是由风场的剧烈扰动引起。沙尘暴逆温强度最强,说明在沙尘暴发生时近地面层入侵的冷空气最强。沙尘暴的发生主要由低层的强扰动气流和 500 m 以上锋面带来的冷空气引起的。

（4）昼夜变化中,白天逆温明显多于夜间,逆温层厚度 500 m 以下白天明显大于夜间,但 500 m 以上夜间较厚;白天逆温较强,但扬沙天气夜间较强,下沉逆温最强;扬沙白天较厚,但沙尘暴夜间锋面逆温较厚。

（5）沙尘暴发生前近地面风场有明显的扰动,冷平流增强;沙尘暴发生时在 500 hPa 以下其垂直方向上有明显的冷空气活动,白天强、夜间弱;而浮尘无冷空气活动,风速较小。强沙尘暴白天风速小较稳定,而夜间风速大,冷空气活动增强。

致谢:民勤探空资料由甘肃省民勤县气象局协助收集观测,在此表示感谢。

参考文献

程雪玲,曾庆存,胡非,等,2007.大气边界层强风的阵性和相干结构[J].气候与环境研究,12(3):227-243.
胡隐樵,光田宁,1996a.强沙尘暴发展与干飑线——黑风暴形成机理的分析[J].高原气象,15(2):178-185.
胡隐樵,光田宁,1996b.强沙尘暴微气象特征和局地触发机制[J].大气科学,21(5):1582-1589.
李岩瑛,杨晓玲,王式功,2002.河西走廊东部近 50a 沙尘暴成因、危害及防御对策[J].中国沙漠,22(3):283-286.
李岩瑛,张强,李耀辉,等,2008.水平螺旋度与沙尘暴的动力学关系研究[J].地球物理学报,51(3):692-703.
李岩瑛,钱正安,薛新玲,等,2009.西北干旱区夏半年深厚的混合层与干旱气候形成[J].高原气象,28(1):46-54.
孙然好,刘清丽,陈利顶,等,2010.河西走廊沙尘暴及其影响因子的多尺度研究[J].中国沙漠,30(3):648-653.
王伏村,付有智,李红,2008.一次秋季沙尘暴的诊断和天气雷达观测分析[J].中国沙漠,28(1):170-177.
王敏仲,魏文寿,杨莲梅,等,2008.塔里木盆地一次东灌型沙尘暴环流动力结构分析[J].中国沙漠,28(2):370-376.
王荣基,李君,2009.L波段高空气象探测系统气压、高度观测数据分析[J].气象科技,37(1):106-109.
王式功,杨德保,尚可政,等,2002.城市空气污染预报研究[M].兰州:兰州大学出版社.
王式功,王金艳,周自江,等,2003.中国沙尘天气的区域特征[J].地理学报,58(2):193-200.
岳平,牛生杰,张强,等,2008.夏季强沙尘暴内部热力动力特征的个例研究[J].中国沙漠,28(3):509-513.
曾庆存,胡非,程雪玲,等,2007a.大气边界层阵风扬尘机理[J].气候与环境研究,12(3):251-255.
曾庆存,程雪玲,胡非,2007b.大气边界层非常定下沉急流和阵风的起沙机理[J].气候与环境研究,12(3):244-250.
张强,2003.大气边界层气象学研究综述[J].干旱气象,21(3):74-78.
张强,卫国安,侯平,2004.初夏敦煌荒漠戈壁大气边界层结构特征的一次观测研究[J].高原气象,23(6):587-597.
张强,王胜,2005.特强沙尘暴(黑风)的形成及其效应[J].中国沙漠,25(5):675-681.
赵建华,张强,李耀辉,等,2009."7.17"西北夏季沙尘暴数值模拟[J].中国沙漠,29(6):1221-1228.
赵兴梁,1993.甘肃特大沙尘暴的危害与对策[J].中国沙漠,13(3):1-5.
钟海玲,高荣,李栋梁,2009.地面风速的气候特征及其对沙尘暴的影响研究[J].中国沙漠,29(2):321-326.
朱乾根,林锦瑞,寿绍文,1981.天气学原理和方法[M].北京:气象出版社.

中国西北干旱区沙尘暴源地风沙大气边界层特征[*]

李岩瑛[1,2]，张强[1]，陈英[3]，胡兴才[3]

(1. 中国气象局兰州干旱气象研究所，甘肃省干旱气候变化与减灾重点实验室/
中国气象局干旱气候变化与减灾重点开放实验室，兰州 730020；
2. 甘肃省武威市气象局，武威 733000；3. 甘肃省民勤县气象局，民勤 733300)

摘要：应用西北干旱区沙尘暴源地甘肃省民勤县1971—2008 年共 1811 个大风/沙尘暴个例的逐日 08 时和 20 时高空资料、降水、日最高气温以及沙尘暴实时资料，详细探讨了不同月份和季节干湿变化、沙尘暴强度、沙尘暴出现时间和持续时间的大气边界层垂直结构变化特征。结果表明：(1)沙尘暴发生时 4—5 月最大混合层较厚，在 2500 m 以上；而强沙尘暴发生时 6—7 月较厚，7 月最厚为 2530 m。3—8 月沙尘暴发生时最大混合层厚度低于大风发生时的 200～400 m；4—5 月下午沙尘暴发生时最大混合层较深厚，在 2700 m 左右。沙尘暴持续时间与最大混合层厚度呈反比。(2)沙尘暴发生时扰动和锋面逆温频次多而强，扰动逆温明显较强，达 2.5 ℃/100m，锋面逆温高度在 700～1000 m，扰动逆温高度在 150～400 m；而大风发生时辐射和锋面辐射逆温频次多而强，强沙尘暴发生时锋面逆温明显较强，这说明沙尘暴多由风场的剧烈扰动和锋面过境引起。(3)白天 800 hPa 以上有干气层存在，夜间干暖和逆湿现象显著。近地层越干冷、西北风越强，强沙尘暴持续时间越长。

关键词：沙尘暴源地；西北干旱区；风沙边界层；最大混合层厚度；逆温层；垂直温湿场；风场

引言

西北干旱区强太阳辐射的地面加热作用、高地表反照率的能量调配作用、强地表感热的热源作用及深厚对流大气边界层的对流输送作用和扩容作用会对该区域陆-气相互作用及天气过程形成和气候环境演变发挥极其重要的作用，其独特的陆面过程和大气边界层特征是特强沙尘暴的关键诱因之一，也是沙尘气溶胶远距离输送的重要帮手(张强 等，2011)。甘肃省民勤县是中国西北干旱区大风/沙尘暴发生较为频繁、生态环境和灾情较严重的地区，近年来该区强沙尘暴时有发生，灾害的范围和经济损失已远超过"93.5.5"的严重程度(李岩瑛 等，2002；王式功 等，2003；赵兴梁，1993；李岩瑛 等；2012a)。大气混合层厚度对强沙尘暴的形成、环境及气旋强度都有较强的影响(张强 等，2005；赵克明 等，2011；李杰 等，2010)，强沙尘暴暴发前近地面有一个深厚的混合层厚度存在，沙尘多发期(3—6 月)民勤的最大混合层厚度在 3000 m 以上，4 月较深厚(接近 4000 m)，为强沙尘暴的形成提供了有利的环境条件(李岩瑛 等，2011)。沙尘暴是发生在近地面边界层内的天气现象，是由风场的剧烈扰动和干旱共同

---

* 本文已在《中国沙漠》2014 年第 34 卷第 1 期正式发表。

作用产生的(曾庆存 等,2007a,2007b;程雪玲 等,2007;李岩瑛 等,2012a;李岩瑛 等,2009),其造成的沙尘气溶胶反过来对大气边界层有特殊的强迫作用,如动力强迫、辐射强迫和二相流运动特征(张强 等,2011a)。风速的动力作用对大气边界层发展有一定的影响,极强的陆面热力作用是中国干旱区形成深厚大气边界层的主导因素(张强 等,2011b)。

文中应用西北干旱区沙尘暴源地甘肃省民勤县 1971—2008 年共 1811 个大风/沙尘暴个例的逐日 08 时和 20 时高空资料、降水、日最高气温以及沙尘暴实时资料,集中对沙尘暴的强度、出现时间、持续时间及大风与沙尘暴差异的边界层垂直结构特征进行分析,旨在了解沙尘发生时的垂直物理结构特征,从边界层角度提高沙尘暴出现强度和时间的精细化预报水平。

1 资料和方法

1.1 高空和地面资料

甘肃省民勤县 1971—2008 年共 1811 个大风沙尘暴个例的逐日 08 时和 20 时高空资料:规定层 11 层高度、气压、温度和露点温度以及特性层共 19 层的气压、温度和露点温度;相应的 08 时和 20 时近地层地面、300 m、600 m 和 900 m 4 层风向风速。

大风标准:达到 10 min 风力平均 6 级、风速 10.7 m/s,或极大风速 17 m/s;达到沙尘暴标准相应的日降水量(mm)、最高气温(℃)、极大风速风向(16 个方位)、沙尘暴持续时间(h,保留一位小数)、起始时间(h)、沙尘暴最小能见度(m)。达到大风或沙尘暴条件时为一个大风沙尘暴个例。

气象上日期以 20 时为界,如 19 日 20 时到 20 日 20 时按 20 日对待,以下沙尘暴出现时间和持续累积时间、日最大混合层厚度等都以此为标准计算。

1.2 资料处理方法

由于探空资料量大,持续年代长,基本以手工输入为主。需要对资料的准确性和可信度进行检查校对:对所用日探空资料以气压为主从高到低层进行排序,查看每一层资料如气压、温度、湿度是否有错误。

规定层有明确的高度,而在特性层的高度处理中,利用压高公式将气压转换成高度,并与用插值法得来的高度值进行对比,发现低层 1000 m 内偏低在 100 m 之内,大气边界层内 4000 m 以下偏低不足 400 m,最后选定采用压高公式计算(王式功 等,2002;朱乾根 等,1981):以已知 11 层规定层的高度、气压资料为标准,计算特性层的高度,如某一层气压在两个标准气压之间,利用压高公式计算这层的高度,设这层气压为 p,当 $p > p(ii+1)$ 且 $p \leqslant p(ii)$ 时,p 对应的高度 z 计算公式为:

$$z = h(ii) - 100 \times (p - p(ii)) \div (\rho \times g) \tag{1}$$

$$z = h(ii) + (h(ii+1) - h(ii)) \times (p(ii) - p) \div (p(ii) - p(ii+1)) \tag{2}$$

式(1)为压高公式,$\rho = 1.2923$ kg/m³,为干空气的密度;$g = 9.8$ m/s²,为地球表面重力加速度;气压单位为 hPa,高度单位为 m。式(2)为高度内插法,气压与高度等比例均匀内插,ii 为规定层数,分别是地面、850 hPa、700 hPa、600 hPa、500 hPa、400 hPa、300 hPa、250 hPa、200 hPa、150 hPa 和 100 hPa 共 11 层。

由于大气边界层厚度最大在 4000 m 左右,应用最大混合层厚度和逆温层性质的计算方法(李岩瑛 等,2011;曾庆存 等,2007b;张强 等,2011b;王式功 等,2002;朱乾根 等,1981),每隔 400 m 计算其温湿廓线,进一步分析风沙天气在垂直高度上的温湿场结构特征。

2　不同月份的风沙边界层厚度

2.1　大风和沙尘暴发生时最大混合层厚度对比

最小能见度≥500 m、小于 1000 m 时为沙尘暴(弱),最小能见度小于 500 m 时为强沙尘暴,而小于 50 m 的特强沙尘暴最小能见度不完全精确,不再另述。无论强弱,沙尘暴主要集中在春季 3—5 月,4 月最多,月均日数在 5 d 左右,秋季 9 月最少(图 1)。

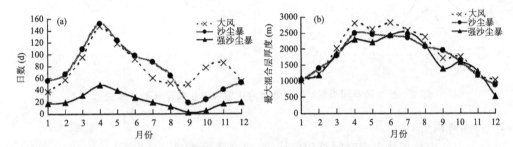

图 1　风沙天气的出现日数(a)及对应最大混合层厚度(b)的月际变化

沙尘暴日数 1—6 月略多于大风,7—8 月明显较多,而 9—12 月显著少于大风,强沙尘暴集中在 4—5 月。对于最大混合层厚度,除 2 月和 9 月沙尘暴发生时高于大风发生时外,其余均低于大风发生时 200~400 m;大风发生时 4 月和 6 月最大混合层较深厚,在 2800 m 以上;沙尘暴发生时 4—5 月最大混合层较厚,在 2500 m 以上,5 月较厚,达 2720 m;而强沙尘暴发生时 6—7 月最大混合层较深厚,7 月达 2530 m,4—5 月的最大混合层显著变薄,厚度只有 2200 m。除夏季和 11 月强沙尘暴发生时最大混合层厚度高于沙尘暴发生时外,1—3 月接近,其余均低于沙尘暴发生时,4—5 月和 12 月显著偏低 500~700 m。最大混合层厚度与最高地-气温差关系较为密切,呈显著正相关(程雪玲 等,2007;李岩瑛 等,2012b),说明夏季的强沙尘暴多产生于午后热对流引起的阵性大风及动量下传大风,而 4—5 月、9—10 月和 12 月强沙尘暴多产生于强冷空气东移造成的冷锋性大风。

进一步对沙尘天气高发期(3—4 月)和夏季的晴天最大混合层厚度进行计算,对比得出晴天的最大混合层厚度春季平均在 2300 m 以上,较沙尘暴发生时厚 200 m,但低于大风发生时 100 m 左右;夏季在 2800 m 以上,比大风、沙尘暴发生时高 200~600 m。这说明沙尘暴发生时气温明显下降,空气中的沙尘气溶胶抑制了热对流,沙尘暴发生时多有冷空气伴随。

2.2　沙尘暴发生时最大混合层厚度

2.2.1　出现时间

把沙尘暴出现时间分上午(06 时,12 时]、下午(12 时,20 时]和夜间(20 时,06 时]3 个时段进行分析,并计算当日的最大混合层厚度。由于在气象上通常把夜间(20 时,06 时]作为次日,所以夜间的最大混合层厚度是大风沙尘暴出现后的次日最大混合层厚度。

下午沙尘暴出现日数最多,约占 60%;夜间沙尘暴出现日数除 6—8 月多于上午外,其余均少于上午(图 2)。最大混合层上午较薄,4 月较厚,在 2000 m 以上;而下午除 4—5 月高于夜间外,其余均低于夜间,4 月最厚达 2743.5 m;夜间 7 月最厚,达 2700 m。这说明上午沙尘暴过后气温迅速下降,多伴有冷空气活动;但夜间沙尘暴发生后在下午气温会很快升高,系统移速较快。这进一步表明4—5月最大混合层较深厚,4月最深厚,午后沙尘暴最厚,这说明深厚的混合层是强沙尘暴形成的重要成因之一。

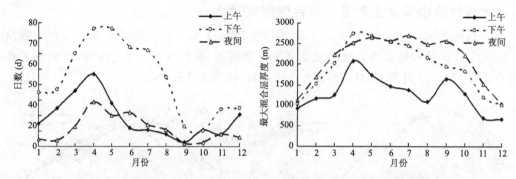

图2　沙尘暴不同出现时间日数及对应最大混合层厚度的月际变化

2.2.2　持续时间

以一天中沙尘暴累计出现时间总和统计,将沙尘暴持续时间分为≤1 h、1~5 h和≥5 h。

沙尘暴多在1~5 h,其概率为53%,而≤1 h的短时沙尘暴占31%,5 h以上的较少,占15%(图3)。

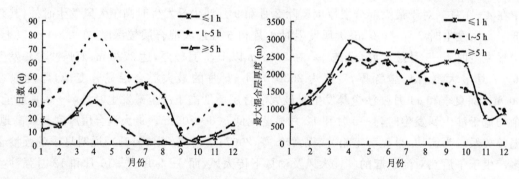

图3　沙尘暴不同持续时间日数及对应最大混合层厚度的月际变化

≤1 h的短时沙尘暴最大混合层较厚,4—7月达2500 m以上,4月高达2925.3 m;1~5 h次之,5月较厚达2400 m;5 h以上较薄,其中4月、6月较厚,不足2500 m,这说明持续时间长的沙尘暴多有冷空气伴随。

3　不同月份的风沙边界层特征

3.1　逆温

分析最大混合层厚度下的逆温层性质,发现沙尘暴和大风发生时均为锋面辐射逆温频次最多,辐射逆温频次次多,但相比而言,沙尘暴发生时扰动和锋面逆温较大风发生时频次多而强,扰动逆温明显较强,达25 ℃/km,而大风发生时辐射和锋面辐射逆温频次多而强,下沉逆温无差别;在逆温厚度上,沙尘暴发生时下沉逆温显著较厚,达281.8 m;逆温起始高度上,锋面、下沉和扰动逆温分别在700 m、400 m和150 m附近,除扰动逆温沙尘暴发生时高于大风发生时10 m外,锋面和下沉逆温的起始高度均低于大风20~30 m;逆温强度上,沙尘暴发生时扰动逆温最强,锋面辐射逆温次之,下沉逆温较弱(图4)。

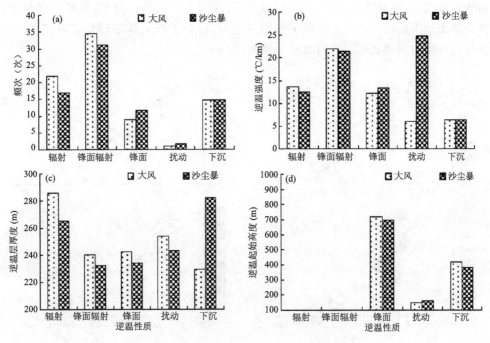

图 4 大风和沙尘暴发生时 08 时的逆温性质对比

月际变化上,3—6月逆温较多,月均在 20 次以上,4月最多在 30 次以上,主要是辐射和锋面辐射逆温。扰动逆温大风发生时集中在 3—4 月,而沙尘暴发生时集中在 2—3 月,5—10 月无(图5)。

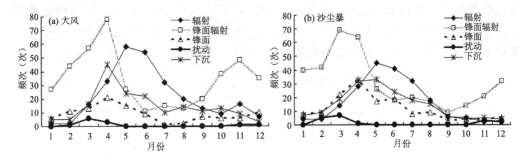

图 5 大风和沙尘暴发生时 08 时逆温频次的月际变化对比

进一步对 3—6 月风沙多发期的逆温特征进行对比,表明强沙尘暴的逆温显著较强,尤其是强沙尘暴的锋面逆温明显比大风、沙尘暴强度强,高度低而薄。

3.2 温湿场

由于气温、相对湿度是影响沙尘暴强度的重要因素(谭立海 等,2012;李玲萍 等,2012;张克新 等,2011;马瑞 等,2011;常兆丰 等,2011;刘新春 等,2011;詹科杰 等,2011),就干湿变化、大风和沙尘暴强度、沙尘暴不同出现时间和持续时间长短进行气温、相对湿度对比分析,每隔 400 m 分别计算从地面到 4000 m 高度的 10 层垂直温湿场结构,得出 4000 m 高度到地面的温湿场垂直廓线特征。

对于干湿变化,湿时温度较高,干时明显较低;相对于大风和沙尘暴,强沙尘暴温度较高;对于沙尘暴出现不同时间,1000 m 以上夜间气温较低;对于沙尘暴不同持续时间,1000 m 以下气温越低持续时间越长,反之,持续时间越短(图6)。

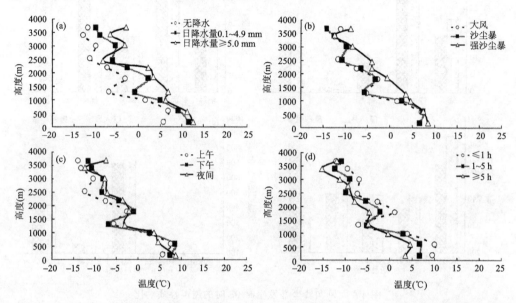

图6　干湿变化(a)、沙尘强度(b)、沙尘暴出现时间(c)和持续时间(d)的08时温度垂直廓线对比

对于干湿变化,无降水、日降水量在 $0.1 \sim 4.9$ mm 以及 5 mm 以上时,春季 08 时中低层垂直湿度场由干到湿温度露点差($T-T_d$)分别为 13 ℃、7 ℃ 及 4 ℃ 以下;沙尘暴发生时中低层垂直湿度场 $T-T_d$ 在 10 ℃ 以上,近地层(1000 m 以下)强沙尘暴明显偏干,而沙尘暴较湿;对于沙尘暴出现不同时间,2000 m 以下上午较干,夜间较湿。持续 5 h 以上的沙尘暴 2500 m 以下较干,近地层越干,沙尘暴持续时间越长,反之持续时间越短(图7)。

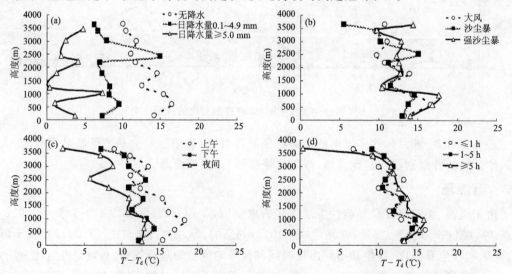

图7　干湿变化(a)、沙尘强度(b)、沙尘暴出现时间(c)和持续时间(d)的春季08时湿度垂直廓线对比

　　夜间（20 时）与白天（08 时）相比，白天 800 m 附近有干气层存在，夜间明显偏干，逆湿现象显著，夜间与白天相反，强沙尘暴较湿，大风较干；白天沙尘暴时间变化中的湿度差异明显，但夜间不显著（图 8）。

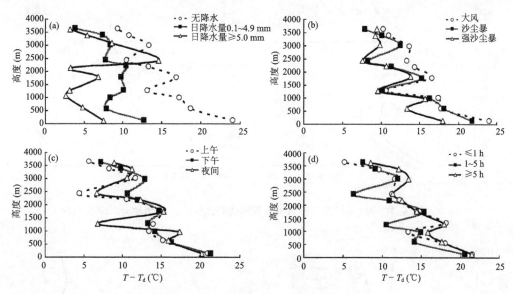

图 8　干湿变化（a）、沙尘强度（b）、沙尘暴出现时间（c）和
持续时间（d）的春季 20 时湿度垂直廓线对比

3.3　近地层风场

　　逆温层分析表明，造成沙尘暴的冷空气和风场扰动主要集中在近地面（1000 m 以下），绝大多数风蚀沙粒的起动、输移及沉积都存在于 1200 m 以下的风沙边界层内（吕萍 等，2004），而沙尘暴主要集中在午后到夜间。以下重点应用 20 时近地层地面、300 m、600 m 和 900 m 四层风向风速，分析近地面风沙条件下风场的季节变化。

　　晴天风速明显偏小，春季不足 5 m/s；春夏季风向以东南—西南为主；而大风到强沙尘暴风速依次增大，风向夏季以西南西为主，春季盛行西北风，春季强沙尘暴的风速在近地面 900 m 超过 15 m/s（图 9）。

　　从大风、沙尘暴到强沙尘暴风速依次加强，风速最小出现在夏季，其次是秋季，冬季最大。风向夏季以西南为主，其他季节以西北为主，冬季的强沙尘暴西北风较强，在离地面 900 m 时达 20 m/s。夏、秋季有强沙尘暴发生时，500 m 附近存在强烈的不稳定层结（图 10）。

　　如图 11，无降水时风速较大，近地面层以西和西北西风为主；日降水量≥5 mm 时，以西北西风为主，300 m 附近气层不稳定。强沙尘暴发生时风速较大，大风发生时较小，强沙尘暴发生时以西北风为主，而大风和沙尘暴发生时以西北西风为主。沙尘暴出现时白天风速较大，夜间较小，夜间风向变化大，近地面 300 m 以下有冷空气入侵，风向上午以西南西为主，下午以西北西为主，夜间由低层的西风向高空西北风转变。地面到 300 m 上空的风速垂直切变较显著，近地层西北风越强，沙尘暴持续时间越长。

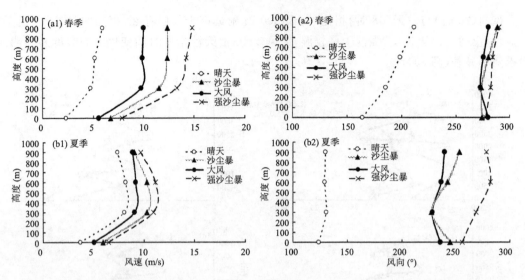

图 9　春、夏季 20 时不同天气的风场垂直廓线对比(a1、b1 为风速,a2、b2 为风向)

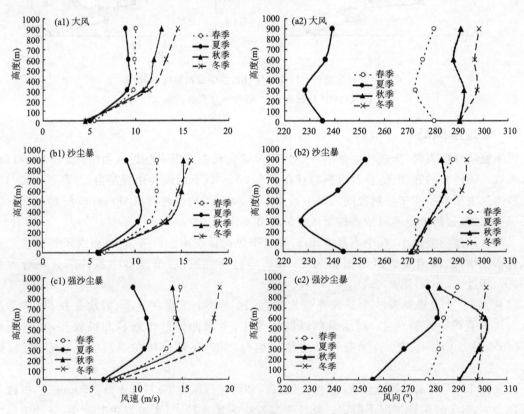

图 10　大风(a)、沙尘暴(b)和强沙尘暴(c)20 时风场垂直廓线的
季节对比(a1、b1、c1 为风速,a2、b2、c2 为风向)

4　结论

近地层较强的西北风是沙尘暴暴发的关键因素,深厚的大气混合层和干的大气层结是沙

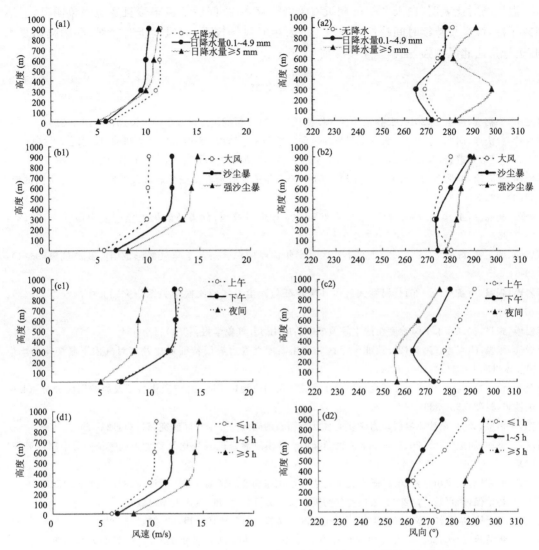

图 11　干湿变化(a)、沙尘强度(b)、沙尘暴出现时间(c)和持续时间(d)的
春季 20 时风场垂直廓线对比(a1、b1、c1、d1 为风速,a2、b2、c2、d2 为风向)

尘暴发生和维持的环境条件。

最大混合层厚度对比得出:沙尘暴发生时 4—5 月最大混合层较厚,在 2600 m 以上;强沙尘暴发生时 6—7 月较厚,7 月最厚为 2530 m。3—8 月沙尘暴发生时低于大风发生时 200～400 m,而大风发生时 4 月和 6 月最大混合层较厚,在 2800 m 以上。4—5 月下午沙尘暴发生时最大混合层较深厚,在 2700 m 左右,沙尘暴持续时间越长,最大混合层越薄,持续时间长的沙尘暴多有冷空气伴随。

沙尘暴和大风的逆温性质对比分析表明:沙尘暴发生时扰动和锋面逆温频次多而强,扰动逆温强度明显较强,平均达 25℃/km,锋面逆温高度在 700～1000 m,扰动逆温高度在 150～400 m;而大风发生时辐射和锋面辐射逆温频次多而强,这说明沙尘暴多由风场的剧烈扰动和锋面过境引起。

　　温湿场对比表明：白天800 m附近有干气层存在，夜间明显偏干暖且逆湿现象明显，近地层越干冷，沙尘暴持续时间越长。强沙尘暴发生时风场较强，大风发生时较弱，冬季强而夏季弱；近地层西北风越强，强沙尘暴持续时间越长。

参考文献

常兆丰,韩福贵,仲生年,2011.民勤荒漠区气候变化对全球变暖的响应[J].中国沙漠,31(2):505-510.

程雪玲,曾庆存,胡非,等,2007.大气边界层强风的阵性和相干结构[J].气候与环境研究,12(3):227-243.

李杰,蒋小平,元慧慧,等,2010.混合层深度对热带气旋强度的影响[J].气象,36(4):27-29.

李玲萍,李岩瑛,刘明春,2012.石羊河流域1961—2005年蒸发皿蒸发量变化趋势及原因初探[J].中国沙漠,32(3):832-841.

李岩瑛,杨晓玲,王式功,2002.河西走廊东部近50a沙尘暴成因,危害及防御对策[J].中国沙漠,22(3):283-286.

李岩瑛,钱正安,薛新玲,等,2009.西北干旱区夏半年深厚的混合层与干旱气候形成[J].高原气象,28(1):46-54.

李岩瑛,张强,薛新玲,等,2011.民勤大气边界层特征与沙尘天气的气候学关系研究[J].中国沙漠,31(3):757-764.

李岩瑛,张强,2012a.水平螺旋度在沙尘暴预报中的应用[J].气象学报,70(1):144-154.

李岩瑛,张强,胡兴才,等,2012b.西北干旱区和黄土高原大气边界层特征对比及其对气候干湿变化的响应[J].冰川冻土,34(5):1047-1058.

刘新春,钟玉婷,何清,等,2011.塔克拉玛干沙漠腹地及周边地区PM$_{10}$时空变化特征及影响因素分析[J].中国沙漠,31(2):323-330.

吕萍,董治宝,2004.风沙边界层动力学研究现状及面临的问题[J].干旱区研究,21(2):122-124.

马瑞,王继和,屈建军,等,2011.近50a来民勤绿洲—荒漠过渡带气候变化及沙尘天气特征[J].中国沙漠,31(4):1031-1036.

谭立海,张伟民,安志山,等,2012.砾石覆盖对边界层风速梯度的影响[J].中国沙漠,32(6):1522-1527.

王式功,杨德保,尚可政,等,2002.城市空气污染预报研究[M].兰州:兰州大学出版社.

王式功,王金艳,周自江,等,2003.中国沙尘天气的区域特征[J].地理学报,58(2):193-200.

曾庆存,程雪玲,胡非,2007a.大气边界层非常定下沉急流和阵风的起沙机理[J]气候与环境研究,12(3):244-250.

曾庆存,胡非,程雪玲,等,2007b.大气边界层阵风扬尘机理[J].气候与环境研究,12(3):251-255.

詹科杰,赵明,杨自辉,等,2011.地气温差对沙尘源区不同下垫面沙尘输运结构的影响[J].中国沙漠,31(3):655-660.

张克新,刘普幸,霍华丽,等,2011.石羊河流域近50a来日照时数的时空变化特征分析[J].中国沙漠,31(2):517-520.

张强,王胜,2005.特强沙尘暴(黑风)的形成及其效应[J].中国沙漠,25(5):675-681.

张强,黄荣辉,王胜,2011a.浅论西北干旱区陆面过程和大气边界层对区域天气气候的特殊作用[J].干旱气象,29(2):133-136.

张强,张杰,王胜,等,2011b.我国干旱区深厚大气边界层与陆面热力过程的关系研究[J].中国科学:地球科学,41(9):1365-1374.

赵克明,李霞,杨静,2011.乌鲁木齐大气最大混合层厚度变化的环境响应[J].干旱区研究,28(3):509-513.

赵兴梁,1993.甘肃特大沙尘暴的危害与对策[J].中国沙漠,13(3):1-5.

朱乾根,林锦瑞,寿绍文,1981.天气学原理和方法[M].北京:气象出版社.

河西边界层高度与不同风沙强度天气的关系 [*]

李岩瑛[1,2]，张爱萍[5]，李红英[3]，王伏村[4]，陈英[5]，曾婷[2]

(1. 中国气象局乌鲁木齐沙漠气象研究所，中国气象局树木年轮理化研究重点开放实验室，乌鲁木齐 830002；2. 甘肃省武威市气象局，武威 733000；3. 甘肃省酒泉市气象局，酒泉 735000；4. 甘肃省张掖市气象局，张掖 734000；5. 甘肃省民勤县气象局，民勤 733399)

摘要：以中国风沙高发区河西走廊为研究对象，应用河西走廊敦煌、酒泉、张掖和民勤 4 站 2006—2017 年逐日 19 时每隔 50 m 加密高空资料，07 时规定层、特性层高空资料，分别采用平滑位温法、$T\text{-}\ln p$ 法统计分析了该区边界层高度的变化特征及其影响因子、边界层高度与不同风沙强度的关系，得出边界层高度与沙尘强度呈正比。进一步从地面风速、相对湿度、地气温差日变化得到春季午后风沙天气多发和强发的主要成因；得到了沙尘暴不同环流形势下的边界层高度特征，以及高空风速≥15 m/s 的最低高度与不同风沙强度的关系，从而为风沙天气预报提供技术帮助。结果表明：河西年均边界层高度在 1700～2200 m，春季 4—6 月较高，在 3000 m 以上；敦煌较高，4—5 月超过 3500 m。边界层高度与最高气温、最低气温和 0 cm 最高地温较密切，与最高气温、极大风速呈正比。边界层高度随着沙尘强度的增强而增高，4 月强沙尘暴和大风的边界层高度均大于 3100 m。春季风速随着沙尘强度的增强而增大，最大风速集中时间在 12—18 时，春季日变化中 13—14 时风速最大、相对湿度最小、地-气温差最大，因而也是风沙天气出现最多和强度最强的时段。沙尘暴持续时间越短，边界层高度越高，4—6 月下午的沙尘暴较高，达 2800～3100 m。沙尘暴不同环流形势的边界层高度中，西风槽整体较低；平直西风型 4 月、6 月和 8 月较高，均超过 3100 m，8 月为 3580 m；而西北气流型高于西风槽型，5—6 月大于 3200 m。不同风沙强度高空风速≥15 m/s 的最低高度，冬、春季较低，夏、秋季高；浮尘较高，为 4884 m；大风伴沙尘最低，为 2471 m；大风沙尘暴 07 时较 19 时高 600 m 左右，明显较边界层高度偏高 1000～2000 m。

关键词：边界层高度；风沙强度；地面要素时间变化；河西走廊

引言

边界层高度与干旱、雾/霾及热带气旋的发展变化有一定的关系，干旱及热带气旋越强、持续时间越长，边界层高度越高，相反雾/霾越重，边界层高度越低（郭建平 等，2016）。李岩瑛等（2009，2014，2016）认为夏半年深厚的边界层厚度是形成西北干旱的成因之一，边界层厚度与最高地-气温差呈显著正相关，在干热环境下对流层厚度可超过 4000 m；民勤沙尘暴最大边界层高度 4—5 月下午较高，可超过 2700 m，强沙尘暴 6—7 月较高。杨洋等（2016）发现新疆博斯腾湖流域戈壁地区大气边界层在夏季典型晴天时对流边界层异常深厚，大气边界层高度超过 3000 m，最高可达 4400 m。侯梦玲等（2017）利用 GRAPES_CUACE 大气化学模式发现，京津冀地区 2015 年 12 月重度雾/霾过程中大部分地区边界层平均高度低于 600 m。廖菲

[*] 本文已在《中国沙漠》2019 年第 39 卷第 5 期正式发表。

(2017)发现,登陆后强度持续时间长的热带气旋,边界层高度在 2000 m 之上,最高可达 7000 m,反之登陆后强度减弱、持续时间短的热带气旋,其边界层高度在 2000 m 以下。

但由于使用资料和方法不同,所得边界层高度也会产生显著差异。赵艳茹等(2015)选取干旱半干旱区具有不同下垫面特征的黄土高原和河西走廊代表站 2006—2013 年的探空资料,发现 07 时 15 分两地区边界层高度多在 300～600 m,且黄土高原地区要高于河西走廊地区;19 时 15 分两地区边界层高度多在 200～500 m,且河西走廊地区要高于黄土高原地区;两地边界层高度的变化均呈现出一定的周期性,在每年 4—5 月达到峰值。赵建华等(2013)利用敦煌干旱区陆-气相互作用外场加强观测试验数据,计算了夏季干旱区边界层高度特征,发现虚位温垂直变化的极值可以确定对流边界层、稳定边界层和残留层顶的高度,夏季敦煌干旱区三者的高度平均分别为 2.09 km、594 m 和 3.53 km。

河西走廊位于中国西北干旱、半干旱区,受到周边沙漠和戈壁的影响,风沙灾害问题比较严重,也是影响兰新高铁较为严重的区域之一(管梦鸾 等,2017;高扬 等,2018),处于河西北部的巴丹吉林沙漠是下游内蒙古的两个沙尘暴频发中心之一(袁国波,2017)。沙源和风速仍是河西走廊风沙灾害风险的主要诱因,沙尘暴暴发时,河西走廊为风速大值区(李丹华 等,2017),而地处走廊西端的敦煌,其风蚀气候因子指数大于 150,是中国的三大极大值区之一(牛清河 等,2017)。沙尘暴作为干旱与强风共同作用的产物,河西走廊又是中国沙尘暴天气较为频繁、灾害较为严重的地区之一,其边界层高度与风沙强度的关系如何?

文中重点应用河西敦煌、酒泉、张掖和民勤 4 个探空站 2006—2017 年逐日 19 时间隔 50 m 加密高空资料、逐日极端气温、07 时高空规定层和特性层高度资料,分别采用位温梯度法、T-$\ln p$ 法计算边界层高度,进一步对比分析不同风沙强度下的边界层高度变化。

1　河西走廊气候及风沙分布

河西走廊冬、春季降水稀少,气温川区高于山区,山区年均气温小于 7 ℃,沙尘暴发生及前期 1—4 月平均低于 −0.5 ℃;1—4 月降水量不足 20 mm,占年降水总量的 8%～19%;≥1 mm 降水日数中,1—4 月降水日数不足 6 d,占全年的 13%～23%(图 1)。山区大风日数较多,但沿沙区沙尘暴较多(图 2)。靠近沙漠的敦煌和民勤盆地 1—4 月降水量小于 10 mm,≥1 mm 降水日数不足 3 d,平均气温高于 0.5 ℃,干旱少雨,气温偏高,沙源丰富,因而沙尘暴较多(图 2)。

2　研究方法

2.1　边界层高度确定方法

由于文中所需资料量大,逐日高空加密资料超过数千层,平滑计算时间较长,故用平滑位温法选取民勤 2006 年资料计算,并将各方法结果进行对比,以期找到最合理的边界层高度计算方法。

T-$\ln p$ 法:民勤站 2006—2016 年 07 时规定层、特性层高度资料及日最高气温等资料计算的最大混合层厚度即为边界层高度(李岩瑛,2009)。

位温法:采用民勤站 19 时间隔 50 m 加密高空资料,计算当某高度位温梯度大于 0.005 K/m 时,与其高度差≤100 m 以内的位温梯度大于 0.005 K/m 时的最大高度即为边界层高度。

平滑位温法:采用民勤站 19 时间隔 50 m 加密高空资料进行多点平滑,位温梯度大于

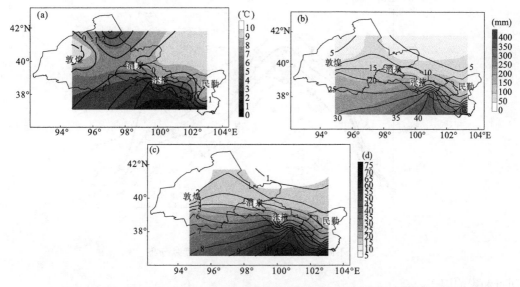

图 1 1981—2010 年河西 4 站气候要素分布(实线为 1—4 月平均,阴影为年均)

(a.气温,b.降水量,c.≥1 mm 降水日数)

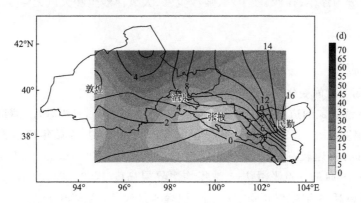

图 2 1981—2010 年河西 4 站年均沙尘暴(实线)和大风(阴影)日数

0.005 K/m 时的高度即为边界层高度。

图 3 表明,采用位温法确定的边界层高度比 T-$\ln p$ 法高 600～900 m,5—6 月边界层高度较高(接近 4000 m),显然不太合理。采用 3 点到 9 点平滑位温法确定的冬季(12 月至翌年 2 月)各边界层高度差异不大,但其余月份随平滑点数增多,边界层高度也在增加,趋势一致,5 月最高。7 点及 9 点平滑的 5 月边界层高度在 4 km 以上,偏高,而 3 点平滑 5—12 月较 T-$\ln p$ 法偏低,故取 5 点平滑法计算的边界层高度较为合理。文中重点采用 07 时 T-$\ln p$ 法和 19 时间隔 50 m 加密高空资料 5 点平滑方法确定边界层高度。

2.2 边界层高度影响因子分析方法

利用数据分析软件 SPSS 将河西走廊 4 站逐月边界层高度作为自变量,相应地面月均资料如地面气温、降水、风场、地温等近 40 个要素为因变量,引进信度≤0.05 的因子,建立逐步回归线性方程。得出上述两种不同边界层高度与近地面要素的关系,进一步比较两种方法的

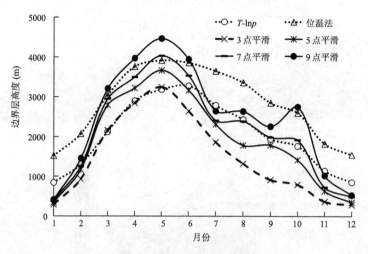

图 3　不同方法计算的民勤边界层高度月分布

异同点和影响因子。

2.3　风沙强度划分

将风沙强度分为浮尘、扬沙、沙尘暴、强沙尘暴、大风伴沙尘和大风无沙尘 6 个等级。

3　结果与分析

3.1　边界层高度

3.1.1　边界层高度时间变化

07 时 $T\text{-}\ln p$ 法确定的边界层高度比 19 时的 5 点平滑法高,其中敦煌、酒泉高 100 m,民勤高 180 m,张掖幅度最大,高 380 m(图 4)。根据 07 时 $T\text{-}\ln p$ 法,4 站年均边界层高度 1900～2200 m,酒泉最低,敦煌较高,其中 5—6 月最高,4 站均在 2900 m 以上,敦煌 5 月较高,达 3534 m。而根据 19 时的 5 点平滑法,4 站年均边界层高度 1700～2100 m,张掖最低,敦煌较高,其中 4—5 月最高,4 站均在 3000 m 以上,敦煌 4 月较高,达 3694 m。

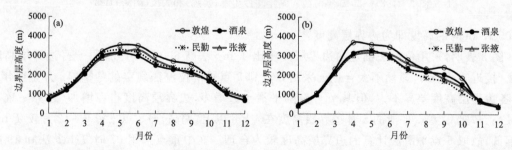

图 4　河西 4 站 2006—2017 年的边界层高度月分布(a. 07 时 $T\text{-}\ln p$ 法,b. 19 时 5 点平滑法)

3.1.2　影响因子

根据边界层高度影响因子分析方法,建立 07 时 $T\text{-}\ln p$ 法和 19 时的 5 点平滑位温法确立的边界层高度和影响因子的回归线性方程:

$$H_p = 44.64X_1 + 161.95X_2 + 102.58X_3 + 10.34X_4 - 6.11X_5 - 1883.85$$

$$H_5=197.10X_1+257.9X_2-146.44X_6+4.7X_7-2.52X_8-2956.83$$

式中，H_p 为 07 时 T-ln$p$ 法确定的边界层高度；H_5 为 19 时 5 点平滑位温梯度法确定的边界层高度；X_1 为最高气温；X_2 为极大风速；X_3 为气温日较差（日最高气温－最低气温）；X_4 为 0 cm 最高地温；X_5 为 160 cm 平均地温；X_6 为最低气温；X_7 为最大地气温差（0 cm 最高地温－最高气温）；X_8 为极大风向。07 时 T-ln$p$ 法确定的边界层高度与最高气温、极大风速、气温日较差、0 cm 最高地温呈正比，与 160 cm 平均地温呈反比；但 5 点平滑位温梯度法确定的边界层高度与最高气温、极大风速、最大地气温差呈正比，与最低气温、极大风向呈反比。H_p 与 H_5 相关系数达 0.83，两种高度均与最高气温、最低气温和 0 cm 最高地温较密切，其中与 H_p 相关系数分别为 0.81、0.81 和 0.41，与 H_5 相关系数分别为 0.75、0.66 和 0.47，均通过了 0.01 的信度检验。

3.2 不同风沙强度地面要素时间变化

3.2.1 季节变化

风速除冬季出现沙尘暴时最大日均值达 5.5 m/s 外，春季风速明显较大，随着沙尘强度的增强风速增大，强沙尘暴和大风伴沙尘的风速较大，日均超过 5.3 m/s；从地-气温差看，夏季最大，春季次之，冬季最小，春、秋、冬季浮尘温差较大，分别达 4.5 ℃、3.3 ℃和 0.7 ℃，而夏季强沙尘暴时较大，达 8.6 ℃；相对湿度春季明显比其他季节小 5%～20%，春季沙尘暴和强沙尘暴显著较干，相对湿度均低于 30%，而夏季强沙尘暴显著较湿，相对湿度达 52%，这说明春季沙尘暴出现时地面较干，而夏季的强沙尘暴常伴有降水天气发生（图 5）。

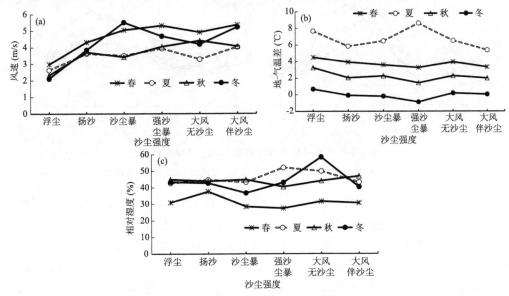

图 5 不同风沙强度地面要素的季节变化

3.2.2 日变化

地面 2 min 风速在季节变化上除冬季沙尘暴夜间至上午、强沙尘暴傍晚、大风伴沙尘夜间至上午较春季强以外，其余都是春季较强（图 6）。随着沙尘强度增大，春季最大地面风速从浮尘、扬沙、沙尘暴和强沙尘暴分别是以 4 m/s、6 m/s、7 m/s 和 8～11 m/s 逐渐增大的，大风时风速在 7～8 m/s。最大风速集中时间：强沙尘暴在 12—14 时，大风在 14—17 时，而其他在 15—18 时。

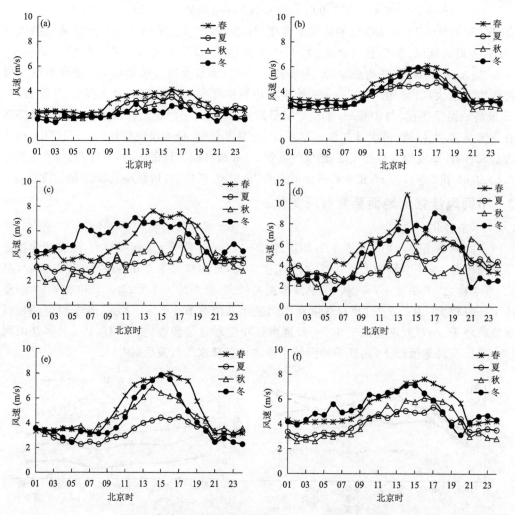

图6　各季节不同风沙强度地面2 min风速的日变化
（a.浮尘,b.扬沙,c.沙尘暴,d.强沙尘暴,e.大风无沙尘,f.大风伴沙尘）

日变化中风速只有一个峰值出现在12—17时,从10时开始增大,19时迅速减小,浮尘持续时间较长,而强沙尘暴时间较短,在13—14时,14时风速最大为10.9 m/s。相对湿度最小值出现在14—17时,均低于24%,而强沙尘暴明显低于19%;最大值在06—08时,沙尘暴和强沙尘暴低于37%,而其他高于40%。地-气温差从10时开始增大,13—14时达到最大,从浮尘、扬沙、沙尘暴和强沙尘暴分别以20 ℃、18 ℃、16 ℃和15 ℃逐渐减小,大风地-气温差在16～17 ℃,强沙尘暴最小,为15 ℃(图7)。这说明日变化中13—14时风速最大、相对湿度最小、地-气温差最大,因而也是风沙天气出现最多和强度最强的时段。在不同风沙强度中,强沙尘暴出现时风速最大、相对湿度最小、地-气温差最小,说明强沙尘暴发生时风速大、地表干而且冷空气强,因而边界层高度较高。

3.3　不同风沙强度下的边界层高度特征

3.3.1　不同风沙强度下的边界层高度

2006—2017年河西浮尘、扬沙、沙尘暴、强沙尘暴、大风伴沙尘和大风无沙尘年均日数分

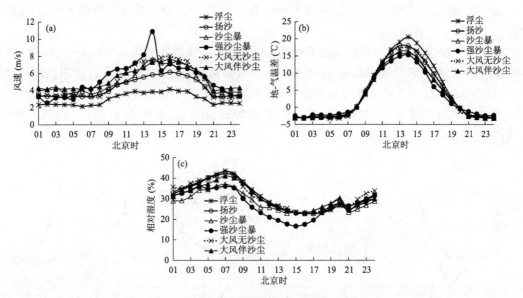

图 7 春季不同风沙强度地面要素的日变化

别达 26.4 d、24.4 d、16.9 d、10.6 d、16.6 d 和 18.3 d。河西沙尘各月都有出现且集中度不高，10—11 月和 3—5 月相对较多，张掖 2015 年 10 月浮尘多达 13 d。浮尘 10 月最多，月均在 7.5 d 以上。扬沙 2—5 月较多，在 2.5 d 以上；沙尘暴 8 月最多，达 2.5 d；4 月次多为 1.9 d。强沙尘暴 11 月最多，达 2 d，4 月次多为 1.3 d。大风伴沙尘 4 月最多，为 2 d。大风无沙尘集中在 2 月和 4 月，分别为 2.3 d、2.1 d（图 8a）。边界层高度 4—6 月较高，其中浮尘天气时较低（2300～2600 m），其次是扬沙天气时（2700～2900 m），沙尘暴天气时在 3000 m 左右，强沙尘暴天气时在 3000～3200 m，大风无沙尘天气时在 2600～3200 m，大风伴沙尘天气时 4 月最高，超过 3300 m（图 8b）。2006 年 10 月 5 日敦煌出现了最小能见度为 700 m 且极大风速为 18.8 m/s 的沙尘暴天气，边界层高度达 3323 m。随着沙尘强度的增大边界层高度增高，4 月强沙尘暴和大风天气的边界层高度均大于 3100 m，其中大风伴沙尘的边界层高度最高。

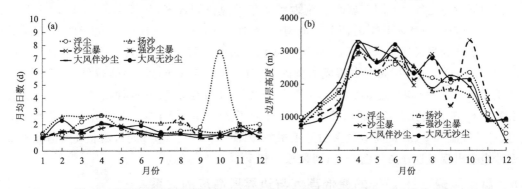

图 8 河西不同风沙强度日数（a）和边界层高度（b.07 时 T-ln$p$ 法）月均分布

3.3.2 不同沙尘暴持续时间和出现时间下的边界层高度

跨日间沙尘暴资料处理说明：20 时前后有沙尘暴，包括次日沙尘暴起止时间为 20—21 时，如今日和次日有沙尘暴时，当日有沙尘暴，当日能见度、最大风速和极大风速分别取两天的最小能见度、最大风速和极大风速;次日无沙尘暴。由于 2012 年 4 月开始夜间不观测,夜间持续时间不明按 1 h 对待。

以一天中沙尘暴累计出现时间总和统计,将沙尘暴持续时间分为≤1 h、1～5 h 和>5 h:沙尘暴时间越短,边界层高度越高,小于 1 h 的 5 月最高超过 3300 m;4 月边界层高度均超过 3000 m(图 9a)。从沙尘暴出现时间分上午(08 时,12 时]、下午(12 时,20 时]和夜间(20 时,08 时]3 个时段进行统计,4—6 月较高,其中下午 2800～3100 m,夜间为 2600～2800 m,上午 4 月最高,接近 2900 m(图 9b)。

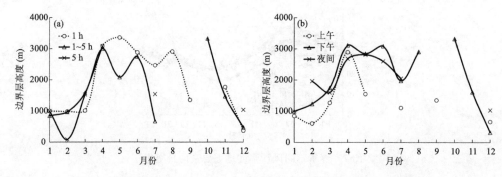

图 9　河西沙尘暴持续时间(a)和发生时间(b)的边界层高度月均分布

进一步应用 2013—2017 年逐日 07 时高空压、温、湿常规资料,19 时间隔 50 m 高空加密资料,采用相同方法计算青海省境内高空 4 站(茫崖、格尔木、都兰和西宁)的边界层高度,比较青海与河西沙尘暴边界层高度的异同点:青海风沙边界层高度中,风沙天气均为 4 月较高(3800～4000 m),比河西高出近 1000 m 左右。相同点:4—6 月较高,但日变化不同。青海沙尘暴主要集中在下午到夜间,1～5 h 边界层高度高,较高出现在 4—5 月夜间(3100～4200 m)。而河西沙尘暴主要集中在下午,≤1 h 边界层高度高,较高出现在 4—6 月下午(3000 m 左右)。

3.4　沙尘暴天气不同环流形势下的边界层高度特征

将河西 2006—2017 年沙尘暴发生的天气环流形势进行分型:西风槽型、平直西风型和西北气流中下滑冷空气(西北气流型)。河西沙尘暴西风槽型较多,4—6 月月均 1.2—1.3 d,而平直西风型较少,月均不足 1 d,西北气流型 3—4 月较多,在 1.2—1.3 d。由于把 20 时前后出现的沙尘暴算为当天沙尘暴计算,消除了日变化的影响,因而沙尘暴日数比图 8a 中的实际日数略少(图 10a)。边界层高度中西风槽型除 10 月较高(3323 m)外,整体较低;平直西风型 4 月、6 月和 8 月较高(均超过 3100 m),8 月为 3580 m,4 月为 3394 m;而西北气流型 2—7 月除 4 月持平外,其他月份均高于西风槽型,5—6 月大于 3200 m(图 10)。由于边界层高度与最高气温、最低气温和 0 cm 最高地温密切呈正相关,因而 3 种环流形势说明,西北气流型和平直西风型沙尘暴出现时近地层气温较高,西风槽型相反。

3.5　高空风速≥15 m/s 的最低高度与边界层高度的关系

应用河西走廊敦煌、酒泉、张掖和民勤 4 站 2006—2016 年逐日 07 时和 19 时间隔 50 m 加密高空资料,计算不同风沙强度高空风速≥15 m/s 的最低高度。得出冬、春季较低,夏、秋季高;年均变化由高到低分别为浮尘、扬沙、强沙尘暴、沙尘暴、大风无沙尘、大风伴沙尘,07 时对应高度依次为 4884 m、3624 m、3275 m、3124 m、2650 m、2471 m。日变化中 07 时高于 19 时,

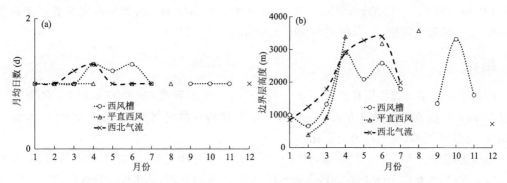

图 10　河西沙尘暴不同环流形势日数(a)和边界层高度(b)月均分布

其中浮尘和大风无沙尘略高(高出不足 100 m),但扬沙、强沙尘暴、沙尘暴和大风无沙尘分别高出 766 m、593 m、710 m 和 403 m。这说明高空风速≥15 m/s 的最低高度大风沙尘暴 19 时较 07 时低 600 m 左右。

高空风速≥30 m/s 且在 1000 m 内垂直切变≥5 (m/s)/km 的最低高度(高空急流)冬季低、夏季高,在 1000～11000 m,冬季强沙尘暴在 1500 m 以下,07 时比 19 时高,沙尘暴高出 1000 m 以上。

沙尘暴发生前、中和后边界层高度和高空风速≥15 m/s 的最低高度变化均为高、低、次高,春夏季高、冬季低,春季 15 m/s 最低高度在 19 时沙尘暴发生日迅速降低到 1100～1500 m (图 11)。

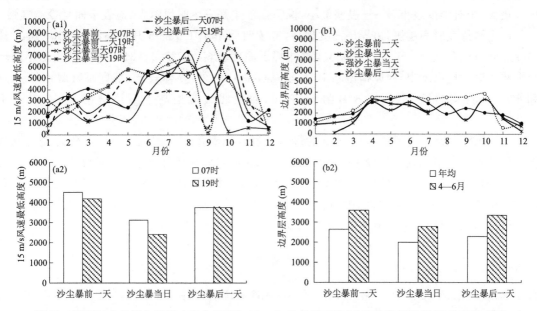

图 11　河西沙尘暴发生过程中高空风速≥15 m/s 的最低高度(a)和边界层高度(b)的时间变化

高空风速≥15 m/s 的年均最低高度从沙尘暴前一天 4500 m(07 时)、4200 m(19 时),沙尘暴当日 3100 m(07 时)、2400 m(19 时),到沙尘暴结束后的 3700 m;4—6 月从沙尘暴前一天 5200 m(07 时)、5186 m(19 时),沙尘暴当日 3900 m(07 时)、2166 m(19 时),到沙尘暴结束后的 3500 m 以上;而沙尘暴发生前、中和后边界层高度年均分别是 2645 m、1991 m、2281 m,4—

6 月比年均高出 800～1000 m,分别为 3586 m、2789 m、3347 m。边界层高度显著低于高空风速≥15 m/s 的最低高度,二者相差 1000～2000 m。

4　结论

　　河西 4 站的年均边界层高度在 1700～2200 m,4—6 月较高,在 3000 m 以上,敦煌 4—5 月超过 3500 m。根据两种计算方法确定的边界层高度均与最高气温、最低气温和 0 cm 最高地温相关,与最高气温、极大风速呈正比。

　　河西走廊沙尘天气集中度不高,10—11 月和 3—5 月相对较多,浮尘和扬沙较多,年均在 24 d 以上,强沙尘暴在 10 d 左右。沙尘边界层高度 4—6 月较高,其中浮尘较低(2300～2600 m),其次是扬沙(2700～2900 m),沙尘暴在 3000 m 左右,强沙尘暴在 3000～3200 m。边界层高度随着沙尘强度的增大而增高,4 月强沙尘暴和大风的边界层高度均高于 3100 m,其中大风伴沙尘的边界层高度最高。

　　不同风沙强度地面要素时间变化中,2 min 风速冬季较强,春季次之;春季随着沙尘强度的增强风速增大,最大风速集中时间强沙尘暴在 12—14 时,大风 14—17 时,而其他在 15—18 时。地-气温差夏季最大,在 6～9 ℃;春季次之,在 4 ℃左右;夏季强沙尘暴最大达 8.6 ℃。相对湿度春季明显比其他季节小 5%～20%,春季沙尘暴和强沙尘暴显著较干,相对湿度均低于 30%,而夏季强沙尘暴显著较湿,相对湿度达 52%,这说明春季沙尘暴出现时地面较干,而夏季的强沙尘暴常伴有降水出现。春季日变化中,13—14 时风速最大、相对湿度最小、地-气温差最大,因而也是风沙天气出现最多和强度最强的时段。在不同风沙强度中,强沙尘暴出现时风速最大、相对湿度最小、地-气温差最小,说明强沙尘暴发生时风速大、地表干而且冷空气强。

　　沙尘暴持续时间越短,边界层高度越高,持续时间小于 1 h 的 5 月最高超过 3300 m,4 月均在 3000 m 以上。4—6 月下午的沙尘暴边界层高度较高,为 2800～3100 m。沙尘暴不同环流形势的边界层高度中,西风槽型除 10 月较高(3323 m)外,整体较低;平直西风型 4 月、6 月和 8 月较高,均超过 3100 m,8 月为 3580 m,而西北气流型高于西风槽型,5—6 月大于 3200 m。

　　不同风沙强度高空风速≥15 m/s 的最低高度,冬、春季较低,夏、秋季高。年均变化上从高到低分别为浮尘、扬沙、强沙尘暴、沙尘暴、大风无沙尘和大风伴沙尘,07 时对应高度依次为 4884 m、3622 m、3275 m、3124 m、2650 m 和 2471 m。日变化中 07 时高于 19 时,大风沙尘暴高 600 m 左右。沙尘暴发生前、中和后边界层高度和高空风速≥15 m/s 的最低高度变化均为高、低、次高,边界层高度明显偏低 1000～2000 m。

参考文献

高扬,张伟民,谭立海,等,2018.兰新高铁烟墩大风区风沙地貌制图与风沙灾害成因[J].中国沙漠,38(3):500-507.

管梦鸾,张正偲,董治宝,2017.基于 RS 和 GIS 的河西走廊风沙灾害风险评估[J].中国沙漠,37(5):830-835.

郭建平,缪育聪,刘欢,2016.中国边界层时空特征及其与雾霾关系的观测研究//中国气象学会.第 33 届中国气象学会年会 S10 城市、降水与雾霾——第五届城市气象论坛[C].北京:中国气象学会.

侯梦玲,王宏,赵天良,等,2017.京津冀一次重度雾霾天气能见度及边界层关键气象要素的模拟研究[J].大气科学,41(6):1177-1190.

李丹华,隆霄,温晓培,等,2017.河西走廊入口区下垫面对沙尘天气影响的模拟研究[J].中国沙漠,37(6):
 1210-1218.

李岩瑛,钱正安,薛新玲,等,2009.西北干旱区夏半年深厚的混合层与干旱气候形成[J].高原气象,28(1):
 46-54.

李岩瑛,张强,陈英,等,2014.中国西北干旱区沙尘暴源地风沙大气边界层的特征[J].中国沙漠,34(1):
 206-214.

李岩瑛,张强,张爱萍,等,2016.干旱半干旱区边界层变化特征及其影响因子分析[J].高原气象,35(2):
 385-396.

廖菲,邓华,李旭,2017.基于风廓线雷达的广东登陆台风边界层高度特征研究[J].大气科学,41(5):949-959.

牛清河,屈建军,安志山,2017.甘肃敦煌雅丹地质公园区风蚀气候侵蚀力特征[J].中国沙漠,37(6):
 1066-1070.

杨洋,刘晓阳,陆征辉,2016.博斯腾湖流域戈壁地区大气边界层高度特征研究[J].北京大学学报(自然科学
 版),52(3):829-836.

袁国波,2017.21世纪以来内蒙古沙尘暴特征及成因[J].中国沙漠,37(6):1204-1209.

赵建华,张强,王胜,2013.西北干旱区夏季大气边界层逆温强度和高度的频率密度研究[J].高原气象,32(2):
 2377-2386.

赵艳茹,张京朋,郭燕玲,2015.干旱半干旱区不同下垫面边界层特征分析[J].兰州大学学报(自然科学版),51
 (4):539-545,552.

河西走廊 0 ℃ 层高度与汛期降水及灾害性天气的关系[*]

李岩瑛[1,2,3]，蔡英[2]，曾婷[3]，张爱萍[4]，杨吉萍[4]

(1. 中国气象局兰州干旱气象研究所,甘肃省干旱气候变化与减灾重点实验室/
中国气象局干旱气候变化与减灾重点开放实验室,兰州 730020;
2. 中国科学院陆面过程与气候变化重点实验室,兰州 730000;
3. 甘肃省武威市气象局,武威 733000;4. 甘肃省民勤县气象局,民勤 733399)

摘要: 应用河西走廊敦煌、酒泉、张掖、民勤 4 站 2006—2015 年 5—10 月逐日 07 时(北京时,下同)和 19 时探空资料,分析 0 ℃ 层高度的变化特征,以及与干湿、降水、灾害天气的关系。结果表明: 0 ℃ 层高度与日极端气温、0 cm 最低地温关系最为密切,日极端气温、地温越高,0 ℃ 层高度越高,在 19 时相关性最好,相关系数大于 0.95;温度露点差($T-T_d$)与日降水量、日最低气温和 0 cm 最低地温呈反相关,而与气温日较差呈正相关,最大相关系数大于 0.7。河西 0 ℃ 层高度在 3300~5000 m,气压在 680~560 hPa,$T-T_d$ 在 10~17 ℃,早上低而湿,夜间相反。干湿天气对比中,干天气时 0 ℃ 层高度高且早晚变化明显,19 时较高;而湿天气时 $T-T_d$ 早晚变化明显,07 时较小。有降水时,0 ℃ 层高度在 3000~4800 m,气压在 750~570 hPa,$T-T_d<8$ ℃,07 时 $T-T_d<6$ ℃;昼夜变化中夜间降水 07 时 0 ℃ 层高度低,而白天降水 19 时 0 ℃ 层高度低。不同降水量级中,$T-T_d$ 从小到大为大雨、中雨和小雨,相应最大值分别为 2 ℃、5 ℃ 和 9 ℃。雷暴 0 ℃ 层高度在 3600~4900 m,气压在 660~560 hPa,$T-T_d \leqslant 7$ ℃。风沙天气 0 ℃ 层气压在 700~540 hPa,沙尘暴 0 ℃ 层高度 7—9 月 07 时明显较高,7—8 月超过 5000 m;沙尘暴天气出现时早上干而夜间湿,19 时 $T-T_d<5$ ℃,因而汛期沙尘暴多发生在午后且伴有降水。$\geqslant 35$ ℃ 高温天气 0 ℃ 层高度在 4600~5300 m,气压在 570~530 hPa,$T-T_d \geqslant 13$ ℃。

关键词: 0 ℃ 层高度;变化特征;汛期降水及灾害性天气;河西走廊

引言

0 ℃ 层高度是预报汛期强对流天气的重要依据(濮文耀 等,2015),其与中国西部天山、昆仑山和祁连山等水文站径流量普遍表现为正相关,西北干旱区夏季 0 ℃ 层高度的升降已成为影响河流径流量变化的一个至关重要的因素,祁连山北坡夏季径流量对 0 ℃ 层高度变化的敏感性系数为 2.79(秦艳 等,2011;强芳 等,2016;商莉 等,2016;陈忠升 等,2012)。0 ℃ 层高度与地面温度呈正相关性,其空间变化通常与纬度和海拔相关,北京再分析资料和观测资料地面气温与 0 ℃ 层高度的相关系数均大于 0.9(曹杨 等,2017);近 50 年来,祁连山北坡夏季 0 ℃ 层高度上升趋势显著(毛炜峄 等,2016;黄小燕 等,2011,2017;周盼盼 等,2017)。

---

* 本文已在《高原气象》2019 年第 38 卷第 4 期正式发表。

河西走廊位于甘肃西部,祁连山北坡,气候干旱,年降水量大多不足 200 mm,走廊地势平坦,海拔高度在 1500 m 左右,境内戈壁和沙漠广泛分布,是中国大风沙尘暴的高发区和重灾区,生态环境问题较为严重(韩永翔 等,2005;Yang et al.,2007;Choi et al.,2008;王琼真,2012;郭勇涛,2013;李岩瑛 等,2008,2013)。文中应用河西走廊仅有的 4 个高空观测站逐日 07 时和 19 时 0 ℃层高度资料,目的在于探讨干湿、不同灾害天气与 0 ℃层高度的相关关系,试图为灾害天气开启新的预报思路。

1 河西气候概况

河西敦煌、酒泉、张掖、民勤 4 个观测站海拔在 1100～1500 m,年均气温在 8～10 ℃,年均降水量在 40～130 mm,年均≥1 mm 降水日数不足 30 d,干旱少雨,光照强,风沙多(1981—2010 年气候资料)。其中汛期 5—10 月降水量占全年总降水量的 75%～90%,≥1 mm 降水日数占全年总≥1 mm 降水日数的 68%～85%(图 1)。文中用日降水量≥0.1 mm 表示湿天气,无降水或日降水量为 0.0 mm 表示干天气(李岩瑛 等,2009)。

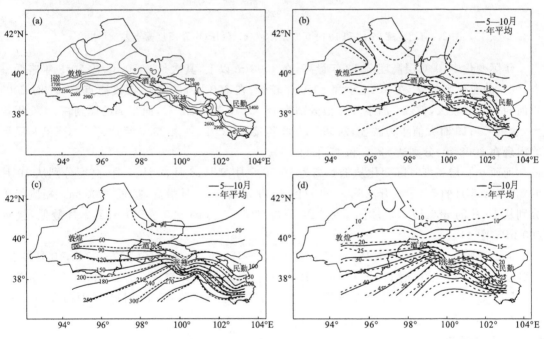

图 1　河西走廊 4 个观测站海拔(a,单位:m)、气温(b,单位:℃)、
降水量(c,单位:mm)和降水日数(d,单位:d)分布

2 0 ℃层高度及影响因子

2.1 时空变化

应用河西 4 个站点 2006—2015 年 5—10 月逐日 07 时(北京时,下同)和 19 时 0 ℃层高度探空资料,分析得出河西 5—10 月平均 0 ℃层高度在 4100～4300 m,气压在 605～620 hPa,温度露点差在 10～16 ℃,其中 0 ℃层高度、气压有明显的日变化,0 ℃层高度 19 时比 07 时高 60～120 m,气压小 5～10 hPa,地理分布上民勤、敦煌较高,酒泉最低。温度露点差民勤、敦煌

日变化显著,清晨较湿,从干到湿分别为敦煌、民勤、酒泉和张掖(图2)。

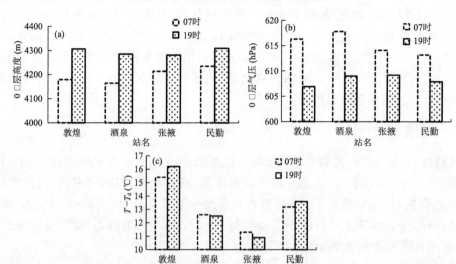

图 2　河西走廊 07 时和 19 时 0 ℃层高度(a)、气压(b)及温度露点差(c)对比

　　年际变化中,0 ℃层高度 2013 年最高,在 4200 m 以上,其次是 2010 年,比 2013 年略低一点;气压的变化则相反,在 2013 年和 2010 年较低,在 600 hPa 左右。温度露点差,07 时 2009 年河西中西部较大,敦煌、酒泉和张掖分别为 18 ℃、15 ℃和 12 ℃,而东部的民勤在 2006 年较大,达 15 ℃;19 时大值年为敦煌,2008—2009 年接近 19 ℃,酒泉 2010 年达 15 ℃,张掖和民勤均出现在 2008 年,分别达 12 ℃和 15 ℃(图3)。

　　河西 0 ℃层高度月际变化从低到高为 10 月、5 月、9 月、6 月、8 月、7 月,高度分别从 10 月的 3300 m、5 月的 3700 m 升高到 6—9 月的 4000 m 以上,7 月最高,接近 5000 m。相应气压分别从 10 月的 680 hPa、5 月的 630 hPa 下降到 6—9 月的 620～560 hPa,7 月最低,接近560 hPa(图 4)。

　　0 ℃层高度 19 时比 07 时高,5—7 月高出 100～170 m,8—9 月高出 60～90 m,10 月接近。0 ℃层气压 19 时比 07 时低 5～13 hPa,10 月无差别,5 月相差较大,为 13 hPa。温度露点差 $T-T_d$ 在 10～17 ℃,6—7 月为 10～11 ℃,5 月、10 月为 16～17 ℃,19 时比 07 时略大一些,但相差小于 0.5 ℃。

2.2　干湿天气对比

　　湿天气时,0 ℃层高度月际变化从低到高为 10 月、5 月、9 月、6 月、8 月、7 月,高度分别从10 月的 2700 m、5 月的 3300 m 升高到 6—9 月的 4000 m 以上,7 月最高接近 4800 m;相应的气压分别从 10 月的 740 hPa、5 月的 680 hPa 下降到 6—9 月的 610～570 hPa,7 月最低,接近570 hPa。$T-T_d \leqslant 9$ ℃,6—9 月 07 时 $T-T_d \leqslant 5$ ℃(图 5)。

　　干天气时,0 ℃层高度月际变化从低到高为 10 月、5 月、9 月、6 月、8 月、7 月,高度分别从 10 月的 3300 m、5 月的 3800 m 上升到 6—9 月的 4100 m 以上,7 月最高,接近 5000 m;相应的气压分别从 10 月的 680 hPa、5 月的 630 hPa 下降到 6—9 月的 620～550 hPa,7 月最低,接近 550 hPa。温度露点差中,5 月、10 月为 17 ℃,6—9 月在 11～14 ℃,7 月较小为,11 ℃。

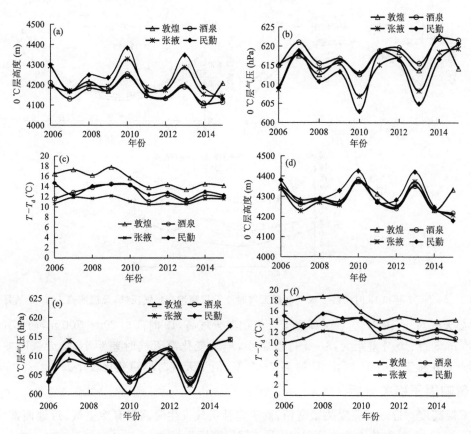

图 3　2006—2015 年 5—10 月逐日 07 时(a,b,c)和 19 时(d,e,f)河西 0 ℃层高度(a,d)、
气压(b,e)及温度露点差(c,f)的年际变化

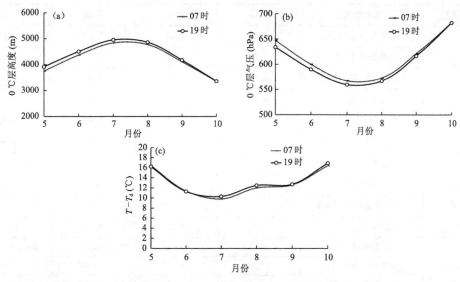

图 4　2006—2015 年 5—10 月逐日 07 时和 19 时河西 0 ℃层高度(a)、
气压(b)及温度露点差(c)的月变化

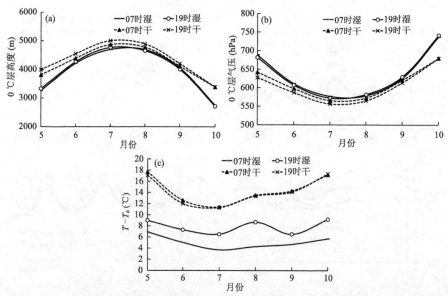

图5　5—10月07时和19时河西干天气和湿天气时0℃层高度(a)、气压(b)及温度露点差(c)的月变化

干湿天气对比(图5),0℃层高度干天气比湿天气高,19时高出200～700 m,而07时高出50～640 m,5月、10月差距大,8—9月差距小,早晚变化湿天气时差距小,干天气时差距大。温度露点差在湿天气时19时比07时高2～3 ℃,但干天气时早晚变化较小。

2.3　影响因子相关分析

0℃层高度与近地面温度关系密切,而灾害性天气发生时高空有冷空气,近地面常伴有强烈的升温变化,高低空热力对流旺盛,因而0℃层高度高。

运用月均资料计算河西4个站点0℃层高度变量与各气象要素的相关系数显示(表1),

表1　河西4个站点0℃层高度、温度露点差与各气象要素的相关系数

0℃层变量	气象要素	敦煌	酒泉	张掖	民勤
07时0℃层高度	日最高气温(T_g)	0.91	0.91	0.89	0.88
	日最低气温(T_d)	0.91	0.92	0.92	0.92
	0 cm最低地温(T_{do})	0.92	0.93	0.93	**0.94**
19时0℃层高度	日最高气温(T_g)	0.94	0.93	0.93	0.92
	日最低气温(T_d)	0.94	0.94	**0.95**	**0.95**
	0 cm最低地温(T_{do})	0.94	0.94	**0.95**	**0.96**
07时温度露点差	日降水量(R)	−0.41	−0.61	−0.52	$R_{白天}=-0.43$
	日最低气温(T_d)	−0.63	−0.68	−0.64	−0.55
	0 cm最低地温(T_{do})	−0.64	−0.76	**−0.71**	−0.60
	日较差(T_g-T_d)	0.77	0.52	**0.79**	0.61
19时温度露点差	日降水量(R)	−0.38	−0.60	−0.52	$R_{白天}=-0.37$
	日最低气温(T_d)	−0.66	−0.58	−0.66	−0.57
	0 cm最低地温(T_{do})	−0.65	−0.67	**−0.72**	−0.62
	日较差(T_g-T_d)	0.74	0.53	**0.74**	0.54

注:表中加粗数字表示在各因子中相关较好。

0 ℃层高度与日极端气温、0 cm 最低地温关系最为密切,日极端气温越高,0 ℃层高度越高,19时 0 ℃层高度与张掖、民勤的最低气温、0 cm 最低地温相关性最好,系数均在 0.95 以上。温度露点差($T-T_d$)与日降水量、日最低气温和 0 cm 最低地温呈反相关,而与气温日较差成正相关,日降水量越大、日最低气温越低、气温日较差越小,温度露点差越小,湿度越大;张掖相关性较好,与日较差和 0 cm 最低地温的相关系数均在 0.7 以上。表 1 中相关系数均通过了0.01 显著性检验。

进一步应用河西 4 站逐日 0 ℃层高度、极端气温和 0 cm 地温资料,分析不同天气出现时他们之间的相关系数(表 2)。19 时较 07 时 0 ℃层高度与极端气温和 0 cm 地温的相关性较好,日最高气温和 0 cm 平均地温的相关系数在 0.7 以上,但由于 ≥35 ℃高温和雷暴天气发生时,近地面温度本身就高,相关不太明显。

表 2 河西不同天气时 0 ℃层高度与极端气温、0 cm 地温的相关系数

0 ℃层	气象要素	大风	扬沙浮尘	沙尘暴	高温	无降水	有降水	雷暴
07 时 0 ℃ 层高度	日最高气温(T_g)	0.80	0.75	0.79	0.33	0.77	0.75	0.35
	日最低气温(T_d)	0.75	0.71	0.72	0.47	0.73	0.71	0.52
	0 cm 平均地温(T_0)	0.64	0.66	0.39	0.22	0.70	0.66	0.35
	0 cm 最低地温(T_{d0})	0.66	0.66	0.56	0.45	0.71	0.64	0.52
19 时 0 ℃ 层高度	日最高气温(T_g)	0.81	0.82	0.75	0.38	0.82	0.82	0.44
	日最低气温(T_d)	0.74	0.69	0.72	0.41	0.72	0.69	0.57
	0 cm 平均地温(T_0)	0.77	0.78	0.72	0.28	0.77	0.78	0.46
	0 cm 最低地温(T_{d0})	0.62	0.64	0.52	0.40	0.68	0.64	0.51

3 降水

降水也是河西重要的天气之一,强降水(暴雨)会引发泥石流、洪涝等次生灾害,比较不同量级降水是为了预防强降水的发生,为强降水预报预警提供阈值。如最为干旱的敦煌阳关,南邻祁连山,每年汛期都会受到来自肃北、阿克塞和当地洪水的影响,2~3 年就有一场特大洪灾,而夏季 0 ℃层高度的升降与祁连山的径流量、洪水多少有关(李培都 等,2018;段圣泽 等,2018)。

3.1 昼夜变化

前一日 20 时至当日 20 时的降水量为今日日降水量,前一日 20 时至当日 08 时的降水量为今日夜间降水量,当日 08—20 时的降水量为今日白天降水量,进一步分析降水昼夜变化中0 ℃层高度的变化特征。

有降水时,0 ℃层高度在 3000~4800 m,气压在 750~570 hPa,$T-T_d<8$ ℃。夜间降水过程中 19 时的 0 ℃层高度比 07 时高 100~250 m,气压低 22~8 hPa,$T-T_d$ 中 07 时小于6 ℃,19 时大于 8 ℃。但白天降水过程中除 7 月相差不大外,19 时的 0 ℃层高度比 07 时低70~200 m,气压高 20~5 hPa,07 时 6—10 月 $T-T_d<5$ ℃,19 时小于 8 ℃(图 6)。

3.2 不同量级

24 h 降水量在 0~9.9 mm、10~24.9 mm 和 25~49.9 mm 时,分别为小雨、中雨和大雨。

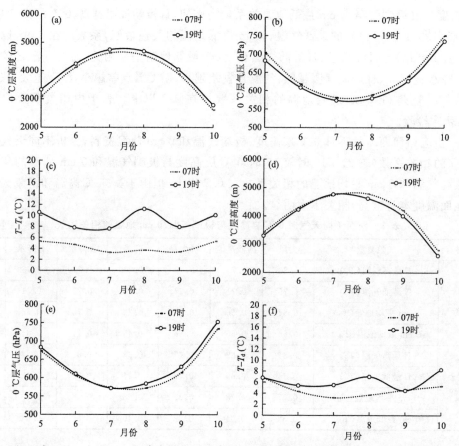

图 6　河西夜（a,b,c）、昼（d,e,f）降水时 0 ℃层高度（a,d）、气压（b,e）及温度露点差（c,f）的月变化

07 时,0 ℃层高度 6—7 月大雨时较高,达 4500~4900 m;8—9 月中雨时较高,达 4100~5000 m。6—9 月气压为 630~550 hPa,$T-T_d$ 中从小到大为大雨、中雨和小雨,相应最大值分别为 2 ℃、5 ℃和 7 ℃(图7)。

19 时,0 ℃层高度小雨除 7—8 月略低于中雨外,其他月均高于中雨,10 月比中雨高 1200 m 以上,6—8 月大雨较高,为 4900 m 左右;6—9 月气压为 630~570 hPa;温度露点差在小雨、中雨情况下相应最大值分别为 9 ℃和 5 ℃,大雨情况下变率较大,7 月、9 月小于 2 ℃,而 6 月、8 月则均大于 10 ℃。

4　灾害天气

4.1　雷暴

有雷暴出现时,0 ℃层高度在 5 月、10 月达 3600~3700 m,6 月、9 月在 4200~4400 m,7—8 月较高,达 4700~4900 m。早晚对比显示,5 月和 9 月 0 ℃层高度在 07 时比 19 时高 100~200 m,其他月份均是 19 时高于 07 时,但 6 月、8 月仅相差 20 m,7 月、10 月相差 150 m 左右;气压在 660~560 hPa,早晚变化不明显。温度露点差 5 月较大,为 11 ℃,其他月份温度露点差均≤7 ℃。分析说明雷暴天气时,0 ℃层高度在 3600~4900 m,温度露点差≤7 ℃,湿度较大(图8)。

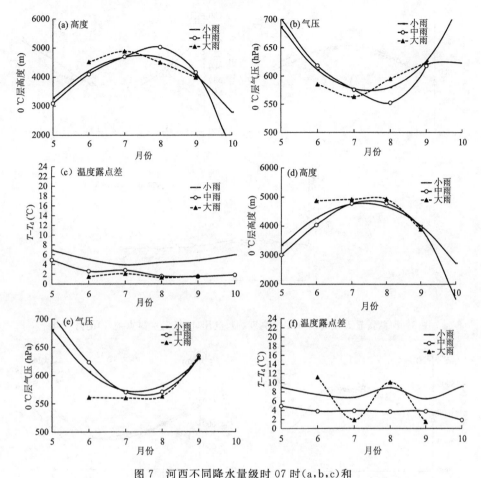

图 7　河西不同降水量级时 07 时(a,b,c)和
19 时(d,e,f)的 0 ℃层高度(a,d)、气压(b,e)及温度露点差(c,f)的月变化

4.2　大风沙尘暴

　　河西地区沙尘暴的高发期是 4—5 月,但强沙尘暴主要集中在 4—6 月,5—6 月的沙尘暴灾情也较重,往往伴随大风和强降水,所以分析很有必要。

　　以上分析说明 0 ℃层高度与地面极端气温、0 cm 地温关系密切,气温、地温越高,0 ℃层高度越高。在沙尘暴出现之前近地面气温和地温都较高,据民勤 2006—2015 年 5—9 月沙尘暴统计,在沙尘暴出现前一天或当日 0 cm 地温均在 40 ℃以上,其中 50 ℃以上占 87%。汛期河西 4 站沙尘暴出现时 0 cm 地温最高在 70 ℃以上,按 0.6 ℃/100m 递减率计算,0 ℃层高度可以超过 5000 m。

　　据 2006—2017 年河西 4 个站点沙尘暴天气影响系统分析,西风槽型占 66%,西北气流中下滑冷平流占 28%,平直西风气流型占 6%。如民勤汛期 5—9 月沙尘暴影响系统中西风槽型占 83.3%,西北气流中下滑冷平流占 8.3%,平直西风气流型占 8.3%;汛期沙尘暴中伴有 17 m/s 以上大风的占 83.3%,≥0.1 mm 降水的占 95.8%。因而汛期的沙尘暴出现前常伴随地面强烈的升温,当有冷空气来临时,对流层低层的干暖空气与中高层的冷空气形成上冷下暖剧烈的热力对流,致使上升运动加强,风速增大,容易形成大风沙尘暴天气。

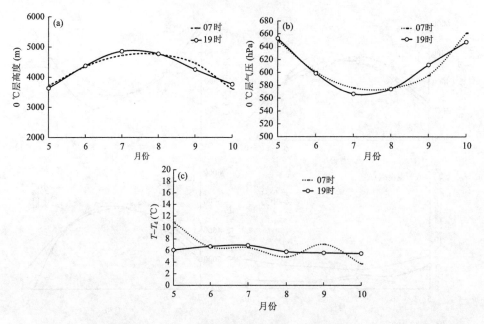

图 8　河西雷暴天气时的 0 ℃层高度(a)、气压(b)及温度露点差(c)的月变化

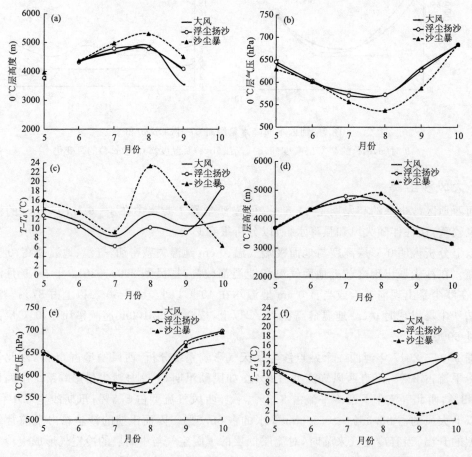

图 9　河西风沙天气时 07 时(a,b,c)和 19 时(d,e,f)0 ℃层高度(a,d)、气压(b,e)及温度露点差(c,f)的月变化

大风与沙尘密不可分,为了更深入地了解风沙天气中 0 ℃层高度的变化,突出汛期沙尘暴的 0 ℃层特征,把天气细分为大风、浮尘扬沙和沙尘暴进行对比分析(图 9):0 ℃层高度大风与浮尘扬沙差距不大,但沙尘暴 07 时 7—9 月明显比前两者高出 300~500 m,7—8 月在 5000 m以上,8 月高达 5300 m;19 时沙尘暴除 8 月较大风和浮尘扬沙高出 300 m,其他月份三者差距较小。0 ℃层气压在 700~540 hPa,其中最低值出现 8 月 07 时,对应沙尘暴天气,最高值则出现在 10 月,浮尘扬沙和沙尘暴天气均接近 700 hPa。温度露点差,5—9 月 07 时沙尘暴显著较大,8 月最大达 23 ℃;而在 19 时,温度露点差明显变小,6—10 月沙尘暴最小,温度露点差≤7 ℃。

综上可知,大风沙尘暴的早晚变化中,07 时 0 ℃层高度高且湿度小,7—9 月 19 时比 07 时下降 300~1000 m,并且 7—10 月 19 时沙尘暴的温度露点差小于 5 ℃。说明沙尘暴天气出现时温度露点差在 07 时较大,而在 19 时较小,沙尘暴多发生在午后且伴有降水。

4.3 高温

≥35 ℃高温天气出现时,0 ℃层高度 5—6 月 07 时在 4700~4800 m,19 时在 5000 m;7—8 月 07 时在 5100~5200 m,19 时在 5200~5300 m,7 月较高,在 5200 m 以上(图 10)。0 ℃层高度早晚变化,19 时比 07 时高 100~300 m;气压在 570~530 hPa,19 时比 07 时低 20 hPa。温度露点差除 5 月在 22 ℃左右外,其余月份温度露点差 07 时为 16~17 ℃,19 时为 13~14 ℃。说明高温天气时,0 ℃层高度在 4600~5300 m,温度露点差≥13 ℃。

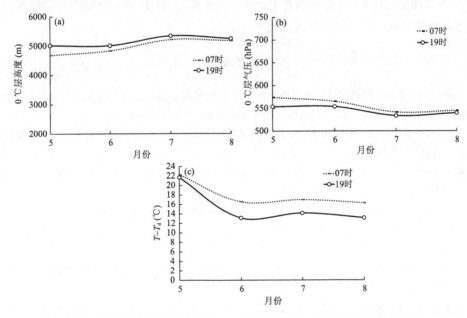

图 10 河西高温天气时(日最高气温≥35 ℃)的 0 ℃层高度(a)、气压(b)及温度露点差(c)的月变化

5 结论

为了更清楚地了解河西 0 ℃层高度在汛期降水和不同灾害天气发生时的分布特征,应用站点、区域平均统计方法,得出他们之间的天气学关系,旨在为灾重天气预报提供思路和方法。主要结论如下:

(1)河西汛期5—10月平均0℃层高度在4100～4300 m,气压在620～605 hPa,温度露点差在10～16℃,其中高度、气压有明显的早晚变化,19时较高。沿沙区高度高,湿度小,降水量与0℃层湿度有关,湿度越大,降水越多。日极端气温越高,0℃层高度越高。

(2)0℃层高度年际变化中,2013年最高(在4200 m以上),月变化中7月最高(在5000 m左右),气压达560 hPa左右。早晚变化中0℃层高度19时比07时高,5—7月高出100～170 m,8—9月高出60～90 m,10月接近;0℃层气压19时比07时低5～13 hPa,5月相差较大,达13 hPa。温度露点差($T-T_d$)在10～17℃,6—7月在10～11℃,5月、10月在16～17℃。

(3)有降水时,0℃层高度7月最高,接近4800 m,气压7月最低接近570 hPa;温度露点差$T-T_d \leqslant 9$℃,6—9月07时$T-T_d \leqslant 5$℃。干湿天气对比0℃层高度,干天气比湿天气高出50～700 m,早晚变化无降水时差距大;$T-T_d$有降水时19时比07时大2～3℃,但无降水时差距小。不同降水量级中07时0℃层高度6—7月大雨较高,为4500～4900 m;8—9月中雨较高,为4100～5000 m。大雨、中雨和小雨相应温度露点差的最大值分别为2℃、5℃和7℃;6—8月19时,0℃层高度在大雨情况下较高,为4900 m左右。

(4)各灾害天气中,$\geqslant 35$℃高温0℃层高度在4600～5300 m,$T-T_d \geqslant 13$℃,湿度小;雷暴0℃层高度在3600～4900 m,$T-T_d \leqslant 7$℃,湿度大。沙尘暴0℃层高度07时7—9月明显比大风沙尘高出300～500 m,7—8月在5000 m以上,8月高达5300 m且气压最低接近540 hPa;沙尘暴早晚变化中07时高度高且湿度小,7—9月19时比07时下降300～1000 m,7—10月沙尘暴天气发生时,19时的温度露点差小于5℃。

参考文献

曹杨,陈洪滨,李军,等,2017.利用再分析与探空资料对0℃层高度和地面气温变化特征及其相关性的分析[J].高原气象,36(6):1608-1618.DOI:10.7522/j.issn.1000-0534.2017.00011.

陈忠升,陈亚宁,李卫红,2012.中国西北干旱区夏季径流量对大气0℃层高度变化的响应[J].中国科学(地球科学),55(11):1770-1780.

段圣泽,张英华,顾宇,2018.冬季厄尔尼诺对酒泉2016年夏季降水的影响[J].高原气象,37(2):545-552.DOI:10.7522/j.issn.1000-0534.2017.00053.

郭勇涛,2013.沙尘天气对我国北方和邻国日本大气环境影响的初步研究[D].兰州:兰州大学.

韩永翔,奚晓霞,方小敏,等,2005.亚洲大陆沙尘过程与北太平洋地区生物环境效应:以2001年4月中旬中亚特大沙尘暴为例[J].科学通报,50(23):2649-2655.

黄小燕,张明军,王圣杰,等,2011.中国西北地区近50年夏季0℃层高度及气温时空变化特征[J].地理学报,66(9):1191-1199.

黄小燕,王小平,王劲松,等,2017.1970—2012年夏半年中国大气0℃层高度时空变化特征[J].气象,43(3):286-293.

李培都,司建华,冯起,等,2018.1958—2015年敦煌及周边地区极端降水事件的时空变化特征[J].高原气象,37(2):535-544.DOI:10.7522/j.issn.1000-0534.2017.00055.

李岩瑛,张强,李耀辉,等,2008.水平螺旋度与沙尘暴的动力学关系研究[J].地球物理学报,51(3):692-703.

李岩瑛,钱正安,薛新玲,等,2009.西北干旱区夏半年深厚的混合层与干旱气候形成[J].高原气象,28(1):46-54.

李岩瑛,许东蓓,陈英,2013.典型槽型转脊型黑风天气过程成因分析[J].中国沙漠,33(1):187-194.

毛炜峰,陈鹏翔,沈永平,2016.气候变暖背景下 2015 年夏季新疆极端高温过程及其影响[J].冰川冻土,38 (2):291-304.

濮文耀,李红斌,宋煜,等,2015.0 ℃层高度的变化对冰雹融化影响的分析和应用[J].气象,41(8):980-985.

强芳,张明军,王圣杰,等,2016.新疆天山托木尔峰地区夏季大气 0 ℃层高度变化[J].水土保持研究,23(1): 325-331.

秦艳,刘志辉,陆智,等,2011.利用夏季 0 ℃层高度推求无资料地区河流年径流序列——以若羌河为例[J].干 旱区地理,34(2):278-283.

商莉,黄玉英,毛炜峰,2016.2015 年夏季南疆地区高温冰雪洪水特征[J].冰川冻土,38(2):480-487.

王琼真,2012.亚洲沙尘长途传输中与典型大气污染物的混合和相互作用及其对城市空气质量的影响[D].上 海:复旦大学.

周盼盼,张明军,王圣杰,等.2017.高亚洲地区夏季 0 ℃层高度变化及其影响特征研究[J].高原气象,36(2): 371-383.

CHOI H,ZHANG Y H,KIM K H,2008. Sudden high concentration of TSP affected by atmospheric boundary layer in Seoul metropolitan area during duststorm period[J]. Environment International,34(5):635-647.

YANG X P,LIU Y S,LI C Z,et al,2007. Rare earth elements of aeolian deposits in Northern China and their implications for determining the provenance of dust storms in Beijing[J]. Geomorphology,87(4):365-377.

河西走廊春季沙尘暴大气边界层垂直结构特征[*]

李岩瑛[1,2]，张春燕[1]，张爱萍[3]，杨吉萍[3]，陈英[3]，聂鑫[2]

(1. 甘肃省武威市气象局，武威 733000；2. 中国气象局兰州干旱气象研究所，甘肃省干旱
气候变化与减灾重点实验室/中国气象局干旱气候变化与减灾重点开放实验室，兰州 730020；
3. 甘肃省民勤县气象局，民勤 733399)

摘要：沙尘暴是河西春季最严重的灾害天气之一，弄清沙尘暴的大气边界层特征是提高对其预报预警水平和减轻危害的重要手段。应用河西走廊敦煌、酒泉、张掖、民勤 4 站 2006—2016 年春季逐日 08 时(北京时，下同)和 20 时高分辨率探空资料及地面风沙观测资料，探讨该地区不同站点从地面到高空 5 km 高度范围内沙尘强度、沙尘暴日变化和持续时间，以及不同环流形势下的大气边界层垂直结构变化特征。结果表明：(1)沙尘暴 08 时逆温强度在 1.6 ℃/100 m 以上，相对湿度小于 40% 干层厚度超过 3 km，小于 30% 干层厚度超过 1.5 km 且 20 时最大风速大于 13 m/s；(2)受海拔高度、地形和下垫面土壤性质影响，低层风场具有明显的日变化，山谷风效应显著；敦煌和民勤气温高，空气干燥，风速大且沙尘多；张掖受走廊狭管效应影响，风速较大。大风沙尘暴中敦煌低层以东南风到西南风为主，高层及其他站以偏西风到西北风为主。沙尘暴发生时边界层内气象条件日变化总体而言：上午干暖，下午冷湿，风速较大，最大风速为 17.6 m/s，出现在 0.9 km 高度；近地面夜间和上午为南风，下午为西风，夜间风速较小且空气干燥；(3)沙尘暴持续时间长时，早晚气温低，持续时间 5 h 以下 08 时大气干层较厚，达 2.85 km，而 5 h 以上 20 时大气干层较厚，达 1.05 km。相对湿度≤30% 大气干层上午和夜间较厚，下午浅薄，温度露点差最小阈值是 16～17 ℃，最大高度在 2.85～3 km；(4)不同沙尘暴环流形势下：脊型早上干冷风速大，0.75 km 高度处风速最大达 14.6 m/s；槽型下午湿冷风速大，0.9 km 高度处风速最大达 15.7 m/s；而西风型近地层冷干，风速小，但早上 1.2～3.5 km 高度和晚上 2.4 km 以上高层风速较大。

关键词：垂直结构特征；大气边界层；日变化和持续时间；环流形势；河西走廊；春季沙尘暴

引言

河西走廊是中国沙尘暴发生最多而且灾情最重的地区之一，冬、春季污染严重，气溶胶光学厚度值最大(Filonchyk et al.，2020)，该区处于沙漠大地貌背景，地表粉尘含量高，水分含量低，植被少，因而在较强风力作用下，沙尘事件频发(程鹏，2011；孔锋，2020；李宽 等，2019)。沙尘暴天气是河西走廊缺血性心脏病患者死亡的危险因素(Li et al.，2020)，该区春季沙尘暴发生多而灾情重(李岩瑛 等，2014)，常发生远距离跨太平洋运输，使大量风积尘沉积在亚洲大陆和北太平洋(Wei et al.，2020)，甚至输送到阿拉斯加和加拿大西海岸(Guo et al.，2017；Liu

---

* 本文已在《气象》2022 年第 48 卷第 9 期正式发表。

et al.,2019),其产生的沙尘气溶胶对北半球空气质量、海洋生态环境及太阳辐射平衡等有复杂影响(黄悦 等,2021;陈圣乾 等,2020;张鹏 等,2018)。近30年来河西走廊的沙尘暴发生次数减少而强度增强(蒋盈沙 等,2019),主要原因包括:第一,沙尘暴发生频率变化与气温变化呈负相关关系,如:丰华等(2012)揭示了近年来,由于气温整体升高导致中国沙尘暴发生频率呈整体下降趋势;第二,沙尘暴频次减少也可能与新疆和内蒙古等沙源区向暖湿化发展有关,由暖干化向暖湿化转型对沙尘暴的发生有一定的弱化作用(姚俊强 等,2013);第三,还与当地浅层土壤湿度、大气湿度和风速有关(常兆丰 等,2011;张虎 等,2020),造成该区强沙尘暴的主要因素是水文和风力,其次是源范围的扩大(Guan,et al.,2013),河西走廊近70年资料表明沙尘暴日数与大风日数关系较密切,呈显著正相关,而该区大风日数呈减少趋势;第四,从海-气相互作用来看春、夏季河西走廊沙尘暴发生次数与前二年赤道中、东太平洋海温的负相关最好(尚可政 等,1998),计算1951—2020年赤道中、东太平洋3个区秋、冬季海温距平线性趋势表明,3个区近70年来均呈上升趋势。另外,张爽等(2021)通过对中国北方近500年沙尘暴活动及机制分析得出:近现代沙尘暴活动的增强可能与因人类活动增强而导致的粉尘供应量增加有关,而该时段内沙尘暴减弱趋势可能与近现代全球变暖导致的平均风速降低有关;黄土高原东北部公海湖近230年沙尘暴重建资料也进一步证实了人类活动、全球变暖对沙尘暴产生的显著影响(Xu et al.,2021)。

沙尘暴主要发生在大气边界层中,边界层厚度及其温、湿、风条件等垂直结构特征直接影响着沙尘暴的发生、发展,进一步影响其强度、范围和持续时间。针对民勤站干湿、风沙等不同天气的边界层垂直结构特征进行分析,表明风沙边界层高度介于无降水和有降水之间,沙尘暴多由风场的剧烈扰动和锋面过境引起,近地层越干冷、西北风越强,强沙尘暴持续时间越长(李岩瑛 等,2011,2014)。李岩瑛等(2019)进一步探讨了河西走廊边界层厚度与风沙强度的关系,得出边界层厚度与最高气温、最低气温和0 cm最高地温关系较密切,与最高气温、极大风速呈正比;边界层厚度随着风沙强度的增强而增高,4月较高(3500 m以上),而塔克拉玛干沙漠边界层厚度在夏季最大,也仅有3000 m(何清 等,2020);河西走廊东部沙尘暴下午到傍晚出现最多(李玲萍 等,2019),原因是夜间至早晨近地面逆温厚且强,大气层结稳定,不利于沙尘暴发生、发展,而午后到傍晚,地面热通量增强,地-气温差大,大气不稳定增强,加强了动量下传和风速,有利于沙尘暴发生、发展(张春燕 等,2019;李彰俊,2008)。通过典型个例证明沙尘暴过程是大气不稳定层结变为稳定层结的过程(赵庆云 等,2012;阿不力米提江 等,2019;Peng et al.,2005),但多数是局地的、零散的分析。

由于河西春季沙尘暴边界层厚度在3~4 km,故其海拔高度在4~5 km(李岩瑛 等,2019),处于500 hPa以下,位居对流层中下层。该层内气温随高度上升而降低,空气对流运动明显,近地面的水热、沙尘等通过对流向上空输送,5 km高度处在风沙边界层的顶端,受其南部祁连山地形影响较小,高空动量常通过该层高度下传到地面形成大风沙尘暴天气(李岩瑛 等,2019),而沙尘暴在垂直方向主要靠对流和湍流向上输送(张强 等,2005)。

文中利用河西10年以上逐日探空加密资料和风沙资料,重点分析从地面到高空5 km不同地点的沙尘强度、沙尘暴日变化和持续时间,以及不同环流形势下的大气垂直结构,以期得到河西春季沙尘暴的大气边界层垂直结构特征。

1　研究区及资料方法

河西走廊东起乌鞘岭,西至玉门关,南北介于祁连山、阿尔金山和马鬃山、合黎山、龙首山之间,南部山脉海拔在 3000～4000 m,祁连山主峰海拔 5564 m;北部在 2000～3000 m;东部的龙首山较高,在 2500～3000 m;而中西部较低,在 2000 m 左右。境内地势南北高,中间低;地形比较复杂,南部山地、中部平原、北部沙漠和戈壁。巴丹吉林沙漠和腾格里沙漠分别位于河西中东部的北侧以及民勤的北部和东部(图 1)。

所用资料:河西走廊敦煌、酒泉、张掖、民勤 4 站 2006—2016 年春季逐日 08 时和 20 时地面到 5 km 每隔 50 m 高空加密观测资料,地面风沙资料。使用方法:日数平均法,即:同一种天气相同高度平均,同一站点不同天气平均,同一天气不同站点平均。

从河西 13 个站 1960—2019 年(60 年)年均沙尘暴日数得出:东部的民勤最多,达 21.7 d;其次是西部的金塔(15.6 d)、鼎新(13.3 d)、张掖(10.6 d),马鬃山最小,为 1.2 d(图 1)。

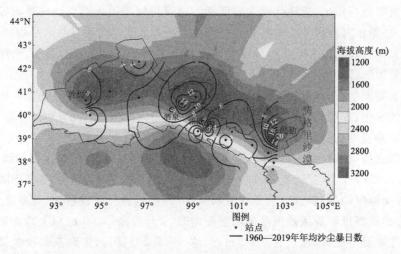

图 1　河西 13 个站 1960—2019 年年均沙尘暴日数及海拔高度、沙漠分布

2　近地层风沙边界层气象特征

对比不同风沙条件下近地面到高空 5 km 河西 4 站平均的逆温层厚度及强度,近地层相对湿度小于 40% 干层厚度及高度,高度低于 1 km 最大风速及高度,不稳定层结高度(即 $\partial\theta/\partial Z < 0$)的最低高度(李崇银 等,2005),详见表 1。

早晚对比:逆温仅发生在 08 时,厚度小于 0.25 km,强沙尘暴逆温最强且相对湿度小于 40% 的大气干层最厚可达 4.5 km,08 时比 20 时厚 0.5～3 km,而相对湿度小于 30% 的干层只有沙尘暴和强沙尘暴 08 时较厚(1.5 km 以上),其他风沙天气是 20 时较厚;最大风速除大风无沙尘 08 时较 20 时略大外,其他风沙天气 20 时风速较大,高度在 0.5～1 km,20 时沙尘暴及强沙尘暴出现高度较高(0.9 km),风速明显比 08 时偏大 4 m/s 左右,这与西北大气边界层高度 600 m 和 900 m 平均风速增大一致(孟丹 等,2019)。不同风沙天气最大风速对比:08 时大风大,而 20 时沙尘暴较大。不稳定层结高度 08 时远高于 20 时,08 时 3 km 以下层结稳定,而 20 时 0.4 km 以下近地层稳定。

表1 河西地面到 5 km 高度 08 时和 20 时不同风沙强度要素特征

风沙天气	年均日数(d)	逆温层厚度(km)	最大逆温强度(℃/100m)	相对湿度小于40%干层厚度(km)		相对湿度小于30%干层起止高度(km)		高度≤1 km最大风速(m/s)(出现高度(km))		最低不稳定层结高度(m)	
		08	08	08	20	08	20	08	20	08	20
浮尘	2.8	0.1	1.75	2.95	2.05	0	0~1.3	6.4(1.0)	7.2(0.5)	5450	100
扬沙	3.0	0.2	1.6	2.4	1.85	0	0~1.05	10.2(0.7)	10.2(0.6)	6200	200
沙尘暴	2.0	0.15	1.6	3.15	1.45	0.05~1.7	0~0.65	10.1(0.95)	13.9(0.9)	3050	200
强沙尘暴	2.0	0.15	1.9	4.5	1.55	0.05~1.6	0.05~0.2	9.2(0.7)	13.1(0.9)	5250	100
大风无沙尘	3.0	0.25	1.0	2.95	3.95	0.1~1.4	0~1.6	13.7(0.8)	13.0(0.75)	3800	350
大风伴沙尘	2.5	0.15	1.45	2.05	1.5	0	0~0.55	11.4(0.75)	12.6(0.65)	5200	50

沙尘暴不同于风沙天气的显著特点是:08 时逆温强度在 1.6 ℃/100m 以上,相对湿度小于 40%干层厚度超过 3 km,小于 30%干层厚度超过 1.5 km 且 20 时最大风速大于 13 m/s。

3 河西 4 站沙尘天气大气边界层垂直结构

对 2006—2016 年河西 4 站六种不同风沙天气的边界层特征进行分析,结果如下:

浮尘:08 时贴地面 300 m 以下存在逆温层,强度弱,气温从高到低为民勤、敦煌、酒泉、张掖,相对湿度小于 40%,风速 1 km 以下小于 6 m/s,风向 2 km 以下从东南到西南,以上从西南到偏西;20 时近地面无逆温层,气温地面到 1.4 km 以下民勤较高,1.4 km 以上敦煌较高;相对湿度 2 km 以下小于 40%且风速在 2 km 以下民勤较大,为 11 m/s,其他 3 站风速小于 8 m/s,随高度上升增大,风向 5 km 以下从地面到高空由东南向西转变(图略)。

扬沙:08 时贴地面 500 m 以下存在逆温层,强度弱,气温敦煌较高,其他 3 个站均相近,1 km 以下相对湿度小于 40%,风速小于 11 m/s,民勤在 0.7 km 附近风速较大,达 12 m/s,风向敦煌、酒泉随高度从东南转到偏西,其他 2 个站以偏西为主;20 时近地面无逆温层,气温敦煌明显高 4~5 ℃以上,相对湿度 1 km 以下小于 40%,风速随高度上升增大,从小到大为敦煌、张掖、酒泉和民勤,略大于 08 时,风向敦煌从地面向高空由偏南向西转变,其他 3 站以偏西为主(图略)。

沙尘暴:4 个站的月均沙尘暴日数除张掖略少是 2 d 外,其他 3 站均为 3 d。08 时贴地面 400 m 以下存在逆温层,强度弱,气温 08 时张掖明显偏高 4 ℃以上,相对湿度 2 km 以下小于 40%,风速 1 km 以下民勤较大为 12 m/s,敦煌在 600 m 附近风速较大达 12 m/s,风向自西向东从东南转到偏西;20 时张掖 0.5 km 以下,其他 3 站 1 km 以下相对湿度小于 40%,张掖湿度较高,风速在 1 km 以下从小到大依次为敦煌、民勤、酒泉和张掖,张掖在 1 km 处风速较大达 17 m/s,风向 3 km 以下敦煌从地面向高空由偏南向西转变,其他 3 个站以偏西到西北为主(图 2)。图 $2d_1$ 中民勤高空 2 km 左右风向转变说明 08 时有高空槽通过,低层在槽前是西南风,高层在槽后为西北风;图 $2d_2$ 酒泉、张掖站的风向突转说明 20 时沙尘暴发生时,在酒泉、张掖两站之间存在锋面次级环流,在 2.8~3 km 高度以下低层西北风表示有冷空气,为下沉气流,以上为西南风到东南风表示有暖空气,为上升气流。

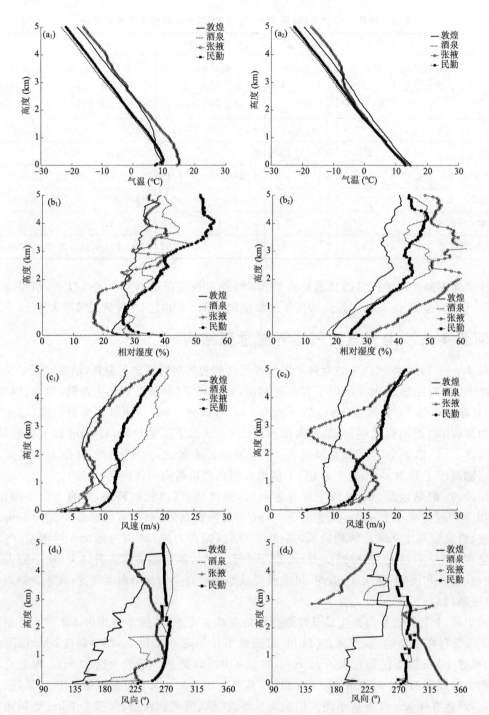

图 2　2006—2016 年河西走廊 4 个观测站春季沙尘暴温湿风随高度分布
（a. 气温，b. 相对湿度，c. 风速，d. 风向，下标 1 为 08 时，2 为 20 时，下同）

　　强沙尘暴：08 时近地面 1 km 以下存在逆温层，气温敦煌、酒泉较高，相对湿度小于 30%，风速民勤、敦煌较大在 10 m/s 以上，其他两站较小，风向从地面到 5 km 高空敦煌从东南到西南，民勤从西南到偏西，而其他两站为西到西北转变；20 时相对湿度民勤、敦煌小于 30%，酒泉

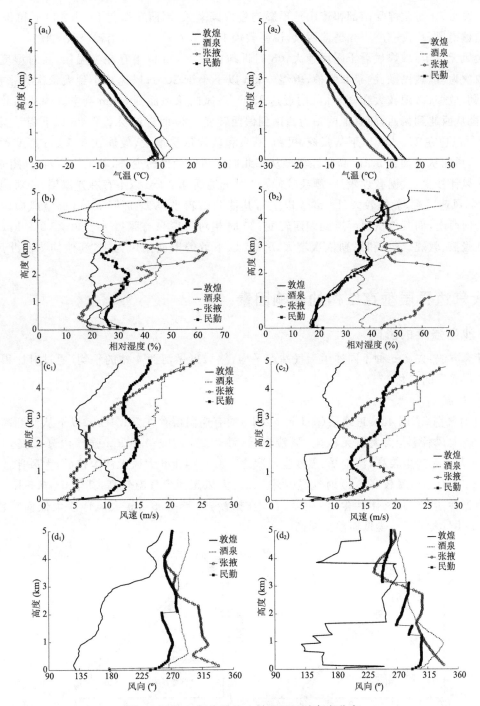

图 3　同图 2,但为强沙尘暴温湿风随高度分布

在 40% 左右,而张掖在 50%~70%;风速在 1.4 km 以下从敦煌、酒泉、民勤和张掖依次增大,风向从地面到 5 km 高空除敦煌从东南到西外,其他均为西北(图 3)。图 $3d_1$ 说明 08 时张掖在近地面受祁连山地形山谷风影响吹南风,0.05~0.6 km 高度吹西北风,有冷平流,0.6~1.0 km 高度风向顺时针旋转,有暖平流,1.0 km 高度以上逆时针旋转是冷平流,大气层结不稳定。

图 3d₂ 说明 20 时敦煌受南部祁连山地形影响盛行偏南风,因而在高空 1.7 km 以下和 3.8 km 以上是偏南风,1.7～3.8 km 是偏西风,说明敦煌上空 1.7～3.8 km 有冷空气入侵。

大风无沙尘:敦煌显著干暖风速大,08 时近地面 0.5 km 以下存在逆温层,相对湿度从低到高依次为敦煌、民勤、酒泉和张掖,敦煌 4 km 以下小于 20%;风速从小到大依次为张掖、酒泉、民勤、敦煌,敦煌较大在 0.8 km 附近达 23 m/s;风向从地面到 5 km 高空敦煌从东北到西南,民勤从西北到偏西,而其他两站为西南到偏西转变。20 时近地层 0.7 km 以下相对湿度小于 30%,风速在 1.4 km 以下从张掖、民勤、酒泉和敦煌依次增大,敦煌在 0.5 km 高度附近达 17 m/s,风向从地面到 5 km 高空除敦煌从东北向北再向西南转变外,其他均为西北(图略)。

大风伴沙尘:气温敦煌较高、酒泉较低,08 时近地面 0.2 km 以下存在逆温层,相对湿度小于 30%,风速民勤、敦煌较大(13 m/s 以上),其他两站较小,从地面到 5 km 高空风向敦煌从东南转向西南,而其他从西南风到偏西转变;20 时相对湿度只有张掖大于 30%,0.9 km 以下风速从张掖、敦煌、酒泉和民勤依次增大,5 km 以下敦煌以西南风为主,其他均为西北风(图略)。

4　大气边界层垂直结构的影响因素

4.1　沙尘强度的影响

计算方法:先将 6 种不同沙尘天气站点平均,然后再做河西 4 站的平均,通过对比得出河西边界层要素的变化。

4.1.1　气温

08 时气温(彩图 4a):近地层(0.1 km 以下)均有逆温层存在。1.1 km 以下从低到高为浮尘、扬沙、大风伴沙尘、大风无沙尘、强沙尘暴、沙尘暴,1.1～1.8 km 强沙尘暴较高,1.8～3.1 km 大风无沙尘较高,沙尘暴、强沙尘暴次之。3.1～4 km 大风无沙尘较低,大风伴沙尘较高,4 km 以上沙尘暴较高。20 时气温(彩图 4b):大风无沙尘气温较高,其他 0～0.5 km 从低到高为强沙尘暴、大风伴沙尘、沙尘暴、浮尘、扬沙,0.5～0.9 km 大风伴沙尘低而扬沙高,0.9 km 以上大风伴沙尘低而沙尘暴高。

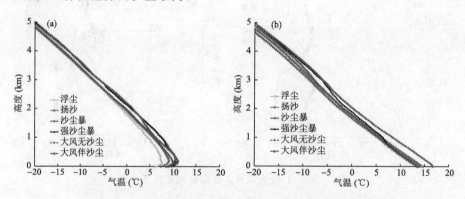

图 4　2006—2016 年春季 08 时(a)和 20 时(b)河西走廊 4 个
观测站不同沙尘强度中气温随高度的分布

说明沙尘暴在发生前近地层升温明显,发生后降温迅速,早晚气温变幅从大到小依次为大风无沙尘、浮尘、扬沙、大风伴沙尘、沙尘暴、强沙尘暴。沙尘越强,气温 20 时低于 08 时的高度越低,上述风沙天气对应高度分别为 1.65 km、1.65 km、1.25 km、0.75 km、0.5 km 和 0.4 km,冷空气下沉高度越低。

4.1.2 相对湿度

如彩图 5 所示,上湿下干,08 时 5 km 以下强沙尘暴、沙尘暴较小,大风伴沙尘较大;1 km 以下从小到大依次为强沙尘暴、沙尘暴和大风无沙尘(小于 30%),其他依次为浮尘、扬沙和大风伴沙尘。20 时 1.5 km 以下从小到大依次为大风无沙尘、浮尘、扬沙、沙尘暴、大风伴沙尘和强沙尘暴。沙尘暴和强沙尘暴的特征是早干晚湿,08 时 0.7 km 以下随高度上升湿度减小,以上增大;而 20 时近地层 5 km 以下随高度上升而增大。

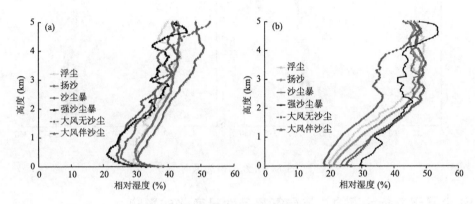

图 5 同图 4,但为相对湿度

4.1.3 风速

08 时(彩图 6a):浮尘风速较小,其他 0.05 km 以下强沙尘暴较大,0.05~1.4 km 从强沙尘暴、沙尘暴、扬沙、大风伴沙尘和大风无沙尘依次增大,大风无沙尘在 0.9 km 达 13 m/s,1.4~1.8 km 又从扬沙、沙尘暴、大风无沙尘、大风伴沙尘和强沙尘暴依次增大,1.8~3.5 km 大风伴沙尘较大,3.5 km 以上大风无沙尘较大。

20 时(图 6b):浮尘、扬沙风速较小,0~0.05 km 强沙尘暴大,0.05~0.4 km 大风伴沙尘大,0.4~1.7 km 沙尘暴大,1.7~2.5 km 强沙尘暴大,2.5~5 km 大风伴沙尘大,而强沙尘暴略小。

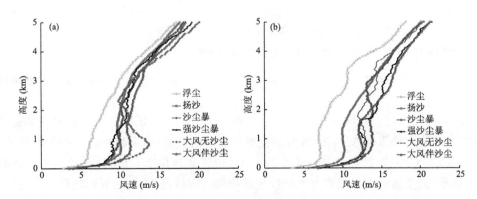

图 6 同图 4,但为风速

早晚对比：20时风速是增大的，其中沙尘暴在0.5～0.9 km、强沙尘暴在0.9 km、2.5 km附近增速较明显，增速达4 m/s左右。

4.1.4　风向

08时(彩图7a)：大风无沙尘3 km以下，浮尘1.6 km以下风向在偏南与西南之间，其他在西南至西之间，在5 km高空以上均转为西。20时(彩图7b)：浮尘1.6 km以下风向在偏南与西南之间，大风无沙尘和扬沙在3 km以下西南至西之间，其他以偏西为主。

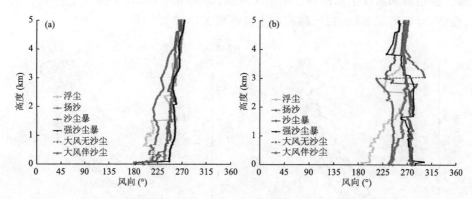

图7　同图4，但为风向

4.2　沙尘暴天气条件下的边界层气象条件日变化的影响

针对发生在不同时段上午(08时，12时]、下午(12时，20时]和夜间(20时，08时]沙尘暴的近地面要素变化对比得出(图8)：气温08时上午明显偏高4～7 ℃以上，下午高于夜间，近地面差距较大，3 km以上下午和夜间无差距；20时下午明显偏低超过3～4 ℃，2.4 km以下夜间较高，2.4 km以上上午较高。相对湿度08时上午较小在20%～30%，0.5～0.8 km和2.4 km以上下午较大；20时从小到大依次为夜间、上午和下午，分别在16%～20%、20%～30%和30%～43%。

风速08时在1.7 km以下从大到小依次为上午、下午和夜间，0.9 km处上午最大风速为12.7 m/s，1.7～2.7 km下午较大；20时在3.1 km以下从大到小依次为下午、上午和夜间，0.9 km处下午最大风速为17.6 m/s。从夜间、上午到下午风速依次增大，20时风速随高度变化除上午和下午1～3 km减小外，其他随高度上升而增大。风向08时自地面向上由东南转为西南，20时白天以西为主，夜间自地面向上由偏南转为偏西。

4.3　不同持续时间沙尘暴边界层气象条件的影响

将沙尘暴持续时间分为≤1 h、(1 h，5 h]、>5 h，进一步分析沙尘暴不同持续时间的边界层特征(图9)：

气温08时从高到低依次为沙尘暴持续时间(1 h，5 h]、≤1 h、>5 h，20时从高到低依次为≤1 h、(1 h，5 h]、>5 h；相对湿度08时沙尘暴持续时间越短，湿度越小，20时相反；风速08时近地层0.8 km以下持续时间越短，风速越小，而20时近地层2.2 km以下沙尘暴持续时间越长，风速越小；高空盛行西风或西北风时沙尘暴持续时间较短，偏南风到西南风时持续时间长。

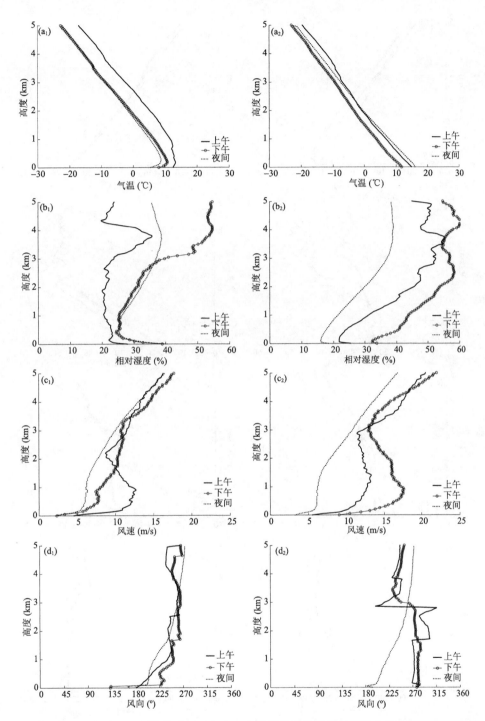

图 8　同图 2，但为 2006—2016 年春季河西走廊 4 个观测站平均不同时段沙尘暴中温湿风随高度分布

沙尘暴持续时间 5 h 以下 08 时大气干层较厚，而 5 h 以上 20 时大气干层较厚。相对湿度 ≤30% 时温度露点差最小阈值是 17 ℃，最大高度达 2.85 km；≤40% 时温度露点差最小阈值是 13 ℃，最大高度达 4.65 km。

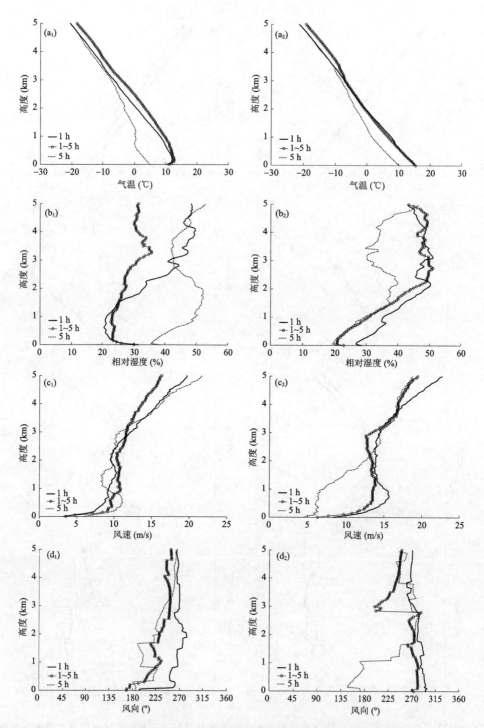

图 9　同图 8,但为平均不同持续时间温湿风随高度的分布

　　大气干层上午和夜间较厚,下午浅薄。相对湿度≤30％对应的温度露点差最小阈值 16 ℃,最大高度达 3.35 km;而相对湿度≤40％对应的温度露点差最小阈值 13 ℃,最大高度 达 5 km(表 2,表 3)。

表2 沙尘暴不同持续时间下各时次相对湿度对应的温度露点差最小阈值(单位:℃)(最大高度:km)

持续时间	≤1 h		(1 h,5 h]		>5 h	
时次	08 时	20 时	08 时	20 时	08 时	20 时
相对湿度≤30%[℃(km)]	18(1.7)	21(0.3)	17(2.85)	19(0.95)	无(0)	20(1.05)
相对湿度≤40%[℃(km)]	14(2.45)	16(1.3)	15(5.0)	14(1.65)	14(0.35)	13(4.65)

表3 同表2,但针对沙尘不同的发生时段

出现时间	上午		下午		夜间	
时次	08 时	20 时	08 时	20 时	08 时	20 时
相对湿度≤30%[℃(km)]	16(3.35)	18(0.9)	17(1.9)	无(0)	16(1.6)	19(2.0)
相对湿度≤40%[℃(km)]	14(5.0)	13(1.55)	13(3.0)	17(0.4)	13(5.0)	14(5.0)

4.4 沙尘暴环流形势的影响

河西沙尘暴主要环流形势分为西风槽型、平直西风气流型和脊型(西北气流中有冷平流)3种(李岩瑛 等,2004),应用 2006—2016 年 4 个站的沙尘暴资料,先对不同环流形势沙尘暴进行月平均,然后做春季平均,再做 4 站平均,得出以下结果(图10):

西风槽型上午暖下午冷,脊型相反,西风型气温较低,08 时 200 m 以下均有逆温层存在。

相对湿度 08 时近地层 0.8 km 以下西风槽型较低,但 0.8~3 km 西风气流型较低,1.8 km 以下脊型略高;20 时槽型整层较高>30%,其他<30%,1.7 km 以下西风气流型较低,以上脊型较低。

西风气流型近地层冷干,风速小,风向从东南转为西南,早上 1.2~3.5 km 高度和晚上 2.4 km 以上风速较大;脊型早上略湿冷,1.2 km 以下风速较大,0.75 km 处风速最大达 14.6 m/s,以西南风为主,晚上吹偏西风;西风槽型早上干暖风速小,风向从东南到西南,而晚上明显较湿且 1.8 km 以下风速较大,0.9 km 处风速最大达 15.7 m/s,盛行偏西风。

冷槽之前地面伴有冷锋,锋前常受热低压控制,气温较高,冷锋过后气温迅速下降,统计表明西风槽型及夜间沙尘暴出现较多,因而上午暖夜间冷;而脊型沙尘暴发生前早上往往天气晴朗,气温低,随着日变化气温升高,与高层冷平流形成热力不稳定,将高空强风速下传至地面造成沙尘暴。西风气流型沙尘暴高低空均有冷空气活动,风速大,因而气温较低。日变化中,夜间近地层较稳定,气温较低,08 时受太阳辐射影响高层升温快而低层冷,会形成逆温;而 20 时低层暖高层冷,不会形成逆温。

5 结论

风速小时,低层风场主要受海拔高度、河西走廊南部祁连山区较高大地形影响,具有明显的日变化和山谷风效应(李岩瑛 等,2017)。夜间是山风,主要以东南风和西南风为主;白天是谷风,但同时又受河西走廊的狭管效应和高空风影响,盛行西北风。敦煌是盆地,海拔 1140 m,地理位置和地势较其他 3 站偏南偏低,南部正面毗邻青藏高原,西南有阿尔金山,东南有祁连山等形成地形屏障,平均海拔高度 3000~4000 m 以上,因而山谷风效应更显著。张掖处于河西走廊中端,是南北两山距离最近的区域,狭管效应明显,风速较大。敦煌和民勤地势较低,四周受沙漠、戈壁包围,因而气温高,空气干燥,风速大且沙尘多。3 km 以上受地形影

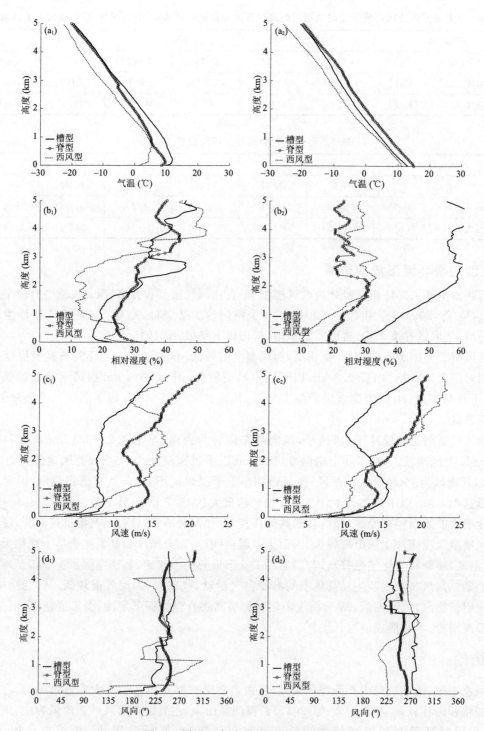

图 10 同图 9,但为平均不同环流形势

响小,风向趋于一致。主要结论如下:

(1)早上有逆温且强沙尘暴逆温较强,沙尘暴 08 时逆温强度在 1.6 ℃/100m 以上,相对湿度小于 40% 干层厚度超过 3 km,小于 30% 干层厚度超过 1.5 km 且 20 时最大风速大

于13 m/s。

（2）气温较高出现在扬沙、强沙尘暴和大风中的敦煌，浮尘中的民勤和沙尘暴中的张掖；敦煌、民勤干而风速大；风向5 km以下浮尘从地面到高空由东南向西转变，扬沙敦煌、酒泉从地面到高空由偏南向西转变，其他两站以偏西为主。沙尘暴3 km以下敦煌从地面到高空由偏南向西转变，其他3站以偏西到西北为主，强沙尘暴除敦煌从东南到西转变外，其他均为西北。大风敦煌以西南为主，其他均为西北。

（3）沙尘暴上午干暖，最大风速在0.9 km高度为12.7 m/s；而下午冷湿风速较大，最大风速0.9 km高度为17.6 m/s，近地面夜间和上午为南风，下午为西风，夜间风速较小且空气干燥。

（4）沙尘暴持续时间长时，早晚气温低，08时空气湿而风速大，而20时空气干而风速小。说明决定沙尘暴持续时间的主要因素是冷空气，冷空气越强，沙尘暴持续时间越长。沙尘暴持续时间5 h以下08时大气干层较厚（2.85 km），而5 h以上20时大气干层较厚，达1.05 km。大气干层上午和夜间较厚，下午浅薄。相对湿度≤30%时温度露点差最小阈值是16～17 ℃，最大高度在2.85～3 km；≤40%时温度露点差最小阈值是13 ℃，最大高度4.65～5 km。

（5）不同沙尘暴环流形势：脊型早上干冷风速大，0.75 km处风速最大达14.6 m/s；西风槽型下午湿冷风速大，0.9 km处风速最大达15.7 m/s；而西风气流型近地层冷干，风速小，但早上1.2～3.5 km高度和晚上2.4 km以上高层风速较大。

（6）08时逆温强度大于1.5 ℃/100m，大气干层厚度1.5 km以上及900 m以下风速大于13 m/s，是河西沙尘暴预报预警的重要指标。

参考文献

阿不力米提江·阿布力克木，李娜，赵克明，等，2019.塔里木盆地一次"东灌"沙尘暴大气边界层特征[J].沙漠与绿洲气象，13(5):55-61.

常兆丰，韩福贵，仲生年，2011.民勤荒漠区气候变化对全球变暖的响应[J].中国沙漠，31(2):505-510.

陈圣乾，刘建宝，陈建徽，等，2020.过去2000年中国东西部沙尘暴的不同演化模式及其驱动机制讨论[J].中国科学：地球科学，50(9):1316-1318.

程鹏，2011.河西走廊沙尘暴分布特征及春季区域性强沙尘暴个例研究[D].兰州：兰州大学.

丰华，刘植，李平原，等，2012.从沙尘暴变化趋势看全球气候变化[J].亚热带资源与环境学报，7(1):76-82.

何清，金莉莉，2020.塔克拉玛干沙漠陆气相互作用观测与模拟研究[J].气象，46(11):1528.

黄悦，陈斌，董莉，等，2021.利用星载和地基激光雷达分析2019年5月东亚沙尘天气过程[J].大气科学，45(3):524-538.

蒋盈沙，高艳红，潘永洁，等，2019.青藏高原及其周边区域沙尘天气的时空分布特征[J].中国沙漠，39(4):83-91.

孔锋，2020.中国灾害性沙尘天气日数的时空演变特征(1961—2017)[J].干旱区资源与环境，34(8):116-123.

李崇银，刘式适，陈嘉滨，等，2005.动力气象学导论[M].北京：气象出版社.

李宽，熊鑫，王海兵，等，2019.内蒙古西部高频沙尘活动空间分布及其成因[J].干旱区研究，36(3):657-663.

李玲萍，李岩瑛，孙占峰，等，2019.河西走廊东部沙尘暴特征及地面气象因素影响机制[J].干旱区研究，36(6):1457-1465.

李岩瑛，李耀辉，罗晓玲，等，2004.河西走廊东部沙尘暴预报方法研究[J].中国沙漠，24(5):607-610.

李岩瑛，张强，薛新玲，等，2011.民勤大气边界层特征与沙尘天气的气候学关系研究[J].中国沙漠，31(3):

757-764.

李岩瑛,张强,陈英,等,2014.中国西北干旱区沙尘暴源地风沙大气边界层特征[J].中国沙漠,34(1):
　　206-214.

李岩瑛,张爱萍,谢万银,等,2017.从预报角度探讨乌鞘岭山区大气温差成因[J].沙漠与绿洲气象,11(1):
　　58-66.

李岩瑛,张爱萍,李红英,等,2019.河西走廊边界层高度与风沙强度的关系[J].中国沙漠,39(5):11-20.

李彰俊,2008.内蒙古中西部地区下垫面对沙尘暴发生发展的影响研究[D].南京:南京信息工程大学.

孟丹,陈正洪,陈城,等,2019.基于探空风资料的大气边界层不同高度风速变化研究[J].气象,45(12):
　　1756-1761.

尚可政,孙黎辉,王式功,等,1998.甘肃河西走廊沙尘暴与赤道中、东太平洋海温之间的遥相关分析[J].中国
　　沙漠,18(3):239-243.

姚俊强,杨青,陈亚宁,等,2013.西北干旱区气候变化及其对生态环境影响[J].生态学杂志,32(5):
　　1283-1291.

张春燕,李岩瑛,曾婷,等,2019.河西走廊东部冬季沙尘暴的典型个例及气候特征分析[J].气象,45(9):
　　1227-1237.

张虎,刘贤德,张亚光,等,2020.黑河流域中游荒漠区沙尘暴、扬沙和浮尘与气候因子的关系[J].水土保持通
　　报,40(5):106-111,124.

张鹏,王春姣,陈林,等,2018.沙尘气溶胶卫星遥感现状与需要关注的若干问题[J].气象,44(6):725-736.

张强,王胜,2005.论特强沙尘暴(黑风)的物理特征及其气候效应[J].中国沙漠,25(5):675-681.

张爽,徐海,蓝江湖,等,2021.中国北方近500年沙尘暴活动及机制[J].中国科学:地球科学,51(5):783-794.

赵庆云,张武,吕萍,等,2012.河西走廊"2010.04.24"特强沙尘暴特征分析[J].高原气象,31(3):688-696.

FILONCHYK H,HURYNOVICH V,YAN H,et al,2020. Atmospheric pollution assessment near potential
　　source of natural aerosols in the South Gobi Desert region,China[J]. GIScience & Remote Sensing,57(2):
　　227-244.

GUAN Q,PAN B,YANG J,et al,2013. The processes and mechanisms of severe sandstorm development in the
　　eastern Hexi Corridor China,during the Last Glacial period[J]. Journal of Asian Earth Sciences,62:769-775.

GUO J,LOU M,MIAO Y,et al,2017. Trans-Pacific transport of dust aerosol originated from East Asia:In-
　　sights gained from multiple observations and modeling[J]. Environmental Pollution,230:1030-1039.

LI X,CAI H,REN X,et al,2020. Sandstorm weather is a risk factor for mortality in ischemic heart disease pa-
　　tients in the Hexi Corridor,northwestern China[J]. Environmental Sci Pollut Res Int,27(27):34099-34106.

LIU L,GUO J P,GONG H N,et al,2019. Contrasting influence of Gobi and Taklimakan deserts on the dust
　　aerosols in western North America[J]. Geophysical Research Letters,46(15):9064-9071.

PENG Z,HU F,CHENG X,2005. Some Characteristics of Atmospheric Boundary Layer Structure during the
　　Strong Dust Storm Period in Beijing[C]. Abstracts of the Third International workshop on Sandstorms and
　　Associated Dustfall. Chin Meteor Soci:20.

WEI W,WANG B,NIU X,2020. Forest roles in particle removal during spring dust storms on transport path
　　[J]. Internation Journal of Environmental Research and Public Health,17(2):478.

XU L S,WAN D J,DUAN Y H,et al,2021. A ~ 230-year dust storm record from China's Lake Gonghai on
　　the northeast Loess Plateau[J]. Arabian Journal of Geosciences,14(12):doi:10. 1007/S12517-021-07138-8.

民勤"2010·4·24"黑风天气
过程的稳定度分析[*]

钱莉[1,2]，薛生梁[1]，杨永龙[1]，郭小芹[1]

(1. 甘肃省武威市气象局，武威 733000；2. 中国气象局兰州干旱气象研究所，甘肃省干旱气候变化
与减灾重点实验室/中国气象局干旱气候变化与减灾重点开放实验室，兰州 730020)

摘要：2010 年 4 月 24 日民勤出现黑风天气,给当地经济和社会造成严重影响。利用民勤黑风发生前后 2010 年 4 月 24 日 08 时至 25 日 08 时的探空观测资料,对大气不稳定能量、热力参数"$V-3\theta$"和动力参数"相对风暴水平螺旋度"进行了计算分析。结果表明:黑风发生时,民勤近地面存在正不稳定能量,促使黑风在近地面层暴发性发展,使沙尘粒子在正不稳定能量区聚积,形成黑风墙。民勤黑风暴发前和暴发时大气温湿结构呈现出上湿下干的分布特征,低层湿度较小不利于降水产生,为沙尘扬起提供了较好的垂直方向的环境场条件;黑风暴发前大气层结 500 hPa 以下风场的垂直分布形成顺时针滚流,为对流性不稳定层结,气层有利于黑风生成和发展;黑风过境后,风场的垂直分布顺时针滚流下降至 700 hPa 以下,说明大气层结的对流不稳定层结变薄、减弱,700～500 hPa 存在逆时针滚流,抑制上升运动,预示黑风将减弱。黑风暴发期间在河西走廊中部存在一个相对风暴水平螺旋度负值中心,中心值达到 -870 m^2/s^2,远小于强沙尘暴发生的临界值(-600 m^2/s^2),沙尘暴的强度与相对风暴水平螺旋度负值中心存在很好的对应关系。当民勤测站的相对风暴水平螺旋度<0,其上游存在≤-600 m^2/s^2 的最小中心时,民勤测站将出现强沙尘暴;当民勤测站的螺旋度<0,其上游存在正值中心时,下游存在负值中心时,民勤测站的沙尘暴结束,能见度转好。

关键词：黑风；稳定度；大气层结；螺旋度；民勤

引言

  沙尘暴是强风从沙漠或沙漠化地面卷扬起大量沙尘,并使大气能见度急剧恶化的灾害性天气,是干旱荒漠区冬、春和夏初常发生的天气现象。俗称的"黑风"为特强沙尘暴,是指瞬间极大风速≥25 m/s,水平能见度为 0 m 的天气现象(方宗义 等,1997)。它是一种致灾性极强、对社会和生活影响非常严重的天气过程,它的强大风暴能摧毁房屋、拔起树木、诱发火灾、危及人类生命,低能见度会引发交通事故,搬运的沙尘毁坏农田。关于沙尘暴的形成机制,虽然目前还存在不同观点,但一般认为强风、大气热力不稳定和沙源是形成沙尘暴的三大因子。其中,强风是特强沙尘暴发生的非常重要的动力因子,但并不是强风天气在沙源地遇到大气热力不稳定情况下就一定能形成特强沙尘暴,有可能只形成一般沙尘暴或扬沙、浮尘。许多观测事实表明,只有在天气尺度的冷锋系统上诱发出一系列有组织的对流体,使大气层结趋于极不稳

  * 本文已在《干旱区地理》2012 年第 35 卷第 3 期正式发表。

定状况下,才能在沙源地形成特强沙尘暴天气(张强 等,2005)。中国有关特强沙尘暴的研究论文最早见于徐国昌等对甘肃省 1977 年 4 月 22 日的一次特强沙尘暴的分析,"1993·5·5"强黑风暴发生以来,沙尘暴的研究已经引起了各级科学工作者的高度重视(王式功 等,1995,2000;胡隐樵 等,1996;董安祥 等,2003)。目前,针对典型特强沙尘暴的天气特征分析已经不少(王劲松 等,2004;杨晓玲 等,2005;钱莉 等,2010),对沙尘暴的成因和对策研究也逐步开始(王式功 等,1995;胡隐樵 等,1996),螺旋度、溃变理论等动力和热力参数作为预报指标在暴雨、沙尘暴预报中应用取得了较好的效果(王若升 等,2006;岳平 等,2007)。文中利用 2010 年 4 月 24 日 08—20 时的高空探测资料,分析民勤"2010.4.24"黑风暴发前后的大气层结、大气热力参数"$V-3\theta$"曲线和大气动力参数"相对风暴水平螺旋度"的变化,揭示黑风天气过程大气稳定度的变化特征。

1　资料选取及天气实况

选取 2010 年 4 月 24 日 14 时至 25 日 00 时黑风暴发前后民勤地面观测站的目测天气现象和沙尘暴监测站 PM_{10}(可吸入颗粒物)和 VIS(器测能见度)的 5 min 加密观测资料,揭示这次黑风过程的天气事实。选取 2010 年 4 月 24 日 08 时到 25 日 08 时强沙尘暴暴发前后亚欧范围内的探空资料,空间范围以黑风出现区域甘肃民勤($38°38'$N,$103°05'$E)为中心,范围覆盖特强沙尘暴出现区域($32°\sim52°$N,$92°\sim120°$E)。采用天气学诊断方法,分析这次黑风大气稳定度的变化特征。

甘肃省武威市民勤县东邻腾格里沙漠,是中国沙尘暴主要沙源地之一。2010 年 4 月 24 日 19 时 09 分出现了罕见的黑风天气,最小能见度为 0 m,瞬间最大风速 28 m/s(10 级),平均最大风速 17.4 m/s(8 级),黑风持续 2 个多小时,后转为强沙尘暴,最小能见度 300 m,强沙尘暴持续 1 h,22 时 13 分后能见度转好,沙尘暴结束。这次黑风天气仅武威市农业受灾面积就达 7.2 万 hm^2,风暴引发次生火灾 59 起,造成直接经济损失 4.5 亿元。从民勤沙尘暴监测站 PM_{10}、VIS 加密监测资料可以看出,PM_{10} 质量浓度从 18:40 开始增大,19:15 后迅速增大,19:40 达到最大值 7018.4 $\mu g/m^3$,之后迅速减小,PM_{10} 质量浓度$\geqslant3000$ $\mu g/m^3$ 的持续时间 19:20—20:10,持续 50 min(王若升 等,2006);VIS 从 18:20 开始减小,到 19:30 达到最小值 499 m,之后开始增大,$\leqslant$ 1500 m 的持续时间从 18:30—20:45,持续 2.25 h(孙永刚 等,2009)。由此可见,在民勤黑风暴发过程中 PM_{10} 质量浓度存在一个骤然增大和 VIS 迅速减小的过程(图 1)。

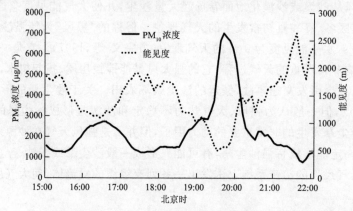

图 1　2010 年 4 月 24 日 15—22 时民勤沙尘暴监测站 PM_{10} 和能见度变化曲线

2 黑风天气过程中大气稳定度分析

2.1 大气不稳定能量

不稳定大气中可供气块作垂直运动的潜在能量称为大气不稳定能量。气块作加速垂直运动的动能是由不稳定能量转化而来的,不稳定能量越大,气块上升速度越大,对流天气越强。在 $T\text{-}\ln p$ 图中,由层结曲线与状态曲线的分布位置确定正(负)不稳定能量,依据层结曲线与状态曲线之间所包围面积的大小确定不稳定能量的大小。在层结曲线与状态曲线围成的图形中,状态曲线位于层结曲线右侧所包的区域为正不稳定能量;状态曲线位于层结曲线左侧时所包的区域为负不稳定能量(朱乾根 等,2000)。

$$E = -R_d \int_{p_0}^{p} \Delta T_d (\ln p) \tag{1}$$

分析 2010 年 4 月 24 日 20 时黑风发生时民勤探空站的 $T\text{-}\ln p$ 图发现(图 2),在近地面(民勤海拔高度为 1367 m)到 2 km 的高空为正不稳定能量区,2 km 以上均为负不稳定能量区。由此可见,在近地面到 2 km 高空的不稳定能量使气块作加速垂直上升运动,成为沙尘扬起的基本动能,促使黑风在近地面层暴发性发展。2 km 以上为负不稳定能量区,具有抑制对流上升运动的作用,当加速上升的气块到达这个高度时受到阻挡,使气块不能再向上运动。因此,当沙尘输送到 2 km 高度时受到负不稳定能量的阻挡,不能再向更高的高空输送,使沙尘在正不稳定能量区聚积,形成黑风墙,不稳定能量伸展高度约 700 m,这与目测黑风墙高近千米也是基本相符的。

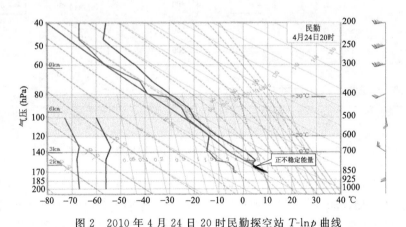

图 2 2010 年 4 月 24 日 20 时民勤探空站 $T\text{-}\ln p$ 曲线

2.2 热力学参数"$V-3\theta$"

大气层结稳定度可以用位温(θ)、假相当位温(θ_{se})和饱和假相当位温(θ_{se}^*)的垂直分布表征。

$$\theta = T(1000/p)^{R/c_p} \tag{2}$$

$$\theta_{se} = \theta \cdot \exp\left(\frac{Lq}{Tc_p}\right) \tag{3}$$

$$\theta_{se}^* = \theta \cdot \exp\left(\frac{Lq_s}{Tc_p}\right) \tag{4}$$

式中，θ、θ_{se}、θ_{se}^* 分别是位温、假相当位温和饱和假相当位温，p、T 分别是空气气压和温度，R 和 c_p 分别是空气的比气体常数和定压比热容，L 是相变潜热，q 是比湿，q_s 是饱和比湿。欧阳首承教授提出预测天气的"溃变理论"，其基本概念是流体的运动形势可通过溃变向相反的形式转变，表现为不连续的逆转，并根据这一理论，归纳出预测天气转变的溃度变因和 $V-3\theta$ 图分析方法。$V-3\theta$ 图主要利用大气的温、压、湿、风等真实信息，分析大气垂直方向信息差异构成的涡旋运动，以非均匀结构体现运动大气的现有流场的滚流效应和潜在的滚流效应，并以此判断天气演变趋势。$V-3\theta$ 图是用单站探空资料计算和绘制出的垂直方向上的两维图，V 表示探空资料中的风向、风速实时观测数据，在 θ 曲线上显示。$V-3\theta$ 图中 3 条曲线从左向右依此为 θ、θ_{se}、θ_{se}^*（王若升 等，2006）。

利用黑风暴发前后民勤探空站 2010 年 4 月 24 日 08 时和 20 时的探空资料计算得到 $V-3\theta$ 垂直分布廓线图（图 3）。

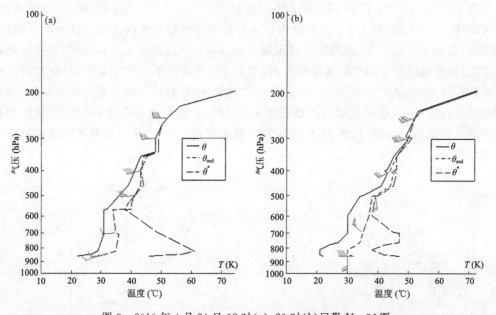

图 3　2010 年 4 月 24 日 08 时(a)、20 时(b)民勤 $V-3\theta$ 图

从图 3a、b 可知，24 日 08 时和 20 时 600 hPa 以下高度层均为 $\theta^*-\theta_{se}>15$ ℃，表明低层大气水汽不足，极为干燥；550～300 hPa 层均为 $\theta^*-\theta_{se}$ 几乎等于 0 ℃，且垂直于 t 轴，表明中上层水汽饱和充足，呈现上湿下干的分布特征，这种水汽垂直方向的分布特征不利于降水产生，但对沙尘的扬起提供了非常有利的垂直方向的环境场条件。24 日 08 时 θ、θ_{se} 曲线在 700～600 hPa 出现明显的向左弯曲现象，表明在此高度层内 $\dfrac{\partial\theta}{\partial z}$ 和 $\dfrac{\partial\theta_{se}}{\partial z}<0$，大气层结为对流性不稳定，300 hPa 高度层再次出现 $\dfrac{\partial\theta}{\partial z}$ 和 $\dfrac{\partial\theta_{se}}{\partial z}<0$，表明在 300 hPa 附近有超低温现象；24 日 20 时仅 θ 曲线在 700～600 hPa 出现向左弯曲现象，θ_{se} 曲线未出现向左弯曲现象，超低温现象消失，θ、θ_{se} 的调整向着不利于黑风维持的方向发展，即对流不稳定减弱。温度层结对此次黑风的贡献是有利于上、下层动量的垂直交换，这种热力状况的大气边界层在天气尺度气流的作用下所产生的巨大温度梯度不仅加大水平方向的风力，而且能够激发垂直方向的强对流，从而诱发强沙尘暴

天气。

从风场上分析,24日08时850 hPa为西南风,700 hPa以上为偏西风,自下而上形成顺时针滚流,表示气层有利于上升运动发展,满足潜在动力不稳定条件,有利于黑风发展;24日20时700 hPa以下为西北风,500 hPa以上为西南风,自下而上形成逆时针滚流,表示气层抑制上升运动发展,预示黑风将减弱。

2.3 大气动力参数"相对风暴水平螺旋度"

作为强对流天气的一个重要指标,螺旋度这个物理量近几年来在沙尘暴的研究中受到重视。螺旋度是表征流体边旋转边沿旋转方向运动的动力特性的物理量。其定义为:

$$he = \iiint \vec{V} \cdot (\nabla \times \vec{V}) d\tau \tag{5}$$

螺旋度的重要性还在于它比涡度包含了更多辐散风效应,更能体现大气的运动状况,其值的正、负反映了涡度和速度的配合程度。从量级上看(至少在风暴初期),水平螺旋度比垂直螺旋度大,较大程度上决定了总螺旋度的情况。通常人们计算的螺旋度实质上是水平螺旋度,确切地说是忽略垂直运动水平分布不均下的相对风暴水平螺旋度。计算公式为:

$$he = -\int_0^h \vec{K} \cdot (V - C) \times \vec{\omega}_h dz \tag{6}$$

式中,$C = (C_x, C_y)$为风暴移动速度,h为气层厚度,he为相对风暴水平螺旋度,单位为 m^2/s^2。由于垂直速度的水平切变小于水平速度的垂直切变,所以ω_h主要决定于风的垂直切变。文中选取850 hPa、700 hPa、500 hPa 3层流场客观分析资料,在($32^\circ \sim 52^\circ$N,$92^\circ \sim 120^\circ$E)范围内,对6×10个格距为4°的格点资料进行计算,分析相对风暴水平螺旋度。

沙尘暴研究(杨晓玲 等,2005;钱莉 等,2010;岳平 等,2007;李岩瑛 等,2008)表明,沙尘暴多发生在相对风暴水平螺旋度负值区的下游东南方,当有$\leqslant -200$ m^2/s^2中心时,未来24 h内该区下游东南方将有沙尘暴天气出现。当有$\leqslant -600$ m^2/s^2中心时,6 h内该区下游东南方将有能见度小于500 m的强沙尘暴天气出现。螺旋度的负值越大,对应沙尘暴的强度越强。计算4月24日08时至25日08时的相对风暴水平螺旋度,发现在鼎新附近24日08时有一个-206 m^2/s^2的负值中心,24日20时负值中心位置稍有南压,但强度加强到-870 m^2/s^2,25日08时负值中心已东移北上到蒙古国东部,负值中心减弱为-535 m^2/s^2(图4)。由相对风暴水平螺旋度的动态变化可以看出,24日08—20时相对风暴水平螺旋度负值中心在河西走廊中部显著南压加强,其强度值大于强沙尘暴发生的临界值-600 m^2/s^2。

表1给出了2010年4月24日08时至25日08时探空资料计算得到的相对风暴水平螺旋度、风速、能见度和相对于螺旋度负值中心的位置。可以发现,相对风暴水平螺旋度是一个极易发生变化的参数,24日08—20时螺旋度减小了75 m^2/s^2,24日20时到25日08时又减小了98 m^2/s^2。从表1中还可以发现,测站所处在相对风暴螺旋度负值中心的值和位置不同,对应的地面风速和能见度差别很大。24日08时民勤处在相对风暴水平螺旋度负值中心的东南方(右前方),但其螺旋度的值为正,此时地面要素反映能见度为30 km,水平风速为2 m/s;24日20时民勤处在相对风暴水平螺旋度负值中心的东南方(右前方),其螺旋度的值为-70 m^2/s^2,此时地面要素反映能见度为0 m,水平风速为16 m/s;25日08时虽然其螺旋度的值为-168 m^2/s^2,但由于此时的民勤处在相对风暴水平螺旋度负值中心的西南方(右后方),此时地面要素反映能见度为15 km,风速为10 m/s。

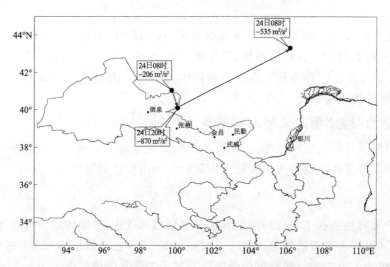

图 4　2010 年 4 月 24 日 08 时至 25 日 08 时相对风暴水平螺旋度负值中心动态移动图

表 1　民勤 4 月 24 日黑风出现前后相对风暴螺旋度及水平风速和能见度

参数	24 日 08 时	24 日 20 时	25 日 08 时
螺旋度（m²/s²）	5	−70	−168
水平风速（m/s）	2	16	10
能见度（m）	30000	0	15000
相对螺旋度负值中心方位	东南方	东南方	西南方

3　结论与讨论

　　(1)分析 2010 年 4 月 24 日 20 时黑风发生时民勤不稳定能量,发现在近地面存在不稳定能量,成为沙尘扬起的基本动能,促使黑风在近地面层暴发性发展。2 km 以上为负不稳定能量区,当沙尘输送到这个高度时受到负不稳定能量的阻挡,使沙尘粒子在正不稳定能量区聚积,形成黑风墙。

　　(2)分析民勤黑风暴发前和暴发时的 $V-3\theta$ 图,温、湿度层结对此次黑风的贡献:上湿下干有利于沙尘扬起;对流层中下部 $\frac{\partial\theta}{\partial z}$ 和 $\frac{\partial\theta_{se}}{\partial z}<0$,大气层结为对流性不稳定层结,300 hPa 有超低温现象,有利于强对流天气的发生,这种热力状况的大气边界层在天气尺度气流的作用下所产生的巨大温度梯度不仅加大水平方向的风力,而且能够激发垂直方向的强对流,从而诱发强沙尘暴天气。风场的垂直分布,黑风暴发前自下而上形成顺时针滚流,表示气层有利于上升运动发展,满足潜在动力不稳定条件,有利于黑风发展。

　　(3)民勤黑风暴发前和暴发中大气动力参数"相对风暴水平螺旋度"在河西中部显著加强南压,其强度值由 − 206 m²/s² 减小到 − 870 m²/s²,远小于强沙尘暴发生的临界值 − 600 m²/s²。民勤黑风暴发时相对风暴螺旋度负值中心在其站点的西北方向,本站相对风暴水平螺旋度也为负值;黑风过后,虽然相对风暴水平螺旋度仍为负值,但负值中心已移到其站点的东北方向。

(4)当民勤站的相对风暴水平螺旋度<0,但其上游存在≤−600 m^2/s^2 的中心时,民勤站将出现强沙尘暴;当民勤站的螺旋度<0,其上游存在正值中心时、下游存在负值中心时,民勤站的沙尘暴结束,能见度转好。

(5)分析风暴相对水平螺旋度与沙尘暴的研究成果,测站的西北方风暴相对水平螺旋度有小于−600 m^2/s^2 的中心时,未来测站将会出现强沙尘暴,这只是一个定性的指标。对于一个具体的站点,在短时临近预报预警中要更加关注的是当测站西北方出现风暴相对水平螺旋度小于−600 m^2/s^2 的中心时,测站出现沙尘暴或强沙尘暴的具体时间,以及测站风暴相对水平螺旋度的值为多少时将出现强沙尘暴。这些定量指标单凭某一次强沙尘暴过程无法确定,有待以后进行更深入的研究。

参考文献

董安祥,白虎志,陆登荣,等,2003.河西走廊强和特强沙尘暴变化趋势的初步研究[J].高原气象,22(4): 422-425.

方宗义,朱福康,江吉喜,等,1997.中国沙尘暴研究[M].北京:气象出版社.

胡隐樵,光田宁,1996.强沙尘暴发展与干飑线——黑风暴形成机理的分析[J].高原气象,15(2):178-185.

李岩瑛,张强,李耀辉,等,2008.水平螺旋度与沙尘暴的动力学关系研究[J].地球物理学报,51(3):692-703.

钱莉,李岩瑛,杨永龙,等,2010.河西走廊东部强沙尘暴分布特征及飑线天气引发强沙尘暴特例分析[J].干旱区地理,33(1):668-671.

孙永刚,孟雪峰,宋桂英,等,2009.基于定量监测的沙尘暴定量预报方法[J].气象,35(3):87-93.

王劲松,李耀辉,康凤琴,等,2004."4.12"沙尘暴天气的数值模拟及诊断分析[J].高原气象,23(1):89-96.

王若升,董安祥,樊晓春,等,2006.溃变理论在西北地区冰雹天气预报中的应用[J].干旱气象,24(2):19-24.

王式功,杨得宝,金炯,等,1995.我国西北地区黑风暴的成因和对策[J].中国沙漠,15(1):19-20.

王式功,董光荣,2000.沙尘暴研究的进展[J].中国沙漠,20(4):349-356.

徐国昌,陈敏莲,吴国雄,1979.甘肃省"4.22"特大沙暴分析[J].气象学报,37(4):26-35.

杨晓玲,丁文魁,钱莉,等,2005.一次区域性大风沙尘暴天气成因分析[J].中国沙漠,25(5):702-705.

岳平,牛生杰,张强,2007.民勤一次沙尘暴天气过程的稳定度分析[J].中国沙漠,27(4):668-671.

张强,王胜,2005.论特强沙尘暴(黑风)的物理特征及其气候效应[J].中国沙漠,25(5):675-681.

朱乾根,林锦瑞,寿绍文,等,2000.天气学原理和方法[M].北京:气象出版社.

河西走廊西部沙尘暴时空差异及其动力分析[*]

李红英[1]，李岩瑛[2]，王云鹏[1]，于亚楠[1]，马幸蔚[2]，刘香萍[3]

(1. 甘肃省酒泉市气象局，酒泉 735000；2. 甘肃省武威市气象局，武威 733000；
3. 甘肃省敦煌市气象局，敦煌 736200)

摘要：利用 1961—2021 年河西走廊西部资料完整的 7 个气象站的逐日沙尘暴资料和高空、地面观测资料，运用统计学方法分析了沙尘暴的频数、强度、影响区域等多尺度的时空变化特征，总结了不同类型沙尘暴的典型环流形势和预报指标。结果表明：(1)近 61 年河西走廊西部不同强度的沙尘暴频次差异较大，有四分之一的沙尘暴能达到强沙尘暴的标准。河西走廊西部沙尘暴和强沙尘暴空间分布非常相似，高值中心均位于金塔县，低值中心位于马鬃山。(2)单站沙尘暴与强沙尘暴年变化趋势较为一致，下降趋势极为显著，1986 年以前为沙尘暴的高发期，平均 14.1 次/a，之后迅速下降为 3.4 次/a；1979 年以前为强沙尘暴的高发期，平均 4.9 次/a，之后迅速下降为 0.8 次/a。沙尘暴主要发生在 20 世纪 60—80 年代，强沙尘暴主要发生在 20 世纪 60—70 年代，之后迅速减少。但强沙尘暴出现频次的年代际分布格局发生了很大变化，在沙尘暴总体趋势呈快速减小的背景下，强沙尘暴出现频次在 80 年代和 21 世纪最初 10 年出现两个小高峰，表明沙尘暴少而强的特点。(3)不同强度的沙尘暴天气一年四季都可发生，4 月最多，沙尘暴和强沙尘暴分别为 10.2 次和 3.2 次，3 月次之，9 月最少，仅为 1.1 次和 0.1 次。季节特征明显：春季最多且强，秋季最少，但冬、夏季发生频率明显不同，沙尘暴夏季高于冬季，而强沙尘暴则与之相反。沙尘暴的易发时段和持续时间分别集中在 12—22 时、00—06 时，发生概率分别高达 76%、93%。(4)近 61 年来，河西走廊西部区域性沙尘暴和强沙尘暴时间演变表现为显著的递减趋势，20 世纪 70 年代是高发期，出现频次分别为 157 次和 40 次，春季和 4 月是出现频次最多的季节和月份，秋季和 9 月是出现频次最少的季节和月份。(5)河西走廊西部典型的沙尘暴天气主要有偏西风和偏东风两种类型，其各自的环流形势、天气特征和影响区域明显不同。

关键词：沙尘暴；河西走廊西部；气候特征；典型环流

引言

　　沙尘暴是一种具有很强破坏力的气象灾害，强沙尘暴造成的直接和间接危害往往不亚于暴雨或台风等灾害性天气(岳平 等，2008)，它的发生与特定的气候、地理和生态环境等条件有密切关系。从 20 世纪 70 年代开始，国内许多学者从不同角度对沙尘暴进行了广泛的研究(毛东雷 等，2018；钱莉 等，2015；唐金 等，2011；毛东雷 等，2016；Li et al.，2017；王荣梅 等，2016；李璠 等，2018；Zhang et al.，2015；李并成 等，2016；马禹 等，2006)，已逐步明确了沙尘天气的时空分布特征、沙尘源地和传输路径、沙尘天气日变化特征以及沙尘起沙机制等。徐启运等(1997)、冯鑫媛等(2010)等研究指出，沙尘暴是强风、沙尘源和不稳定层结三者在不同地

---

　　* 本文已在《干旱区资源与环境》2022 第 36 卷第 10 期正式发表。

区配置差异性的综合影响,中国北方中西部沙尘暴的时间变化存在明显的地域差异。河西走廊是中国沙尘暴发生最多、危害较重的地区之一(杨晓玲 等,2016;李耀辉 等,2014;赵晶 等,2003;江灏 等,2004;张锦春 等,2008;李岩瑛 等,2002;杨晓玲 等,2005;杨先荣 等,2008;段海霞 等,2013;魏倩 等,2018),同新疆一样,大风沙尘暴高发时段为 20 世纪 50 年代、60 年代,春夏季最多(霍文 等,2011;姜萍 等,2019),东部的民勤 20 世纪 50 年代年沙尘暴日数达 59 d;不同的风沙强度边界层的高度是不同的,河西走廊出现沙尘暴天气时边界层高度在 3000 m 左右,出现强沙尘暴天气时在 3000～3200 m(李岩瑛 等,2014)。张春燕等(2019)对河西走廊东部冬季沙尘暴天气进行研究,指出近 45 年冬季沙尘暴日数呈减少趋势,20 世纪 70 年代是冬季沙尘暴天气的高发时段,大风对沙尘暴天气的发生起主导作用。

以往对该区沙尘暴的研究主要集中在天气气候学特征、预报方法研究及灾害防御等,对沙尘暴长时间尺度的特征研究较多,而从短时间尺度上的细致研究较为少见。文中基于河西走廊西部资料完整的 7 个气象站 1961—2021 年的逐日沙尘暴观测资料,进一步探讨分析该地区沙尘暴的频数、强度、影响区域等多尺度的时空变化特征,并提炼不同类型沙尘暴的典型环流形势和预报指标,以期为沙尘暴的研究、预测和科学防治提供依据。

1　材料与研究方法

1.1　研究区概况

河西走廊西部位于中国西北干旱区,地处青藏高原北坡,南靠祁连山山脉,北倚马鬃山,地势南北高中间低,东西长 680 km,南北宽约 550 km,总面积 19.2 万 km²,占甘肃省面积的 42%,境内多戈壁、沙漠,其东北部的金塔县与巴丹吉林沙漠交界,西边的敦煌市与库姆塔格沙漠相连。该区域自然降水稀少,年降水量接近 80 mm,境内降水最少的敦煌市仅 44.6 mm,而年蒸发量在 2100～3300 mm,由于降水少,蒸发量大,使该区域气候非常干燥,是西北内陆的极干旱区。年平均风速为 2.1～4.4 m/s,年均 8 级以上的大风日数合计约 50 d。境内自然植被稀疏,生态环境脆弱,土地贫瘠,沙漠化严重,区域内土壤类型大部分为山地、戈壁、荒漠自然土壤,棕漠土、灰棕漠土为主要的地带性土壤是境内分布最广的土壤类型。该区域常年受西风带影响,冷空气入侵频繁,加上地形狭管效应,特殊的地理位置和气候条件,加之河西走廊西部周围及区域内的地表富含粉沙和黏土,具备沙尘暴天气发生的物质条件,使其成为中国沙尘暴的高发区和北方沙尘天气的上游区,因而也是北方沙尘暴预报预警和防御的关键区。

1.2　数据来源及处理

数据资料选取河西走廊西部资料比较完整的敦煌、瓜州、玉门、金塔、鼎新、酒泉和马鬃山 7 个国家气象观测站的 1961—2021 年逐日沙尘暴观测资料和逐日高空、地面观测资料。以 3—5 月、6—8 月、9—11 月、12 月—次年 2 月分别代表春、夏、秋、冬季。

关于沙尘暴的标准及方法:国家标准《沙尘暴天气等级》(GB/T 20480—2006)中,主要依据水平能见度将沙尘暴天气划分为浮尘、扬沙、沙尘暴、强沙尘暴、特强沙尘暴 5 个等级。因风将地面尘沙吹起,使空气混浊,水平能见度在 1～10 km、500～1000 m、50～500 m 和<50 m 的天气现象,分别称为扬沙、沙尘暴、强沙尘暴和特强沙尘暴。20 时为气象观测规范规定的日界,如果一次沙尘暴的记录超过 20 时,则统计为两个沙尘暴日。如果一天中一个站有两次或两次以上的沙尘暴记录,统计为一个沙尘暴日;沙尘暴发生日数为频次,研究区内所有站点的

数据平均值代表该区沙尘暴的发生频次。区域性沙尘暴是指研究区内出现≥3站次的沙尘暴为一次区域性沙尘暴过程。

2　结果与分析

2.1　单站不同强度沙尘暴的空间分布特征

1961—2021年河西走廊西部年均出现沙尘暴7.8 d,其中强沙尘暴2.0 d,特强沙尘暴0.06 d,强沙尘暴和特强沙尘暴分别占沙尘暴总数的25.4%和0.6%,说明河西走廊西部当出现沙尘暴时其中四分之一能达到强沙尘暴的标准。对单站而言,当有沙尘暴出现时,瓜州更易达到强沙尘暴,出现概率最高,占沙尘暴的33.4%,其次是金塔、敦煌和鼎新,均占26%,马鬃山比例最低,为16%。特强沙尘暴主要出现在金塔、敦煌、鼎新和瓜州,由于特强沙尘暴极少出现,故不做单独分析。

由图1可以看出,河西走廊西部沙尘暴和强沙尘暴空间分布非常相似,近61年沙尘暴和强沙尘暴高值中心均位于金塔县,分别为13.9 d和3.6 d,低值中心均位于北部的马鬃山区,分别为1.2 d和0.2 d,高、低值中心分别相差12.7 d和3.4 d。沙尘暴和强沙尘暴的次高值位于与金塔距离较近的鼎新站,第三高是与库姆塔格沙漠相连的敦煌市。以上分析可以看出,沙尘暴的发生和强度变化受下垫面特征和沙尘源分布状况的影响较强,河西走廊西部不同强度的沙尘暴出现频率最高的地区是与沙漠紧邻或区域内有活动性沙丘的金塔、鼎新和敦煌,这与高振荣等(2014)的研究一致,而马鬃山区是河西走廊西部大风日数最多的,但由于离沙源距离相对较远,沙尘暴和强沙尘暴出现频次最少。

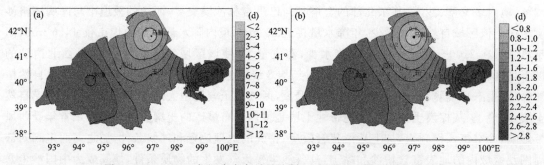

图1　1961—2021年酒泉市各站沙尘暴(a)和强沙尘暴(b)年均日数

2.2　单站不同强度沙尘暴的时间分布特征

2.2.1　年及年代际变化特征

图2是1961—2021年河西走廊西部沙尘暴频次的逐年变化曲线。由图2可以看出,近61年研究区沙尘暴累积频数整体呈下降趋势,气候倾向率为−2.8/10a,通过了0.001的显著性检验,说明河西走廊西部沙尘暴下降趋势极为显著。1986年以前为沙尘暴的高发期,之后迅速减少,1971年为沙尘暴最多的年份,平均出现21.4 d,2016—2020年未出现过沙尘暴天气。

河西走廊强沙尘暴与沙尘暴变化趋势较为一致,气候倾向率为−0.9/10a,通过了0.001的显著性检验,下降趋势极为显著。1979年以前为强沙尘暴的高发期,之后迅速减少,1972年最多,平均出现8.4 d,2017年以后未出现过强沙尘。从年代际变化来看,沙尘暴主要发生

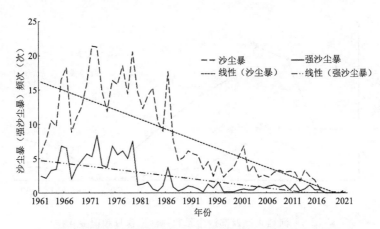

图 2　河西走廊西部沙尘暴和强沙尘暴年平均频次变化

在 20 世纪 60—80 年代,占沙尘暴总次数的 81.7%。70 年代沙尘暴最多,其次是 60 年代,从 80 年代开始减少。强沙尘暴主要发生在 20 世纪 60—70 年代,占 76.3%。80 年代开始强沙尘暴快速减少,值得注意的是,强沙尘暴出现频次的年代际分布格局发生了很大变化,20 世纪 80 年代和 21 世纪最初 10 年大于 20 世纪 90 年代和 21 世纪 10 年代,与沙尘暴的年代际变化明显不同。表明 20 世纪 80 年代以后,在沙尘暴总体趋势呈快速减小的背景下,强沙尘暴在 20 世纪 80 年代和 21 世纪最初 10 年出现两个小高峰,表明了沙尘暴少而强的特点,与王锡稳等(2002)研究结果类似。

2.2.2　季节及月变化特征

河西走廊西部不同强度的沙尘暴一年四季都可发生,但是有明显的季节特征。春季是沙尘暴和强沙尘暴的高发季,分别占全年总频数的 48% 和 55%,秋季是出现沙尘暴最少的季节,但冬、夏两季沙尘暴和强沙尘暴的发生频率明显不同,沙尘暴夏季高于冬季,而强沙尘暴则与之相反,冬季是次高季节,见表 1。

表 1　河西走廊西部不同季节的沙尘暴和强沙尘暴出现频率及气候倾向率

沙尘暴类型	项目	春季	夏季	秋季	冬季	1961—2021 年(/10a)
沙尘暴	出现频率(%)	48	24	9	19	−19.75
	气候倾向率(/10a)	−1.18	−0.68	−0.31	−0.70	
强沙尘暴	出现频率(%)	55	14	8	23	−0.92
	气候倾向率(/10a)	−0.42	−0.14	−0.11	−0.27	

与年变化趋势类似,沙尘暴和强沙尘暴的四季发生频次均呈减少的趋势,春季是两类沙尘暴减少速率最大的季节,且沙尘暴的减少速率明显大于强沙尘暴的速率;另外值得关注的是冬季强沙尘暴的减少速率较大。

对月分布而言,河西走廊西部沙尘暴和强沙尘暴变化趋势较为一致(图 3),呈显著的单峰型,峰谷特征明显。4 月沙尘暴和强沙尘暴最多,分别占全年总日数的 18% 和 22%,占春季总日数的 38% 和 40%,3 月次之,9 月最少,仅分别占全年总日数的 2% 和 0.5%。

2.2.3　沙尘暴和强沙尘暴的日变化特征及持续时间

沙尘暴主要集中在 12—22 时,这个时段沙尘暴发生概率高达 76%,其他时段发生概率较

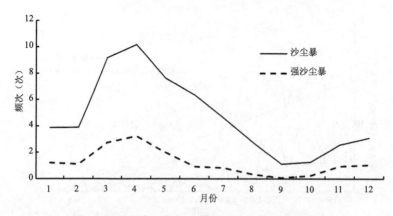

图 3　河西走廊西部沙尘暴和强沙尘暴月频次变化

低,这与气温的日变化规律有相似性,白天受太阳辐射影响,温度梯度增大,大气层结不稳定,夜间由于辐射冷却,地表温度下降较快,大气层结稳定,垂直对流减弱,不利于沙尘暴的发生。强风、沙尘源及不稳定层结是形成沙尘暴的三个条件,沙尘暴的易发时段表明热力不稳定所引起的空气层结变化对沙尘的形成与移动有重要影响。

　　沙尘暴持续时间主要集中在 0～6 h,发生概率为 93%,其中持续时间<1 h、1～3 h、3～6 h 分别占 28%、51% 和 14%,6 h 以上的沙尘暴所占比例较低(7%)。站点分布上,瓜州持续时间较长,3 h 以上的沙尘暴占 38%,其余台站均在 22% 以下,金塔出现不到 1 h 概率最高,占 40%(表 2)。出现此种差异的原因是河西走廊西部常出现的区域性大风,沙尘天气环流形势场分为西风型和东风型,东风型有南疆热低压前部型和冷高压南压型两种类型,主要影响的区域是玉门以西地区,尤以瓜州、敦煌为甚,瓜州盛行大东风,往往持续时间较长,因而沙尘持续时间也长;西风型有两种,一种是冷锋后型,当系统移出研究区后大风沙尘逐渐减弱,第二种是动量下传型,大风沙尘经常于午后开始,日落减弱,此种形势下大风沙尘往往于傍晚明显减弱,因而沙尘天气持续时间也短。

表 2　河西走廊西部不同站点的沙尘暴持续时间概率(%)分布

持续时间	马鬃山	敦煌	瓜州	玉门	鼎新	金塔	酒泉	全市平均
<1 h	36	25	16	25	28	40	28	28
1～3 h	51	56	46	52	50	43	57	51
3～6 h	10	13	22	14	14	12	13	14
6～9 h	0	2	8	6	5	4	2	4
>9 h	3	4	8	2	2	1	0	3

2.3　区域性沙尘暴的时空分布特征

　　近 61 年中,河西走廊西部共出现区域性沙尘暴 380 d,年平均 6.2 d,其中区域性强沙尘暴 84 d,占沙尘暴总日数的 22%。区域性沙尘暴和强沙尘暴存在明显的阶段性年代际变化,与单站沙尘暴和强沙尘暴的变化特征一致,总体呈显著的下降趋势,区域性沙尘暴气候倾向率为 −2.4/10a。1986 年以前为高发期,平均 11.9 次/a,之后迅速下降为 2.0 次/a,区域性沙尘暴在 20 世纪 70 年代最多(157 次),60 年代次之(88 次),80 年代位居第三(75 次),90 年代至 21 世纪 10 年代依次为 25 次、24 次和 10 次,尤其是 21 世纪 10 年代,仅占最多时期 20 世纪 70 年代的 11%。区域性沙尘暴发生最多的年份在 1971 年和 1972 年(均为 21 次),最少年份有 9 年(1988 年、1993 年、1998 年和 2015—2020 年),未出现过区域性沙尘暴。区域性沙尘暴的季节频次分布是春季(216 次)>夏季(74 次)>冬季(60 次)>秋季(30 次),春季是高发季节,占全年总频数的 57%,大于单站沙尘暴的季节比例,尤其是 4 月最为突出,占全年的 23%,其次是 3 月和 5 月,分别占全年的 20%和 14%,5 月以后区域性沙尘暴频次持续降低,9 月最少,仅 4 次,之后开始增加。

近 61 年来,强沙尘暴气候倾向率为 -0.6/10a,平均每年发生 1.4 次,1979 年以前为强沙尘暴的高发期,平均 3.5 次/a,之后迅速下降为 0.4 次/a。区域性强沙尘暴发生最多的年份是 1972 年(8 次),有 29 年未出现过区域性强沙尘暴,主要分布在 20 世纪 80 年代后期以来。区域性强沙尘暴频次的年代际变化顺序为:20 世纪 70 年代(40 次)>20 世纪 60 年代(27 次)>20 世纪 80 年代(6 次)>21 世纪最初 10 年(4 次)=21 世纪 10 年代(4 次)>20 世纪 90 年代(3 次),20 世纪 90 年代后的变化与区域性沙尘暴略有不同。区域性强沙尘暴的季节频次分布是春季>冬季>夏季=秋季,春季出现频次占全年的 74%,4 月是一年中出现频次最多的月份,占全年的 29%,其次是 3 月和 5 月,占全年的 25%和 20%,5 月后的趋势和区域性沙尘暴的趋势类同,9 月未出现过区域性的强沙尘暴过程。

2.4　典型沙尘暴环流形势和预报指标

利用河西走廊西部逐日沙尘暴资料和高空、地面观测资料,在分析、总结、归纳沙尘暴天气历史个例的基础上,用统计归类分型的方法研究了沙尘暴发生的大气环流形势,并将其分型,归纳为 4 种类型,即"冷锋后"偏西风型、"动量下传"偏西风型、"南疆热低压前部"偏东风型和"冷高压南压"偏东风型。

2.4.1　"冷锋后"偏西风型

500 hPa 高空形势场上,乌拉尔山有高压脊发展,脊前巴尔喀什湖有明显的低压槽在加深,西北地区上空为浅脊控制。随着巴尔喀什湖低槽加深,槽后西北气流及正变高加强,槽前有明显的负变高配置。青藏高原西北部及研究区为负变高,研究区高度场在 568~572 dagpm,且有 -16~-12 ℃温度场配置。大风沙尘前一天 08 时地面图上,在(70°~105°E,40°~55°N)有冷锋,位于北疆至蒙古国西部地区,蒙古国有热低压发展,河西走廊西部处在冷锋前部的低压带中。此种形势下冷空气常为西路或西北路,有时等高线与等温线接近垂直,高空有强烈的冷平流,当冷高压及其前部冷锋东移过境时风速加大,沙尘天气开始,沙尘主要集中在气压梯度较大以及冷平流较强的区域(图 4)。

偏西大风预报指标:在(85°~105°E、40°~50°N)区内地面有冷锋,500 hPa 高空乌拉尔山地区有高压脊发展,脊前巴尔喀什湖至新疆有明显低压槽在加深,西北地区上空为浅脊控制。随着巴尔喀什湖冷槽东移,槽后西北气流及正变高加强,槽前有负变高进入青藏高原。酒泉站与冷高中心海平面气压差≥18 hPa。大风主要集中在气压、变压梯度较大以及高空冷平流较强的区域。

2.4.2　"动量下传"偏西风型

出现"动量下传型"偏西大风沙尘天气时,高空湿度很小,700 hPa 温度露点差均>20 ℃。由于低层处在高温低湿的减压区中,出现大风沙尘天气时,700 hPa 就会出现较强的上升运动,造成大气层结不稳定。此类大风主要是由于近地层升温与高空冷平流形成热力不稳定,中

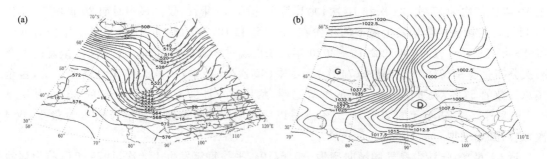

图 4　500 hPa 高度场、温度场(a)和地面气压场(b)

高层强西北风带下传而成。大风沙尘出现前地面蒙古气旋发展,河西地区处在蒙古气旋底部,降压升温明显。同时在 500 hPa 高空,乌拉尔山附近为一发展的高压脊,脊前到华北区上空为一致的西北强风带,500 hPa 风速≥20 m/s,700 hPa 也配有一支≥16 m/s 的强西北风带。等高线与等温线走向基本一致;有时在这支西北气流中常有不稳定小槽东移南压,槽前暖平流促使 700 hPa 高度层湿度极小,大风沙尘经常于午后开始,日落减弱,与气温的日变化关系密切。此类大风影响范围广,风力大,持续时间长,有时可连续 2～3 d,大风区少动,且与高空强风速带一致(图 5)。

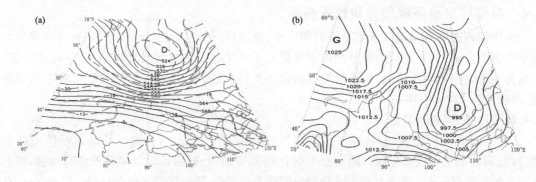

图 5　500 hPa 形势场(a)和地面气压场(b)

2.4.3　"南疆热低压前部"偏东风型

　　风沙前 500 hPa 高空一般为两槽一脊型,新疆为高压脊控制,暖中心位于南疆及印度北部,中亚和河套附近分别为一槽区。由于乌拉尔山脊的发展,脊前位于中亚的冷槽加深,槽前暖平流促使 700 hPa 南疆暖性低压及地面热低压生成并发展东移;与此同时蒙古国经常有变性冷高压东南下,河西走廊西部处于南疆热低压前部和蒙古变性冷高压底部,气压梯度增大,造成瓜州、敦煌大风沙尘。相应地面,南疆盆地常有一闭合的低压中心,中心强度≤995 hPa,与高压中心之间有≥25 hPa 的压差,酒泉站与若羌站的压差≥15 hPa。随着热低压的东移,敦煌、瓜州、肃北等地气压逐渐降低,风力随之加大,出现大风沙尘。此类环流型主要出现在春、夏季(图 6)。

2.4.4　"冷高压南部"偏东风型

　　此种类型的大风沙尘暴天气是由于蒙古冷高压南压时随强冷空气入侵而产生的。风沙出现前,500 hPa 高空在巴尔喀什湖至新疆为一高压脊,由于暖脊的发展东移,促使脊前冷槽锋区加强并南压到蒙古国到河西走廊之间。暖脊向北强烈发展,脊前在贝加尔湖南侧至蒙古国之间形成横槽,高空锋区呈东西向并南压,南疆上空往往有一暖脊与之配合。地面图上蒙古有

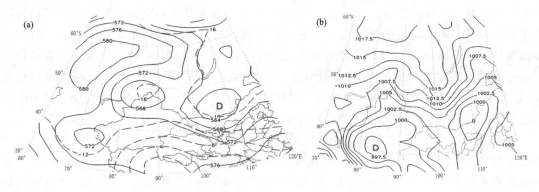

图 6 500 hPa 形势场(a)和地面气压场(b)

较强冷高压存在,高压主体位于(85°~110°E,42°~55°N),中心强度≥1040 hPa,与敦煌站压差≥20 hPa;500 hPa、700 hPa 额济纳旗站和敦煌站温差分别≥14 ℃和12 ℃。由于南部祁连山的阻挡作用有利于冷空气在河西走廊地区堆积,增大气压梯度。当地面迅速升压降温的同时,造成冷高压南部偏东型大风沙尘天气。此类型的大风沙尘天气主要出现在冬、春两季,且以春季出现的概率最大。影响地域主要在玉门以西地区,尤以瓜州、敦煌为甚,如果蒙古高压强度很强,可造成内蒙古中西部及河西走廊的区域性偏东大风、沙尘暴天气(图7)。

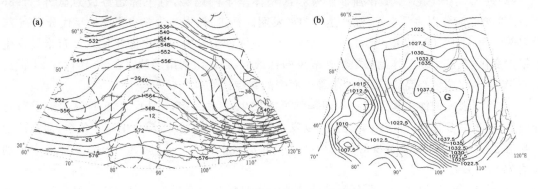

图 7 500 hPa 形势场(a)和地面气压场(b)

3 讨论

沙尘暴的发生是诸多因素综合作用的结果,其内部蕴藏着复杂而深刻的动力机制(李红英等,2013;宝乐尔,2021)。沙尘暴发生需具备3个条件:强风、沙尘源和大气热力不稳定(宝乐尔,2021)。河西走廊西部干旱少雨,自然植被稀疏,下垫面以戈壁荒漠为主,特定的地理环境和气候条件,加之河西走廊西部周围及区域内的地表富含粉沙和黏土,为沙尘暴的发生提供了物质基础,文中详尽分析了河西走廊西部1961—2021年沙尘暴的频数、强度、影响区域等多尺度的时空变化特征,总结了不同类型沙尘暴的典型环流形势和预报指标,为该区沙尘暴天气的预报预警提供了参考依据,但由于不同环流形势下沙尘暴的强弱不同,在动力特征方面也存在较大差异,如2010年4月24日白天到夜间河西走廊区域性强沙尘暴天气过程(李红英 等,2013)和2014年4月23—24日甘肃酒泉的特强沙尘暴天气过程(于海跃 等,2016),均属于冷锋型的偏西大风,两次过程的共同特点是:有高空急流的引导、存在较强的温度平流、沙尘暴发生时低层到高层出现一致的上升运动、大气层结不稳定和垂直螺旋度出现"上负下正"的特征等多种动力因素的综合作用下形成,前者还出现了高空槽后偏北急流与槽底强西风急流的"双急流型"特征(王锡稳 等,2002)及沙尘暴天气和降水天气相伴出现的现象,两次过程多种物理量的特征阈值也存在一定的差异。因此,沙尘暴的发生与天气系统过境的时间、系统移动速度、强度等有关,需要对不同环流形势下不同强度沙尘暴的各种特征进行精细分析,可为解决沙尘暴天气的落区、强度等难点问题提供依据。

本研究在分析、总结、归纳沙尘暴天气历史个例的基础上,用统计归类分型的方法研究了沙尘暴发生的大气环流形势,并将其分型归纳为4种类型,即"冷锋后"偏西风型,是本区出现沙尘暴最多的类型,约占所有沙尘暴个例的52%;"动量下传"偏西风型,约占30%"南疆热低压前部"偏东风型,约占7%;"冷高压南压"偏东风型,约11%。不同类型沙尘暴的环流形势、天气特征和影响区域明显不同。

4　结论

(1)河西走廊西部1961—2021年不同强度的沙尘暴频次差异较大,有四分之一的沙尘暴能达到强沙尘暴的标准。对单站而言,当有沙尘暴出现时,瓜州站更易达到强沙尘暴,其次是金塔、敦煌和鼎新,马鬃山最少。特强沙尘暴主要出现在金塔、敦煌、鼎新和瓜州。

(2)近61年该区沙尘暴和强沙尘暴频次整体呈下降趋势,且下降趋势极为显著。1986年、1979年以前分别为沙尘暴、强沙尘暴的高发期。沙尘暴、强沙尘暴主要发生年代分别在20世纪60—80年代、60—70年代,以后开始减少。但强沙尘暴出现频次的年代际分布格局发生了很大变化,在沙尘暴总体趋势呈快速减少的背景下,强沙尘暴出现频次在80年代和21世纪最初10年出现两个小高峰,表明沙尘暴少而强的特点。

(3)不同强度的沙尘暴天气一年四季都可能发生,4月最多,3月次之,9月最少。季节特征明显:春季最多且最强,秋季最少,但冬、夏发生频率明显不同,沙尘暴夏季高于冬季,而强沙尘暴则与之相反。沙尘暴的易发时段和持续时间分别集中在12—22时、0~6 h,发生概率分别高达76%、93%。

(4)近61年来,河西走廊西部区域性的沙尘暴和强沙尘暴过程时间演变表现为显著的递减趋势,递减率分别为−2.4/10a 和−0.6/10a。20世纪70年代是区域性沙尘暴和强沙尘暴的高发期,出现频次分别为157次和40次,春季和4月是出现频次最多的季节和月份,秋季和9月是出现频次最少的季节和月份。

(5)河西走廊西部典型的沙尘暴天气主要有偏西风和偏东风两种类型,其各自的环流形势、天气特征和影响区域明显不同。

参考文献

宝乐尔,2021.阿拉善盟一次区域性大风沙尘暴天气过程成因分析[J].干旱区资源与环境,35(4):112-119.
段海霞,李耀辉,蒲朝霞,等,2013.高空急流对一次强沙尘暴过程沙尘传输的影响[J].中国沙漠,33(5):1461-1472.
冯鑫媛,王式功,程一帆,等,2010.中国北方中西部沙尘暴气候特征[J].中国沙漠,30(2):394-399.
高振荣,李红英,瞿汶,等,2014.近55年来河西走廊地区沙尘暴时空演变特征[J].干旱区资源与环境,28(12):76-81.

霍文,杨青,何清,等,2011.新疆大风区沙尘暴气候特征分析[J].干旱区地理,34(5):753-761.

江灏,吴虹,尹宪志,等,2004.河西走廊沙尘暴的时空变化特征与其环流背景[J].高原气象,23(4):248-252.

姜萍,徐洁,陈鹏翔,等,2019.南疆近57年沙尘暴变化特征分析[J].干旱区资源与环境,33(2):103-109.

李并成,米小强,2016.唐代西北地区沙尘天气发生特征[J].干旱区研究,33(2):313-319.

李璠,徐维新,祁栋林,等,2018.1961—2015年青海沙尘天气时空变化特征[J].干旱区研究,35(2):412-417.

李红英,高振荣,徐东蓓,等,2013.一次区域性强沙尘暴天气物理量诊断分析[J].干旱区资源与环境,27(7):134-141.

李岩瑛,杨晓玲,王式功,2002.河西走廊东部近50a沙尘暴成因、危害及防御对策[J].中国沙漠,22(3):283-287.

李岩瑛,张强,陈英,等,2014.中国西北干旱区沙尘暴源地风沙大气边界层特征[J].中国沙漠,34(1):206-214.

李耀辉,沈洁,赵建华,等,2014.地形对民勤沙尘暴发生发展影响的模拟研究——以一次特强沙尘暴为例[J].中国沙漠,34(3):849-860.

钱莉,滕杰,胡津革,2015."14.4.23"河西走廊特强沙尘暴演变过程特征分析[J].气象,41(6):745-753.

马禹,王旭,黄镇,等,2006.新疆沙尘天气的演化特征及影响因子[J].干旱区地理,29(2):178-185.

毛东雷,蔡富艳,薛杰,等,2016.新疆和田策勒1960—2013年沙尘天气变化趋势[J].干旱区资源与环境,30(2):164-169.

毛东雷,蔡富艳,赵枫,等,2018.塔克拉玛干沙漠南缘近4年沙尘天气下的气象要素相关性分析[J].高原气象,37(4):1120-1128.

唐金,李霞,2011.新疆库车县沙尘暴变化特征及突变分析[J].井冈山大学学报(自然科学版),32(2):54-57.

王荣梅,阿依仙木古丽,余岚,等,2016.新疆喀什地区沙尘暴天气的时空分布特征及防治措施[J].冰川冻土,38(6):1553-1559.

王锡稳,孙兰芝,冀兰芝,等,2002.甘肃沙尘天气变动趋势[J].气象科技,30(3):158-162.

魏倩,隆霄,田扬,等,2018.民勤一次沙尘暴天气过程的近地层气象要素多尺度特征分[J].干旱区研究,35(6):1352-1362.

徐启运,胡敬松,1997.我国西北地区沙尘暴天气时空分布特征分析[M]//方宗义.中国沙尘暴研究.北京:气象出版社.

杨先荣,王劲松,何玉春,等,2008.甘肃中部强沙尘暴成因分析[J].中国沙漠,28(3):567-571.

杨晓玲,丁文魁,钱莉,等,2005.一次区域性大风沙尘暴天气成因分析[J].中国沙漠,25(5):702-705.

杨晓玲,丁文魁,王鹤龄,等,2016.河西走廊东部沙尘暴气候特征及短时预报[J].中国沙漠,36(2):449-457.

于海跃,李红英,张玉香,2016."4.23"特强沙尘暴天气成因分析分析[J].中国农学通报,32(19):136-141.

岳平,牛生杰,张强,等,2008.夏季强沙尘暴内部热力动力特征的个例研究[J].中国沙漠,28(3):509-514.

张春燕,李岩瑛,曾婷,等,2019.河西走廊东部冬季沙尘暴的典型个例及气候特征分析[J].气象,45(9):1227-1237.

张锦春,赵明,方峨天,等,2008.民勤沙尘源区近地面降尘特征研究[J].环境科学研究,21(3):17-21.

赵晶,徐建华,2003.河西走廊沙尘暴频数的时序分形特征中国[J].中国沙漠,23(4):415-419.

LI Y,YAO N,SAHIN S,et al,2017. Spatiotemporal variability of four precipitation-based drought indices in Xinjiang,China[J]. Theoretical and Applied Climatology,129(3-4):1017-1034.

ZHANG Y W,GE Q S,LIU M Z,2015. Extreme precipitation changes in the Semiarid region of Xinjiang, Northwest China[J]. Advances in Meteorology,2015. http://dx.doi.org/10.1155/2015/645965.

河西走廊西部一次极端大风天气过程 3 次风速波动的动力条件分析[*]

张文军,李健,杨庆华,田庆明,王海燕

(甘肃省酒泉市气象局,酒泉 735000)

摘要:利用自动气象站、高空探测和 NCAR/NCEP 再分析资料,对 2017 年 5 月 1—3 日河西走廊西部极端大风天气的影响系统、3 次风速波动和动力条件等方面进行了分析。结果表明:在阻塞高压发展加强和冷涡的异常南压作用下,冷平流和动量下传是河西走廊西部持续大风形成的关键因素;第一次大风波动主要与地面变压风有关,动量下传在第二、第三次大风波动中起重要作用;在高空急流入口区中心及左侧伴生的下沉运动能有效将高空动量下传到 500 hPa,低层不稳定层结发展的动量交换作用和热力、动力条件所产生的垂直运动使中低空动量下传至近地面;前倾槽所形成的涡度平流上负下正结构极有利于动量下传,垂直方向上涡度平流梯度越大、梯度大值中心越低,越容易引发河西走廊西部近地面极端大风。

关键词:极端大风;动力条件;变压风;不稳定层结;动量下传

引言

春季河西走廊地区冷暖空气交替频繁,大气极不稳定,多大风沙尘天气,大风日数占全年的 80% 左右,无论大风出现的次数和强度均为全年之最。以往众多学者对沙尘暴和大风的关系研究较多(赵庆云 等,2012;云静波 等,2013;尹尽勇 等,2011;丁荣 等,2006;杨晓玲 等,2012,2017;于波 等,2017),沙尘暴和大风的形成受系统性天气、地形、下垫面条件和季节等因素影响,既有相似的地方,也有区别。强冷空气活动通常会形成大风或沙尘暴天气,但两者并不一定同时发生。研究发现沙尘暴强冷平流位于较高的 700~600 hPa(孙永刚 等,2014),大风天气强冷平流中心位于较低的 850 hPa 左右;另外,许多学者从锋面次级环流、动量下传、涡度平流等动力条件方面对大风沙尘的成因进行了分析(盛春岩 等,2012;黄彬 等,2017;范俊红 等,2009),王慧清等(2015)对一次内蒙古吹雪天气研究发现,散度场和垂直速度场均形成次级环流,使得地面风速加大。朱男男等(2015)利用位势涡度对一次黄渤海大风的诊断分析认为,高层正涡度向中下层传导有利于气旋的发展加强。姜学恭等(2003)认为高空急流次级环流引发的下沉运动与中下层深厚混合层的形成,是高空动量下传的有效机制。河西走廊西部地处青藏高原北侧,是中国西北路冷空气的必经之路,“地形狭管”和地形绕流对低层大风的影响作用明显(王建鹏 等,2006;董安祥 等,2014;李耀辉 等,2014;沈建国 等,2007;段圣泽 等,2018),动力和热力条件变化对地面大风形成的机理复杂,因此有必要对河西走廊西部大风

---

[*] 本文已在《高原气象》2019 第 38 卷第 5 期正式发表。

天气过程进行分析,加深对特殊地形条件下大风时空分布特征和形成机理的认识。

2017 年 5 月 1—4 日,受西伯利亚强冷空气东移南压影响,河西走廊西部出现一次灾害性大风天气过程。此次天气过程灾害种类繁多,大风、沙尘、降雪、雷电、冰雹、霜冻等天气现象相继出现,其中大风平均风力达 8~9 级,酒泉市肃州区瞬间极大风力达 11 级(29.5 m/s),突破有历史记录以来的极值,此时正处于农作物播种、树木出芽阶段,极端大风天气致使农林设施损失惨重,同时也对交通运输、基础设施、工业、旅游业造成不同程度的影响。本研究利用多种资料对此次大风天气进行分析,以期为河西走廊西部偏西大风的精细化预报提供经验。

1　资料来源

利用地面气象观测站逐时风向风速、海平面气压、常规高空探测、地面感热通量资料和 NCAR/NCEP 逐 6 h 1°×1°再分析数据,从变压风、涡度平流、高低空动量下传等动力条件方面对大风期间 3 次风速波动成因进行诊断分析。其中表面感热通量来源于 NCEP 表面通量资料,以下文字和图中描述的时间均为北京时间。

2　环流形势和天气实况

2.1　环流形势演变

在 4 月 30 日 08 时 500 hPa 高空图上(图略),欧亚中高纬度为一槽一脊型,乌拉尔山地区阻塞高压发展加强,其脊前泰梅尔半岛处极涡发展加深,巴尔喀什湖以南到帕米尔高原有一低槽维持,受槽前西南气流影响,新疆至河西地区处在暖脊控制中,天气晴朗,升温明显。5 月 1 日 20 时乌拉尔山高压脊北抬东移,与极涡之间气压梯度加大,偏北急流加强。同时极涡冷中心温度增强至−42 ℃,在南下过程中,极涡中心偏西横槽转竖与巴湖槽同位相叠加旋转南下,高纬度强冷空气沿偏北急流迅速补充到北疆和南疆东部。对应 700 hPa 新疆北部到河西走廊西部锋区加强,锋区两侧温差超过 14 ℃,西北急流南下到敦煌附近,风速达 16 m/s。1 日 20—08 时,500 hPa 上冷涡位置不断南下,槽后冷空气不断堆积,700 hPa 上锋区持续加强,酒泉上空最大风速达到 36 m/s。研究和统计发现阻塞高压对中高纬度地区天气有显著影响,而河西走廊西部偏西大风天气的环流形势都存在乌拉尔山高压脊发展的显著特征(肖贻青,2017;曹玲 等,2005)。此次极端大风天气正是发生在乌拉尔山阻塞高压发展加深,其脊前冷涡异常南压的环流背景下,冷平流加压和高低空动量下传的共同作用使得河西走廊西部地区出现了连续性偏西大风天气。

2.2　大风波动概况和特点

5 月 1—3 日,河西走廊西部出现连续大风天气,从酒泉站风速变化时序可以看出(图 1),有 3 次明显的风速波动,并且风速呈现逐次增大趋势。1 日 20 时,受地面冷锋东移过境影响,河西西部出现第一次大风天气,酒泉站 10 min 平均最大风速 8.6 m/s(5 级),极大风速达 13.6 m/s(6 级),2 日 02 时之后风速减弱。从 2 日 12 时开始,风速再次迅速增大,到 17 时出现第 2 个次峰值,此时酒泉站 10 min 平均最大风速为 11.8 m/s(6 级),极大风速 20.1 m/s(8 级)。到 3 日 08 时第 3 个峰值时,大风范围分布在酒泉东部和张掖地区,此时酒泉站 10 min 平均最大风速 17.8 m/s(8 级),极大风速 29.5 m/s(11 级),达 3 次波动过程之最,而 5 小时之前(3 日 03 时)极大风速仅为 2.0 m/s 左右。由此可见,此次大风天气过程具有突发性强,风速峰值与峰谷差值大,大风期间风速波动明显的特征。

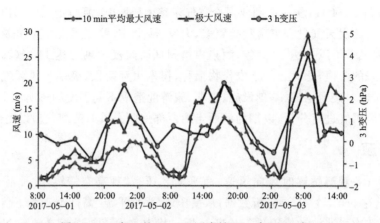

图 1　2017 年 5 月 1—3 日酒泉站(39.8°N,98.5°E)
10 min 平均最大风速、极大风速和 3 h 变压随时间变化

3　动力特征分析

3.1　变压风在地面大风形成中的作用

　　河西冷锋型偏西大风受热力和动力条件的共同作用,机理复杂,而地面 3 h 变压和低空冷平流影响密切相关,冷平流越强,地面正变压越大,因此地面变压大小可以反映热力因素对大风的影响。实际上,河西走廊偏西大风出现时,风向与等压线交角几乎垂直,已不满足地转平衡关系,起主导作用的是变压风大小,因此通过对变压风场的分析可以解释 3 次大风波动过程中热力和动力条件的配合机理。由地转风关系式导出变压风(D)表达式(王伏村 等,2012):

$$D = -\frac{1}{f^2 \rho} \nabla \frac{\partial p}{\partial t}$$

式中,f 为地转参数,ρ 为空气密度,p 为地面气压。

　　5 月 1 日 20 时地面冷锋东移(图 2a),锋后强冷空气开始入侵河西走廊西部,酒泉站以西处在地面正变压区(图 2 中黑点),大值中心位于甘肃和新疆交界处,酒泉站为偏西风,变压风风速 6 m/s。对比图 1 地面最大风速为 6.2 m/s,与变压风风速大小一致,且在第一次大风波动期间,3 h 变压(该值消除了日变化影响,下同)与地面大风变化趋势基本一致,表明地面大风主要由冷空气加压造成的地面正变压引起;2 日 12 时酒泉站开始出现第二次大风波动,14时极大风速达到 19.1 m/s,但与此相反的是 3 h 变压较小且呈略微减小趋势,变压风场上显示酒泉站变压风较小(图 2b),17 时随着 3 h 变压迅速增大,出现第二次大风波动峰值。因此,此次大风波动过程初始阶段地面风速的增大与变压风关系较小,14 时之后随着新疆西部地面正变压中心东移,变压风的补充使得风速进一步增强(图 2c);到 3 日 08 时高空槽东移到酒泉上空附近,整个河西走廊处在地面正变压控制区,正变压大值中心位于河西西部(图 2d),此时酒泉站 3 h 变压达 4.0 hPa,地面极大风速迅速增大至 29.5 m/s 的历史极值,此时地面最大风速(17.8 m/s)和变压风(8.0 m/s),两者相差约 10 m/s,说明在热力、动力条件共同影响下河西走廊西部出现第三次大风波动,其中动力条件因素占主导作用。

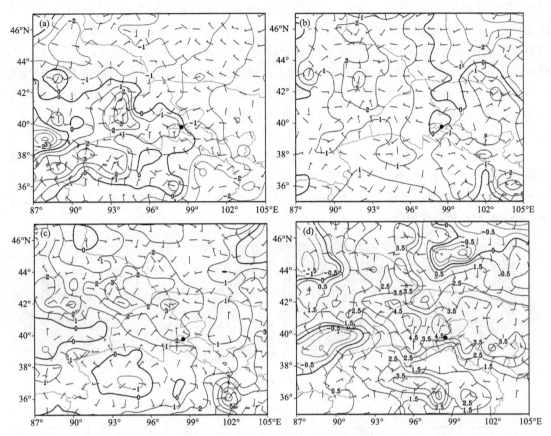

图 2　地面变压风场(风羽,单位:m/s)和 3 h 变压(等值线,单位:hPa),图中黑点为酒泉站
(a.5 月 1 日 20 时;b.5 月 2 日 14 时;c.5 月 2 日 20 时;d.5 月 3 日 08 时)

3.2　高空急流的动量下传作用

　　第二、第三次大风波动过程中,高空急流和其伴生次级环流的动量下传作用对地面大风的形成至关重要。2 日 08 时河西西部上空 250 hPa 急流开始建立,轴向为西南—东北向,之后急流位置稳定少动,中心强度不断增强,长度向东北方向扩展。到 14 时高空急流中心伸展至蒙古国境内(图 3a),中心强度增至 60 m/s,此时急流入口处即河西西部上空有-6×10^{-5}/s 的辐合中心。到 3 日 02 时高空急流中心风速增大至 65 m/s(图 3b),急流轴位置移动到张掖上空,此时 250 hPa 低槽移入酒泉,低槽底部从青海西北到河西西部形成另一个急流带,此急流右侧与主急流入口区偏左侧的辐合进一步加强,加剧了高空动量的下传作用。之后两急流合并南压东移,高空急流对酒泉大风的影响趋于结束。可以看出,随着对流层高层急流建立,高空急流开始影响河西走廊西部地区,在整个过程中,辐合中心位于急流轴中心及左侧,辐合区的产生和加强有利于产生下沉运动,使得高空动量向下传导。

　　为进一步分析高空急流与入口区伴生下沉运动的关系,图 4 给出了沿 40°N 风速、垂直速度的剖面,图 4a、b、c、d 分别为 2 日 14 时、20 时、3 日 02 时和 08 时的高空急流和垂直速度分布。2 日 14 时高空急流大值中心位于河西西部上空 94°～100°E 范围内,配合 250 hPa 辐合区急流中心及左侧 91°～97°E 范围内中高层出现下沉运动(图 3a),最大下沉区出现在 400 hPa

附近,最大下沉速度为 1 hPa/s,30 m/s 大风区沿漏斗状将动量下传至 600 hPa 以下。值得注意的是,在 97°E 附近 600~700 hPa 出现的下沉运动使得中低层动量下传到地面,随后河西西部出现第二次大风峰值。20 时急流中心抬升东移,酒泉上空急流减弱。3 日 02 时低槽进入河西,高空次急流生成,此时主急流加强的同时其左侧下沉运动使得次急流大风区向下传导并呈倾斜分布,同时次急流左侧宽广下沉运动使得 500 hPa 大风区维持。到 3 日 08 时,急流中心东移,河西西部高层无明显动量下传作用,但酒泉站中低层下沉气流明显,下沉区从地面延伸到 500 hPa,下沉中心位于近地层,最大下沉速度为 1.5 hPa/s,使得 30 m/s 大风区扩展到近地层,导致暴发性极端大风的出现。可见高空急流入口区下沉气流所导致的深厚垂直运动,能有效的将高空动量下传到 500 hPa,形成动量的累积和维持。动量大值区自西向东传播过程中,中低层的下沉气流的"接力"作用使动量进一步下传到近地面,从而形成地面大风天气。

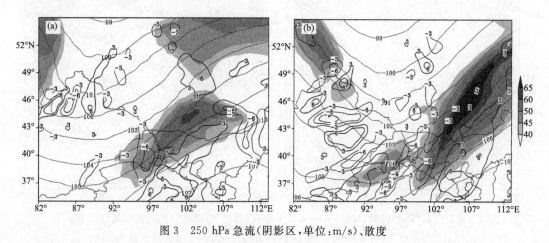

图 3　250 hPa 急流(阴影区,单位:m/s)、散度

(粗线,单位:10^{-5}/s)和位势高度(细线,单位:10^2 gpm)分布(a. 5 月 2 日 14 时;b. 5 月 3 日 02 时)

3.3　中低层动量下传机制

3.3.1　地面热通量对大气层结的影响

从变压和地面风速的演变来看,第二次大风波动起始阶段起主导作用的并不是变压风场,那么引起大风的因素是什么呢?姜学恭等(2010)研究表明,地面热通量导致大气低层形成混合层,进而通过加强动量下传导致地面风速增强。通过分析地表感热通量发现,2 日 08 时(图 5a),河西西部处在正感热通量大值中心,中心值为 300 W/m^2,表明下垫面受太阳辐射影响迅速给空气加热;2 日 14 时(图 5b),大值中心维持并向东北扩展。图 5c、d 给出了 2 日 08、14 时 850 hPa 和 700 hPa 的位温差,其中位温差绝对值越大,表示层结越稳定。虽然 08 时河西西部地表感热通量较大,但 850 hPa 和 700 hPa 位温差为 -5~-3 K,表明感热通量影响的时效短、高度低,中低层层结稳定。到 14 时河西走廊普遍处在大于 -1 K(图中黑色区域)的位温差区域,并向东北扩展到蒙古国,与感热通量大值中心伸展方向一致,说明在感热加热作用下,湍流运动加强,混合层高度增大,低层大气不稳定性增强。对比酒泉站地面风速从 10 时 1.9 m/s 迅速增大到 14 时的 11.8 m/s,表明引起 2 日大风波动的起因是中低层和地面动量交换的结果,地面感热通量的加热作用使不稳定层结发展,混合层高度的加大有利于动量下传,对地面大风形成有直接作用。

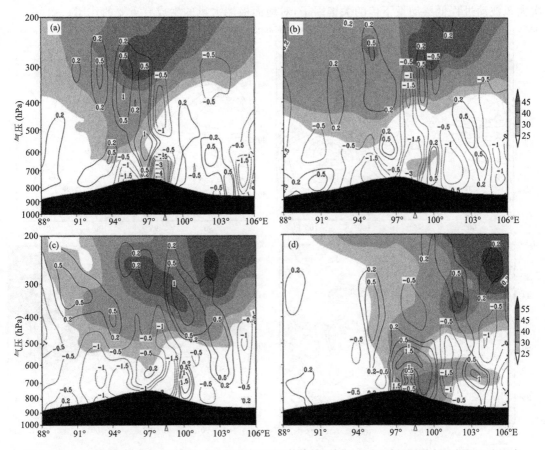

图 4 沿 40°N 风速（阴影区，单位：m/s）和垂直速度（等值线，单位 hPa/s）剖面（图中三角形△为酒泉站，下方黑色区域为地形；a.5 月 2 日 14 时，b.5 月 2 日 20 时，c.5 月 3 日 02 时，d.5 月 3 日 08 时）

3.3.2 涡度平流和前倾槽作用

从位势倾向方程和 ω 方程可知，涡度平流是影响天气系统发展的重要因子，它的发展加强常常伴有剧烈的天气现象。500 hPa 涡度平流分析表明，3 日 02 时高空槽东移南压至新疆哈密附近，槽前正涡度平流，槽后负涡度平流，正、负涡度平流中心强度均达到 $30\times10^{-9}/s^2$。3 日 08 时低槽东移至额济纳旗—酒泉一线，河西走廊西部处在负涡度平流控制下。从沿 40°N 涡度平流剖面图可以看出，2 日 14 时在 96°E 附近 600 hPa 有负涡度平流中心（图 6a），根据 ω 方程，从近地面到 600 hPa 涡度平流随高度减小有下沉运动，这与图 4a 中低层下沉运动对应；3 日 08 时高空低槽过境，从图 6b 上可以看出高空槽为前倾槽，正、负涡度平流紧密分布在槽线两侧，97°E 处从地面到 600 hPa 涡度平流差值达 $25\times10^{-9}/s^2$，垂直方向上涡度平流急剧减小，且梯度中心位于较低的 700 hPa，使中低层产生较强下沉运动。低空槽前 600 hPa 正涡度平流中心位于酒泉站上空，并随高度上升急剧减小，配合下层强冷平流作用，产生与图 4d 一致的下沉运动中心，将高层动量向下传导至近地层，此时酒泉站出现 29.5 m/s 的历史极大风速。

分析表明，涡度平流随高度急剧减小产生的强烈下沉运动，有利于中低层动量下传到近地面，垂直方向上涡度平流梯度越大，动量下传作用越明显，梯度大值中心越低越容易引发近地面大风。前倾槽所形成的垂直方向上中高层负涡度平流、低层正涡度平流的分布特征，是第三次大风波动过程低层动量下传的关键因子,对地面极端大风的生成有重要的作用。

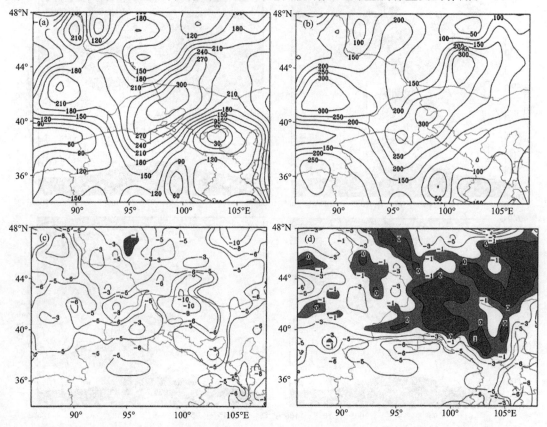

图5　2017年5月2日08时(a)、14时(b)地面感热通量(等值线,单位:W/m²)
及850 hPa(c)与700 hPa(d)位温差(等值线,单位:K)

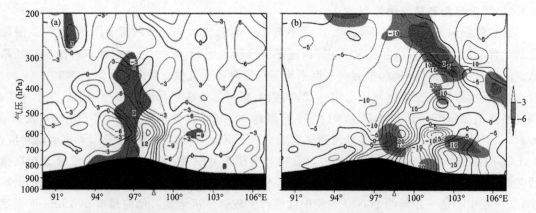

图6　2017年5月2日14时(a)、3日08时(b)沿40°N涡度平流(等值线,单位:10⁻⁹/s²)和温度
平流(阴影区为冷平流,单位10⁻⁴℃/s)剖面,图中三角形为酒泉站

4　地形与大风关系的探讨

河西走廊地处青藏高原边坡地带,在冷锋东移过程中,低层气流受地形影响绕流明显。由

于变压风主要由低层冷平流加压作用形成,当低层冷平流随西北风进入河西后,地面变压风沿地形向东南扩散而下,因此变压风是引起河西走廊大风沙尘天气的重要机制(王伏村 等,2012;谭志强 等,2017)。此次过程,受高空低涡持续南压和高空动量下传影响,河西走廊西部 700 hPa 低空急流一直维持,从图 7a、b 可以看出,整个过程中河西偏西地区为正涡度平流区,并且涡度平流大小与风速变化趋势基本一致(图 7c),偏东地区为负涡度平流区。在这种空间配置下,当中高层低槽移过时,河西西部槽后负涡度平流与低层正涡度平流形成上负下正的梯度,有利于产生下沉运动,从而使得低层动量下传到近地面,而河西走廊东部(如张掖、金昌)槽后到近地面为负涡度平流,不利于产生下沉运动,因此张掖站地面风速明显小于酒泉站。究其原因在于低空急流在酒泉处由西风转为西北风,也就是地形绕流的结果。

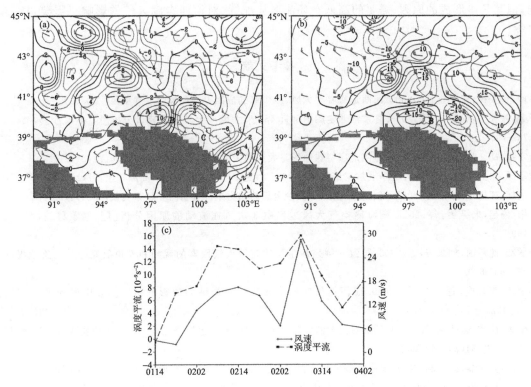

图 7 2017 年 5 月 2 日 14 时(a)、3 日 08 时(b)700 hPa 涡度平流(等值线,单位:$10^{-9}/s^2$)和风场(风羽,单位:m/s)分布和 5 月 1—4 日玉门站 700 hPa 风速(单位:m/s)和涡度平流(单位:$10^{-9}/s^2$)随时间的变化(图 a、b 中 A 为玉门站,B 为酒泉站,C 为张掖站,阴影区为海拔高度大于 3000 m)

5　结论和讨论

(1)本次过程是在阻塞高压发展加强和冷涡的异常南压形势下的一次持续性大风天气过程。随着冷涡不断加深南下,强冷空气沿偏北急流源源不断地输送到新疆和河西走廊西部地区,致使锋区不断加强,中低层风速不断加大并维持,在冷平流和高低空动量下传的共同作用下,河西走廊西部出现 3 次大风波动天气。

(2)3 次大风波动过程具有突发性强,风速极大,波动明显的特征。冷平流和高低空动量下传作用各不相同。第一次大风波动主要与冷平流加压形成的地面变压风有关,第二、第三次大风波动过程中动量下传起重要作用。

（3）高空急流加强东移过程中，其入口区中心及左侧伴生的辐合流场所产生的下沉运动能有效将高空动量下传到 500 hPa。而低层不稳定层结发展所引发的动量交换和热力、动力条件所产生垂直运动使中低空动量有效下传至近地面，从而引发地面强风的出现。

（4）在低槽过境时，前倾槽所形成的中高层负涡度平流、低层正涡度平流的配置极有利于产生下沉运动，垂直方向上涡度平流梯度越大，梯度大值中心越低，动量下传作用越明显，越容易引发近地面极端大风的出现。

在 700 hPa 大风维持期间，受青藏高原"反气旋"地形绕流作用下，河西走廊西部出现明显的正涡度平流控制区，是有利于低空动量下传的条件之一，其对地面大风的形成有明显的影响，但其具体形成的原因、需要的高低空环流形势配置、对河西走廊天气的影响仍需要进一步研究。

参考文献

曹玲,董安祥,张德玉,等,2005.河西走廊春季大风、沙尘暴的成因差异初探[J].气象科技,33(1):53-57.

丁荣,张德玉,梁俊宁,等,2006.甘肃河西走廊中部近 45a 来大风沙尘暴气候背景分析[J].中国沙漠,26(5):792-796.

董安祥,胡文超,张宇,等,2014.河西走廊特殊地形与大风的关系探讨[J].冰川冻土,36(2):347-351.

段圣泽,张英华,顾宇,2018.冬季厄尔尼诺对酒泉 2016 年夏季降水的影响[J].高原气象,37(2):545-552.

范俊红,郭树军,李宗涛,2009.河北省中南部一次沙尘暴的动力条件分析[J].高原气象,28(4):795-802.

黄彬,杨超,朱男男,等,2017.渤海冷空气大风过程中 3 次风速波动的原因分析[J].气象科技,45(3):499-507.

姜学恭,沈建国,刘景涛,等,2003.导致一例强沙尘暴的若干天气因素的观测和模拟研究[J].气象学报,61(5):606-620.

姜学恭,李彰俊,程丛兰,等,2010.地面加热对沙尘暴数值模拟结果的影响研究[J].中国沙漠,30(1):182-192.

李耀辉,沈洁,赵建华,等,2014.地形对民勤沙尘暴发生发展影响的模拟研究——以一次特强沙尘暴为例[J].中国沙漠,34(3):849-860.

沈建国,姜学恭,孙照渤,2007.地形对沙尘暴的影响及敏感试验研究[J].高原气象,26(5):1013-1022.

盛春岩,杨晓霞,2012."09.4.15"渤海和山东强风过程的动力学诊断分析[J].气象,38(3):162-273.

孙永刚,孟雪峰,荀学义,等,2014.温度平流在沙尘暴和大风天气预报中的差异分析[J].气象,40(11):1302-1307.

谭志强,桑建人,纪晓玲,等,2017.宁夏一次大风扬沙天气过程机制分析[J].干旱区地理,40(6):1134-1142.

王伏村,许东蓓,王宝鉴,等,2012.河西走廊一次特强沙尘暴的热力动力特征分析[J].气象,38(8):950-959.

王慧清,孟雪峰,2015.2013 年春季内蒙古中东部地区一次吹雪过程天气学特征研究[J].中国农学通报,31(19):206-214.

王建鹏,沈桐立,刘小英,等,2006.西北地区一次沙尘暴过程的诊断分析及地形影响的模拟试验[J].高原气象,25(2):259-267.

肖贻青,2017.乌拉尔山阻塞与北大西洋涛动的关系及其对中国冬季天气的影响[J].高原气象,36(6):1499-1511.

杨晓玲,丁文魁,袁金梅,等,2012.河西走廊东部大风气候特征及预报[J].大气科学学报,35(1):121-127.

杨晓玲,周华,杨梅,等,2017.河西走廊东部大风日数时空分布及其对沙尘天气的影响[J].中国农学通报,33

(16):123-128.

尹尽勇,曹越男,赵伟,2011.2010 年 4 月 27 日莱州湾大风过程诊断分析[J].气象,37(7):897-905.

于波,荆浩,孙继松,等,2017.北京夏季一次罕见偏南大风天气的成因分析[J].高原气象,36(6):1674-1681.

云静波,姜学恭,孟雪峰,等,2013.冷锋型和蒙古气旋型沙尘暴过程若干统计特征的对比分析[J].高原气象, 32(2):423-434.

赵庆云,张武,吕萍,等,2012.河西走廊"2010.04.24"特强沙尘暴特征分析[J].高原气象,31(3):688-696.

朱男男,刘彬贤,2015.一次引发黄渤海大风的暴发性气旋过程诊断分析[J].气象与环境学报,31(6):59-67.

河西走廊不同强度槽型沙尘暴
垂直动量传输特征分析[*]

张春燕[1,2]，李岩瑛[1,2]，马幸蔚[1]，李晓京[1]，聂鑫[2]

(1. 甘肃省武威市气象局,武威 733000;2. 中国气象局兰州干旱气象研究所,甘肃省干旱气候变化
与减灾重点实验室/中国气象局干旱气候变化与减灾重点开放实验室,兰州 730020)

摘要: 利用河西走廊 13 个气象站逐时地面观测资料,MICAPS 高低空资料,对该区 2010 年 4 月 24—25 日、2014 年 4 月 23—24 日、2018 年 4 月 4 日 3 次不同强度槽型沙尘暴过程垂直动量特征进行诊断分析,得到槽型沙尘暴的垂直动量传输特征,更好地为槽型沙尘暴的精细化网格预报预警提供有力技术支撑,增强大风强沙尘暴的防灾减灾能力。结果表明:300 hPa 极锋急流是造成河西走廊地区槽型沙尘暴的主要高空动力系统,大风沙尘暴出现在高空偏西风急流($\geqslant 32$ m/s)、中空急流($\geqslant 20$ m/s)、低空急流($\geqslant 12$ m/s)附近。沙尘暴前期,近地层大气干热,当高空冷空气侵入时,与中低层暖空气进行剧烈交换,在边界层形成不稳定层结;高空槽后冷空气下沉(冷平流中心强度 $\leqslant -10 \times 10^{-5}$ K/s),将强风迅速向下传递到地面产生大风;槽前高空急流加强垂直动力抽吸,深厚的辐合辐散层与地面冷锋增强上升运动,最大上升速度位于 500 hPa,强度 $\leqslant -30 \times 10^{-5}$ Pa/s。沙尘暴区距离高空急流轴中心位置越近,辐合辐散中心差值越大、垂直距离越近,辐合中心位置越低,对流性不稳定层结越厚、所处高度越低,冷平流中心强度越强,最大上升速度区与冷平流中心距离越近,沙尘暴强度越强、持续时间越长;300 hPa 高空急流轴中心控制河西走廊地区的范围越广,沙尘暴出现范围越大。

关键词: 河西走廊;槽型沙尘暴;高低空急流;垂直动量传输

引言

　　甘肃河西走廊地处干旱、半干旱的内陆地区,在塔克拉玛干、腾格里、巴丹吉林等沙漠的包围之中,气候极其干燥,自然形成的沙源特别丰富,是中国沙尘暴的高发区和重灾区(张正偲等,2019)。该地春季降水稀少,高空冷、暖空气活动频繁,地表植被覆盖差,干土层厚,容易出现大风沙尘暴;在强冷空气东移南下过程中,受河西走廊地形狭管效应的影响(李玲萍 等,2021),风速增大,沙尘暴增强。南非学者探讨了沙尘暴发生期间呼吸心血管病、眼睛刺激和机动车事故与医院入院人数的关系(Nkosi et al. ,2022),Garofalide 等(2022)突出了撒哈拉沙尘云对人类、动物和植物的危险性及其对农业的潜在效益,有关伊朗 Akhvaz 和印度的研究进一步表明沙尘暴形成的沙尘气溶胶通过多种途径对生态环境、大气边界层、气候及人体健康等造成滞后、持续、长期的间接危害(Maleki et al. ,2022;Saha et al. ,2022)。随着生态环境问题的日渐突出,沙尘天气成为当今社会广受关注的热点问题之一。

---

　　* 本文已在《地球科学进展》2022 年第 37 卷第 9 期正式发表。

而中国学者对沙尘暴的环流和动力特征也做了大量研究：通过典型沙尘暴天气的分析表明，乌拉尔山低槽和西西伯利亚冷锋暴发性南压是引发西北地区沙尘暴天气的主要天气系统（杨晓军 等，2021；李娜 等，2017）。高空急流引导强冷空气向下发展，使得对流层上部大风动量下传，促使锋生，地面风速加大，有利于沙尘暴的形成（王敏忠 等，2008；Banerjee et al.，2021；程海霞 等，2006；Pauley et al.，1996）。沙尘暴的暴发不仅与低层环流密切相关，也是高低空环流配合发展的结果（贺沅平 等，2021）。沙尘暴总是与高空急流相伴出现，多出现在西风、西南风、西北风急流的左侧或右后侧，高空急流带的强度、走向影响着西北地区强沙尘暴的发生、强度及范围（李汉林 等，2020；魏倩 等，2021），是大范围沙尘暴发生的动力条件。

根据河西走廊沙尘暴发生时的高空环流形势，一般将河西走廊地区沙尘暴分为"高空冷槽型"和"西北气流型"。其中高空冷槽型沙尘暴来势猛、影响范围广、灾情重，占比超过70%，沙尘暴全年任意时段均可发生（赵翠光 等，2004；邬仲勋 等，2016），但对其垂直动量传输机制与沙尘暴的强度、范围、持续时间关系研究较少。因此，本研究选取河西走廊地区主要影响的"高空冷槽型"沙尘暴，并用3个强度由强到弱、影响范围由大到小、持续时间由长到短的典型个例，对环流形势、动力热力条件进行对比分析，得到不同强度槽型沙尘暴的垂直动量传输特征，更好地为槽型沙尘暴的精细化网格预报预警提供有力技术支撑，增强大风强沙尘暴的防灾减灾能力。

1 资料与空气质量影响

1.1 天气实况

应用河西走廊近60年沙尘暴日数出现1 d以上的13个地面气象观测站逐时风向风速、海平面气压、加密自动气象站观测数据，选取河西走廊2010年4月24—25日（a）、2014年4月23—24日（b）、2018年4月4日（c）（图1）3次不同强度槽型沙尘暴过程暴发前后亚欧范围内MICAPS（气象信息综合分析处理系统）高空、地面气象资料，采用天气学诊断方法，从高低空急流、辐合辐散、大气稳定度、温度平流及垂直环流等对垂直动量传输机制进行诊断分析，以期得到河西走廊地区槽型沙尘暴天气发生的动力特征。以下文字和图中描述的时间均为北京时。

表1a过程为近10年来河西走廊地区强度最强、范围最广、灾情最重的沙尘暴过程（赵翠光 等，2004；邬仲勋 等，2016），c过程资料最新、灾情相对近5年较重。a、b、c三次过程沙尘暴持续时间由长到短、强度由强到弱、范围由大到小（表1，图1）。

1.2 沙尘对河西空气质量的影响

上述3次沙尘暴过程均造成河西当地空气重度污染。2010年4月民勤气象站大气颗粒物监测每隔5 min PM$_{10}$浓度资料得出：23日PM$_{10}$ 1 h质量浓度平均值由23日20时的0.0364 mg/m^{3}一级空气质量，变为24日11时的0.0647 mg/m^{3}二级空气质量，于11时15分后突然增大到2.282 mg/m^{3}六级空气质量，持续加重至25日11时达最大8.2048 mg/m^{3}为六级空气质量，后逐渐下降，26日23时降为0.3792 mg/m^{3}四级空气质量，28日16时继续下降为0.1436 mg/m^{3}二级空气质量。民勤沙尘空气污染达5 d之久（图2）。

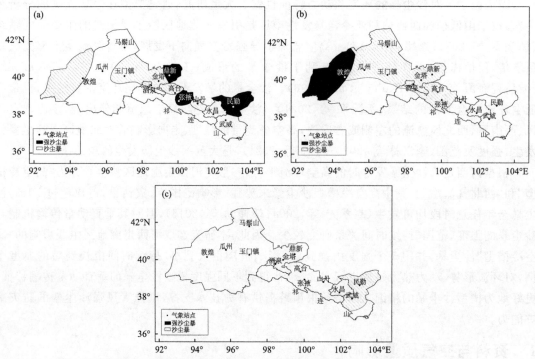

图1　河西走廊3次槽型区域性沙尘暴天气实况(a.过程为2010年4月24—25日，b.过程为2014年4月23—24日，c.过程为2018年4月4日，下表同)

表1　三次沙尘暴过程实况

沙尘暴过程	出现时间(北京时)	持续时间(h)	特强沙尘暴站数(个)	河西影响范围	经济损失(亿元)
a	09—22	13	3	河西大部	7
b	12—22	10	1	中西部	0.27
c	11—14	3	0	东部	0.06

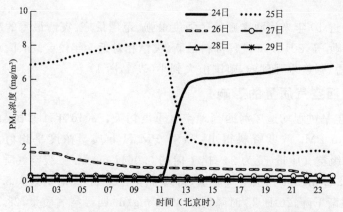

图2　民勤2010年4月24—29日首要污染物PM_{10}逐时浓度变化

武威城区环境空气污染物浓度监测表明:2014年4月23—26日4 d中二氧化硫、二氧化氮均为一级,变化不明显,但是可吸入颗粒物由23日的三级轻度污染,经过24日沙尘暴过程变为 24—26 日连续 3 d 的五级重度污染,25 日污染物浓度高达 1.145 mg/m³;2018 年 4 月 4 日首要污染物为颗粒物(PM₁₀),空气质量指数级别五级,重度污染,空气颜色呈褐红色。

进一步应用 2015—2017 年甘肃河西走廊酒泉、张掖、金昌和武威 4 个地州市逐日沙尘资料与空气质量浓度对比分析得出:河西走廊 80%~90% 五级以上重度空气污染与大风沙尘天气有关,强沙尘暴发生时均是五级及以上重度污染。如 2015 年 3 月 31 日至 4 月 1 日河西西部敦煌、金塔、酒泉、鼎新、安西 4 站出现沙尘暴,敦煌最小能见度 100 m 为强沙尘暴,造成整个河西地区持续 4 d 的五级以上空气重度污染。

2 高空流场特征

河西走廊地处青藏高原、黄土高原和蒙古高原三大高原交汇地带,境内包括南部高山峡谷(海拔 3000~4000 m)、中部盆地平原低山(海拔 1200~2500 m)、北邻戈壁沙漠等复杂地形,使其边界层平均环流具有地方性的中小尺度和次天气尺度系统特征(李岩瑛 等,2013;董安祥 等,2014)。影响河西走廊的大型环流系统主要是中、高纬度的西风带长波系统,一般高、低压同时出现,春季冷空气活动频繁,且大气环流由冬季向夏季过渡,大气层结多不稳定,西风带移动性槽、脊增多,导致强冷空气迅速南下向中纬度地区发展(Pauley et al.,1996),经西伯利亚至巴尔喀什湖、阿尔泰山,从新疆西北部进入甘肃,横扫河西走廊。

3 次过程 500 hPa 流场为乌拉尔山高压脊发展强烈,脊前偏北急流引导强冷空气南下,中亚至河西走廊为冷槽,槽前后有较强的正、负变温和变高差,风速较大(图 3)。地面有冷锋,均出现在 4 月,地表裸露,白天升温迅速,气温日变化增大了锋面前后变压梯度,使垂直大气不稳定层结增强,易形成大风沙尘暴。

3 垂直动力特征诊断分析

3.1 高、低空急流特征

2010 年 4 月 23 日 20 时,300 hPa 高空急流位于中亚—新疆西部,为南北向的脊前槽后偏北急流,中心强度达 56 m/s;24 日 08 时高空急流东移南压,产生分支,北支位于蒙古国—新疆中部,这支急流将极地冷空气向南输送,南支位于祁连山北侧,强度达 40 m/s,为槽前西风急流;24 日 20 时位于沿祁连山北侧的南支急流中心强度增强至 48 m/s,张掖位于南支西风急流轴中心附近(图略)。从张掖站分析,24 日白天到夜间 40 m/s 急流位于其上空 200~300 hPa,随着时间推移急流向中低层延伸,高空动量向下传递,24 日下午到夜间 500 hPa、700 hPa 分别为 23 m/s、21 m/s 的西北风(图 4a),地面形成特强沙尘暴。此次过程,沙尘暴区位于西风急流轴附近,动量下传特征明显,沙尘暴强度强;高空急流轴的位置贯穿整个河西走廊,沙尘暴影响范围最广。

2014 年 4 月 23—24 日沙尘暴天气过程前期,300 hPa 极锋急流中心位于 50°N,由于西西伯利亚低槽发展东移,极锋锋区底部 35~50 m/s 急流不断东移南下移至新疆;4 月 23 日 08 时极锋急流东移并分支,北支 60 m/s 西南急流位于北疆上空,南支 50 m/s 偏西急流进入新疆阿克苏;23 日白天北支急流东移南压与南支急流合并为偏西风急流,并快速东移至河西走廊上空,敦煌位于西风急流轴的右侧(图略)。敦煌 23 日白天到夜间,48 m/s 急流位于其上空 200~300 hPa,随后急流向中低层延伸,23 日下午到夜间 500 hPa、700 hPa 分别出现 24 m/s、20 m/s 的西北风(图 4b),午后出现特强沙尘暴。此次过程,沙尘暴区位于高空急流轴的右侧,动量下传特征明显,沙尘暴强度强;高空急流轴的位置位于河西走廊西部,沙尘暴影响范围为河西西部。

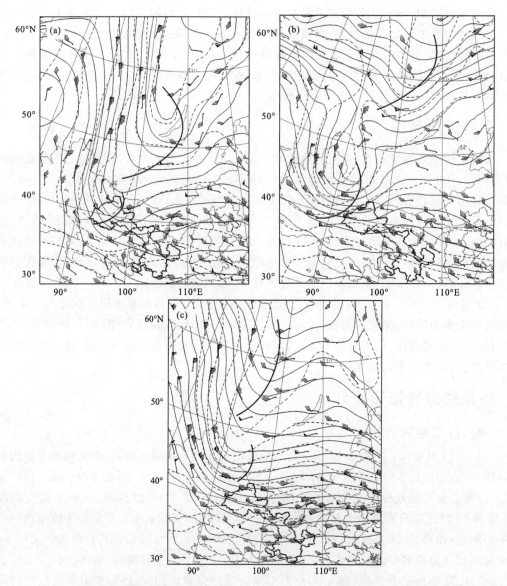

图3　500 hPa环流形势场及槽线(高度:实线,单位:dagpm;风场:风羽,单位:m/s;温度:虚线,单位:℃)

(a. 2010年4月24日20时,b. 2014年4月23日20时,c. 2018年4月4日08时间)

　　2018年4月4日沙尘暴天气前期,极锋锋区底部35～60 m/s偏西风急流维持在45 N°附近。3日08时由于乌拉尔山高压脊和巴尔喀什湖以北低槽发展东移,该急流东移并缓慢南压,河西走廊地区处于急流入口区右侧35～50 m/s的大风速带中;4日08时300 hPa急流继续东移并加强北抬,民勤位于高空急流入口区右侧35～50 m/s的大风速带中(图略)。3日08时至4日08时民勤上空300 hPa风速在急流轴东移北抬过程中减弱至32 m/s左右,存在弱的动量下传,4日上午500 hPa、700 hPa分别出现20 m/s、12 m/s的西北风(图4c),12时出现沙尘暴。此次过程,沙尘暴区位于高空急流入口区的右侧,但距离急流轴中心位置较远,动量

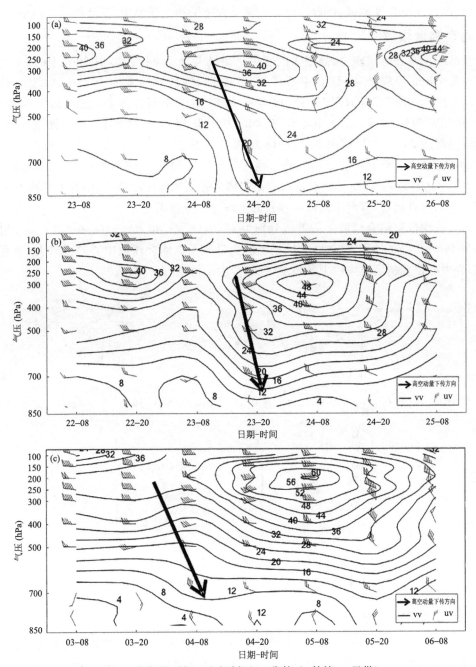

图 4　流场的时间－空间剖面（a. 张掖，b. 敦煌，c. 民勤）

下传特征较弱，沙尘暴强度较弱，沙尘暴影响范围仅为河西走廊东部。

　　由 3 次过程的高低空急流特征对比分析可知：槽型大风沙尘暴出现在高空偏西风急流（≥32 m/s），中空西北或偏西风急流（≥20 m/s）、低空西北风急流（≥12 m/s）附近。a、b 过程沙尘暴区位于高空急流轴附近，沙尘暴强度较强，沙尘暴持续时间较长，c 过程沙尘暴区距离高空急流轴中心位置较远，沙尘暴强度弱，持续时间较短；3 个过程 300 hPa 急流轴影响河西走廊地区的范围由大到小，沙尘暴区范围由大到小；高空动量下传时间在下午至夜间时，近地层风速越大,沙尘暴强度越强,所以高低空急流是大范围沙尘暴发生、发展的动力因子。

3.2　垂直辐合辐散

沙尘暴均出现在低层辐合、高层辐散区中。2010年4月24日20时500 hPa以下为辐合区,500～200 hPa为辐散区,辐合中心位于700 hPa,强度达$-18\times10^{-5}/s$,辐散中心位于300 hPa,强度达$30\times10^{-5}/s$(图5a);2014年4月23日下午到夜间500 hPa以下为辐合区,500～250 hPa为辐散区,辐合中心位于600 hPa,强度达$-24\times10^{-5}/s$,辐散中心位于400 hPa,强度达$24\times10^{-5}/s$(图5b);2018年4月4日上午700 hPa以下为辐合区,700～200 hPa为辐散区,辐合中心位于850 hPa,强度达$-12\times10^{-5}/s$,辐散中心位于250 hPa,强度达$18\times10^{-5}/s$(图5c)。深厚的辐合区位于高空槽强锋区和地面冷锋前部,这种结构利于发生近地层大风和上升运动,有利于地面起沙及向上输送形成沙尘暴。

a、b、c三次过程辐合辐散中心差值分别为$48\times10^{-5}/s$、$48\times10^{-5}/s$、$30\times10^{-5}/s$,相应垂直距离为400 hPa、200 hPa、600 hPa,故槽型沙尘暴高低空辐合辐散中心差值越大、垂直距离越近、辐合中心位置越低对应沙尘暴强度越强,沙尘暴持续时间越长。

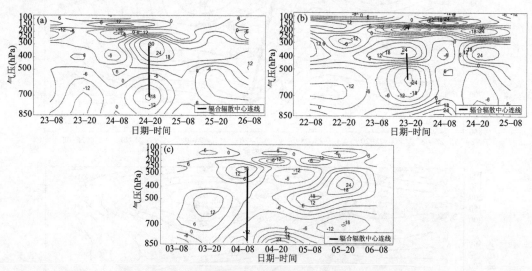

图5　槽型沙尘暴区散度场时间垂直剖面图(单位:$10^{-5}/s$)
及3次过程辐合、辐散中心连线(——)(a. 过程张掖,b. 过程敦煌,c. 过程民勤)

3.3　大气层结稳定度

3次沙尘暴过程垂直位温($V-3\theta$)曲线图对比分析(图略):08时沙尘暴发生前,近地层稳定,但c过程较深厚为100 hPa以上,过程a、b、c分别在高空850～600 hPa、850～500 hPa、720～600 hPa时,$\frac{\partial\theta_*}{\partial z}<0$($\theta_*$为饱和假相当位温,$z$为高度),存在对流不稳定,其中a、b过程500 Pa以下风速小,而c过程700 hPa风速达20 m/s,因而其沙尘暴发生较早(11时左右);850～200 hPa的垂直风切变分别达0.046 (m/s)/hPa、0.043 (m/s)/hPa、0.057 (m/s)/hPa。20时:a过程民勤沙尘暴发生时高空动量下传至地面,风速达22 m/s,近地层和700～600 Pa存在对流不稳定,大风沙尘暴仍在持续;b过程敦煌站沙尘暴已结束东移,地面风速8 m/s,高低空受冷平流控制,大气层结稳定;c过程民勤沙尘暴结束后,高低空转为槽后西北风控制,地

面至 700 hPa 对流不稳定,夜间大风扬沙仍在持续。

3 次过程高空中低层均存在对流性不稳定层结,前两次过程的不稳定层结所处高度更低,层结更深厚。从风场来看,前两次过程在沙尘暴暴发前自下而上为顺时针旋转,受暖平流控制,有利于上升运动发展,而 2018 年 4 月 4 日的沙尘暴暴发前自下而上为逆时针旋转,抑制了上升运动的发展。故对流性不稳定层结越厚,所处高度越低、沙尘暴持续时间越长,强度越强;垂直风切变越强,动量下传高度越低,近地层风速越大(表 2)。

表 2　三次沙尘暴过程 V—3θ 图中要素对比

沙尘暴过程	对流不稳定层起止高度(厚度)(hPa)	850~200 hPa 垂直风切变((m/s)/hPa)	动量下传高度(hPa)	近地层风速(m/s)
a	850~600(250)	0.046	850	22
b	850~500(350)	0.043	700	8
c	720~600(120)	0.057	700	20

3.4　涡度场特征分析

沙尘暴是介于中尺度到大尺度的灾害天气,在西风槽前常有地面热低压存在,如河西热低压、青藏高原热低压、蒙古热低压等,水平尺度在数百千米至上千千米,文中选取的 3 次过程均存在河西热低压,与过境的高空槽形成层结不稳定,有利于沙尘扬起。涡度代表大气的旋转程度和旋转方向,沿河西走廊做涡度空间剖面图分析得出:a 过程沙尘暴发生时正涡度区位于 93°~102°E,横跨整个河西走廊,与沙尘暴发生区域相重合,大值中心在 400~250 hPa 为 $70\times10^{-5}/s$,高空槽区深厚、强度强、范围广(图 6a),上升运动强;b 过程沙尘暴发生时正涡度区位于 95°E 以西,高空槽区只影响到河西西部,大值中心在 700 hPa 为 $30\times10^{-5}/s$,较 a 过程低而弱(图 6b);c 过程沙尘暴发生时正涡度区位于 95°~100°E,大值中心在 300~200 hPa 间为 $50\times10^{-5}/s$,槽前中层 500~600 hPa 涡度为 $-40\times10^{-5}/s$~$-60\times10^{-5}/s$ 辐散强(图 6c),中高层有倾斜的下沉气流,且高空槽区距离沙尘暴发生区域距离较远,因而沙尘暴范围小而强度较弱。

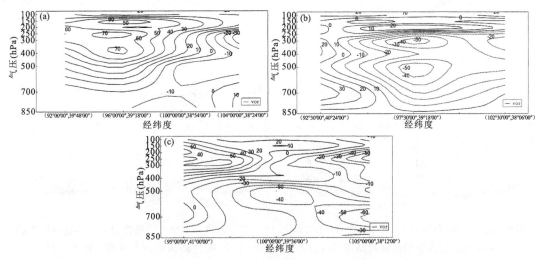

图 6　槽型沙尘暴过程发生时河西走廊地区涡度(单位:$10^{-5}/s$)空间剖面图(过程同图 3)

　　经对比分析可以看出,正涡度越大,高空正涡度区与沙尘暴发生区域距离越近。沙尘暴强度越强、影响范围越广、持续时间越长。

3.5　温度平流及垂直环流

　　a、b 过程前期,河西走廊地区为弱的暖平流,整层大气为弱的上升运动,大气静稳(图 7a、c)。随着乌拉尔山冷槽东移南压,河西走廊地区温度平流和垂直运动加强,在 500 hPa 上有一条冷舌先开始侵入到河西走廊西部上空,造成河西西部地区上空冷、暖空气交绥,锋区加强,中高层干冷空气开始扰动,大气向不稳定状态发展(图 7b、d)。随着冷空气自西向东侵入,近地面层至 500 hPa 转为冷平流区,冷平流中心分别位于 700 hPa、850 hPa,强度分别达 -30×10^{-5} K/s、-20×10^{-5} K/s(图 7a、c),有利于冷锋加强,并将高空风下传,最终在河西走廊地区形成风速分别达 21 m/s、20 m/s 的低空急流。河西走廊整层大气转为强上升运动(图 7a、c),最大上升速度均位于 500 hPa,强度均达 -30×10^{-5} Pa/s,有利于沙尘上扬,出现沙尘暴天气。

　　c 过程前期,也受弱的暖平流控制,整层大气以下沉运动为主(图 7e),大气静稳。4 月 3 日夜间巴尔喀什湖冷槽东移南压,河西走廊西部地区(92°～95°E)温度平流和垂直运动加强,在 400 hPa 上有一条冷舌开始侵入到河西走廊西部上空,中心强度为 -30×10^{-5} K/s(图 7f),造成河西西部地区上空冷、暖空气交绥,锋区加强,中高层干冷空气开始扰动,大气向不稳定状

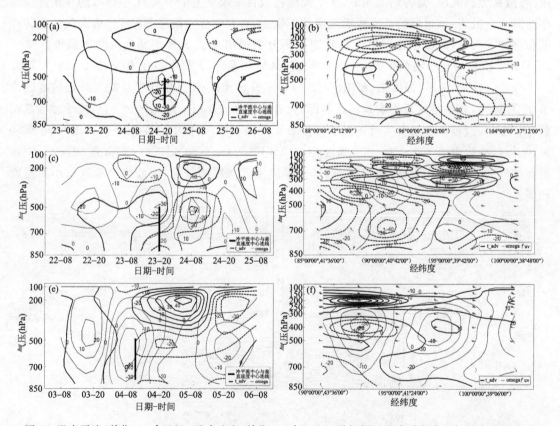

图 7　温度平流(单位:10^{-5} K/s)、垂直速度(单位:10^{-5} Pa/s)、风场剖面及冷平流中心与垂直速度中心连线(——)(a. a 过程张掖站时间剖面,b. 2010 年 4 月 24 日 20 时空间剖面,c. b 过程敦煌站时间剖面,d. 2014 年 4 月 23 日 20 时空间剖面,e. c 过程民勤站时间剖面,f. 2018 年 4 月 3 日 20 时空间剖面)

态发展。4 日上午,河西走廊中东部地区(95°～102°E),近地面层至 400 hPa 为冷平流区,−10×10^{-5} K/s 的冷平流中心位于 850 hPa,有利于冷锋加强,也将高空风下传,最终河西走廊中部地区中层风速均>15 m/s,地面出现 18.7 m/s 的西北大风,同时河西走廊东部地区(100°～105°E)整层大气为强上升运动,最大上升速度位于 500 hPa,强度达−40×10^{-5} Pa/s,有利于沙尘上扬,产生沙尘暴。

3 次过程高空槽引导冷平流、地面冷锋东移南压,冷、暖空气交绥既有利于锋生又造成大气斜压不稳定。同时,冷空气下沉时将高空动量下传至地面,位能转换成动能,使近地层风速加大,河西走廊地区强烈的上升运动将沙尘扬起,形成沙尘暴。a、b、c 三次过程冷平流中心强度分别为−30×10^{-5} K/s、−20×10^{-5} K/s、−10×10^{-5} K/s,对应高度分别为 700 hPa、850 hPa、850 hPa;最大上升速度分别为−30×10^{-5} Pa/s、−30×10^{-5} Pa/s、−40×10^{-5} Pa/s,中心位置均位于 500 hPa。冷平流中心与最大上升速度区之间相应垂直距离为 200 hPa、350 hPa、350 hPa。表明冷平流中心强度与沙尘暴强度、影响范围、持续时间呈正比;最大上升速度区与冷平流中心距离越近,对应沙尘暴强度越强,持续时间越长。

综上所述,300 hPa 高空急流轴为附近的辐散辐合提供了动力抽吸,加强了冷锋附近的垂直运动,地面沙尘不断被扬起输送,极锋急流东移南压至河西走廊上空,冷、暖空气交绥既有利于锋生又造成大气斜压不稳定,冷空气下沉产生动量下传使强风速向中低层及近地层延伸,加大了冷锋后风速,造成河西走廊地区的沙尘天气(图 8)。

4 结论

(1)乌拉尔山阻塞高压快速发展北抬,脊前冷涡异常南压,引导极地冷空气暴发性南下,冷空气快速南下至河西走廊西部并增强,是造成河西走廊槽型沙尘暴的主要环流特征。

(2)300 hPa 高空急流是河西走廊地区槽型沙尘暴的主要高空动力系统,大风沙尘暴出现在高空偏西风急流(≥32 m/s)、中空西北或偏西风急流(≥20 m/s)、低空西北风急流(≥12 m/s)附近。

(3)河西走廊地区槽型沙尘暴的垂直结构特征:冷平流中心位于 850～700 hPa,强度≤−10×10^{-5} K/s;辐合区位于 500 hPa 以下,中心强度≤−12×10^{-5}/s;辐散区位于 500～250 hPa,中心位于 250～400 hPa,强度≥18×10^{-5}/s;最大上升速度位于 500 hPa,强度≤−30×10^{-5} Pa/s;对流层中低层 850～500 hPa 均存在对流性不稳定层结。

(4)对于河西走廊地区典型槽型沙尘暴,沙尘暴区距离高空急流轴中心位置越近,辐合辐散中心差值越大、垂直距离越近,辐合中心位置越低,对流性不稳定层结越厚、所处高度越低,正涡度越大,高空正涡度区与沙尘暴发生区域距离越近,冷平流中心强度越强,最大上升速度区与冷平流中心距离越近,沙尘暴强度越强、持续时间越长;300 hPa 高空急流轴中心控制河西走廊地区的范围越广,沙尘暴出现范围越大;高空动量下传时间在下午至夜间时,垂直风切变越强,动量下传高度越低,沙尘暴强度越强。

(5)河西走廊地区槽型强沙尘暴预报指标:高、中和低空急流的阈值分别为 40 m/s、23 m/s 和 20 m/s;冷平流中心≤−20×10^{-5} K/s;最大上升速度≤−30×10^{-5} Pa/s;辐合中心强度≤−18×10^{-5}/s;辐散中心强度≥24×10^{-5}/s;对流层中低层对流性不稳定层结厚度≥250 hPa;850～200 hPa 垂直风切变≥0.043(m/s)/hPa,在槽型沙尘暴环流形势下,满足以上动力、热力条件时可以考虑预报河西走廊地区强沙尘暴天气。

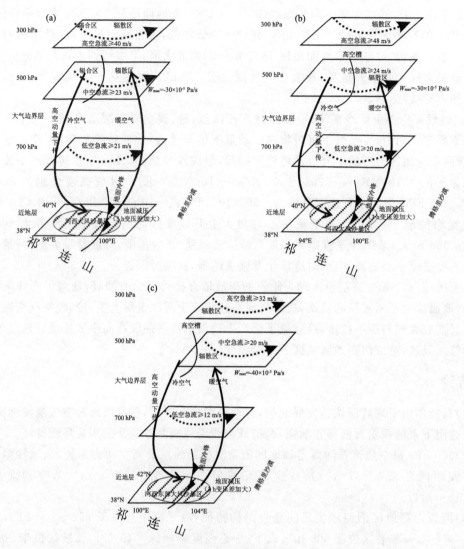

图 8　河西走廊 3 次槽型区域性沙尘暴天气垂直动力结构特征（过程同图 1）

参考文献

程海霞,丁治英,帅克杰,等,2006.沙尘暴天气的高空急流统计特征及动力学分析[J].南京气象学院学报,22(4):422-425.

董安祥,胡文超,张宇,等,2014.河西走廊特殊地形与大风的关系探讨[J].冰川冻土,36(2):347-351.

贺沅平,张云伟,顾兆林,2021.特强沙尘暴灾害性天气的特征及触发机制的研究进展和展望[J].中国环境科学:1-17.

李汉林,何清,金莉莉,2020.塔克拉玛干沙漠腹地和北缘典型天气近地层风速廓线特征[J].干旱气象,38(6):965-978.

李玲萍,李岩瑛,李晓京,等,2021.河西走廊不同强度冷锋型沙尘暴环流和动力特征[J].中国沙漠,41(5):219-228.

李娜,闵月,汤浩,刘雯,2017."4·23"南疆翻山型强沙尘暴动力结构特征分析[J].冰川冻土,39(4):792-800.

李岩瑛,许东蓓,陈英,2013.典型槽型转脊型黑风天气过程成因分析[J].中国沙漠,33(1):187-194.

王敏忠,魏文寿,杨莲梅,等,2008.塔里木盆地一次东灌型沙尘暴环流动力机构分析[J].中国沙漠,28(2):370-376.

魏倩,隆霄,赵建华,等,2021.边界层参数化方案对一次西北地区沙尘天气过程影响的数值模拟研究[J].干旱区研究,38(1):163-177.

邬仲勋,王式功,尚可政,等,2016.冷空气大风过程中动量下传特征[J].中国沙漠,36(2):467-473

杨晓军,张强,叶培龙,等,2021.中国北方2021年3月中旬持续性沙尘天气的特征及其成因[J].中国沙漠,41(3):245-255.

张正偲,潘凯佳,梁爱民,等,2019.戈壁沙尘释放过程与机理研究进展[J].地球科学进展,34(9):891-900.

赵翠光,刘还珠,2004.我国北方沙尘暴发生的环流形势分析[J].应用气象学报,15(2):245-250.

BANERJEE P,SATHEESH S K,MOORTHY K K,2021. The unusual severe dust storm of May 2018 over northern India:genesis, propagation, and associated condition[J]. Journal of Geophysical Research-atmospheres,126(7):D032369.

GAROFALIDE SILVIA, POSTOLACHI CRISTINA, COCEAN ALEXANDRU, et al,2022. Saharan Dust Storm Aerosol Characterization of the Event(9 to 13 May 2020)over European AERONET Sites[J],Atmosphere,13(3):493-493.

MALEKI Heidar,SOROOSHIAN Armin,ALAM KHAN,et al,2022. The impact of meteorological parameters on PM_{10} and visibility during the Middle Eastern dust storms[J]. J Environmental Health Science and Engineering,20(1):1-13.

NKOSI VUSUMUZI,MATHEE ANGELA,BLESIC SUZANA,et al,2022. Exploring Meteorological Conditions and Human Health Impacts during Two Dust Storm Events in Northern Cape Province,South Africa:Findings and Lessons Learnt[J]. Atmosphere,13(3):424-424.

PAULEY P M,BAKER N L,BARKER E H,1996. An observational study of the'Interstate 5'dust storm case [J]. Bulletin of the American Meteorological Society,77:693-719.

SAHA SOURITA,SHARMA SOM,CHHABRA ABHA,et al,2022. Impact of dust storm on the atmospheric boundary layer:A case study from western India[J]. Natural Hazards,113(1):143-155.

第三篇
典型沙尘暴天气过程分析

河西走廊东部强沙尘暴分布特征及飑线
引发强沙尘暴特例分析[*]

钱莉[1,2]，李岩瑛[2]，杨永龙[2]，杨晓玲[2]

(1. 中国气象局兰州干旱气象研究所,甘肃省干旱气候变化与减灾重点实验室/中国气象局干旱
气候变化与减灾重点开放实验室,兰州　730020;2. 甘肃省武威市气象局,武威　733000)

摘要:利用 2004 年 1 月至 2008 年 10 月河西走廊东部 6 站的地面观测资料,采用统计学方法分析了强沙尘暴的分布特征。发现强沙尘暴主要出现在 2—6 月,1—3 月出现的强沙尘暴主要为高压脊前强西北气流动量下传风所致;4—7 月出现的强沙尘暴主要为冷空气东移南下伴随地面冷锋过境锋面大风所致。河西走廊东部的飑线活动造成的强沙尘暴出现在 4—6 月,均为冷锋型,其中 5 月居多,出现的 7 次强沙尘暴中有 4 次伴有飑线,说明 5 月份强冷锋东移经河西走廊特殊狭管地形时易诱发飑线,飑线活动造成的强沙尘暴暴发性强,往往造成严重灾害。利用常规探测、地面加密观测、T213 数值预报产品和 FY-2C/2D 红外卫星云图资料对 2008 年 5 月 2 日河西走廊东部飑线引发的强沙尘暴过程进行了天气动力诊断和中尺度分析。结果表明:中尺度飑线所伴随的强风暴是产生强沙尘暴的主要原因;500 hPa 阶梯短波槽是中尺度飑线产生的大尺度触发系统,河西走廊中西部 700 hPa 变形场、中尺度低压为强沙尘暴形成和维持提供了必要的动力条件;地面冷锋前上升运动与高空急流入口区次级环流的上升气流的叠加,为深对流发展提供了深厚的垂直环流发展条件,是促使飑线发生和沙尘卷起的基本动力;地面热低压的加强和午后气温的日变化加大了冷锋前后的温度和气压梯度,为大风、强沙尘暴暴发提供了必要的热力不稳定条件;强沙尘暴出现在垂直螺旋度为$-200 \ m^2/s^{-2}$中心的下游,垂直螺旋度对飑线的发展和沙尘暴的落区具有较好的指示意义;中尺度飑线发生在不稳定层结内,较强的不稳定层结为强沙尘暴形成、发展提供了位能转化为动能的基本条件。

关键词:强沙尘暴;飑线天气;物理特征

引言

　　沙尘暴是强风从沙漠或沙漠化地面卷起大量沙尘,并使空气能见度急剧恶化的灾害性天气。关于沙尘暴的形成机制,虽然目前还存在不同观点,但一般认为强风、大气热力不稳定和沙源是形成沙尘暴的三大因子(方宗义 等,1997)。许多观测事实表明,只有在天气尺度的冷锋系统中诱发出一系列有组织的中尺度对流体时,才能在沙源地形成强沙尘暴天气(王式功 等,1995)。目前,对沙尘暴的气候规律的统计分析较多,针对一些典型特强沙尘暴的天气特征分析也已经不少,对沙尘暴的成因和对策研究也逐步开始,但对飑线引发沙尘暴的成因分析还较少(张强 等,2005;胡隐樵 等,1996a,1996b;陶建红 等,2004;王劲松 等,2004;杨晓玲 等,

---

[*] 本文已在《干旱区地理》2010 年第 33 卷第 1 期正式发表。

2005;马禹 等,2006;郭宇宏 等,2006)。飑线天气系统是一个叠加在天气尺度冷锋系统上的中尺度天气系统,它所表现出的气象要素突变要比冷锋更明显,正是由于飑线组成的阵势强大的对流阵列使得强沙尘暴来势迅猛,破坏力极强。因此,分析强沙尘暴与飑线的统计特征,研究飑线引发强沙尘暴的结构和演变规律十分必要。2008 年 5 月 2 日 18 时,河西走廊东部发生了一次飑线天气过程,伴随的天气现象有大风、强沙尘暴和雷阵雨,给当地的工农业生产和人民生活带来严重影响,初步统计经济损失 4000 多万元。文中利用 T213 数值预报产品、常规资料、FY-2C/2D 双星加密红外云图以及加密地面观测资料,从天气学条件、物理量场诊断等方面全方位分析这次飑线引发大风强沙尘暴的活动规律和物理成因,力求加强对该类天气过程的认识,提高其预报准确率。

1　资料来源

沙尘暴统计资料取自 2004 年 1 月至 2008 年 10 月近 5 年武威市 6 个气象站的月报表(沙尘暴最小能见度从 2004 年 1 月 1 日起有观测记录),2008 年 5 月 2 日强沙尘暴天气诊断分析中地面气象要素资料取自武威观测站地面自动站分钟加密气象观测资料,天气形势、物理量场、卫星云图资料为通过 9210 下发的常规要素、T213 数值预报产品和 FY-2C/2D 双星加密红外云图。物理量格点场的空间范围以沙尘暴出现区域河西走廊东部为中心(40°N,104°E),范围选取(36°～48°N,96°～112°E)。

2　强沙尘暴的分布特征

根据沙尘暴强度划分标准,沙尘暴是强风将地面大量沙尘吹起,使空气很混浊,水平能见度小于 1 km 的天气现象,强沙尘暴则是水平能见度小于 500 m 的天气现象(中国气象局,2003)。将武威市一站以上一日内出现最小能见度小于 500 m 的沙尘暴天气定义为一个强沙尘暴日。

统计 2004—2008 年河西走廊东部强沙尘暴出现日数(表 1),强沙尘暴出现在一年中的 1—7 月,主要集中在 2—6 月,占出现日数的 91.7%。其中,由高压脊前西北气流中动量下传造成的脊型强沙尘暴 9 次,占出现日数的 37.5%;由高空冷槽东移伴随地面冷锋过境造成的冷锋型强沙尘暴 15 次,占出现日数的 62.5%。由此可以看出,强沙尘暴出现在冷锋型中居多。脊型强沙尘暴均出现在一年中的 1—3 月,冷锋型强沙尘暴均出现在一年中的 4—7 月,且冷锋型强沙尘暴主要集中出现在 4—6 月,占冷锋型强沙尘暴出现次数的 93.3%。说明冬季出现的强沙尘暴主要为高压脊前强高空风速动量下传造成;春、夏季出现的强沙尘暴主要由冷空气东移南下伴随的锋面大风造成。

表 1　河西走廊东部强沙尘暴日数及强沙尘暴伴有飑线日数分布

月份	强沙尘暴次数(d)	出现频率(%)	伴有飑线次数	出现频率(%)
1	1(脊型)	4.2		
2	5(脊型)	20.8		
3	3(脊型)	12.5		
4	2(冷锋型)	8.3	1	6.7
5	7(冷锋型)	29.2	4	26.7
6	5(冷锋型)	20.8	1	6.7
7	1(冷锋型)	4.2		

从表 1 可以看出,河西走廊东部的飑线活动造成的强沙尘暴出现在 4—6 月,均为冷锋型,占冷锋型强沙尘暴的 40%。其中 5 月居多,出现的 7 次强沙尘暴中有 4 次伴有飑线,说明 5 月冷锋在东移经河西走廊特殊狭管地形时易诱发飑线,飑线又会促使强沙尘暴的暴发。经普查沙尘暴灾情,飑线活动造成的强沙尘暴由于暴发性强,往往造成严重灾害(李岩瑛 等,2002)。众所周知的"93.5.5 黑风",就是由强冷锋前部的一次飑线活动直接造成的,造成武威市 43 人死亡,直接经济损失 1.4 亿元。

3　"08.5.2"强沙尘暴地面气象要素变化特征

飑线过境时,常常引起局地风向突变,风速剧增,气压涌升,温度骤降,伴随的天气有大风、冰雹、沙尘暴和龙卷风等灾害性天气。2008 年 5 月 2 日的大风、强沙尘暴过程从武威地面自动气象站每分钟观测资料可见(图 1),气压变化为先缓慢下降,在 18 时 10 分降到最低 829.0 hPa 后,开始迅速升高,到 21 时气压达 843.2 hPa,近 3 h 气压涌升了 14.2 hPa;气温的变化与气压相反,气压达到最低时,气温达到一日最高 27.5 ℃,随着气压的升高,气温骤降,21 时气温降至 12.5 ℃,近 3 h 气温下降了 15.0 ℃。风速从气压涌升开始猛然增大,并暴发强沙尘暴,瞬间最大风力 8～10 级,平均最大风力 6～7 级,区域内有 3 站出现沙尘暴,其中民勤为强沙尘暴,最小能见度为 100 m,永昌、凉州为沙尘暴,最小能见度 600 m,古浪、乌鞘岭两站出现扬沙,最小能见度 2 km。这次区域性大风、强沙尘暴过程,气压、气温、风向、风速等地面气象要素变化剧烈,具有明显的飑线特征。

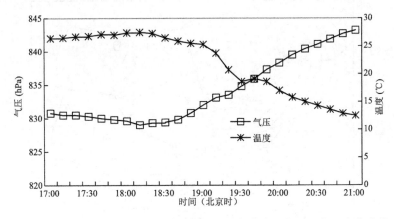

图 1　2008 年 5 月 2 日 17—21 时凉州地面自动气象站气压和气温变化曲线

4　"08.5.2"强沙尘暴卫星云图演变

由许多雷暴单体侧向排列而形成的强对流云带叫作"飑线"。FY-2C 红外云图,记录了产生这次大风强沙尘暴的飑线形成、发展、成熟和消亡的特征。2008 年 5 月 2 日 15 时在河西走廊西部有一条明显的冷锋云带,在冷锋云系前酒泉附近发展起来多个呈弧状排列的 γ 中尺度对流云团,云顶红外亮温(TBB)≤−56 ℃。16 时随着对流云团向东北方向移动和发展,多个 γ 中尺度对流云团发展成 β 中尺度对流云团,云体变宽,其前部边界整齐,反映出对流发展旺盛,云顶红外亮温(TBB)≤−67 ℃,TBB≤−53 ℃的冷云区面积达到 37000 km² ,受对流云团生成、发展影响,河西走廊东部的张掖市、山丹县出现大风、扬沙。17—19 时冷锋前的 β 中尺度对流云团东移过程中发展成侧向排列的强对流云带（飑线），TBB≤−73 ℃，TBB≤−53 ℃ 的冷云区面积达到 170000 km²，对流发展达到鼎盛期。受飑线东移影响，河西走廊东部出现 8～10 级大风、沙尘暴和雷暴，其中民勤达强沙尘暴。20 时对流云体增大，云体结构变松散，云顶亮温升至−66 ℃，飑线进入消亡阶段，河西走廊东部的大风、沙尘暴结束，下游只出现扬沙天气。

　　从以上卫星观测事实清楚地看出，这次过程具有明显的飑线特征，该飑线的前期表现为锋前碎块合并型，飑线从生成到消亡生命期为 4 个多小时。

5　有利于"08·5·2"强沙尘暴生成、发展的环流特征

5.1　500 hPa 短波槽的触发作用

　　这次大风、强沙尘暴出现在高空短波槽前。5 月 2 日 08 时 500 hPa 图上从欧洲东部到贝加尔湖以东为一个广阔的低压带，并有−36 ℃的冷中心配合，纬向锋区维持在 40°N 以北，西起巴尔喀什湖，东至北太平洋。在欧洲东部(55°N,60°E)附近有一横槽，槽前为平直西风气流，不断分裂冷空气沿西风气流快速向东传播（图 2）。对本次过程造成影响的系统为新疆乌鲁木齐附近的短波槽，由于不断有冷空气补充，使槽前锋区加强，新疆的哈密与北塔山相距近 3 个纬距的温差达 12 ℃。正是由于 500 hPa 对流层中上部有冷空气不断补充叠加在低层的暖空气上，加剧了层结不稳定，促使强对流发展，从而触发了大风、强沙尘暴的发生。

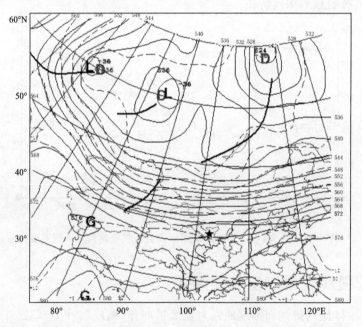

图 2　2008 年 5 月 2 日 08 时 500 hPa 高空图（注：★为沙尘暴区域）

5.2　高空急流区次级环流的影响

　　根据地转风方程，在不计黏性项时，有

$$\frac{\mathrm{d}u}{\mathrm{d}t} = f(v - v_\mathrm{g}) = f v_\mathrm{a} \tag{1}$$

式中，v 为实际风，v_g 为地转风，v_a 地转偏差风，f 为地转参数。由于在急流入口区空气质点加速，$du/dt>0$，即有向北的非地转风 $v_a>0$，而且在急流轴上最大，向南、北两侧外围减小。结果在急流南侧形成非地转辐散，北侧辐合。由质量连续原理，必然形成入口区急流南侧下层暖空气上升，北侧下层冷空气下沉，导致低层出现与高空相反的辐合、辐散配置和向南的非地转风，从而形成一个直接力管环流（正热力次级环流），低层急流入口区南侧辐合上升有利于地面减压（中国气象局，1998）。从图 3 可以看出，在中蒙边界线附近有一支高空西风急流，急流中心最大风速达 54 m/s，河西走廊东部位于高空急流入口区的右侧，受高空急流区次级环流的作用，导致高空辐散，低层辐合。因此，地面冷锋前的上升运动与高空急流入口区次级环流上升气流的叠加，为深对流发展提供了深厚的垂直环流发展条件，是促使飑线发生和沙尘卷起的基本动力。

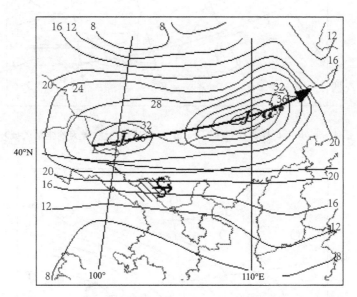

图 3　2008 年 5 月 2 日 08 时 500 hPa T213 全风速数值预报产品场（J 是急流中心）

5.3　700 hPa 有利的辐合流场

强沙尘暴的形成、发展必须有足够强的上升运动，因而需要大气低层具有与之相适应的中尺度辐合区。图 4 为 5 月 2 日 08 时 700 hPa 高空形势，在槽前河西走廊西部一带为一变形场，锋区北部的冷空气借助变形场后部的西北气流从低空向东南方向扩散，使水平温度梯度加大，有利于地面锋生，锋面进入河西走廊后显著增强，冷锋前的抬升作用也相应加强，促使敦煌到酒泉附近形成一明显的中尺度低压，产生较强的气旋性辐合，加剧了上升运动。因此，低层变形场、中尺度低压为强沙尘暴形成和维持提供了必要的动力条件。

5.4　地面热低压跃变

图 5 为 5 月 2 日 08 时地面形势，地面冷锋在哈密附近，热低压中心在敦煌附近，由于冷锋进入河西走廊受低空变形场作用产生锋生，使冷锋前地面热低压发生不连续跳跃性移动，11 时地面热低压中心从敦煌跳跃到河西走廊东部的凉州附近，跳跃距离达 733 km，热低压范围扩大，整个河西走廊均为热低压控制，冷锋前后 3 h 变压由 08 时的 6.8 hPa 增大到 9.7 hPa。11 时后由于太阳辐射加强，热低压在原地停滞且加强，冷锋呈准静止状态，热低压中心 11—17

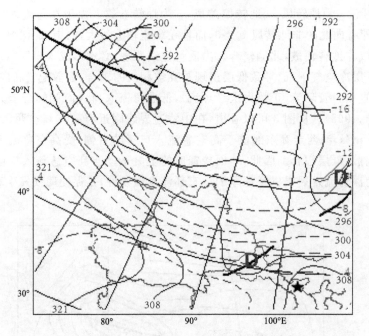

图4 2008年5月2日08时700 hPa高空形势(注:★为沙尘暴区域)

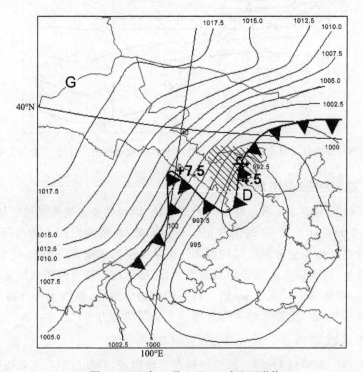

图5 2008年5月2日17时地面形势

时由1001.5 hPa降低到990.8 hPa,冷锋前后3 h变压增大到12.0 hPa。热力作用加大了地面冷锋前后的气压梯度和温度梯度,地面冷锋增强。冷锋附近的强力管环流促使上升、下沉垂直运动加强,有利于冷锋前的中尺度飑线产生(白肇烨 等,1986)。17时后由于太阳辐射减弱,地面热低压迅速减弱东移,冷锋从河西走廊西部快速跳跃到河西走廊东部一带,河西走廊东部强沙尘暴暴发。因此,地面热低压的不连续跃变为大风、强沙尘暴暴发提供了必要的热力条件。

6 "08・5・2"强沙尘暴环境物理量场特征

6.1 沙尘暴区低层辐合高层辐散存在强垂直上升运动

散度是衡量速度场辐散、辐合强度的物理量。从图 6a 可以看出,大风沙尘暴区域与低空辐合区、高空辐散区存在非常好的对应关系。在沙尘暴区中高层有强辐散对应低层有强辐合,最大辐合中心出现在 700 hPa,强度达到 -3.0×10^{-5}/s,最大辐散中心出现在 400 hPa,强度达到 2.6×10^{-5}/s,无辐散层出现在 500 hPa,说明在沙尘暴出现区域存在着很强的上升运动。从图中还可以看出,辐合中心与辐散中心的轴线为非对称分布,高层最大辐散中心偏向低层辐合中心的右侧,说明在沙尘暴出现区存在明显的斜压不稳定。

大气垂直运动是天气分析和预报中必须考虑的一个重要物理量,这是由于垂直运动造成的水汽、热量、动量、涡度等物理量的垂直输送对天气系统发展有很大影响;大气层结不稳定能量须在一定的上升运动条件下才能释放出来,从而形成对流性天气。从图 6b 可以看出,在沙尘暴出现区域存在强而深厚的上升运动,从近地面层 850 hPa 到对流层顶 200 hPa 均为上升运动,最强上升运动出现在 500 hPa 附近,最大值达到 -2.3×10^{-2} hPa/s,这与无辐散层出现在 500 hPa 是对应的。

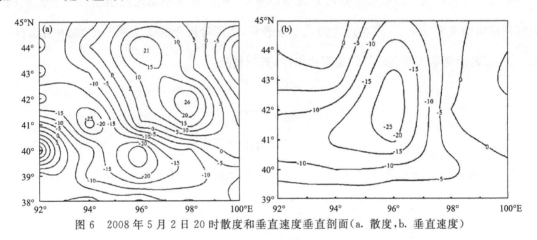

图 6 2008 年 5 月 2 日 20 时散度和垂直速度垂直剖面(a. 散度,b. 垂直速度)

由此可以看出,低层辐合上升运动到对流层中部便会形成较强的上升运动,有利于低空辐合、高层辐散垂直环流的加强,为强沙尘暴形成、发展提供了对流层中部中尺度上升运动所应具有的环境场条件。

6.2 垂直螺旋度

螺旋度是一个描述环境风场气流沿运动方向的旋转程度和运动强弱的物理参数,它反映大气的动力特征。沙尘暴研究表明(陶健红 等,2004;王劲松 等,2004;杨晓玲 等,2005),它对沙尘暴的预报具有一定的指标意义。沙尘暴多发生在螺旋度负值区的下游方,负中心值 $\leqslant -200 \ m^2/s^2$,且螺旋度负值中心越大,对应沙尘暴越强。利用 5 月 2 日 14 时 t213 数值预报产品 400 hPa 至地面 5 层流场客观分析格点资料进行计算,发现在沙尘暴出现区域的右上方有一个中心值为$-200\ \mathrm{m^2/s^2}$的螺旋度负值中心存在(图7)。

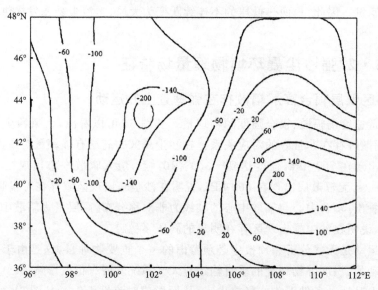

图 7　2008 年 5 月 2 日 14 时垂直螺旋度(单位：$\mathrm{m^2/s^2}$)

6.3　稳定度指标

要使引发强沙尘暴的中尺度对流系统得以发展,必须具备不稳定层结条件和触发机制。大气的层结稳定度可用$\dfrac{\partial\theta_{se}}{\partial z}$等物理量的大小来表示,用两等压面的$\theta_{se}$差值(即 $\Delta\theta_{se}=\theta_{se500\ hPa}-\theta_{se700\ hPa}$)来表示两等压面之间的气层不稳定度,其判据是:

$$\frac{\partial\theta_{se}}{\partial z}\begin{cases}>0 & 稳定\\=0 & 中性\\<0 & 对流性不稳定\end{cases}$$

$\dfrac{\partial\theta_{se}}{\partial z}$负值越大,表示气层越不稳定。从图 8 可以看出,沙尘暴出现在$-5.3\ ℃/m$的不稳定

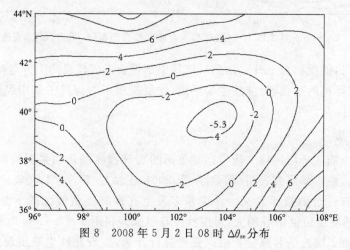

图 8　2008 年 5 月 2 日 08 时 $\Delta\theta_{se}$ 分布

中心附近,说明中尺度对流云团移到不稳定层结上后非常有利于强对流发展。正是由于存在较强的不稳定层结为强沙尘暴形成、发展提供了位能转化为动能的基本条件。

7 小结

在这次过程中,中尺度飑线所伴随的强风暴是产生强沙尘暴的主要原因。

(1)500 hPa 中纬度存在明显的纬向锋区,阶梯短波槽是中尺度飑线产生的大尺度触发系统,河西走廊中西部 700 hPa 低层变形场、中尺度低压为强沙尘暴形成和维持提供了必要的动力条件。

(2)地面冷锋前的上升运动与高空急流入口区次级环流上升气流的叠加,为深对流发展提供了深厚的垂直环流发展条件,是促使飑线发生和沙尘卷起的基本动力。

(3)地面热低压的加强和午后气温日变化加大了冷锋前后的温度和气压梯度,为大风、强沙尘暴暴发提供了必要的热力不稳定条件。

(4)强沙尘暴出现在垂直螺旋度为 $-200 \ \mathrm{m^2/s^2}$ 的负值中心下游,垂直螺旋度对飑线的发展和沙尘暴的落区具有较好的指示意义。

(5)中尺度飑线发生在不稳定层结内,较强的不稳定层结为为强沙尘暴形成、发展提供了位能转化为动能的基本条件。

参考文献

白肇烨,徐国昌,1986.中国西北天气[M].北京:气象出版社.

方宗义,朱福康,等,1997.中国沙尘暴研究[M].北京:气象出版社.

郭宇宏,马禹,高利军,等,2006.天山北麓一次沙尘天气污染过程剖析[J].干旱区地理,29(3):354-359.

胡隐樵,光田宁,1996a.强沙尘发展与干飑线—黑风暴形成机理的分析[J].高原气象,15(2):178-185.

胡隐樵,光田宁,1996b.强沙尘暴微气象特征和局地触发机制[J].大气科学,21(5):1582-1589.

李岩瑛,杨晓玲,王式功,2002.河西走廊东部近 50 年沙尘暴成因、危害及防御对策[J].中国沙漠,22(3):283-287.

马禹,王旭,黄镇,等,2006.新疆沙尘天气的演化特征及影响因子[J].干旱区地理,299(2):178-185.

陶健红,王劲松,冯建英,2004.螺旋度在一次强沙尘暴天气分析中的应用[J].中国沙漠,24(1):83-87.

王劲松,李耀辉,康凤琴,等,2004."4.12"沙尘暴天气的数值模拟及诊断分析[J].高原气象,23(1):89-96.

王式功,杨得宝,金炯,等,1995.我国西北地区黑风暴的成因和对策[J].中国沙漠,15(1):19-20.

杨晓玲,丁文魁,钱莉,等,2005.一次区域性大风沙尘暴天气成因分析[J].中国沙漠,25(5):702-705.

张强,王胜,2005.论特强沙尘暴(黑风)的物理特征及其气候效应[J].中国沙漠,25(5):675-681.

中国气象局,1998.省地气象台短期预报岗位培训教材[M].北京:气象出版社.

中国气象局,2003.地面气象观测规范[M].北京:气象出版社.

典型槽型转脊型黑风天气过程成因分析[*]

李岩瑛[1,2]，许东蓓[3]，陈英[4]

(1. 中国气象局兰州干旱气象研究所，甘肃省干旱气候变化与减灾重点实验室/中国气象局
干旱气候变化与减灾重点开放实验室，兰州 730020；2. 甘肃省武威市气象局，武威 733000；
3. 兰州中心气象台，兰州 730020；4. 甘肃省民勤县气象局，民勤 733300)

摘要：2010 年 4 月 24—27 日甘肃省河西走廊、西北东部及华北出现了大风沙尘暴天气过程，河西
走廊出现黑风天气，损失十分严重。针对这次罕见的槽型转脊型黑风天气过程，应用 2002—2011
年 3—5 月逐日 08 时和 20 时高空流场资料、高空天气形势图资料和地面每隔 3 h 天气图资料，对其
天气形势演变、高空垂直风场及水平相对螺旋度场进行了深入对比分析。结果表明：4 月 24 日 20 时
700～500 hPa 有较强冷空气入侵，700 hPa 大气层结存在剧烈的高低空不稳定，≤−1000 m²/s² 强螺
旋度负值中心是黑风暴发的动力因素，25—27 日 08 时 700 hPa ≥15 m/s 低空急流区的存在是这
次大风天气得以持久维持的关键原因。

关键词：低空急流；垂直风场；水平螺旋度；黑风暴

引言

大风和沙尘暴是甘肃省民勤县最主要的气象灾害。1981 年以来 30 年气象灾情普查表
明，大风和沙尘暴造成的经济损失达数亿元。2000 年以来，民勤气象灾害频次由 20 世纪 90
年代的每年 1 次增加到 2005—2007 年的每年 3 次，经济损失由 1993 年"5·5"黑风的近 3000
万元增加到 2010 年"4·24"黑风的 2.5 亿元，其中大风和沙尘暴灾害的发生次数占 57.9%，
经济损失占 73.6%（图 1）。罗敬宁等（2011）认为甘肃省北部沙尘暴发生的气象危险度达三
级，仅次于南疆地区。

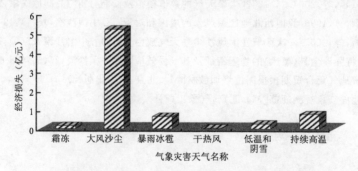

图 1　甘肃省民勤县 2005—2011 年气象灾害造成的经济损失统计

---

* 本文已在《中国沙漠》2013 年第 33 卷第 1 期正式发表。

常引发强沙尘暴的主要天气系统如气旋、冷锋、低空东风急流、中尺度飑线、对流系统等以及陡峭地形的强迫作用(刘萱 等,2011;Brazel,1986;王式功 等,2000;张强 等,2005)均可产生地面大风。高空风动量的有效下传也是地面大风产生的重要因素,高空动量下传机制常由锋后冷平流、飑线对流、地形强迫下沉等过程实现。姜学恭等(2003)和郑新江等(2001)的研究表明,高空急流出口区次级环流下沉支流能够导致对流层高层动量的下传。沙尘暴多发于午后至傍晚,说明热力不稳定对沙尘暴形成起重要作用(马禹 等,2006)。槽型地面大风形成的主要原因是冷锋的加强和锋后强冷平流,另一个重要的原因是高空急流下沉支流造成的高空动量的有效下传(王敏仲 等,2011;王澄海 等,2011;杨先荣 等,2011)。

槽型或脊型大风是造成区域性沙尘暴的主要天气形势,也是造成灾情最严重的大风形势,其他如低压大风、强对流大风和高压底部偏东大风等只能造成局地性沙尘暴,其影响范围和远程传输能力远小于前者(李岩瑛 等,2002)。甘肃河西走廊的大风沙尘暴多在一天内暴发和结束,通常发生的主要天气形势只有两种,即槽型或脊型(动量下传大风)。2010 年 4 月 24—27日,河西走廊相继出现了黑风暴、沙尘暴和大风天气过程,对应天气形势上由 24 日的槽型大风转为 25—27 日脊型大风,就槽型大风而言,也是午后到夜间加强,这与往常的沙尘暴午后发展最强是不同的。甘肃省民勤县这次黑风天气过程维持时间、造成的灾害和经济损失都远超过了 1993 年"5·5"黑风暴过程(李岩瑛 等,2002;岳虎 等,2003)。对民勤气象站建站以来近 60年的气象资料普查表明,除 1957 年 3 月 3—9 日民勤出现持续的大风黑风暴过程外,类似的大风沙尘暴天气过程十分罕见。因其持久性、异常性和严重性,黑风天气预报难度较大。从预报角度上,十分有必要再对其成因机制做深入的探讨和分析。

1　天气实况

2010 年 4 月 24—25 日南疆盆地出现大范围浮尘天气,局地出现了扬沙、沙尘暴,青海中部、西北部出现扬沙及沙尘暴,甘肃河西走廊、宁夏、内蒙古中西部、陕西出现大范围扬沙及强沙尘暴天气,经济损失超过 10 亿元。甘肃省有 16 个观测站出现大风沙尘暴天气,其中河西走廊酒泉、鼎新、临泽、张掖、民乐和民勤 6 站出现特强沙尘暴,最小能见度均小于 50 m,瞬间极大风速在 22~28 m/s,极大风力达 8~10 级。据统计调查,这次大风沙尘暴致使甘肃河西走廊部分地区日光温室、塑料大棚、拱棚、大田地膜、农田防护林等遭受严重损害。

4 月 24 日 18 时 56 分,甘肃省民勤县出现 8 级以上大风,大风持续至 22 时 39 分结束,瞬时极大风速 28 m/s,19 时 09 分出现特强沙尘暴(黑风)天气,最小能见度 0 m,特强沙尘暴持续近 2 h,沙尘暴持续超过 3 h,于 22 时 13 分结束。这次大风特强沙尘暴天气给民勤全县大田作物、设施农业、林业、畜牧业、水利、电力、交通及城市基础设施造成惨重的经济损失。

1.1　大气环流特征对比

从 2010 年 4 月 24—28 日高空 500 hPa 槽线和对应 700 hPa ≥20 m/s 低空急流区演变可以看出(图2):24 日 20 时和 25 日 08 时 700 hPa ≥20 m/s 低空急流区出现在槽线附近,但26—28 日 08 时在槽线后部。24 日 08 时 700 hPa 新疆至河西走廊无≥20 m/s 低空急流出现,24 日 20 时在酒泉至其西北方出现≥20 m/s 低空急流;25 日 08 时急流前锋迅速东移到银川,河西上空均为急流控制;26 日 08 时急流前锋扩大东南移至延安,河西酒泉风速减小到 14 m/s,而民勤增大到 34 m/s;27 日 08 时急流前锋扩大东南移至长江流域,河西酒泉风速为 16 m/s,张掖和民勤风速减小,民勤为 24 m/s;28 日 08 时急流前锋东移到陕北至长江流域,范围缩小,河西走廊上空急流消失,风速在 14 m/s 以下,民勤为 12 m/s,河西走廊大风天气结束。

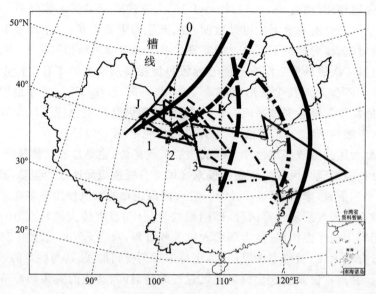

图 2　2010 年 4 月 24—28 日高空 500 hPa 槽线和对应 700 hPa≥20 m/s 低空急流区演变(J 代表 700 hPa≥20 m/s 低空急流区;0、1、2、3、4、5 分别代表 24 日 08 时、24 日 20 时、25 日 08 时、26 日 08 时、27 日 08 时、28 日 08 时)

1.2　地面要素反应

从图 3 分析,污染物 PM_{10} 浓度 24 日 12—13 时迅速增大到 6.38 mg/m³,达五级重度污染水平,19 时黑风出现时,PM_{10} 浓度达次高点 4.76 mg/m³,其中 24 日 12 时至 25 日 11 时,25 日 20—22 时 PM_{10} 浓度均达五级重度污染水平。

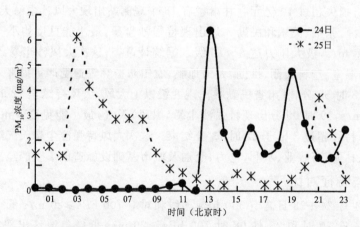

图 3　甘肃省民勤气象站 2010 年 4 月 24—25 日污染物 PM_{10} 浓度逐时变化

24 日 08 时地面图上新疆东南部出现大风沙尘暴,锋面在新疆与甘肃河西之间,最大 3 h 变压为 4.8 hPa;11 时锋面东移到酒泉西部,敦煌出现沙尘暴,锋面前后最大 3 h 变压为 4.3 hPa;14 时锋面东移到酒泉以东,酒泉市境内大部分地区出现大风沙尘暴,锋面前后最大 3 h 变压增大为 6.6 hPa;17 时锋面继续东移到张掖以东,张掖至酒泉境内大部分地区出现大风沙尘暴,锋面前后最大 3 h 变压增大为 7.7 hPa,锋前高原到武威有对流云发展。20 时锋面快速东移到民勤以东,锋后河西绝大部分地区出现大风沙尘暴,锋面前后最大 3 h 变压增大为 8.7 hPa,民勤以南出现阵性降水。23 时锋面快速东移到宁夏中北部,锋面附近偏南部出现雷阵雨,偏北出现大风沙尘暴,河西绝大部分地区出现大风沙尘暴,锋面前后最大 3 h 变压减小为 7.8 hPa,锋后河西大部分地区出现降水天气。25 日 02 时锋面移至陕北至内蒙古中部,锋面附近转为以降水为主,沙尘天气趋于结束。

2 高空风场垂直结构日变化

高度场 850 hPa、700 hPa、500 hPa、400 hPa、300 hPa、250 hPa、200 hPa、150 hPa 和 100 hPa 分别代表 1~9 层垂直风场结构(图4)。从 24 日 08—20 时近地面850 hPa风速迅速从 9 m/s 增大到 23 m/s,08 时以西风为主,高低空稳定少动,但在 20 时 700~500 hPa 有较强冷空气入侵,风向由 310°逆时针旋转至 170°,400 hPa 以下风场有剧烈的扰动,700 hPa 大气层结存在剧烈的高低空不稳定。相应地,24 日午后到夜间大风逐渐增强,因而民勤傍晚到夜间出现特强沙尘暴和 8 级以上大风天气。同样,酒泉 24 日 08 时500 hPa 以下有冷空气入侵,20 时 500 hPa 以下风速迅速增大,在 25—26 日出现脊型大风时,08 时 700 hPa 以下有冷空气入侵,风速在 20 m/s 左右,但 08 时 500~250 hPa 风速明显较 24 日 20 时增大。

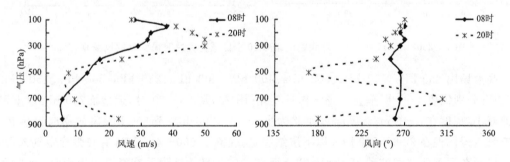

图 4　2010 年 4 月 24 日民勤风场垂直廓线日变化

25—27 日是槽后典型的脊型西北大风,08 时近地层高空风速较 20 时大,700 hPa 附近风向变化较小,高空存在弱的层结不稳定,而在 20 时高低空层结趋于稳定(图5)。图6表明,在沙尘暴发生时,无论是槽型或是脊型,$T-T_d$ 在 500 hPa 均有明显的湿层。

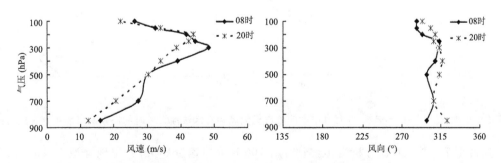

图 5　2010 年 4 月 25—27 日民勤平均风场垂直廓线日变化

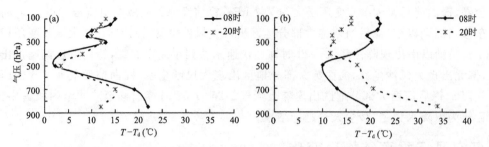

图6　2010年4月24日(a)和25—27日平均(b)民勤 $T-T_d$ 垂直廓线日变化

应用2002—2011年3—5月逐日08时和20时高空、地面资料计算分析得出,08时700 hPa风速≥15 m/s是脊型大风发生的必要条件。进一步应用2002—2011年3—5月武威市北部不少于3站区域型大风10个典型事例分析,得出高空风场的垂直结构日变化(图7)。

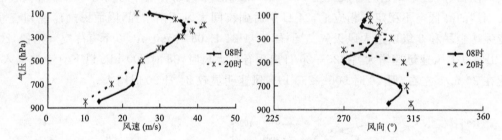

图7　2002—2011年3—5月武威市北部10个区域性大风时民勤站的风场垂直廓线

高度场用850 hPa、700 hPa、500 hPa、400 hPa、300 hPa、250 hPa、200 hPa、150 hPa 和100 hPa分别代表1~9层垂直风场结构日变化(图7),从08—20时,近地面700 hPa以下风速迅速减小,幅度在4~6 m/s,风向以西北为主;08时,700 hPa到500 hPa风向逆时针旋转,有冷空气入侵。但在20时,500 hPa以下层结稳定,较高层500~400 hPa有较强冷空气入侵,高低空风向在西到西北间波动,400 hPa以上高空稳定少动。这说明在脊型风出现时,08时风速较大,700 hPa风速≥15 m/s,而且在其附近存在高空不稳定层结。

但是当高空700 hPa风速超过15 m/s时,本地并没有大风出现,通过2002—2011年春季3—5月42个个例计算,对有无大风产生时的垂直廓线进行对比分析(图8,图9):

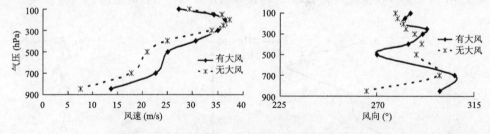

图8　08时2002—2011年3—5月甘肃省武威市无大风和有区域性大风时的民勤站风场垂直廓线对比

通过图7~图9对比分析得出,当08时700 hPa风速≥15 m/s,出现脊型大风时,低空至近地面风速明显较大,400 hPa以下有大风比无大风风速偏大5 m/s左右;700~500 hPa有明显的风向逆时针旋转,冷平流较强,08时中空(500 hPa)有湿层;无大风出现时,低空至近地面风速较小(不足 10 m/s),850~700 hPa 有明显的风向顺时针旋转,暖平流较强,高低空湿度变化不明显。

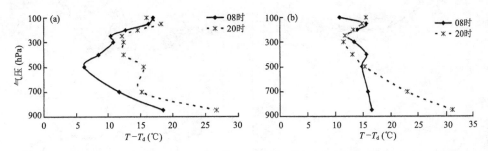

图 9   2002—2011 年 3—5 月武威市有大风(a)和无大风(b)时的民勤 $T-T_d$ 场垂直廓线

3   重大沙尘暴过程水平螺旋度场对比分析

螺旋度被归类为垂直螺旋度、水平螺旋度及完全螺旋度,又将垂直螺旋度划分为局地垂直螺旋度和积分垂直螺旋度(岳彩军 等,2006)。大量应用证明,螺旋度是预报沙尘暴的一个有效综合指标(赵光平 等,2001;陶健红 等,2004;王劲松 等,2004;申红喜 等,2004),水平螺旋度的量级远大于垂直螺旋度,较大程度上决定了总螺旋度的情况,其预示性和重要性充分体现在预报中,而垂直螺旋度更倾向于是一个能反映系统的维持状况和系统发展、天气现象的剧烈程度的参数(陆慧娟 等,2003),文中采用的是 Z 坐标中的水平相对螺旋度。

3.1   空间对比

2002 年 3 月 18—22 日的沙尘暴过程是 20 世纪 90 年代以来范围最大、强度最强、影响最严重和持续时间最长的沙尘暴过程。西北、华北及吉林省西北部均出现了强沙尘暴。北京 2002 年 3 月 20 日发生了有历史记录以来最强的沙尘暴,总悬浮颗粒物浓度达 10.9 mg/m³,高出国家颗粒物污染标准 54 倍,其他金属元素是平日的 10 倍以上;青岛总悬浮颗粒物浓度达 0.721 mg/m³,比平时增加了 4.1 倍(赵琳娜 等,2004;孙业乐 等,2004;盛立芳 等,2003)。对 2002 年 3 月 18—21 日的沙尘暴过程进行螺旋度间隔为 12 h、地面图间隔为 3 h 的移动跟踪分析,发现大风沙尘暴天气区域常出现在螺旋度负值中心的右前方,得出螺旋度的等值线与沙尘暴出现的强度在空间范围内对应一致,强沙尘暴中心出现在最大螺旋度负值中心下游的东南方向;与其螺旋度的负值中心等值线相对应,负值中心越大,对应沙尘暴强度越强,−600 m²/s² 最小螺旋度负值中心与强沙尘暴中心对应,−1000 m²/s² 最小螺旋度负值中心与特强沙尘暴中心对应。

如图 10 所示,2010 年 4 月 24 日上午,新疆至河西走廊西部出现扬沙和沙尘暴,14 时河西走廊西部出现区域性大风沙尘暴,17 时继续东移,蒙古国出现大风沙尘暴,20 时青藏高原及河西走廊出现了大范围区域性大风沙尘暴天气过程,最小螺旋度值由 08 时的 −182 m²/s² (48°N,84°E)迅速增强东移为 20 时的 −1028.3 m²/s²(44°N,100°E),25 日减弱东移。相应大风沙尘暴最强出现在 24 日 20 时前后,24 日夜间至 25 日 08 时减弱东移至宁夏、内蒙古中西部、陕西一带,25 日 14 时大风沙尘再度加强,25 日夜间西北至华北为大范围降水区,沙尘天气趋于结束。

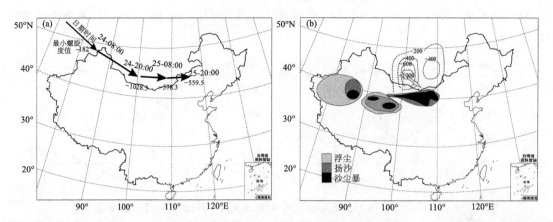

图 10　中国西北地区 2010 年 4 月 24—25 日特强沙尘暴天气过程中螺旋度负值中心移动路径(a)、螺旋度
的负值中心等值线与其对应沙尘强度(b)对比(箭头表示螺旋度负值中心≤-1000 m²/s² 对应强沙尘暴区域)

3.2　典型个例对比

　　结合图 11 和表 1 可以看出,中国区域性强沙尘暴发生时螺旋度负值中心较强,常≤
-600 m²/s²,其移动路径大致是从西北向东移至华北,再向南从渤海湾或黄海入海。结束时
分为干沉降和湿沉降两种,干沉降为入夜减弱或入海减弱,湿沉降是冷锋移动中与暖湿气流相
遇变成雨雪,致使沙尘消失。

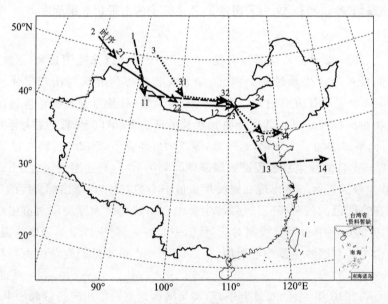

图 11　2010 年春季中国北方 3 次重大区域性沙尘暴过程中每隔 12 h 最小螺旋度值移动路径

3.3　历史个例对比

　　由于螺旋度有明显的日变化,08 时强,20 时弱,螺旋度负值中心≤-600 m²/s² 是区域性
强沙尘暴发生的条件,而螺旋度负值中心≤-1000 m²/s² 是黑风发生的指标(李岩瑛 等,
2011,2008)。通过计算 2002—2011 年 3—6 月逐日共 1220 个个例 08 时和 20 时(30°~50°N,
85°~105°E)范围内的螺旋度值,将 20 时螺旋度≤-600 m²/s² 的所有个例挑选出来与中国北

方沙尘天气进行对比分析(表2)。

从表2可以看出,2010年4月24日20时的螺旋度负值中心是近10年来夜间最强的一次。

表1 2010年春季中国北方3次重大区域性沙尘暴过程中每隔12 h最小螺旋度变化

序号	日期	1	2	3	4	沙尘出现范围
1	3月19—20日	19日08时	19日20时	20日08时	20日20时	从西北东部到华北均大风沙尘暴,华东大风沙尘,入黄海出现区域沙尘暴
	最小螺旋度(m²/s²)	−757.4	−571.9	−1297.6	−510	
2	4月24—25日	24日08时	24日20时	25日08时	25日20时	西北5省区域大风强沙尘暴
	最小螺旋度(m²/s²)	−142.4	−1028.3	−578.4	−559.5	
3	5月8—9日	8日08时	8日20时	9日08时	9日20时	西北东部及华北地区大风强沙尘暴
	最小螺旋度(m²/s²)	−922.8	−475.0	−676.1	−1270	

表2 2002—2011年3—6月逐日20时(30°~50°N,85°~105°E)最小螺旋度≤−600 m²/s²时对应的沙尘天气

日期(年-月-日)	最小螺旋度值(m²/s²)	中国北方和蒙古国24 h内沙尘实况
2002-03-18	−811.9	河西走廊区域性强沙尘暴
2002-04-12	−606.0	内蒙古有区域性沙尘暴
2003-03-01	−1001.4	蒙古国1站沙尘暴
2003-04-15	−805.3	蒙古国有区域性大风沙尘暴
2005-04-28	−651.5	蒙古国和内蒙古有区域性大风沙尘暴
2006-06-26	−602.1	蒙古国有区域性雷暴
2007-03-29	−720.8	蒙古国和内蒙古有区域性大风沙尘暴
2009-05-27	−692.3	蒙古国1站沙尘暴
2009-06-29	−612.9	北疆雷雨大风,南疆沙尘暴
2010-03-20	−921.3	新疆、河西走廊区域性大风,内蒙古大风沙尘暴,
2010-04-24	−1028.3	河西走廊、西北及内蒙古中西部区域性大风强沙尘暴

在实际计算结果中发现,≤−300 m²/s²最小螺旋度的中心位置常常在(44°N,100°E),这正好是蒙古气旋发生的地方,也是沙尘暴出现最多的地方。

河西走廊东部的螺旋度常常最强,其原因有3个:一是冷锋翻过萨彦岭后,由于地形的下沉,干绝热升温容易形成热低压而生成蒙古气旋;二是该地90%以上为沙漠戈壁,午后地表升温快,有利于增强位势不稳定,加强上升运动;三是河西走廊地形的狭管效应使东部出口处风速增大、涡度和风速增强。河西走廊气候干旱、沙源丰富,使其东部的民勤县成为沙尘暴最多的地区。

沙尘出现范围为最小螺旋度中心的经纬度加上最大风暴移速的经纬度,即近地面925 hPa、850 hPa和700 hPa 3层中的平均风场与风暴移速的矢量和,再乘系数1.2,求其最大值,为沙尘出现的经纬度范围。沙尘强度由最小螺旋度负值中心决定。

4 预报指标及讨论

(1)槽型大风预报不仅要关注 08 时的螺旋度负值中心变化,更要注意 20 时螺旋度负值中心值是否≤−600 m^2/s^2,以及午后冷锋前后地面 3 h 变压的发展变化,如这次黑风过程中地面 3 h 变压由 14 时的 4.8 hPa 增大到 20 时的 8.7 hPa。

(2)脊型大风预报主要看高空垂直风场的变化,首先看 08 时 700 hPa 风速≥15 m/s 低空急流区是否存在,然后分析 700 hPa 有无高低空不稳定层结,具体分析民勤是 700～500 hPa 风向逆时针旋转,08 时 500 hPa 有 $T-T_d<10$ ℃的湿层。但是当 08 时 700 hPa≥15 m/s 低空急流区存在,若 850～700 hPa 有明显的风向顺时针旋转,暖平流较强,高低空湿度变化不明显时仍无大风出现。

(3)这次黑风的预报难点是时效性不好把握,沙尘暴在夜间加强,由于实时资料的滞后性,通常 20 时高低空及地面资料在 22 时后才能获得,在发现满足预报指标时天气已经暴发或产生。只能先靠地面资料和实时观测资料进行短临订正。

(4)随着气候的变暖,天气变化的复杂性、持续性和异常性日益突显,常规的思维已难以适应天气的快速变化,要在正常中预测异常,如旱涝急转、晴雨突变,密切关注天气的发展动态,运用灵活的预报思路及多样的预报方法才能做出较为正确的天气预报。

参考文献

姜学恭,沈建国,刘景涛,等,2003.导致一例强沙尘暴的若干天气因素的观测和模拟研究[J].气象学报,61(5):606-620.

李岩瑛,杨晓玲,王式功,2002.河西走廊东部近 50a 沙尘成因、危害及防御对策[J].中国沙漠,22(3):283-286.

李岩瑛,张强,李耀辉,等,2008.水平螺旋度与沙尘暴的动力学关系研究[J].地球物理学报,51(3):692-703.

李岩瑛,张强,薛新玲,等,2011.民勤大气边界层特征与沙尘天气的气候学关系研究[J].中国沙漠,31(3):757-764.

刘萱,张文煜,贾东于,等,2011.河西走廊沙尘暴 50a 频率突变检测分析[J].中国沙漠,31(6):1579-1584.

陆慧娟,高守亭,2003.螺旋度及螺旋度方程的讨论[J].气象学报,61(6):684-691.

罗敬宁,郑新江,朱福康,等,2011.中国沙尘暴发生的气象危险度研究[J].中国沙漠,31(1):185-190.

马禹,王旭,肖开提,2006.天山北麓一例黑风暴天气的成因[J].北京大学学报(自然科学版),42(3):343-350.

申红喜,李秀连,石步鸠,2004.北京地区两次沙尘(暴)天气过程对比分析[J].气象,30(2):12-16.

盛立芳,耿敏,王园香,等,2003.2002 年春季沙尘暴对青岛大气气溶胶的影响[J].环境科学研究,16(5):11-13.

孙业乐,庄国顺,袁惠,等,2004.2002 年北京特大沙尘暴的理化特性及其组分来源分析[J].科学通报,49(4):340-346.

陶健红,王劲松,冯建英,2004.螺旋度在一次强沙尘暴天气分析中的应用[J].中国沙漠,24(1):83-87.

王澄海,靳双龙,杨世莉,2011.新疆"2.28"大风过程中热、动力作用的模拟分析[J].中国沙漠,31(2):511-516.

王劲松,李耀辉,康凤琴,等,2004."4.12"沙尘暴天气的数值模拟及诊断分析[J].高原气象,23(1):89-96.

王敏仲,魏文寿,何清,等,2011.边界层风廓线雷达资料在沙尘天气分析中的应用[J].中国沙漠,31(2):352-356.

王式功,董光荣,陈惠忠,等,2000.沙尘暴研究的进展[J].中国沙漠,20(4):349-356.

杨先荣,王劲松,张锦泉,等,2011.高空急流带对甘肃沙尘暴强度的影响[J].中国沙漠,31(4):1046-1051.

岳彩军,寿亦萱,寿绍文,等,2006.我国螺旋度的研究及应用[J].高原气象,25(4):754-762.

岳虎,王锡稳,李耀辉,2003.甘肃强沙尘暴个例分析研究(1955—2002)[M].北京:气象出版社.

张强,王胜,2005.特强沙尘暴(黑风)的形成及其效应[J].中国沙漠,25(5):675-681.

赵光平,王连喜,杨淑萍,2001.宁夏区域性沙尘暴短期预报系统[J].中国沙漠,21(2):178-183.

赵琳娜,孙建华,赵思雄,2004.2002年3月20日沙尘暴天气的影响系统、起沙和输送的数值模拟[J].干旱区资源与环境,18(1):72-79.

郑新江,徐建芬,罗敬宁,等,2001.1998年4月14—15日强沙尘暴过程分析[J].高原气象,20(2):180-185.

BRAZEL A J,1986. The relationship of weather types to dust storm generation in Arzona(1965-1980)[J]. J Climatology,6:255-275.

河西走廊一次特强沙尘暴的
热力动力特征分析[*]

王伏村[1,2]，许东蓓[3]，王宝鉴[3]，付有智[2]

(1. 中国气象局兰州干旱气象研究所,甘肃省干旱气候变化与减灾重点实验室/中国气象局干旱气候变化与减灾重点开放实验室,兰州 730020;2. 甘肃省张掖市气象局,张掖 734000;3. 兰州中心气象台,兰州 730020)

摘要：使用 NCEP 再分析资料、高空、地面观测资料对 2010 年 4 月 24 日发生在河西走廊的一次特强沙尘暴天气进行了热力、动力作用诊断分析。结果表明：沙尘暴发生前,感热通量达最大值,湍流运动增强,增强了大气的不稳定性；大风沙尘暴发展和强盛期与动量通量大值区对应,动量通量对沙尘向上输送起重要作用；在强锋区附近,地转关系破坏,大风沙尘暴天气主要出现在变压梯度大,即变压风大的区域,变压风是产生地面强风的主要原因；河西走廊这次沙尘暴过程有明显的锋生活动,锋生过程使锋面次级环流加强；水平螺旋度负值中心值越大,近地面层风速越大,大风沙尘暴天气主要出现在水平螺旋度负值中心前方与 0 值线之间；在河西走廊上空,高空急流沿等熵面穿越等位势高度面下滑到 2000 gpm,形成偏西风低空急流,低空急流的形成和维持在大风沙尘暴过程中起关键作用。

关键词：沙尘暴；感热通量；动量通量；变压风；锋生；水平螺旋度；低空急流

引言

大风沙尘暴是危害严重的天气现象,对大气环境、设施农业、交通运输、人类健康影响很大,随着社会经济发展,其破坏和影响程度迅速增大,因而受到社会各方面的广泛关注。多年来,中国学者对沙尘暴的成因和机理进行了广泛研究。胡隐樵等(1996)研究了干飑线和强冷锋前干飑线发展同黑风暴暴发的关系。汤绪等(2004)对甘肃河西走廊春季沙尘暴与低空急流的关系做了研究,在东亚中纬度高空维持纬向强急流锋区的情况下,极易造成甘肃河西走廊春季强沙尘暴的低空急流产生。牛生杰等(2002)使用沙漠和沙地测站积累的微气象和沙尘谱观测资料,综合分析了沙尘起动和垂直输送的物理机制。张强等(2005)从物理上系统解释了特强沙尘暴天气的沙尘壁特征。赵琳娜等(2004)对造成华北大范围严重沙尘天气、产生大风的蒙古气旋快速发展过程进行了研究。李耀辉等(2005)利用 GRAPES_SDM 沙尘暴数值预报模式对西北地区的 2 次强沙尘暴进行了数值模拟,认为模式对西北地区沙尘暴天气的起沙、传输有较好的模拟和预报能力。徐国昌(2008)对沙尘暴反馈机制做了进一步讨论。王建鹏等(2006)模拟了河西走廊地形对沙尘暴天气系统的影响。屠妮妮等(2007)研究了温度平流在引发强沙尘暴的蒙古气旋中的作用。郭铌等(2009)通过对沙尘暴、云、雪和沙漠光谱特征的分

---

[*] 本文已在《气象》2012 年第 38 卷第 8 期正式发表。

析,构建了定量判识沙尘暴范围和强度的两个沙尘指数。一些学者对边界层地表热通量和动量通量在大风沙尘暴过程中的热力、动力作用也进行了深入研究(孙军 等,2002;王劲松 等,2004;申彦波 等,2003;姜学恭 等,2010;周悦 等,2010)。近几年应用新数据、新方法,在沙尘暴数值模拟和诊断分析方面成果也很多(李岩瑛 等,2008;王伏村 等,2008;岳平 等,2008;任余龙 等,2009;范俊红 等,2009;钱莉 等,2010;王锡稳 等,2010;王澄海 等,2011;许东蓓 等,2011;王益柏 等,2009;张金艳 等,2010;王丽娟 等,2011),对预报员了解沙尘暴的生成机理和提高预报水平具有重要的指导意义。

本研究使用 NCEP 1°×1°再分析资料和天气观测数据对 2010 年 4 月 24 日发生在甘肃河西走廊的一次特强沙尘暴过程的地表通量、变压风、锋生函数、水平螺旋度、等熵位涡等物理量进行了诊断分析,并对各种物理量在沙尘暴过程中的作用进行了阐述,为今后分析、预报大风沙尘暴天气总结经验。

1 天气概况

1.1 大风沙尘天气实况

2010 年 4 月 24 日甘肃河西走廊出现强沙尘暴天气过程,16 站出现沙尘暴天气,其中鼎新、临泽、张掖、民乐、民勤 5 站出现特强沙尘暴(GB/T 20480—2006,特强沙尘暴:狂风将地面尘沙吹起,使空气特别浑浊,水平能见度小于 50 m 的天气现象),民勤最强,最大风速 28 m/s,能见度 0 m。09 时沙尘暴从敦煌开始,逐步自西向东、由北向南横扫河西走廊,14—20 时是沙尘暴最强时段,20 时以后沙尘天气逐渐减弱。这次沙尘暴过程是近 9 年来甘肃范围最大、强度最强的一次。此次沙尘暴造成的灾害十分严重,致使农作物、蔬菜大棚、日光温室等大面积被毁,共造成甘肃省 6 个市的 19 个县(区)120 万人受灾,直接经济损失达 9.7 亿,河西走廊 5 市受灾最重,直接经济损失 7.43 亿元。

1.2 高空天气系统演变

23 日 08 时 500 hPa 天气形势图上(图略),欧亚中高纬度为两槽一脊型,乌拉尔山高压脊发展,脊前偏北风发展,风带中心风速为 28 m/s,位置在 50°N 以北;对应 700 hPa 天气形势图上(图略),脊前偏北风急流风速大于 16 m/s,急流中心风速为 20 m/s,急流左前方有−18 ℃的冷中心。24 日 08 时 500 hPa 图上,乌拉尔山高压脊前偏北风急流加强,急流中心风速达 44 m/s,急流前部到达天山上空,河西走廊西部上空槽前西南风增强,中心风速达 26 m/s;对应 700 hPa 天气形势图上(图略),偏北风急流中心南下到天山一线,新疆北部至河西走廊西部锋区加强,锋区两侧温差超过 15 ℃,锋区后侧西北风维持在 20 m/s。24 日 20 时 500 hPa 天气形势图上(图略),高压脊前偏北风急流维持,急流中心风速为40 m/s,河西走廊中部槽前西南风继续增强,中心风速达 32 m/s;对应 700 hPa 天气形势图上(图略),锋区进一步加强,到达河西走廊中部,锋区两侧温差超过 17 ℃,锋区后侧西北风增大到 26 m/s。由此可见,24 日 08—20 时对流层中层 500 hPa 急流转向过程中,对流层低层(700 hPa)锋区加强,低空急流增强,有明显的动量下传,从而造成地面大风和沙尘暴天气。

1.3 地面天气系统演变

对应 700 hPa 锋区加强东移南下,24 日 08 时地面冷锋进入河西走廊西部,锋后冷高压中心强度 1042 hPa;11 时冷锋东移到玉门镇一带,锋后冷高压中心强度维持,锋面等压线密集带前后 3 h 变压差为 0.74 hPa/100km,锋后风速增大,出现极大风速 15 m/s 的大风天气,敦煌出现沙尘暴;14 时冷锋过酒泉、金塔,冷锋继续加强,锋面等压线密集带前后 3 h 变压差为 1.55 hPa/100km,出现极大风速 19 m/s 的大风天气,玉门镇出现沙尘暴,酒泉出现扬沙;17 时冷锋过张掖,锋面等压线密集带前后 3 h 变压差为 2.14 hPa/100km,出现极大风速27 m/s的大风天气,酒泉与张掖出现强沙尘暴天气,张掖出现特强沙尘暴,能见度 3 m;20 时冷锋过民勤,锋面等压线密集带前后 3 h 变压差为 2.13 hPa/100km,出现极大风速 28 m/s 的大风天气,民勤出现特强沙尘暴,能见度 0 m。20 时以后,由于锋前阵雨天气和气压场日变化影响,锋区前后变压差明显减小,大风沙尘暴天气也随之减弱。以上分析可见,24 日 08—20 时地面冷锋前后 3 h 变压的增大过程与锋面过境时的大风、沙尘暴天气发展有较好的对应关系。

2 热力、动力特征分析

2.1 地表通量分析

2.1.1 热通量

王劲松等(2004)通过对中国北方 16 个典型强沙尘暴事件的地面加热场研究表明,西北地区东部感热通量大,潜热通量小,以感热加热为主,沙尘暴的发生受下垫面的影响较大。孙军等(2002)通过对沙尘暴过程的数值模拟研究表明,地表感热通量与潜热通量差别很大,潜热通量可以忽略不计,对边界层大气的加热主要来自于感热通量输送。感热加热边界层大气,增强大气的不稳定性,并影响锋生的强度及锋生环流。姜学恭等(2010)通过数值模拟研究表明,地面热通量影响沙尘暴的一个重要机制是导致大气低层形成混合层,进而通过加强动量下传导致地面风速明显增强。

从 24 日 02—20 时逐 6 h 感热通量变化看,河西走廊感热通量和潜热通量有明显的日变化,中午最大,夜间感热通量为负值,潜热通量为接近 0 的正值。08 时均接近于 0。14 时感热通量沿祁连山一带有 100 W/m² 和 50 W/m² 的 2 个小值中心(图1a),祁连山以北走廊地区大部分区域大于 300 W/m²,在酒泉附近有 450 W/m² 的大值中心,在民勤附近有 350 W/m² 次大值中心;潜热通量(图略)沿祁连山一带有 200 W/m² 的 2 个大值中心,祁连山以北走廊地区大部分区域小于 100 W/m²。20 时感热通量只在民勤附近有 150 W/m² 大值中心(图1b),武威地区以西,走廊大部分区域小于 100 W/m²,而潜热通量接近于 0。与晴天的 23 日 14 时相比,感热通量大、小值中心分布一致,走廊大值中心增大 50 W/m²,祁连山区小值中心未增大;潜热通量大值中心增大 50 W/m²。以上分析表明,祁连山地区地表空气湿度相对较大,以潜热加热为主,以北走廊地区大部分区域为沙漠戈壁,空气干燥,以感热加热为主,感热通量是潜热通量的6～9 倍,这种差别说明走廊地表水分含量较低,地表较干燥,辐射升温较快,白天是强热源区。从沙尘暴发生时间对比看,沙尘暴发生前,感热通量达最大值,湍流运动增强,进而增强了大气的不稳定性,有利于沙尘暴过程的动量垂直输送。沙尘暴后期,感热通量迅速减小。

2.1.2 动量通量

动量通量也称为雷诺应力,水平动量的垂直通量表达式如下:

$$\tau=\rho u_*^2=\rho(\overline{u'\omega'^2}+\overline{v'\omega'^2})^{1/2} \tag{1}$$

式中,u_* 为摩擦速度,u'、v'、ω' 为水平、垂直方向的脉动风速。

动量通量值越大,表示近地面层的动能越大,湍流对沙尘的垂直向上输送越强。牛生杰等(2002)利用贺兰山古兰泰观测资料估算的沙尘暴期间动量通量极值为 1.45 N/m²。申彦波等(2003)利用实际观测数据估算出敦煌戈壁的起沙临界摩擦速度为 0.5 m/s。周悦等(2010)利用内蒙古朱日和气象站气象塔的观测资料,计算沙尘暴过境 PM_{10} 最大锋值时,动量通量达 1.84 N/m²,起沙临界摩擦速度约为 0.7 m/s。以摩擦速度为 0.7 m/s 估算起沙临界动量通量值为 0.63 N/m²,也就是说当动量通量大于 0.63 N/m²,风速大于临界风速就易起沙。

从 24 日 08—20 时逐 6 h 地表动量通量分布看,08 时整个河西走廊动量通量在 0～0.4 N/m²;14 时大于 0.6 N/m² 区域基本与大风沙尘天气区对应(图 1c),在玉门镇附近出现 1.4 N/m² 动量通量大值中心,玉门镇出现沙尘暴天气;20 时大于 0.6 N/m² 区域扩大到河西走廊中东部(图 1d),在酒泉附近有 1.6 N/m² 动量通量大值中心,民勤附近有 1.2 N/m² 动量通量大值中心,地面冷锋刚过民勤,出现特强沙尘暴天气,酒泉已转为扬沙天气,风速仍较大,周围站出现降水,可能是沙尘天气减弱的原因。从地表动量通量时空演变看,动量通量对沙尘向上输送起重要作用。

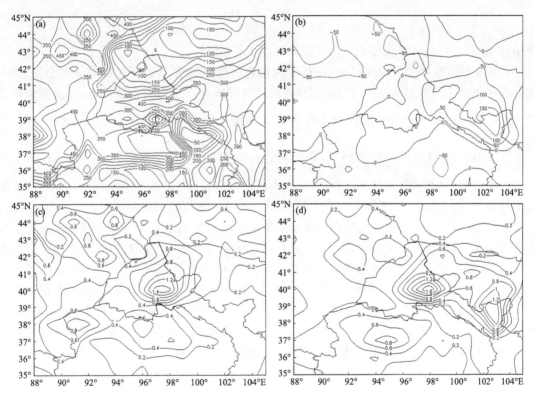

图 1　2010 年 4 月 24 日河西走廊地区 14 时(a,c)和 20 时(b,d)地面感热通量、动量通量

(a、b 为 14 时、20 时地面感热通量(单位:W/m²),c、d 为 14 时、20 时动量通量(单位:N/m²))

2.2　变压风

在不计摩擦的自由大气中,地转偏差表达式为(范俊红 等,2009):

$$D = V - V_g = \frac{1}{f} k \times \frac{dV}{dt} \tag{2}$$

$$D = \frac{1}{f} k \times \left(\frac{\partial V}{\partial t} + V \frac{\partial V}{\partial S} + \omega \frac{\partial V}{\partial p} \right) \tag{3}$$

$$D_1 = \frac{1}{f} k \times \frac{\partial V}{\partial t} \tag{4}$$

式(4)表示与位势高度(气压)的局地变化所造成的风的局地变化相联系的地转偏差。

$$D_2 = \frac{1}{f} k \times V \frac{\partial V}{\partial s} \tag{5}$$

式(5)表示与平流加速度相联系的地转偏差。

$$D_3 = \frac{1}{f} k \times \omega \frac{\partial V}{\partial p} \tag{6}$$

式(6)表示与对流加速度相联系的地转偏差。

对于水平运动,经尺度分析,主要考虑变压风 D_1 对地转偏差的作用,则地转偏差的表达式简化为:

$$D_1 \cong V - V_g \tag{7}$$

由地转风关系式可推导出 D_1 与气压场局地变化的表达式:

$$D_1 = -\frac{1}{f^2 \rho} \nabla_h \left(\frac{\partial p}{\partial t} \right) \tag{8}$$

式中,ρ 为空气密度,计算时使用地面实况资料的 3 h 变压场。

一般在做大风沙尘天气预报时,往往更关注锋面等压线密集程度和锋后 3 h 变压大小。实际上从地面天气图上可以直观地看到冷锋附近地面风与等压线交角较大,已不满足地转关系,地转偏差风起主导作用,因此对实际风速大小起主导作用的不是水平气压梯度力 $-\frac{1}{f\rho}$ $\nabla_h p$ 的大小,也不是变压 $\frac{\partial p}{\partial t}$ 的大小,而是变压的水平梯度 $\nabla_h \left(\frac{\partial p}{\partial t} \right)$ 的大小。图 2(a,b,c)为 14 时、17 时、20 时地面实况天气图,图 2(d,e,f)为相应时次地面 3 h 变压分析和变压风场。从地面大风沙尘暴实况和 3 h 变压风场可以看出,并不是冷锋等压线密集带都有大风沙尘暴天气,而是离散的团状分布,相似于大型锋面降水雨带中的中尺度雨团。大风沙尘暴天气主要出现在变压梯度大,即变压风大的区域。变压风在没有强天气时在 10^0 量级或以下,在有强天气系统情况下,可达到 10^1 量级,地面就会有强风出现。14 时酒泉西部出现 8 m/s 变压风,相应区域出现大风沙尘暴天气,17 时酒泉至张掖出现 10 m/s 变压风,相应区域出现大风及强沙尘暴天气,张掖出现能见度 3 m 的特强沙尘暴;20 时民勤和阿拉善右旗周围出现 10 m/s 变压风,民勤及周边出现能见度 0 m 的特强沙尘暴。3 h 变压等值线密集区域的变压风速与相邻站点的整点观测风速相差 2~4 m/s,说明变压风是构成地面强风的主要成分。

2.3　锋生函数

锋生是使锋区温度水平梯度增大的过程,锋消是作用相反的过程。不考虑非绝热加热情况下,标量锋生函数表达式为:

$$F = F_1 + F_2 \tag{9}$$

$$F_1 = -\frac{1}{|\nabla \theta|} \left[\left(\frac{\partial \theta}{\partial x} \right)^2 \frac{\partial u}{\partial x} + \left(\frac{\partial \theta}{\partial y} \right)^2 \frac{\partial v}{\partial y} + \frac{\partial \theta}{\partial x} \frac{\partial \theta}{\partial y} \left(\frac{\partial u}{\partial y} + \frac{\partial v}{\partial x} \right) \right] \tag{10}$$

式(10)表示大气水平运动对锋生的作用。

$$F_2 = -\frac{1}{|\nabla \theta|} \left(\frac{\partial \theta}{\partial x} \frac{\partial \omega}{\partial x} + \frac{\partial \theta}{\partial y} \frac{\partial \omega}{\partial y} \right) \frac{\partial \theta}{\partial p} \tag{11}$$

式(11)表示大气垂直运动对锋生的作用。

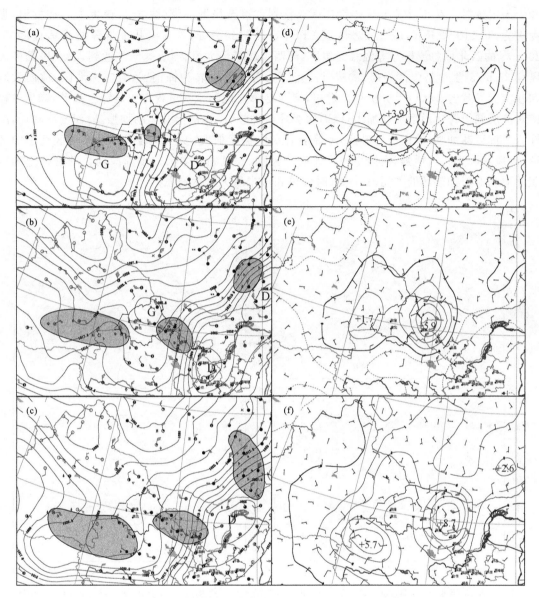

图 2　2010 年 4 月 24 日地面天气图分析和地面变压风场(a)、(b)、(c)分别为 14 时、17 时、20 时海平
面气压场分析(等值线,单位:hPa)和 3 h 沙尘暴实况(阴影);(d)、(e)、(f)分别为 14 时、17 时、20 时
地面 3 h 变压场分析(等值线,单位:hPa)和变压风(单位:m/s)

　　$F > 0$ 为锋生,预示未来锋区将加强,$F < 0$ 为锋消,预示未来锋区将减弱。从 08—20 时逐
6 h 间隔的 700 hPa 锋生函数分布可以看出,08 时敦煌与新疆、青海交界处有强的锋生区,呈
东北—西南向的带状分布,中心强度 30×10^{-10} K/(m·s),强锋生区在 700 hPa 等温线密集带
的前侧,锋区温度梯度增大,对应地面图上(图略),风速增大到 10 m/s 以上,敦煌出现浮尘天
气。14 时 700 hPa 东北—西南的锋生带东移到酒泉附近(图 3a),锋生中心在酒泉南部,强度
为 30×10^{-10} K/(m·s),地面冷锋过酒泉、金塔,冷锋继续加强,锋后出现极大风速 19 m/s 的
大风天气,敦煌、玉门镇出现沙尘暴,酒泉出现扬沙天气;玉门镇西侧由锋生转为锋消,大风和

沙尘天气减弱。20 时 700 hPa 强锋生区东移到古浪至民勤一带(图 3b),锋生中心在古浪,强度仍为 30×10^{-10} K/(m·s),此时 700 hPa 锋区达到最强,等高线几乎与等温线垂直,大于 20 m/s 的西北风急流横穿等温线密集区,河西走廊东部大风、沙尘暴天气达到强盛,民勤极大风速 28 m/s,发生特强沙尘暴;武威以西走廊大部分区域转为锋消区,对应锋消区,地面大风和沙尘天气减弱。从以上分析可以看出,河西走廊这次沙尘暴过程有明显锋生活动,锋生过程使对流层低层锋区温度梯度加大,锋面次级环流加强,冷锋前上升运动加强,地面气压降低,冷锋后下沉运动加强,地面气压升高,冷锋前后变压梯度加大,变压风增强。强锋生区经过的区域,大风和沙尘天气增强,由锋生转为锋消的区域,大风和沙尘天气逐渐减弱。随着锋生的累积效应和地面加热场的作用,14—20 时大风和沙尘暴天气达到强盛。

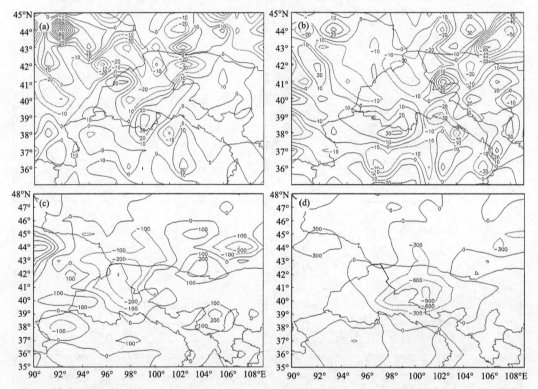

图 3　2010 年 4 月 24 日 700 hPa 锋生和 850～600 hPa 水平螺旋度(a、b 分别为 14 时、20 时 700 hPa 锋生函数(单位:10^{-10} K/(m·s)),c、d 分别为 14 时、20 时 850～600 hPa 水平螺旋度(单位:m²/s²)

2.4　水平螺旋度

水平螺旋度计算时采用 Davies-Jones 等(1990)风暴相对螺旋度公式:

$$H_{s-r}(C) = -\frac{1}{\rho g} \int_0^z (V - C) \cdot \Omega_{xy} \, dp \tag{12}$$

式中,$V(u(z), v(z))$ 为环境风,$C(c_x, c_y)$ 为风暴移动速度,$\Omega_{xy} = -\frac{\partial v}{\partial z} i + \frac{\partial u}{\partial z} j$ 为水平涡度矢量,z 为风暴入流厚度,通常取 $z = 3$ km,河西走廊地面高度接近 850 hPa,本次计算取 850～600 hPa,约 3 km,风暴移动速度 C 大小取所选厚度各层的平均风速,风暴移动方向取所选厚度各层的平均风向右偏 40°。李岩瑛等(2008)通过研究水平螺旋度与沙尘暴的动力学关系发现,水平螺旋度负值中心值越大,500 hPa 到近地面风速越大,形成沙尘暴的强度就越强。水平螺旋度负值中心与其下游沙尘暴发生强度有一致的对应关系。

从 08—20 时逐 6 h 水平螺旋度分布可以看出,08 时只有新疆库尔勒附近有 -600 m^2/s^2 大值中心(图略),这与冷空气翻越天山进入南疆东部有关,而河西走廊大部分区域为 $0\sim100$ m^2/s^2 的正值区。14 时河西走廊中西部出现负值区(图 3c),野马街附近有 -300 m^2/s^2 中心,边界层风随高度上升逆时针旋转,有冷平流入侵,负值中心区右前侧对应地面图上正 3 h 变压大值区(图略),正 3 h 变压最大值为 3.9 hPa,此时河西走廊中西部出现大风沙尘暴天气。20 时河西走廊武威、民勤以西均为负值区(图 3d),在张掖北部巴丹吉林沙漠有 -900 m^2/s^2 中心,负值中心区右前侧地面图上正 3 h 变压增大到 8.7 hPa,14—20 时,水平螺旋度负值中心绝对值迅速增大期间,大风和沙尘暴天气达到强盛。从以上分析看出,水平螺旋度负值绝对值的大小代表入侵边界层冷平流的强度和风随高度上升逆时针旋转程度,负值中心越强,地面大风、沙尘天气越强。从大风沙尘暴天气发生时间和范围对比来看,主要出现在水平螺旋度负值中心右前方与 0 值线之间。

2.5 低空急流

选取对流层中层到地面倾斜锋区中与地面沙尘暴发生区附近相交的 295 K 等熵面,来研究等熵面上物理量演变情况。图 4(a,b)是 2010 年 4 月 24 日 14、20 时 295 K 等熵面上风矢量

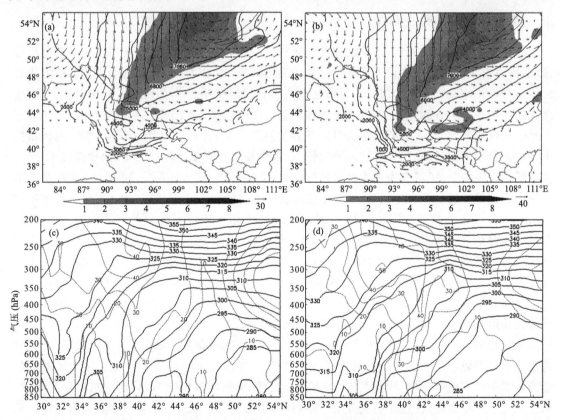

图 4 2010 年 4 月 24 日 295 K 等熵面位势高度、风场、位涡及位温、全风速垂直剖面图(a)、(b)为 14 时、20 时 295 K 等熵面位势高度(粗实线,单位:gpm)、风场(箭矢,单位:m/s)、位涡(阴影,单位:1 PVU);(c)、(d)分别为 14 时、20 时位温(粗实线,单位:K)、全风速(细虚线,单位:m/s)沿 97°E 和 101°E 的垂直剖面

和位势涡度,无资料区域为等熵面与地形相截处。等熵面上气流能较好地反映对流层中上部到边界层的急流演变。从 14 时等熵面图可以看出(图 4c),4000～7000 gpm 为偏北风急流层,在 5000 gpm 急流向南扩展到 43°N,并向东南转向穿越等位势高度面下滑到 2000 gpm,转为偏西风低空急流。急流在河西走廊西部上空,前部到达 97°E,南部到达 39°N。>1 PVU (1 PVU=10^{-6} $m^2 \cdot s^{-1} \cdot K \cdot kg^{-1}$)高位涡干空气从 7000 gpm 以上随气流下滑到 5000 gpm、43°N 位置。随偏西低空急流形成,在其北侧 4000 gpm 有小范围位涡扰动出现。20 时 295 K 等熵面向东南明显拓展,偏西低空急流贯穿整个河西走廊,前部到达 103°E。>1 PVU 高位涡干空气向南伸展到 41°N,偏西低空急流北侧位涡扰动面积明显扩大并降低到 3000 gpm 高度。图 4(c,d)为 14 时、20 时位温、全风速沿 97°E 和 101°E 的垂直剖面,14 时 300 hPa 急流中心的高动量空气在等熵面陡立处向下传播,20 m/s 全风速线抵达 650 hPa;20 时 20 m/s 全风速线抵达 850 hPa,使对流层低层风速加大。姜学恭等(2010)对沙尘暴数值模拟研究结果也表明,等熵面陡立处,垂直温度梯度小,湍流混合强,有利于空气动量下传。

以上分析表明,低空急流的形成在河西走廊大风沙尘暴暴发过程中起到关键作用。低空急流一方面是由于对流层高层高位涡冷空气沿等熵面下滑到低层,在等熵面陡立处,大气垂直涡度急剧增大,气旋环流加强,风速加大引起;另一方面是对流层急流中心的高动量空气在等熵面陡立处通过湍流混合,和低层空气发生动量交换,使低层大气运动加速。

3　沙尘暴形成机制探讨

沙尘暴的形成是对流层、边界层和下垫面热力、动力相互作用的复杂过程,既有天气尺度系统,同时也伴有中小尺度天气系统和强烈的湍流输送,这在以往的大量观测事实和研究中得到证实(Davies-Jones et al,1990)。强沙尘暴过程在对流层中上部有强偏北风高空急流,高空急流的作用有两个方面,一是将极地附近强冷空气向南输送;二是高空急流加速使出口区形成非地转次级环流,高空次级环流在出口区下部左侧产生上升运动,气旋性环流加强,在出口区下部右侧产生下沉运动,反气旋性环流加强,在温度场上表现是等温线密集,出现强锋生,使对流层低层锋区加强,风场上表现为低空风速加大,急流形成,代表性层是 700 hPa,这也是对流层中上部到对流层中下部动量下传的可能机制。本次特强沙尘暴 300 hPa 急流中风速超过 50 m/s,700 hPa 锋生强度达 30×10^{-10} K/(m·s),动量下传过程从文中等熵流场、位涡分析和等压坐标系全风速垂直剖面分析(图 4)中可直观看到。导致沙尘暴的直接原因是强冷空气入侵边界层形成地面大风,将地面沙尘吹起,使能见度急剧下降。特强沙尘暴风场在边界层有非常明显的非地转特征,风向几乎与等压线垂直,从本次特强沙尘暴过程地面变压场计算得到,地转偏差风起主导作用,17 时、20 时定时变压风最大为 10 m/s,达到 10^1 量级。边界层中的动力作用从 0～3 km 水平螺旋度强度也可反映出来,水平螺旋度负值绝对值的大小代表入侵边界层冷平流的强度和风随高度上升逆时针旋转程度,负值中心越强,地面大风、沙尘天气越强。此次大风沙尘暴天气最强时水平螺旋度负值中心≤−900 m^2/s^2。边界层大风形成的动量来源于对流层中低层,沙漠戈壁白天在太阳辐射强烈增温情况下,感热加热边界层大气,增强大气的不稳定性,使边界层混合层增厚,有利于对流层中低层与边界层动量垂直交换。从等压坐标系位温垂直剖面(图 4c,d)中可以看到,沙尘暴发生区上空 700 hPa 以下等位温线几乎垂直于等压面,说明边界层湍流混合很强,这种结果是地表感热通量和动量通量共同作用的结果。摩擦速度被用来反映沙尘微粒所受空气动力的大小,沙尘微粒所受空气动力如果超过起沙临界摩擦速度,粒子便会脱离地面而进入空中。此次沙尘暴发生前,感热通量最大值达 450 W/m²,沙尘暴强盛期动量通量最大值达 1.6 N/m²,远大于起沙临界摩擦速度计算的 0.63 N/m²,这与强沙尘暴和特强沙尘暴实际观测数据计算的峰值结果相近。沙尘暴形成机制很复杂,从对流层中上部高空急流动量下传到中低层,再在边界层发生强烈湍流混合产生地面强风,强风将裸露地表沙尘吹起形成沙尘暴。特强沙尘暴往往发生在中午到傍晚,不仅与对流层强冷空气有关,还与地表感热加热引起的强烈湍流运动有关,缺一不可。徐国昌(2008)对河西走廊 1977 年 4 月 22 日和 1993 年 5 月 5 日特强沙尘暴研究总结中指出,强冷空只是造成较强的初始起沙的天气系统,白天沙尘使锋后冷气团太阳辐射减弱,冷锋前后温度梯度增大,锋面加强,如果初始起沙就很浓,这种正反馈机制会使地面冷锋在几小时内迅速增强,促使沙尘暴迅速加强成特强沙尘暴(黑风),当然,沙尘正反馈机制还需要观测数据和数值模拟进一步验证。由于特强沙尘暴突发性很强,很难在 24 h 以上的短期预报中准确预报其强度,随着高分辨率观测网建设和数值模式预报水平的提高,特强沙尘暴形成机制会得到进一步的揭示。

4　结论与讨论

(1)许多研究表明,感热加热主要通过增强大气的不稳定性和增大边界层厚度影响沙尘暴的强度(孙军 等,2002;王劲松 等,2004;申彦波 等,2003;姜学恭 等,2010),一般沙尘暴发生前感热通量都能达到 350~500 W/m²。此次沙尘暴发生前,感热通量最大值达 450 W/m²,增强了湍流运动,有利于沙尘暴过程的动量传送。

(2)用沙漠戈壁实际观测资料计算表明,当动量通量大于 0.6 N/m² 且风速大于临界风速时就易起沙(牛生杰 等,2002;申彦波 等,2003;周悦 等,2010)。从地表动量通量时空演变看,此次大风、沙尘暴发生区与动量通量大于 0.6 N/m² 的大值区对应关系较好,动量通量对沙尘向上输送起重要作用。

(3)在强锋区附近,地转关系被破坏,地转偏差风起主导作用,可达到 10¹ 量级;大风沙尘暴天气主要出现在变压梯度大,即变压风大的区域,变压风是构成地面强风的主要成分。范俊红等(2009)对河北省中南部一次沙尘暴的动力条件分析中也得到了相同的结论。

(4)对流层低层天气尺度的强锋区是西北区域性大风、沙尘暴天气共有的特征(强对流引起的局地沙尘暴除外)。河西走廊这次沙尘暴过程伴有明显锋生活动,700 hPa 锋生强度达 30×10⁻¹⁰ K/(m·s),锋生过程使锋面次级环流加强,冷锋前后变压梯度增大,变压风增强。

(5)水平螺旋度负值中心值越大,近地面层风速越大,形成沙尘暴的强度就越强。李岩瑛等(2008)对水平螺旋度负值中心与其下游沙尘暴发生强度关系统计研究表明,当水平螺旋度负值中心≤-200 m²/s² 时,下游将有沙尘天气出现;当水平螺旋度负值中心≤-600 m²/s² 时,下游将有强沙尘暴天气出现;当≤-1000 m²/s² 时,下游将有特强沙尘暴天气出现。此次大风沙尘暴天气最强时水平螺旋度负值中心≤-900 m²/s²。大风沙尘暴天气主要出现在水平螺旋度负值中心右前方与 0 值线之间。

(6)倾斜等熵面上气流活动能直观反映对流层中层到边界层的动量下传过程。此次沙尘暴过程期间,在河西走廊上空,高空急流沿等熵面穿越等位势高度面下滑到 2000 gpm,形成偏西风低空急流,低空急流的形成和维持在大风沙尘暴发展过程中起到关键动力作用。

参考文献

范俊红,郭树军,李宗涛,2009.河北省中南部一次沙尘暴的动力条件分析[J].高原气象,28(4):795-802.

郭铌,蔡迪花,韩兰英,等,2009.MODIS沙尘暴判识方法与业务系统[J].气象,35(1):102-107.

胡隐樵,光田宇,1996.强沙尘暴发展与干飑线—黑风暴形成的一个机理分析[J].高原气象,15(2):178-185.

姜学恭,李彰俊,程丛兰,等,2010.地面加热对沙尘暴数值模拟结果的影响研究[J].中国沙漠,30(1):182-192.

李岩瑛,张强,李耀辉,等,2008.水平螺旋度与沙尘暴的动力学关系研究[J].地球物理学报,51(3):692-703.

李耀辉,赵建华,薛纪善,等,2005.基于GRAPES的西北地区沙尘暴数值预报模式及其应用研究[J].地球科学进展,20(9):999-1011.

牛生杰,章澄昌,2002.贺兰山地区沙尘暴沙尘起动和垂直输送物理因子的综合研究[J].气象学报,60(2):194-204.

钱莉,杨金虎,杨晓玲,等,2010.河西走廊东部"2008.5.2"强沙尘暴成因分析[J].高原气象,29(3):719-725.

任余龙,王劲松,2009.影响中国西北及青藏高原沙尘天气变化的因子分析[J].中国沙漠,29(4):734-743.

申彦波,沈志宝,杜明远,等,2003.敦煌春季沙尘天气过程中某些参量和影响因子的变化特征[J].高原气象,22(4):378-384.

孙军,姚秀萍,2002.一次沙尘暴过程锋生函数和地表热通量的数值诊断[J].高原气象,21(5):488-494.

汤绪,俞亚勋,李耀辉,等,2004.甘肃河西走廊春季强沙尘暴与低空急流[J].高原气象,23(6):840-846.

屠妮妮,矫梅燕,赵琳娜,等,2007.引发强沙尘暴的蒙古气旋的动力特征分析[J].中国沙漠,27(3):520-527.

王澄海,靳双龙,杨世莉,2011.新疆"2.28"大风过程中热、动力作用的模拟分析[J].中国沙漠,31(2):511-516.

王伏村,付有智,李红,2008.一次秋季沙尘暴的诊断和天气雷达观测分析[J].中国沙漠,28(1):170-177.

王建鹏,沈桐立,刘小英,等,2006.西北地区一次沙尘暴过程的诊断分析及地形影响的模拟试验[J].高原气象,25(2):259-267.

王劲松,俞亚勋,赵建华,2004.中国北方典型强沙尘暴的地面加热场特征分析[J].中国沙漠,24(5):599-602.

王丽娟,赵琳娜,寿绍文,等,2011.2009年4月北方一次强沙尘暴过程的特征分析和数值模拟[J].气象,37(3):309-317.

王锡稳,王宝鉴,李照荣,等,2010."2010.4.24"甘肃特强沙尘暴个例分析[J].地球科学进展,25(增刊):1-11.

王益柏,费建芳,黄小刚,2009.应用Models-3/CMAQ模式对华北地区一次强沙尘天气的研究初探[J].气象,35(6):46-53.

许东蓓,任余龙,李文莉,等,2011."4.29"中国西北强沙尘暴数值模拟及螺旋度分析[J].高原气象,30(1):115-124.

徐国昌,2008.强沙尘暴天气过程中的若干问题思考[J].干旱气象.26(2):9-11.

岳平,牛生杰,张强,等,2008.夏季强沙尘暴内部热力动力特征的个例研究[J].中国沙漠,28(3):509-513.

张金艳,李勇,蔡芗宁,等,2010.2006年春季我国沙尘天气特征及成因分析[J].气象,36(1):59-64.

张强,王胜,2005.论特强沙尘暴(黑风)的物理特征及其气候效应[J].中国沙漠,25(5):675-681.

赵琳娜,赵思雄,2004.一次引发华北和北京沙尘暴天气的快速发展气旋的诊断研究[J].大气科学,28(5):722-735.

周悦,牛生杰,邱玉珺,2010.半干旱区沙尘天气近地层湍流通量及起沙研究[J].中国沙漠,30(5):1194-1199.

DAVIES-JONES R,PONALD BURGESS,1990. Test of helicity as tornado forecasting parameter[C]//]Preprint,16th Conference on Severe Local Storm. Kananaskis,AB,Canada:American Meteorological Society,588-593.

河西走廊盛夏一次沙尘暴天气过程分析[*]

钱莉[1,2]，姚玉璧[2]，杨鑫[3]，刘菊菊[1]

(1. 甘肃省武威市气象局，武威 733000；2. 中国气象局兰州干旱气象研究所，甘肃省干旱气候
变化与减灾重点实验室/中国气象局干旱气候变化与减灾重点开放实验室，兰州 730020；
3. 甘肃省气象局，兰州 730020)

摘要：为了研究夏季沙尘暴的发生发展规律、提高沙尘暴的预警准确率，利用常规气象观测、NCEP/NCAR1°×1°再分析资料和 FY-2C 云图资料，对 2013 年 7 月 30 日河西走廊盛夏季节的大风沙尘暴天气过程成因进行分析。结果表明：(1)冷空气以阶梯槽形势分裂南下，为大风沙尘暴发展提供了对流不稳定的环境场条件；(2)近地面层强大气斜压性、地面鞍型场结构和气温日变化促使地面冷锋进入河西走廊后锋生，是造成这次沙尘暴的直接原因；(3)河西走廊中东部近地面的辐合上升气流与高空急流入口处右侧辐散抽吸作用叠加，触发了大风沙尘暴的暴发；(4)温度平流上冷下暖的垂直分布为沙尘暴的暴发提供了热力不稳定条件，存在对流有效位能大值中心，有利于沙尘粒子扬起，增大沙尘暴的强度；(5)沙尘暴出现时西风急流风速增大、高度降低，由急流中心向地面伸展的最大风速带将高空动量向下传播，北风前锋到达之处，沙尘暴暴发。另外，与春季特强沙尘暴天气相比，夏季沙尘暴的形成需要更大的启动风速、上升运动和热力不稳定条件。

关键词：沙尘暴；诊断分析；动量下传；对流不稳定

引言

大风沙尘暴是中国重大灾害性天气之一，对工农业生产、交通运输和人民生活会带来严重危害，同时它还会造成大气严重污染，甚至引发人员伤亡事故等。例如 1993 年 5 月 5 日河西走廊发生的特强沙尘暴导致 85 人死亡、264 人受伤、31 人失踪，影响范围达到 100 万 km^2，牲畜损失 12 万头，更有 37 万 hm^2 耕地因黑风带来的沙土掩埋而绝收，造成的直接经济损失高达 7.25 亿元。徐国昌等(1979)对甘肃省 1977 年 4 月 22 日的一次特强沙尘暴做了分析。1993 年 5 月 5 日强黑风暴发生以来，有关沙尘暴天气的沙尘源地、沙尘输送、沙尘强度、沙尘暴气候特征和成因等方面的研究已经引起了国内外的高度重视。钱正安等(2002)分析了近 50 年中国北方沙尘暴的分布及变化趋势；冯鑫媛等(2010)研究了不同类型沙尘暴时间变化特征及其成因；胡隐樵等(1996a)研究了强冷锋前干飑线发展同黑风暴发的关系；张强等(2005)从产生的物理机制上解释了特强沙尘暴天气的沙尘壁特征；徐国昌(2008)对沙尘暴反馈机制做了进一步讨论。在成因上，许东蓓等(2011)利用螺旋度理论研究了 2009 年 4 月 28—30 日沙尘暴的动力结构；赵庆云等(2012)对 2010 年 4 月 24 日特强沙尘暴的天气特征、成因进行研究，发现急流中心伸向地面的强风速带将高空动量向下传播；孙军等(2002)发现沙尘暴过程是

———————————————
* 本文已在《中国沙漠》2016 年第 36 卷第 2 期正式发表。

冷锋在移至中国西北地区时产生的一种强烈锋生过程。近年来,许多研究人员应用新资料、新方法在沙尘暴数值模拟和中尺度分析方面取得了很多成果,对预报员了解沙尘暴的生成机理和提高预报水平具有重要的指导意义(王伏村 等,2012;钱莉 等,2007;汤绪 等,2004;王劲松等,2004),但目前在沙尘暴成因分析中大多数使用天气学方法进行分析,采用中尺度分析方法和风场垂直分布特征分析沙尘暴过程动量下传机制的较少。河西走廊86.6%的沙尘暴出现在植被覆盖较差的冬、春季,出现在盛夏(7—8月)的沙尘暴仅占沙尘暴出现次数的13.4%,盛夏季节的沙尘暴多由中小尺度强对流天气引发(王锡稳 等,2007)。由于盛夏季节出现的区域性沙尘暴天气少,因此有关研究也较少,成因相对认识不足。作者从中尺度分析方法入手,根据风场的垂直分布特征、动量下传机制和物理量场诊断,选取 2013 年 7 月 30 日大风和沙尘暴暴发前后亚欧范围内 NCEP/NCAR1°×1°再分析、FY-2C 云图资料以及永昌地面自动站 1 h加密观测资料,分析 2013 年 7 月 30 日发生在甘肃省河西走廊的罕见盛夏季节区域性大风、强沙尘暴,总结其发生规律,探讨夏季大风和沙尘暴预报方法,提高预报预警准确率,最大程度防御和减轻沙尘暴天气的危害。

1 天气实况和气象要素特征

1.1 地面气象要素变化特征

2013 年 7 月 30 日,大风和沙尘暴天气过程开始于河西走廊西部的肃州区,终止于河西走廊东部的武威市凉州区,河西走廊共有 12 个自动气象观测站出现短时阵性大风和沙尘天气。其中临泽出现强沙尘暴,最小能见度 400 m;高台、甘州、永昌出现沙尘暴,大风最大中心出现在永昌红山窑,极大风速达 35.8 m/s(12 级)。此次大风、强沙尘暴天气共造成张掖、金昌和武威市 55 个乡镇 510 个村 11 万多人程度不同受灾,农作物受灾面积 9045 hm²,死亡 2 人,直接经济损失 1.06 亿元。

从 7 月 30 日 14—24 时永昌逐时地面自动气象站观测资料可见,本站气压变化为先缓慢下降,18 时降到最低(792.3 hPa)后开始迅速升高,19 时气压达 797.6 hPa,18—19 时的 1 h 气压涌升了 5.3 hPa(图 1);气温的变化与气压相反,15 时气温达到一日中最高(30.3 ℃)后开始缓慢下降,之后气温骤降,19 时气温降至 17.7 ℃,18—19 时的 1 h 气温下降了 9.4 ℃;水汽压

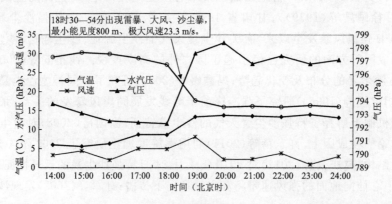

图 1 2013 年 7 月 30 日 14—24 时永昌地面自动站气压、气温、水汽压和风速变化曲线

14—18时缓慢上升,18时后开始涌升,18—19时涌升了4.8 hPa;风速18时平均风速为4.9 m/s,之后风速骤然增大,19时平均风速增大到8.1 m/s,18时14分出现沙尘暴,18时40分极大风速达23.3 m/s。

1.2 云图演变特征

2013年7月30日14时在河西走廊西部的玉门到敦煌有一条东北—西南向呈带状分布的冷锋云带,受冷锋前动力抬升作用影响,酒泉附近发展起来γ中尺度对流云团,云顶红外亮温(TBB)达−52 ℃(图2a)。16时受地形狭管效应影响冷锋云系移速加快,在张掖附近追上其前部的对流云团,并与对流云团合并加强,冷云区面积达到32550 km²,其前部边界整齐,反映出对流发展旺盛,云顶红外亮温(TBB)维持在−52 ℃(图2b)。受对流云团发展影响,首先河西走廊中部的高台、临泽、甘州、山丹出现大风、沙尘暴和雷阵雨。19时对流云团东移到河西走廊东部的永昌,冷云区面积扩大到41170 km²,云顶红外亮温(TBB)仍维持在−52 ℃,这时中尺度对流云团发展达到鼎盛(图2c),河西走廊东部18—20时永昌、凉州、民勤相继出现10~12级大风、沙尘和雷阵雨,其中永昌达沙尘暴。21时对流云体北上,云体在民勤东北部结构变松散,云顶亮温升至−44 ℃(图2d),中尺度对流云团进入消亡阶段,大风沙尘暴结束。

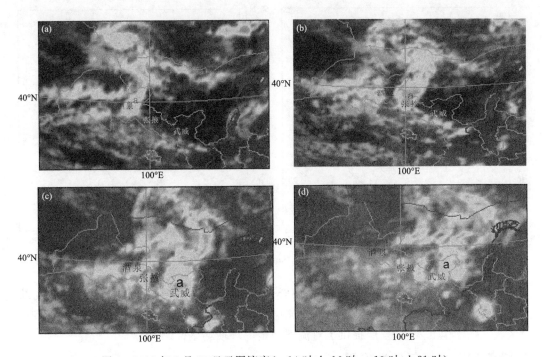

图2 2013年7月30日云图演变(a.14时,b.16时,c.19时,d.21时)

云图分析表明,冷锋前部动力抬升产生对流云团,冷锋云系加速与对流云团合并加强,使对流云团范围扩大。造成大风、沙尘暴的中尺度对流云团在河西走廊西部生成,移动到中部加强,在东部时达到鼎盛,移出河西走廊后消亡,生命期为5 h左右。在整个发展过程中,主要为对流云的面积增大,云顶亮温的增强不明显。

2　大风沙尘暴发生、发展的环流特征

2.1　500 hPa 冷空气的触发作用

　　在 2013 年 7 月 30 日 08 时的 500 hPa 高空形势图上（图略），亚欧范围内为两脊一槽型，两脊分别位于乌拉尔山和鄂霍次克海附近，低压槽区位于中亚—贝加尔湖附近（图 3）。乌拉尔山脊后有暖平流输送，高压脊向东北方向发展，迫使脊前部偏北气流将西西伯利亚的冷空气向西南输送，在中亚地区堆积形成一深厚的低压横槽，这种类型的低压槽为不稳定槽，并有 −19 ℃的低温度中心配合，槽前新疆西北部到河西走廊为一致的西北气流，有明显的冷平流输送，蒙古国东部到中国东北北部有一高压脊存在，阻挡了冷空气东移，使河套北部到贝加尔湖形成一宽广的低压槽区。中亚不稳定横槽不断分裂冷空气沿西北气流南下，并入河套北部的低压槽区中。30 日 20 时位于乌拉尔山的高压脊继续向东北方向发展，其前部的中亚不稳定低压横槽加深南压，冷中心强度增强到 −22 ℃，沿河西走廊不断有短波槽东移南下，高空锋区位置南移，冷温度平流加强，河西走廊高空西北风速增大，在河套地区形成阶梯槽（图 3a）。预报经验表明，这种形势是西北地区最有效的强对流天气形势。

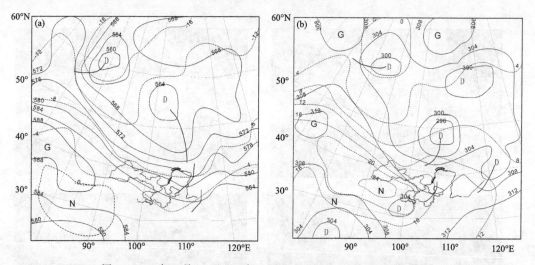

图 3　2013 年 7 月 30 日 20 时 500 hPa(a)和 700 hPa(b)环流形势

　　这次大风、沙尘暴天气过程，为乌拉尔山脊前不稳定横槽中分裂的短波槽，不断将高纬度冷空气向南输送到河西走廊，使 500 hPa 对流层中上部具备强对流天气发展所需要冷平流，从而为区域性强沙尘暴发生、发展提供了对流不稳定的环境场条件。

2.2　700 hPa 大气斜压性作用

　　在 2013 年 7 月 30 日 08 时的 700 hPa 环流形势图上（图略），中亚存在不稳定横槽，在贝加尔湖到河套附近为低压槽区，横槽前新疆西北部到河西走廊有冷槽和一条中心强度达 12 m/s 的强北风低空急流，冷槽落后于高度槽；锋区位于河西走廊西部的酒泉附近，锋区附近等温线密集，酒泉与阿勒泰温差达 11 ℃，槽前等高线与等温线交角接近 45°，说明大气斜压性较强。30 日 20 时原位于河西走廊西部的高空锋区位置东移南压到河西走廊东部，锋区附近等温线更加密集，西宁与白塔山温差达 14 ℃；低空强北风急流明显南压加强，位置东移到酒泉

到河套附近,北风急流核强度增大到 16 m/s;等高线与等温线近于垂直,大气斜压性进一步增强,促使气旋性涡度发展,在甘肃中部形成一中尺度低压(图 3b)。这次过程无明显偏南暖湿气流配合,湿度条件较差,为一次干冷空气侵入,伴随的天气现象主要为吹风、沙尘和零星雷阵雨。

低层强的大气斜压有利于气旋性涡度发展,使水平温度梯度加大,促使高空锋区进入河西走廊后南压加强。因此,低层强的大气斜压和强北风急流为大风、沙尘暴的产生提供了必要的动力条件。

2.3 地面鞍型锋生场作用

2013 年 7 月 30 日 08 时地面图上(图 4a),蒙古高原中西部和南疆盆地分别被热低压所控制,而新疆西北部和黄河以南为冷高压盘踞,河西走廊处在鞍型场中央地带,冷锋位于河西走廊西部,冷锋后 3 h 变压为+2.5 hPa。地面鞍型场结构使冷锋后部的冷空气借助鞍型场后部的西北气流向东南方向热低压中扩散,有利于地面冷锋锋生,锋面进入河西走廊后显著增强。17 时冷锋移到河西走廊中部的山丹,冷锋后 3 h 变压增大到+4.5 hPa。30 日 20 时地面冷锋移到河西走廊东部,冷锋后 3 h 变压增大到+6.1 hPa。由于地面冷锋加强,锋面附近的强力管效应促使上升、下沉垂直运动加强,有利于冷锋附近的强对流天气产生。受地面冷锋东移影响,河西走廊中东部出现区域性大风、沙尘暴和雷阵雨天气(图 4b)。冷锋移出河西走廊后,气温日变化使地面温度下降,冷锋前后温度梯度减小,出现锋消,大风沙尘天气趋于结束。

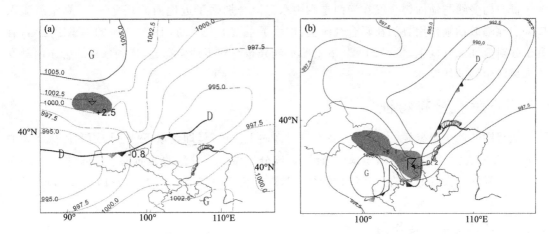

图 4 2013 年 7 月 30 日 08 时(a)和 20 时(b)地面环流形势(阴影部分为阵雨、雷阵雨区)

地面冷锋的冷空气借助鞍型场后部的西北气流向东南方向扩散,有利于地面冷锋锋生;地面冷锋经过河西走廊中东部的时间为午后到傍晚,气温的日变化加剧了地面冷锋前后的温度梯度,也使地面冷锋加强。同时,河西走廊的狭管效应增大了地面风速。因此,地面鞍型场结构和气温日变化促使地面冷锋锋生,是造成这次区域性大风、沙尘暴的主要原因。

2.4 高低空急流耦合作用

从高低空急流、切变线、冷暖中心、干湿区等综合分析图可以看出(图 5),7 月 30 日 08 时河西走廊西部存在地面辐合线(图 5a),辐合线西侧和西北侧有 700 hPa 切变线存在,有利于辐合上升运动发展;850 hPa 河西走廊西部存在暖脊和 $T-T_d \geqslant 15$ ℃的干区,500 hPa 河西走廊西部存在冷槽和 $T-T_d \leqslant 4$ ℃的湿区,这种下暖、上冷的垂直配置有利于强对流天气产生,但湿度的垂直配置为下干、上湿,不利于强降水产生。河西走廊西部位于 200 hPa 高空急流入口区的右侧,700 hPa 沿河西走廊有低空显著流线。20 时高低空温湿度场配置仍为下干暖、上湿冷(图 5b),有利于对流不稳定层结建立。700 hPa 低空切变线移到河西走廊东部,且追上地面辐合线,形成近地面层辐合上升运动区;对应 200 hPa 高空急流向东南方向移动,河西走廊中东部位于高空急流入口区右侧,高空为辐散气流。大风、沙尘暴区产生在低空辐合叠加高空辐散的强烈上升运动区。

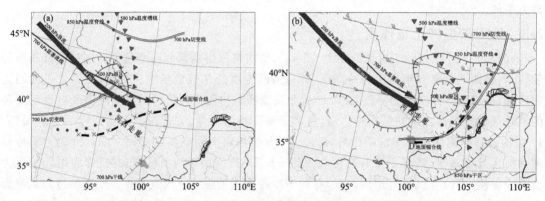

图 5　2013 年 7 月 30 日 08 时(a)和 20 时(b)强天气综合分析

低空切变线与地面辐合线在河西走廊中东部汇合加强了近地面的辐合气流,高空急流入口处右侧辐散抽吸作用叠加在辐合气流上,加强了垂直上升运动;上冷、下暖的不稳定层结,有利于强对流性天气发生、发展;上湿、下干的水汽分布有利于沙尘扬起;这些条件综合作用触发了大风沙尘暴的暴发。

3　风场垂直分布特征

大范围的沙尘暴暴发,一般存在高空强风区向下的传播,即动量下传。因而利用探空观测每隔 12 h 的高空风资料,在沙尘暴区域沿 40°N 分别做 u、v 分量的纬向垂直剖面(图 6),进而分析沙尘暴期间大气的垂直风场结构特征。选取的格点海拔高度为 1140~1527 m,800~850 hPa 在该地区接近于地面。

3.1　u 风的动量下传作用

沙尘暴发生前 08 时(图 6a),98°E 以东整层大气都受西风控制,在 150~200 hPa 存在一支西风急流,急流核在 150 hPa、95°E 附近,中心最大风速 37.9 m/s;8 m/s 的风速等值线在 100°E 附近伸展到近地面层(800~850 hPa)。沙尘暴暴发阶段 20 时(图 6b),150~200 hPa 的西风急流带范围扩大,在 95°~103°E 附近东西方向呈带状分布有 3 个急流核中心,急流中心明显加强,中心最大风速达 40.1 m/s,高度降低到 200 hPa;100°E 附近有"漏斗"状强风速带向近地面伸展,到达近地面(800~850 hPa)的等风速线加大到 12 m/s,说明高空动量传播到地面,激发了沙尘暴。沙尘暴结束后(图略),急流中心东移到 103°E,急流中心最大风速减小到 38.1 m/s,高度上升到 150 hPa。

在沙尘暴暴发期间,沙尘暴区域上空存在一个急流中心,急流中心值增大、范围扩大、高度降低。在急流中心的最大风速带以"漏斗"状向地面伸展,将高空动量向下传播,当 12 m/s 的强风速带伸展到近地面时,引发了河西走廊中东部的强风和沙尘暴。

3.2 v 风的北风楔入作用

沙尘暴暴发前 08 时(图 6c),河西走廊 600 hPa 以下均受南风控制,风速较小;650 hPa 以上为北风控制,最大北风中心出现在 150 hPa 的 95°E 附近,风速达到 22.5 m/s。沙尘暴暴发 20 时(图 6d),北风区域向低层扩展,在 100°~102°E 北风呈"楔子"状插入到南风下部,将 600 hPa 以下的南风向上抬升。沙尘暴结束时,河西走廊近地层又一次被南风控制。

当河西走廊上空北风插入到南风下部将近地层的南风向上抬起,北风前锋到达之处大风沙尘暴暴发。由此可知,北风的入侵是造成大风沙尘暴的直接原因。

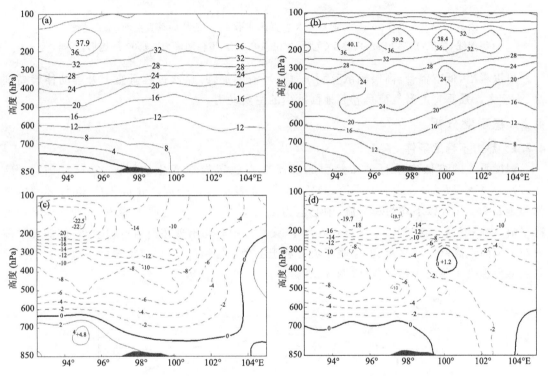

图 6 2013 年 7 月 30 日沙尘暴过程中 u、v 分量沿 40°N 的纬向剖面(单位:m/s)
(a.08 时 u 分量,b.20 时 u 分量,c.08 时 v 分量,d.20 时 v 分量;阴影为≥1500 m 地形)

4 物理量场诊断分析

4.1 动力条件分析

从图 7 可以看出,大风沙尘暴出现时散度场在河西走廊中东部(100°~103°E)低空辐合、高空辐散区存在非常好的对应关系,最大辐合中心出现在 500 hPa,强度达到$-2.9×10^{-5}$/s;最大辐散中心在 200 hPa,强度达到 $1.9×10^{-5}$/s,无辐散层出现在 300 hPa 附近。大风沙尘暴出现时垂直速度在河西走廊中东部,近地面层 850 hPa 到对流层顶 200 hPa 均为上升运动,垂直上升运动伸展高度高;850 hPa 近地面层上升运动达 $9.3×10^{-3}$ hPa/s,接近台风近地面层上升运动的阈值(章国材 等,2007);最强上升运动出现在 300 hPa 附近,其值为$-47.6×10^{-3}$ hPa/s。

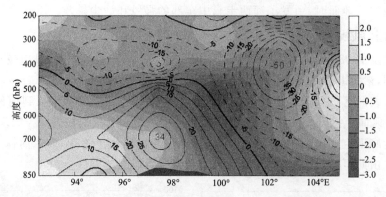

图 7　2013 年 7 月 30 日 20 时散度和垂直速度沿 40°N 的纬向垂直剖面(垂直速度
(等值线,单位:10^{-3} hPa/s)、散度(色阶,单位:10^{-5}/s)、黑色阴影为≥1500 m 地形,下同)

可以看出,低空辐合、高层辐散有利于垂直环流的加强,这次过程垂直上升运动伸展高度高、强度大。强垂直上升气流是卷起地面沙尘的主要动力。

4.2　稳定度分析

4.2.1　热力不稳定条件

温度平流的高低空垂直分布是引起对流性不稳定局地变化的原因之一(章国材 等, 2007)。$-V \cdot \nabla T < 0$ 表示有冷平流,$-V \cdot \nabla T > 0$ 表示有暖平流。分析 7 月 30 日 20 时,沿河西走廊 700 hPa 以下均为暖平流,中心值为 17.2×10^{-4} ℃/s;河西走廊 700～350 hPa 均为冷平流,中心值为 -33.2×10^{-4} ℃/s,最大冷、暖平流中心均出现在河西走廊中部,呈垂直对称分布。河西走廊高层冷平流、低层暖平流有利于不稳定层结的建立,差动温度平流为大风沙尘暴的暴发提供了热力不稳定条件(图 8)。

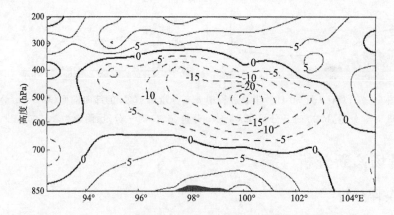

图 8　2013 年 7 月 30 日 20 时总温度平流沿 40°N 的纬向垂直剖面(等值线,单位:10^{-4} ℃/s)

4.2.2　有效位能条件

对流有效位能(CAPE)是一个能反映大气环境中能否发生对流的热力参数,是判断强对流潜势的重要参数,表达式为:

$$\mathrm{CAPE} = g \int_{Z_{lfc}}^{Z_{el}} \left(\frac{T_{vp} - T_{ve}}{T_{ve}} \right) \mathrm{d}z \tag{1}$$

式中，Z_{lfc} 为自由对流高度，Z_{el} 为平衡高度，T_{ve} 为环境虚温，T_{vp} 为气块虚温。若忽略虚温影响，CAPE 即为 T-$\ln p$ 图中当状态曲线在温度层结曲线上方时它们所围成的面积所对应的能量。从 7 月 30 日 20 时河西走廊及其周边的 CAPE 填图可以看出，张掖为 524.3 J/kg、民勤为 86.8 J/kg、西宁为 331.1 J/kg、酒泉为 0，说明河西走廊中东部对流不稳定能量较大，有利于中尺度对流系统发展和大风沙尘暴发生(图 9)。

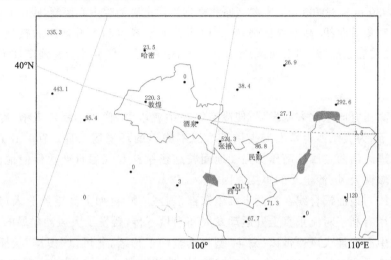

图 9 2013 年 7 与 30 日 20 时 CAPE 值填图(单位：J/kg)

5 沙尘暴形成机制及预报指标

沙尘暴的形成是对流层、边界层和下垫面热力、动力相互作用的复杂过程，既有天气尺度系统，同时也伴有中小尺度天气系统和强烈的湍流输送，这在以往大量观测事实和研究中得到证实。春季沙尘暴一般由大尺度天气系统造成，夏季沙尘暴多由高空小槽、切变线等中小尺度天气系统引发，常常与强对流天气同时发生(胡隐樵 等，1996b)。本次沙尘暴天气正是由沿河西走廊北风高空急流中不断分裂冷空气配合近地面中小尺度切变线产生的强对流性天气造成。

高空急流的作用一是将极地附近强冷空气向南输送；二是高空急流中次级环流使入口区右侧为辐散气流，地面和近地面层对应为辐合区，在垂直方向上形成强烈的"抽吸效应"，温度场表现为等温线密集，出现锋生，风场上表现为低空风速加大，低空北风急流形成，这是对流层中上部到对流层中下部动量下传的形成机制。2013 年 7 月 30 日沙尘暴 200 hPa 急流核中心风速超过 46 m/s，700 hPa 低空急流强度达到 15 m/s，动量下传过程从 u、v 风的垂直剖面分析可见，12 m/s 强西风伸展到近地面，北风呈"楔子"状插入到南风下部到达地面。

一般认为强风、沙源和大气热力不稳定是形成沙尘暴的三大因子(钱正安 等，2006；钱莉 等，2011；岳平 等，2006)。2014 年 4 月 24 日黑风地面极大风速为 28 m/s，最大垂直速度为 -13×10^{-3} hPa/s，CAPE 为 25 J/kg(钱莉 等，2011)，2013 年 7 月 30 日沙尘暴过程地面极大风速达 35.8 m/s(12 级)、最强上升运动达 -47.6×10^{-3} hPa/s、CAPE 为 524.3 J/kg，分析表明，夏季沙尘暴水平风速、垂直速度、CAPE 值均远大于春季沙尘暴黑风天气。加之这次强沙尘暴过程前期河西走廊连续 21 d 无有效降水，使得荒漠地表裸露的沙尘物质增多，为沙尘暴的暴发提供了沙尘来源。另外,春季特强沙尘暴往往产生于午后到傍晚,夏季强沙尘暴的出现时间也有同样的日变化特征,如2005年7月16日、2004年7月12日河西走廊沙尘暴均出现在午后到傍晚(李玲萍 等,2007;王式功 等,2000)。

综合以上分析,给出夏季沙尘暴的预报概念模型:①沿河西走廊存在≥40 m/s的北风高空急流;②500 hPa(50°～60°N,70°～80°E)有横槽存在,配合有≤-20 ℃的冷中心,槽前为西北气流,风速≥30 m/s;③700 hPa青藏高原北部到河西走廊为暖中心控制,暖中心强度≥20 ℃,暖中心后部有密集等温线,高空锋区强;④近地面有促使锋生和上升运动的鞍型场、切变线和低涡存在,冷锋前后 $\Delta p_3 \geqslant +6$ hPa;⑤冷锋过境时间,午后到傍晚沙尘暴强度加大。

6　结论

乌拉尔山高压脊向东北方向发展,使冷空气在中亚堆积,形成不稳定横槽,冷空气以阶梯槽形势分裂南下,为大风沙尘暴发展提供了对流不稳定的环境场条件。700 hPa强大气斜压促使高空锋区进入河西走廊后南压加强。地面鞍型场结构和气温日变化促使地面冷锋锋生,是造成这次区域性大风、沙尘暴的直接原因。

低空切变线与地面铺合线在河西走廊中东部汇合加强,再加上高空急流入口处右侧辐散气流的抽吸作用有利于对流垂直上升运动发展和动量下传,触发了大风沙尘暴的暴发。

西风急流中心的最大风速带以"漏斗"型将动量向下传播,北风以"楔子"状插入到南风下部将近地层的南风向上抬起。当12 m/s的强西风带伸展到地面、北风前锋到达之处大风沙尘暴暴发。

这次过程河西走廊中东部温度层结为上冷、下暖,温度平流的垂直分布为大风沙尘暴的暴发提供了热力不稳定条件。河西走廊中东部存在对流有效位能大值中心,有利于中尺度对流系统发生和大风沙尘暴发生。

夏季强沙尘暴的形成,要具备比春季特强沙尘暴更大的启动风速、更强的上升运动和热力不稳定条件。前期干旱背景和锋面傍晚过境增大了沙尘暴的强度。

参考文献

冯鑫媛,王式功,程一帆,等,2010.中国北方中西部沙尘暴气候特征[J].中国沙漠,30(2):394-399.
胡隐樵,光田宁,1996a.强沙尘暴发展与干飑线-黑风暴形成的一个机理分析[J].高原气象,15(2):178-185.
胡隐樵,光田宁,1996b.强沙尘暴微气象特征和局地触发机制[J].大气科学,21(5):1582-1589.
李玲萍,罗晓玲,王锡稳,2007.夏季强沙尘暴天气分析及预报[J].甘肃科学学报,19(3):57-61.
钱莉,杨金虎,杨晓玲,等,2007.河西走廊东部"2008.5.2"强沙尘暴成因分析[J].高原气象,2010,29(3):719-725.
钱莉,杨永龙,王荣哲,等,2011.河西走廊"2010.4.24"黑风成因分析[J].高原气象,30(6):1653-1660.
钱正安,宋敏红,李万元,2002.近50年中国北方沙尘暴的分布及变化趋势[J].中国沙漠,22(2):106-111.
钱正安,蔡英,刘景涛,等,2006.中蒙地区沙尘暴研究的若干进展[J].地球物理学报,49(1):83-92.
孙军,姚秀萍,2002.一次沙尘暴过程锋生函数和地表热通量的数值诊断[J].高原气象,21(5):488-494.
汤绪,俞亚勋,李耀辉,等,2004.甘肃河西走廊春季强沙尘暴与低空急流[J].高原气象,23(6):840-846.
王伏村,许东蓓,王宝鉴,等,2012.河西走廊一次特强沙尘暴的热力动力特征分析[J].气象,38(8):950-959.
王劲松,李耀辉,康凤琴,等,2004."4.12"沙尘暴天气的数值模拟及诊断分析[J].高原气象,23(1):89-96.
王式功,董光荣,陈惠忠,等,2000.沙尘暴研究的进展[J].中国沙漠,20(4):349-356.

王锡稳,黄玉霞,刘志国,等,2007.甘肃夏季特强沙尘暴分析[J].气象科技,35(5):681-686.

许东蓓,任余龙,李文莉,等,2011."4.29"中国西北强沙尘暴数值模拟及螺旋度分析[J].高原气象,30(1):115-124.

徐国昌,陈敏连,吴国雄,1979.甘肃省"4.22"特大沙尘暴分析[J].气象学报,37(4):26-35.

徐国昌,2008.强沙尘暴天气过程中的若干问题思考[J].干旱气象,26(2):9-11.

岳平,牛生杰,王连喜,等,2006.一次夏季强沙尘暴形成机理的综合分析[J].中国沙漠,26(3):370-374.

章国材,矫梅燕,李延香,等,2007.现代天气预报技术和方法[M].北京:气象出版社.

张强,王胜,2005.论特强沙尘暴(黑风)的物理特征及其气候效应[J].中国沙漠,25(5):675-681.

赵庆云,张武,吕萍,等,2012.河西走廊"2010.4.24"特强沙尘暴特征分析[J].高原气象,31(3):688-696.

河西走廊东部冬季沙尘暴的典型
个例及气候特征分析[*]

张春燕[1,2]，李岩瑛[1,2]，曾婷[2]，张爱萍[3]

(1. 中国气象局乌鲁木齐沙漠气象研究所，中国气象局树木年轮理化研究重点开放实验室，
乌鲁木齐 830002；2. 甘肃省武威市气象局，武威 733000；3. 甘肃省民勤县气象局，民勤 733399)

摘要：应用 1971—2016 年河西走廊东部代表站的地面观测资料、NCEP2.5°×2.5°月均地面至 300 hPa高空资料，2006—2016 年民勤逐日 07 和 19 时每隔 10 m 加密高空资料，分析了近 45 年河西走廊东部冬季沙尘暴天气的年际变化特征。同时选取 2016 年 11 月两次沙尘暴天气过程从天气学成因、物理量场及近地面边界层特征等方面进行了诊断分析。结果表明：近 45 年河西走廊东部冬季沙尘暴日数呈减少趋势，产生大风沙尘天气的主要原因不仅与大型冷、暖空气强度及环流形势有关，还与冷锋过境时间、日变化、近地层风速和干湿程度关系密切。夜间至早晨近地面逆温层厚且强，大气层结稳定，削弱沙尘暴强度，而午后到傍晚，逆温层薄而弱，大气层结不稳定性强，加强动量下传和风速，增强沙尘暴强度。近地层越干，风速越大，沙尘暴越强。

关键词：冬季沙尘暴；个例分析；气候特征；河西走廊东部

引言

　　河西走廊东部地处干旱、半干旱的内陆地区，境内北面为巴丹吉林沙漠包围，东面为腾格里沙漠环绕(图 1)，民勤地面 96％为沙漠和戈壁，地表植被覆盖不足 10％，这为沙尘暴提供了丰富的沙源(王式功 等，2000)。常年受西风带天气系统影响，冷锋过境常带来大风天气，同时南边为祁连山脉，北部为蒙古高原，境内地势平坦(图 1)，冷空气在东移南下过程中，受河西走廊狭管效应的影响，风速增大，为沙尘暴的形成提供了动力条件(赵明瑞 等，2012；李岩瑛 等，2002)。尤其冬季地表植被差，土壤疏松，冷空气活动频繁，是沙尘暴的次高发季节(刘洪兰 等，2014)。

　　中国至今有关沙尘暴事件的个例分析和天气动力过程、沉降机制、沙尘源地的研究，多以春季或春夏时节的沙尘暴为例(钱莉 等，2015；程鹏 等，2009；郭萍萍 等，2011)，这是由于该时段大范围的沙尘个例多而且容易成灾的缘故(李岩瑛 等，2013)。近年来随着国家对大气质量的高度重视，冬季雾、霾和沙尘暴对空气质量和环境的危害日益严重，相关研究日渐增多(安林昌 等，2018；高文康 等，2014；余予 等，2014；刘庆阳 等，2014；王旗 等，2011)，并且冬季是中国西北地区沙尘暴天气发生的最强时期(韩兰英 等，2012)，但目前对于河西走廊东部冬季的沙尘暴研究却较少(李岩瑛 等，2004a，2004b)。因冬季受冷高压控制，大气层结稳定，河西走

＊ 本文已在《气象》2019 年第 45 卷第 9 期正式发表。

廊难以形成沙尘暴天气,且沙尘暴局地性强,区域性沙尘暴少,不具有春季沙尘暴天气的典型性与特点,在业务工作中容易错报、漏报。文中以 1971—2015 年河西走廊东部冬季沙尘暴为背景,重点选取 2016 年 11 月 9—10 日、18 日发生在武威市的大风沙尘暴过程进行个例分析和诊断,由于这两次过程为近 10 年来河西走廊东部冬季发生强度最强的沙尘暴,其大风日数也最多(与 2012 年持平,为 5 d),前期干旱少雨,气温异常偏高,在天气形势和气候背景上具有代表性,故从气候背景、天气学条件和物理量诊断等方面深入研究,以期得到冬季大风沙尘暴天气的发生规律和特点,提高冬季大风沙尘暴的预报能力。研究表明西北地区有 3 个沙尘暴高频区(钱正安 等,1997),其中一处在甘肃河西走廊及宁夏黄河灌区一带,中心在民勤地区,达 15 次,平均 3 年一遇(牛生杰 等,2000),所以河西走廊东部为沙尘暴预警和防御的关键区。由 1971—2015 年冬季沙尘暴平均日数可见(图 1),民勤和凉州为河西走廊东部沙尘暴天气多发区,故选取凉州、民勤为代表站做深入研究。

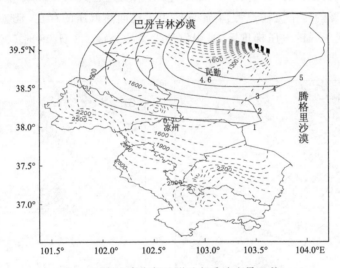

图 1　河西走廊东部地形及冬季沙尘暴日数

(虚线为海拔高度,单位:m;实线为 1971—2015 年冬季沙尘暴平均日数,单位:d)

1　2016 年冬季两次沙尘暴个例对比分析

1.1　天气实况

　　2016 年 11 月 9—10 日民勤县出现大风沙尘暴,平均最大风速达 11.7 m/s,瞬间最大风速 21.4 m/s(9 级),最小能见度为 278 m。11 月 18 日凉州区出现沙尘暴,平均最大风速 5.9 m/s,瞬时最大风速 12.8 m/s,最小能见度为 324 m;而民勤只出现大风,平均最大风速 11.2 m/s,瞬时最大风速 19.1 m/s(8 级)。

1.2　前期气候状况

　　河西走廊东部冬季(11 月至次年 2 月)年均降水量不足 10 mm,占全年降水量的 2% ~ 5%,≥0.1 mm 降水日数不足 8 d,气温在 −5 ~ −3 ℃,属于极端干旱区。受 2016 年超强厄尔尼诺事件(李岩瑛 等,2004)及其结束后期的影响,冬季以来新疆高压偏强,暖区位置偏北,武威市大部分时间处在暖脊控制下,影响河西走廊东部的冷空气次数少、强度弱,气温异常偏高,降雪过程少。2016 年 11 月上旬平均气温为 5.8 ℃,较历年平均气温高出 2.4 ℃,11 月中旬平均气温为 5.4 ℃,较历年平均气温高出 4.8 ℃,打破 1951 年建站以来的历史极值记录。10 月 27 日至 11 月 9 日,民勤无降水,10 月 27 日至 11 月 18 日凉州仅有 0.2 mm 的降水。高温少雨的气候条件加剧了下垫面的沙尘化,土质疏松,地表干土层增厚,为沙尘暴提供了较丰富的物质基础,导致武威市 11 月沙尘暴天气多发。一般沙漠地区的表面沙粒已经过沙尘暴天气无数次的筛选,能够被大气动力过程远距离输送的沙粒并不多,干旱导致的荒漠化地带,细沙尘丰富,是沙尘天气能够实现起沙的主要源地(张强 等,2005)。

1.3　环流特征

1.3.1　500 hPa 冷锋和 700 hPa 强冷平流输送

通过对比分析 11 月 9—10 日和 18 日两次大风沙尘暴的高空形势图发现(图 2),两次过程的主要影响系统都是冷锋,伴随高空锋区东移南压的过程,700 hPa 冷槽滞后于高度槽,温度梯度大,河西走廊的冷平流输送特别强,同时由于地面热低压的存在,延缓了锋面的移动,在河西走廊一带形成了强的气压梯度区,是引发沙尘暴的关键。8 日 08 时 500 hPa 亚欧大陆为

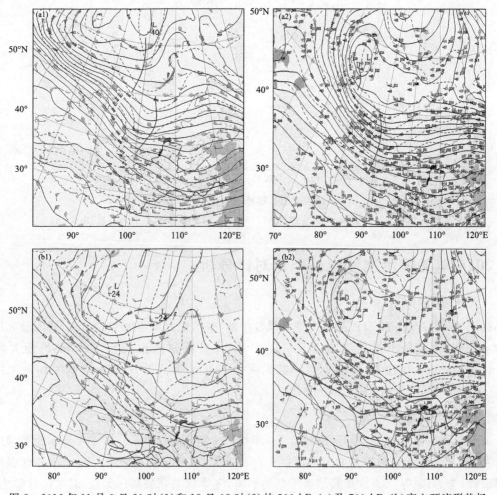

图 2　2016 年 11 月 9 日 20 时(1)和 18 日 08 时(2)的 500 hPa(a)及 700 hPa(b)高空环流形势场

两槽一脊型,巴尔喀什湖以北为一冷槽,贝加尔湖处为一暖脊,伴随高空锋区东移南压,8 日 20
时,在(55°~65°N,80°~90°E)处形成一冷涡,冷中心为 -41 ℃。9 日 08 时,高空锋区加强,继
续东移南压,等温线与等压线交角变大,冷平流增强。9 日 20 时,冷槽东移南压至河西走廊中
部,冷空气暴发,引发了该地的大风沙尘暴天气。

1.3.2 地面环流形势及影响系统

系统性锋面是造成这两次沙尘暴过程的直接原因。在 9 日 20 时沙尘暴过程中,蒙古高原
有热低压形成,热低压的存在延缓了地面冷高压的移动,在河西走廊形成了强的气压梯度区。
9 日 08 时地面冷高压位于新疆北部,中心气压为 1044 hPa,热低压位于蒙古高原中部,中心强
度为 1023 hPa;14 时位于新疆东部的冷高压东移至青海和甘肃境内,蒙古热低压加强略东移,
地面强气压梯度区位于河西走廊西部,玉门、鼎新等地出现大风扬沙天气;17 时锋面东移至河
西走廊东部,酒泉、张掖等地出现大风扬沙天气;20 时地面冷高压东移并加强(图 3a),中心为
1038 hPa,3 h 变压最大为 5.6 hPa,大风的风速、范围以及沙尘天气的强度、范围进一步加大,
民勤出现沙尘暴天气。18 日 08 时锋面在河西走廊中西部(图 3b),3 h 变压最大为 6.6 hPa。
18 日 10 时 18 分凉州暴发了沙尘暴天气。9 日与 18 日的沙尘暴天气均出现在地面冷锋后部、
冷高压前部、3 h 变压最大的地区。

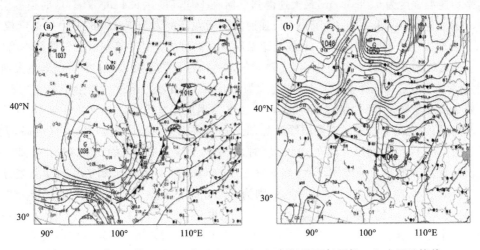

图 3 2016 年 11 月 9 日 20 时(a)和 18 日 08 时(b)地面气压场、3 h 变压及锋线

1.4 物理量场分析

垂直速度是天气分析和预报中必须考虑的一个重要物理量,垂直运动造成的水汽、热量、
动量、涡度等物理量的垂直输送对天气系统发展有很大影响(刘景涛 等,2004)。2016 年 11 月
9—10 日,民勤上空的垂直速度有一个明显的增大过程(图 4a),从低层到高层为一致的上升运
动,最大上升中心位于 500 hPa,中心值达 -34×10^{-5} hPa/s。11 月 18 日凉州 400 hPa 以下、
250 hPa 以上为上升运动,250~400 hPa 为下沉运动,最大上升中心位于 700 hPa,中心值为
-10×10^{-5} hPa/s。与 9—10 日沙尘暴过程不同,18 日的沙尘暴暴发于低层上升运动,中上层
下沉运动,垂直速度较 9 日明显要弱(图 4b)。故 9 日沙尘暴的沙源一部分是由强上升运动使
本地裸露地表的沙尘扬起所造成,而 18 日沙尘暴的沙源大部分来自于上游地区,本地沙尘的
影响较小。

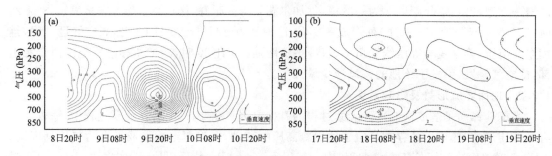

图4 2016年11月9—10日(a.38.63°N,103.08°E)和
18日(b.37.92°N, 102.67°E)垂直速度的高度—时间剖面(单位:10^{-5} hPa/s)

1.5 边界层特征分析

应用2006—2016年民勤逐日07时和19时每隔10 m高空加密资料,深入分析两次沙尘暴过程的近地层气温、风速和湿度特征。民勤秋、冬季逆温层厚度厚,日变化中19时较07时逆温层厚度显著变薄,逆温强度减弱,逆温层高度升高。如2016年11月07时逆温层厚度为350 m,平均逆温强度达到0.12 ℃/m,最大逆温强度所在平均高度为352 m;19时逆温层厚度为170 m,平均逆温强度为0.08 ℃/m,最大逆温强度所在平均高度达624 m。9日07时逆温层厚度为290 m,最大逆温层强度达0.05 ℃/m,最强逆温层所在高度为70 m;19时逆温层厚度仅为20 m,最大逆温层强度较弱为0.01 ℃/m,最强逆温层所在高度较高达1570 m,大气层结不稳定,有利于沙尘暴天气的发生。18日07时,沙尘暴天气发生前逆温层厚度较厚,为320 m,最大逆温层强度较强,为0.21 ℃/m,最强逆温层所在高度为100 m,18日沙尘暴天气发生于10时18分,大气层结较9日沙尘暴天气发生时稳定,故18日沙尘暴强度比9日弱。对比9日与18日的逆温层变化,傍晚的逆温层比早晨的逆温层厚度薄,最大逆温强度弱,最强逆温层所在高度高,大气层结比早晨的更加不稳定,所以锋面在傍晚过境时,更有利于沙尘暴天气的发生(魏倩 等,2018)。

两次过程中高低空急流差别不大:如9日20时200 hPa、500 hPa和700 hPa急流分别为50 m/s、44 m/s和20 m/s,18日08时则分别为54 m/s、38 m/s和20 m/s。进一步分析两次沙尘暴过程发生前后民勤近地面至3 km气象要素变化(图5):9日2355 m以下沙尘暴天气发生前(07时)的风速远小于沙尘暴发生临近时(19时),19时1555 m处风速最大达32 m/s。

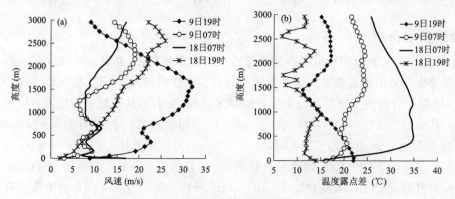

图5 2016年11月9日和18日07和19时民勤近地面层(3 km以下)
每隔100 m的风速(a)和温度露点差(b)垂直廓线

18 日 655 m 以下沙尘暴天气发生临近前(07 时)风速大于沙尘暴天气发生后(19 时),07 时近地面层风速最大为 17 m/s。强风为沙尘暴天气的发生提供了好的动力条件。9 日 255 m 以下沙尘暴天气发生临近时(19 时)温度露点差大于沙尘暴天气发生前(07 时);18 日 3000 m 以下沙尘暴天气发生临近前(07 时)温度露点差远大于沙尘暴天气发生后(19 时),沙尘暴天气发生时,近地面层温度露点差大,空气干燥,有利于沙尘暴天气发生。9 日 19 时近地面 2000 m 以下风速远大于 18 日近地面风速,因而沙尘暴强度较 18 日强,近地层风速是影响沙尘暴天气强弱的最主要因素。

1.6　要素对比

两次沙尘暴过程都发生在高温少雨的典型气候条件下,具有相同的天气环流形势,但物理量场、边界层特征,以及气象要素等存在差异(表 1),表明冬季大风沙尘暴天气发生的原因除与前期气候条件、大型冷暖空气强度及环流形势有关外,主要还与近地层空气热力稳定度的日变化有关(毛东雷 等,2018)。河西走廊东部戈壁沙漠广为分布,由于沙漠戈壁受热快散热也快,气温日较差特别大,使风速日变化比其他地方更为突出。白天尤其是午后,下垫面迅速升温。当高空有西风急流扰动时,午后的升温导致大气高低空层结不稳定,易使动量下传作用加强,导致午后风速增大。到了夜间至清晨,沙漠戈壁迅速散热,近地层空气变冷的同时形成很厚的逆温层,大气层结稳定,风速减小,即使很强的冷空气过境也很少形成强度大破坏力强的大风沙尘暴天气(刘景涛 等,2004)。

表 1　两次沙尘暴过程气象要素对比

	气象要素	9 日 20 时	18 日 08 时
相同点	高空形势	冷锋	冷锋
	地面系统	系统性锋面	系统性锋面
	500 hPa 冷中心强度(℃)	−40	−40
	700 hPa 冷中心强度(℃)	−24	−24
	700 hPa 低空急流(m/s)	20	20
不同点	冷锋过境时间	9 日 18 时	18 日 9 时
	200 hPa 高空急流(m/s)	50	54
	500 hPa 槽前后 24 h 最大变温(℃)	−20	−24
	500 hPa 槽前后 24 h 最大变高(gpm)	−31	−30
	地面冷锋前后 3 h 最大变压(hPa)	7.1	8.7
	当天最大地气温差(℃)	17.5	10.4
	最强上升速度(hPa/s)	-34×10^{-5}	-10×10^{-5}
	逆温层数(层)	2	32
	逆温层所在高度(m)	1570	100
	逆温强度(℃/m)	0.01	0.21
	2km 以下最大风速(m/s)	32	13
	最大风速(m/s)	11.7	5.9
	最小能见度(m)	278	324

2　冬季沙尘暴气候特征

2.1　沙尘暴极端年的气候特征

民勤西、北、东三面被沙漠包围,大风多,其下垫面和气候背景有利于沙尘暴形成,是河西东部沙尘暴出现最多、灾情最重的区域,故选取民勤站为代表进行分析。民勤冬季沙尘暴偏多年与偏少年的气温距平、降水距平、冷空气活动日数以及大风日数表明(表2):在比较寒冷的气候背景下冷空气的活动频繁,容易具备足以扬起沙尘的强风条件(张德二 等,1999),在沙尘暴偏多年(1971 年、1977 年、1979 年、1982 年),冬季气温偏低,大风日数较多,所以气候冷时段的沙尘暴日数多于暖时段。而无沙尘暴年(偏少年)(1991 年、1995 年、2011 年、2013 年、2014年),气温较高,大风日数较少。由于全球气候变暖导致冷空气强度减弱、频次减少,使大风日数减少,沙尘暴呈较少趋势。统计民勤 1971—2016 年逐年冬季沙尘暴日数与大风日数、气温距平、地气温差和降水距平之间的相关得出:民勤地区冬季沙尘暴日数的变化与大风日数存在显著的正相关,建立沙尘暴日数(y)与大风日数(x)的逐步回归预报方程为:$y=-0.268+1.095x$。通过预报方程可知,大风日数与沙尘暴日数有很好的相关,相关系数为 0.76,冬季沙尘暴日数与同期气温距平存在显著负相关,相关系数为 -0.5,均通过了 0.01 的显著性检验;说明大风对沙尘暴天气的发生起主导作用,并且气温偏低的年份,沙尘暴天气发生频率高。沙尘暴出现日数还与地气温差呈正相关,相关系数为 0.32,通过 0.05 显著性检验,这说明地气温差越大,大气层结越不稳定,更加有利于沙尘暴天气的发生。进一步分析沙尘暴日数与降水距平无明显相关,相关系数仅为 0.06。民勤冬季降水稀少,11 月至次年 2 月平均总降水量不足 5 mm,地面 96% 为沙漠和戈壁,地表植被覆盖率不足 10%,这为沙尘暴提供了丰富的沙源,所以只要有大风天气就有出现沙尘暴的可能。2016 年冬季大风日数较多,故沙尘暴发生次数也较多。

表 2　民勤沙尘暴极端年的气候特征

	年份	冬季沙尘暴日数(d)	气温距平(℃)	降水距平(%)	强冷空气活动日数(d)	大风日数(d)
偏多年	1971	15	−1.5	−0.60	2	5
	1978	17	−0.7	−0.02	5	7
	1979	13	1.0	1.05	4	11
	1982	16	−1.0	−0.08	5	13
偏少年	1991	0	0.7	0.64	3	1
	1995	0	1.0	−0.88	5	1
	2011	0	−0.1	1.65	1	0
	2013	0	0.2	1.02	2	0
	2014	0	1.5	−0.54	4	0
分析	2016	2	0.8	0.15	1	5

2.2　沙尘暴极端年物理量对比

由近 45 年冬季沙尘暴统计得出:民勤在 1971 年、1977 年、1978 年、1979 年和 1982 年冬季出现沙尘暴日数最多,均超过 12 d,而 1991 年、1995 年、2011 年、2013 年和 2014 年冬季都没有出现沙尘暴天气。研究使用 NCEP 月平均资料,对上述沙尘暴偏多年、偏少年分别沿民勤(39°N,103°E)做从地面至 300 hPa 的经向 5 年平均,得出民勤(30°～45°N)的冬季平均温度平流、垂直速度和风场垂直剖面,从而更深入地分析沙尘暴的成因和机制。

2.2.1 温度平流

从沙尘暴冬季平均温度平流剖面来看(图 6),偏多年 450～650 hPa 为强冷平流,冷中心在 600 hPa,冷中心强度为 -1×10^{-5}℃/s;650～850 hPa 为强暖平流,暖中心强度大于 1×10^{-5}℃/s,位于 850 hPa。沙尘暴偏多年冬季对流层为上冷、下暖的不稳定层结。而沙尘暴偏少年 750 hPa 以上为强的冷平流,冷中心强度为 -1.5×10^{-5}℃/s,位于 600 hPa;近地面层为弱的暖平流,850 hPa 暖平流强度仅为 0.5×10^{-5}℃/s。沙尘暴偏少年冬季对流层以冷平流为主,层结较为稳定。

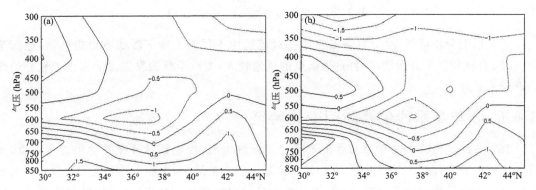

图 6　经过民勤(沿 103°E)冬季沙尘暴偏多年(a)偏少年(b)平均温度平流剖面(单位:10^{-5}℃/s)

2.2.2 垂直速度

从沙尘暴冬季平均垂直速度剖面图来看(图 7),偏多年 300～850 hPa 为一致的上升运动,近地面中心垂直速度在 -6×10^{-5}～-7×10^{-5} hPa/s。偏少年近地面中心垂直速度较小,为 -5×10^{-5} hPa/s。沙尘暴偏多年近地面层的垂直上升运动比偏少年的强,存在将沙尘扬起的较好动力条件。

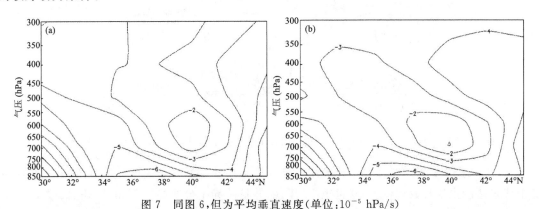

图 7　同图 6,但为平均垂直速度(单位:10^{-5} hPa/s)

2.2.3 全风速

从沙尘暴冬季平均风场剖面图来看(图 8),偏多年近地面风速较大(3～4 m/s),偏少年近地面风速较小,小于 2 m/s。沙尘暴偏多年冬季近地面风速较偏少年大,为沙尘暴天气的发生提供了强风条件。

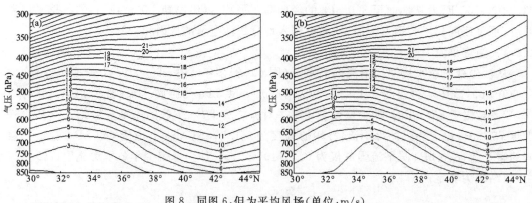

图 8　同图 6,但为平均风场(单位:m/s)

通过以上分析可得,沙尘暴偏多年冬季对流层中下层为上冷下暖的不稳定层结,地面至800 hPa 存在强的上升运动,并且近地面层的风速较大,为沙尘暴的发生发展提供了较好的热力和动力条件。

3　近 45 年冬季沙尘暴时间变化特征

1971—2015 年冬季沙尘暴日数的年际变化曲线表明,沙尘暴日数在波动中逐步减少,民勤减少幅度较大(图 9)。20 世纪 70 年代沙尘暴出现次数最多,为沙尘暴天气的高发年。由于气候变暖与大规模的生态治理,80 年代后沙尘暴发生次数明显减少。凉州、民勤的沙尘暴日数年际变化的线性趋势线方程分别为:$y=-0.05x+102.02$、$y=-0.28x+567.86$,其中 y 为沙尘暴日数,x 为年份,线性趋势线方程的相关系数(R)分别为 0.62 和 0.76。

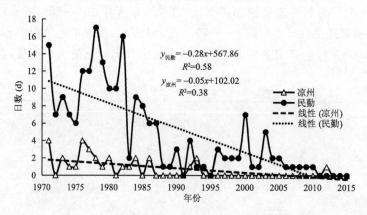

图 9　1971—2015 年河西东部 2 个代表站冬季沙尘暴日数的年际变化及其趋势

1971—2016 年河西东部 2 个代表站各年代际年均沙尘暴日数表明(表 3):2001—2010 年2 个代表站沙尘暴日数均少于 20 世纪 70 年代,并且差异十分明显。例如,凉州、民勤 70 年代平均年总沙尘暴日数分别为 2 d 和 10.8 d,而 2001—2010 年分别减少为 0 和 1.6 d。可见近45 年河西地区的沙尘暴日数是以减少为主的,70 年代是冬季沙尘暴天气的高发期。研究表明,近 50 年西北地区风速减小十分明显,可达每 10 年减小 0.2 m/s,尤其冬季风速减小最为明显(周自江,2001)。平均大风风速和大风日数的减少,使近 45 年沙尘暴日数呈减少趋势,2011—2016 年随着大风日数的增多,凉州区沙尘暴日数增多。

表3 1971—2016年河西东部2个代表站各年代际冬季平均沙尘暴、大风日数(单位:d)

站名		1971—1980年	1981—1990年	1991—2000年	2001—2010年	2011—2016年
凉州区	沙尘暴	2	0.6	0.3	0	0.3
	大风	1.5	0.8	0.2	0.5	1
民勤县	沙尘暴	10.8	6.2	2.2	1.6	0.3
	大风	8	5.2	3.4	2.3	2.4

4 结论

通过对2016年冬季两次沙尘暴个例的总结,以及民勤、凉州两站冬季沙尘暴的气候态和成因分析,得到河西走廊东部冬季沙尘暴的发生规律。

(1)在较寒冷的气候背景下,冷空气活动频繁,大风日数多,冬季沙尘暴频发,随着全球气候变暖,使冷空气强度减弱、频次减少,使大风日数减少,沙尘暴呈较少趋势。

(2)大风对沙尘暴天气的发生起主导作用,大风日数较多年,沙尘暴发生频率高。2016年冬季河西走廊东部大风日数明显增多,沙尘暴天气频发。

(3)对流层中下层有上冷下暖的不稳定层结,配合强的上升运动以及近地层大风有利于沙尘暴天气的暴发。2016年冬季两次沙尘暴个例均具备以上条件。

(4)大型冷暖空气强度及环流形势为沙尘暴天气暴发的基础条件,边界层特征与物理量场为沙尘暴天气的增强条件。

(5)沙尘暴强度与冷锋过境时间、日变化、近地层风速和干湿程度关系密切。夜间至早晨近地面逆温厚而强,大气层结稳定,削弱沙尘暴强度,而午后到傍晚,逆温薄而弱,大气层结不稳定性强,加强动量下传和风速,增强沙尘暴强度。近地层越干,风速越大,沙尘暴越强。

参考文献

安林昌,张恒德,桂海林,等,2018.2015年春季华北黄淮等地一次沙尘天气过程分析[J].气象,44(1):180-188.

程鹏,李光林,刘抗,等,2009.河西走廊一次区域性大风强沙尘暴天气诊断[J].干旱气象,27(3):245-249.

高文康,高庆先,陈跃浩,等,2014.北京市沙尘天气环境质量等级划分[J].资源科学,36(7):1527-1534.

郭萍萍,殷雪莲,刘秀兰,等,2011.河西走廊中部一次特强沙尘暴天气特征及预报方法研究[J].干旱气象,29(1):110-115.

韩兰英,张强,马鹏里,等,2012.中国西北地区沙尘天气的时空位移特征[J].中国沙漠,32(2):454-457.

李岩瑛,杨晓玲,王式功,2002.河西走廊东部近50a沙尘暴成因、危害及防御对策[J].中国沙漠,22(3):283-287.

李岩瑛,李耀辉,罗晓玲,等,2004a.河西走廊东部沙尘暴预报方法研究[J].中国沙漠,24(5):607-610.

李岩瑛,俞亚勋,罗晓玲,等,2004b.河西走廊东部近50年沙尘暴气候预测研究[J].高原气象,23(6):851-856.

李岩瑛,许东蓓,陈英,2013.典型槽型转脊型黑风天气过程成因分析[J].中国沙漠,33(1):187-194.

刘洪兰,张强,张俊国,等,2014.1960—2012年河西走廊中部沙尘暴空间分布特征和变化规律[J].中国沙漠,34(4):1102-1108.

刘景涛,钱正安,姜学恭,等,2004.影响中国北方特强沙尘暴的环流系统分型研究[J].干旱资源与环境,18

(S1):14-20.

刘庆阳,刘艳菊,赵强,等,2014.2012年春季京津冀地区一次沙尘暴天气过程中颗粒物的污染特征分析[J].
　　环境科学,35(8):2843-2850.

毛东雷,蔡富艳,赵枫,等,2018.塔克拉玛干沙漠南缘近4年沙尘天气下的气象要素相关性分析[J].高原气
　　象,37(4):1120-1128.

牛生杰,孙继明,桑建人,2000.贺兰山地区沙尘暴发生次数的变化趋势[J].中国沙漠,20(1):55-58.

钱莉,滕杰,胡津革,2015."14.4.23"河西走廊特强沙尘暴演变过程特征分析[J].气象,41(6):745-753.

钱正安,贺慧霞,瞿章,等,1997.我国西北地区沙尘暴的分级标准和个例及其统计特征[C]//方宗义.中国沙
　　尘暴研究.北京:气象出版社.

王旗,廖逸星,毛毅,等,2011.沙尘天气导致人群健康经济损失估算[J].环境与健康杂志,28(9):804-808.

王式功,董光荣,陈惠忠,等,2000.沙尘暴研究的进展[J].中国沙漠,20(4):349-356.

魏倩,隆霄,田畅,等,2018.民勤一次沙尘暴天气过程的近地层气象要素多尺度特征分析[J].干旱区研究,35
　　(6):1352-1362.

余予,孟晓艳,刘娜,等,2014.近50年春季沙尘活动及其对PM_{10}质量浓度的影响[J].高原气象,33(4):
　　988-994.

张德二,陆风,1999.我国北方的冬季沙尘暴[J].第四纪研究(5):441-447.

张强,王胜,2005.论特强沙尘暴(黑风)的物理特征及其气候效应[J].中国沙漠,25(5):675-681.

赵明瑞,杨晓玲,滕水昌,2012.甘肃民勤地区沙尘暴变化趋势及影响因素[J].干旱气象,30(3):421-425.

周自江,2001.近45年中国扬沙和沙尘暴天气[J].第四纪研究,21(1):9-17.

河西走廊东部"2018·3·19" 强沙尘暴特征分析[*]

李玲萍[1]，李岩瑛[1,2]，刘维成[3]

(1. 甘肃省武威市气象局，武威 733000；2. 中国气象局兰州干旱气象研究所，甘肃省干旱气候变化与减灾重点实验室/中国气象局干旱气候变化与减灾重点开放实验室，兰州 730020；3. 甘肃省兰州中心气象台，兰州 730020)

摘要：利用常规气象观测资料和 ECMWF 数值预报产品初始场资料，对 2018 年 3 月 19 日河西走廊东部的大风强沙尘暴天气过程进行了分析。结果表明：500 hPa 蒙古国西部到新疆东部低槽是此次区域性大风沙尘暴发生的影响系统，700 hPa 河西走廊东部变形场是大风沙尘暴的触发系统，午后气温日变化加大了地面冷锋前后的气压梯度和温度梯度，冷锋前后 Δp_3 达 8.3 hPa，造成冷锋移至河西走廊东部产生强烈锋生是沙尘暴暴发的直接原因；随着河西走廊东部上空高空西风急流风速增大、高度降低，风速为 14 m/s 的强风速带伸展到地面，将高空动量向下传播，加之北风前锋到达之处，沙尘暴暴发；沙尘区低层辐合、高层辐散，以及无辐散层和 -52.6×10^{-3} hPa/s 的强上升运动一致，有利于增大近地面沙尘浓度；V-3θ 曲线显示强垂直风速切变和上干下湿的状态，为此次沙尘暴的发生、发展提供了不稳定的环境条件；前期降水稀少，气温异常偏高的气候背景和边界层逆温层破坏，中低层干热及地面风速增大，为沙尘暴天气暴发提供了前期气候背景和不稳定及动力条件。

关键词：河西走廊东部；强沙尘暴；锋生；动量下传

引言

沙尘天气是指强风从地面卷起大量沙尘，使空气混浊，水平能见度明显下降的天气现象，其可分为浮尘、扬沙、沙尘暴、强沙尘暴和特强沙尘暴 5 个等级(中国气象局，2003；王式功 等，2000；周自江，2001；朱炳海 等，1985；王式功 等，2003；张凯 等，2003)。沙尘暴是强风将地面尘沙吹起，使空气很混浊，水平能见度小于 1 km 的一种天气现象，是危害极大的灾害性天气，它会给人们的生活及生产带来巨大影响(王式功 等，1995；方宗义 等，1997；李岩瑛 等，2002；张瑞军 等，2007；王汝佛 等，2014)。如：20 世纪 30 年代发生在美国西南大平原的"黑风暴"，就是一场危及人类的生态灾难(Bonnifield，1979；Howarth，1984；Stallings，2001)，其影响持续了 10 年，因"黑风暴"造成的农业荒废延长了美国的经济萧条。中国也是受沙尘暴危害最严重的国家之一，尤其是西北地区，几乎每年都有强沙尘暴发生。甘肃河西走廊(以民勤为中心)是中国三大沙尘暴多发区之一(许东蓓 等，1999；钱正安 等，2002)，特别是在河西走廊东部，沙尘暴已经成为春、夏季最严重的气象灾害。

---

* 本文已在《沙漠与绿洲气象》2020 年第 14 卷第 2 期正式发表。

有关春季强沙尘暴天气的沙尘源地、沙尘输送、沙尘强度、沙尘暴气候特征和成因等方面中外学者从多个角度做了大量的分析研究(徐国昌 等,1979;汤绪 等,2004;王劲松 等,2004;钱莉 等,2010,2011;闵月 等,2017;李红军 等,2017)。2018年3月19日出现在河西走廊东部的强沙尘暴天气,是继2010年4月24日以来河西走廊东部最严重的区域性大风强沙尘暴天气,但是此次沙尘暴天气并不是典型的槽型沙尘暴天气,因此,有必要对这次特强沙尘暴天气从天气学条件、物理量场诊断等方面做细致分析,总结此类型沙尘暴的发生特征和形成机理,以期提高沙尘暴天气的预报准确率。

1　资料选取

选取2018年3月19日强沙尘暴前后民勤地面自动气象站1 h加密观测资料、19日08时至20日08时强沙尘暴暴发前后亚欧范围内探空、地面监测以及ECWMF物理量场资料,强沙尘暴出现的区域以甘肃民勤(38°38′N,103°05′E)为中心,采用天气学诊断方法分析这次强沙尘暴的活动规律和天气成因,总结强沙尘暴天气的预报着眼点。

2　前期气候特征及实况

2.1　前期气候特征

甘肃省河西地区地处干旱、半干旱的内陆地区,植被稀疏,沙漠戈壁众多,为沙尘暴提供了丰富的沙源(王式功 等,2000)。此次强沙尘暴出现在早春,植被相当稀疏,前期连续3旬凉州、民勤未出现降水天气,气温异常偏高(表1),有利于地面解冻回暖,裸露地表土质疏松,为此次继2010年4月24日以来河西走廊东部最严重的区域性大风沙尘暴天气提供了前期气候背景。

表1　河西走廊东部民勤、凉州前期气温(℃)、降水量(mm)及距平

日期	民勤		凉州	
	降水	距平	降水	距平
2月下旬	0.0	−100	0.0	−100
3月上旬	0.0	−100	0.0	−100
3月中旬	0.0	−100	0.0	−100
	气温	距平	气温	距平
2月下旬	1.8	3.2	1.6	3.5
3月上旬	6.0	5.6	5.1	5.2
3月中旬	8.1	4.8	8.0	4.8

2.2　实况

民勤逐时地面自动气象站观测显示(图1),3月19日11时气压开始缓慢下降,到14时降到最低,达859.1 hPa,15—16时又开始缓慢回升,17时开始迅速升高,到20时气压达最高,为868.1 hPa,4 h气压涌升了7.3 hPa;气温的变化与气压相反,在14时气压达到最低时,气温达到一日的最高,为16.7 ℃,随着气压的升高,气温骤降,20时气温降至3.8 ℃,4 h气温下降了11.8 ℃;风速随气压涌升开始迅速增大,区域内先后有2站出现沙尘暴,其中民勤16时45分至17时52分、18时30分至18时54分出现强沙尘暴,最小能见度为350 m,最大风速为

19.8 m/s,凉州 16 时 16 分至 16 时 36 分出现沙尘暴,最小能见度为 879 m,最大风速为 19.2 m/s,永昌出现扬沙,最小能见度为 3.4 km,最大风速为 19.7 m/s。

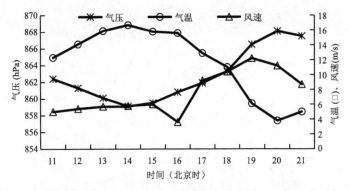

图 1　2018 年 3 月 19 日 11—21 时民勤地面自动站气象要素变化曲线

3　有利于强沙尘暴形成、发展的环流特征

3.1　500 hPa 短波槽

500 hPa 亚欧范围内大的环流形势为两槽一脊型,3 月 19 日 08 时 500 hPa 形势图上从欧洲东部到亚洲西部为一个广阔的低压带(图略),并有－42 ℃的冷中心配合,影响此次强沙尘暴天气的是位于蒙古西部到新疆东部一带的低槽,冷空气较弱,冷中心强度为－28 ℃,低槽前后变高配置为西北—东南向,正、负变高差仅为＋8 dagpm,槽后最大风速为 28 m/s,低槽后西北气流不断携带欧洲东部到亚洲西部的冷空气分裂东移南下;到 19 日 20 时低槽快速东移到河西走廊东部(图略),槽后河西走廊气温下降,风速加大,其中河西走廊东部出现强沙尘暴。可见,500 hPa 低槽快速东移是造成此次区域性沙尘暴的影响系统。

3.2　700 hPa 辐合流场

对应在对流层低层(700 hPa),3 月 19 日 20 时(图 2),在河西走廊东部有一明显的变形场维持,变形场后部的强西北气流不断携带北部冷空气东移南下,使水平温度梯度增大,有利于地面锋生,造成冷锋前的抬升作用也相应加强,由于变形场的锋生作用,700 hPa 锋区加强,等温线密集,大气斜压性增强,有利于动量下传(朱乾根 等,2000)。河西走廊东部强沙尘暴天气出现在辐合上升最强、斜压性最强时段。由此可见,低层变形场的辐合及造成的强斜压性为此次强沙尘暴的形成和维持提供了辐合上升和动量下传条件。

3.3　地面冷锋

3 月 19 日 08 时地面形势图上(图 3),热低压中心位于河西走廊西部的玉门,地面冷锋位于酒泉到张掖之间,冷锋前后 Δp_3 为 4.9 hPa,冷锋后玉门、酒泉出现大风和浮尘天气;11 时热低压中心位于河西走廊东部,地面冷锋位于山丹和永昌之间,冷锋前后 Δp_3 由 08 时的 4.9 hPa 增大到 5.2 hPa,冷锋后河西走廊中西部出现大风沙尘天气;14 时地面热低压中心继续东移,由于午后太阳辐射加强,热低压中心加强,热力作用加大了地面冷锋前后的气压梯度和温度梯度,地面冷锋增强,热低压中心由 11 时的 1016.0 hPa 降低到 1010.0 hPa,冷锋前后 Δp_3 增大到 6.4 hPa,地面冷锋位于河西走廊东部永昌到民勤之间,冷锋后永昌出现大风、扬沙天气;17

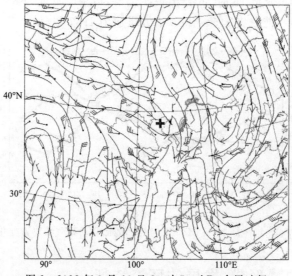

图 2　2018 年 3 月 19 日 20 时 700 hPa 全风速场

（大"＋"代表河西走廊东部，图 3，图 8 同）

时地面热低压中心东移出武威（图 3），热低压中心降低到 996.0 hPa，地面冷锋位于乌鞘岭以东，冷锋前后 Δp_3 增大到 8.3 hPa，冷锋后河西走廊东部出现大风沙尘天气，其中民勤出现强沙尘暴，凉州出现沙尘暴。17—20 时热低压维持少动，所以河西走廊东部大风沙尘天气一直持续到 19 时，20 时后热低压迅速移至甘肃，河西走廊东部大风沙尘天气结束。午后气温日变化造成冷锋移至河西走廊东部产生强烈锋生是造成此次强沙尘暴暴发的主要原因。

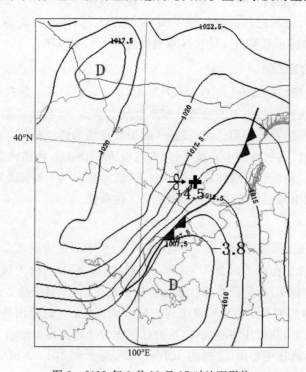

图 3　2018 年 3 月 19 日 17 时地面形势

4 整层大气风场分布特征

强风是产生沙尘暴的三要素之一,而强风能否产生沙尘暴,重点看大风是否动量下传卷起地面沙尘(赵庆云 等,2012)。所以,本研究利用 ECMWF 分析场资料,在沙尘暴区域沿 38°N 分别做 u、v 分量的纬向垂直剖面(图 4),分析沙尘暴期间整层大气的风场结构特征。

4.1 u 分量的变化特征

从沙尘暴过程中 u 分量垂直剖面来看,沙尘暴发生之前(图 4a),90°E 以东整层大气几乎都受西风控制,并在 250～300 hPa 存在一支西风急流,急流核在(300 hPa,95°E)附近,中心最大 u 风速为 49.2 m/s,12 m/s 的风速等值线在 95°E 附近伸展到接近地面(沙尘暴研究区 700～850 hPa 接近于地面),而河西走廊东部沙尘区近地面风速为 4 m/s。沙尘暴暴发后(图 4b),250～300 hPa 西风急流带范围扩大,存在两支急流核,最大风速轴线跟随其向东移动,急流风速减小,300 hPa 一支急流核在 95°E 附近,中心最大 u 风速为 32.3 m/s,另一支急流核东移,在 102.5°E 附近,中心最大 u 风速为 34.0 m/s,急流中心的最大风速带以"漏斗"状向地面伸展,将高空动量向下传播,在河西走廊东部沙尘区接近地面的风速增大到 14 m/s,激发了河西走廊东部强沙尘暴发生。沙尘暴结束时,20 日 08 时急流中心最大 u 风速减小东移。

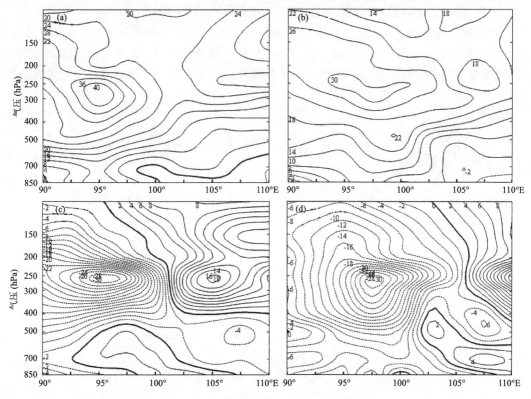

图 4 2018 年 3 月 19 日沙尘暴过程中 08 时(a)、20 时(b)u 分量和
08 时(c)、20 时(d)v 分量沿 38°N 的纬向剖面(单位:m/s)

4.2　*v* 分量的变化特征

从 *v* 分量的分布和变化来看,沙尘暴发生前(图 4c),河西走廊上空 500 hPa 以下受南风控制,风速较小,500 hPa 以上受北风控制,250 hPa 最大风速位于 97.5°E 附近,中心达 33.7 m/s。沙尘暴暴发后(图 4d),在强沙尘暴暴发区河西走廊东部,北风区域向东南扩展,沿西北—东南向插入到南风下部,将 600 hPa 以下的南风向上抬升,河西走廊东部 600 hPa 以下变为北风控制,近地面风速增大。当沙尘天气结束之后,河西走廊近地层慢慢被南风控制。由此可见,北风的入侵是造成此次沙尘暴的直接原因。

5　沙尘暴过程的大气边界层结构特征

利用民勤国家基准气候站 GTS1 型数字式探空仪探测的数据,对沙尘暴出现前一天(18日)、当天(19 日)、后一天(20 日)民勤 08 时和 20 时每隔 50 m 的温度、温度露点差、风速进行边界层特征分析。从温度廓线看出(图 5a),沙尘暴暴发当日 08 时温度明显高于沙尘暴暴发前一日 08 时和后一日 08 时,且 19 日 08 时边界层中出现了两层逆温,50 m 以上 100～300 m 中出现了明显的逆温,1450～1500 m 出现较弱的逆温,其中 200 m 处逆温最强,50～200 m 逆温达 4.0 ℃,1450～1500 m 逆温为 0.4 ℃。随着冷空气的不断下沉,19 日 16 时以后沙尘暴天气影响河西走廊东部,一直持续到 19 时,到 19 日 20 时逆温层完全被破坏,此时边界层中的大气混合均匀,温度迅速降低,明显低于前一日 20 时和后一日 20 时。

从温度露点差廓线看出(图 5b),沙尘暴暴发当日 08 时从低层到高层 2000 m 温度露点差都高于沙尘暴暴发前一日 08 时和后一日 08 时,到沙尘暴暴发后 19 日 20 时温度露点差迅速减小,小于沙尘暴暴发前一日 20 时和后一日 20 时,150 m 以上 $T-T_d<5$ ℃,大气为湿区,

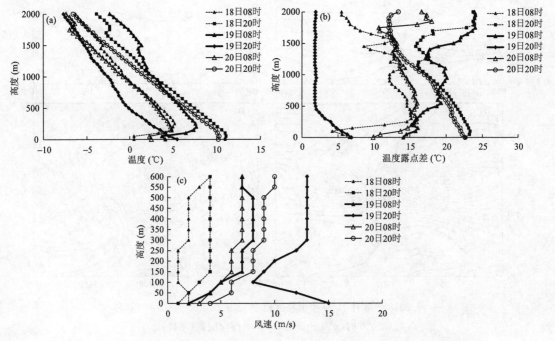

图 5　2018 年 3 月 18—20 日民勤站气温(a)、温度露点差(b)、风速(c)垂直廓线图

450 m 以上 $T-T_d<2$ ℃,大气接近饱和,说明前期中低层干热有利于沙尘暴暴发。沙尘暴暴发后,中高层大气接近饱和。

从风速廓线看出(图5c),沙尘暴暴发当天 19 日 08 时风速低层到高层开始增大,大于沙尘暴暴发前一日 08 时和后一日 08 时,19 日 20 时开始边界层风速急剧增大,0~600 m 处的风速都较 19 日 08 时迅速增大,近地面风速由 19 日 08 时的 2 m/s 急增到 20:00 的 15 m/s,50 m 处风速由 19 日 08 时的 4 m/s 急增到 20 时的 12 m/s,为起沙提供了动力条件。沙尘暴结束后,风速快速下降,19 日 20 时从低层到高层风速明显大于沙尘暴暴发前一天 20 时和后一天 20 时。

6 环境物理量场特征

6.1 强烈的垂直上升运动

3 月 19 日 20 时民勤站散度和垂直速度的垂直剖面显示(图6),强沙尘暴区低层强辐合对应高层强辐散,最大辐合中心在 500 hPa,强度达到-14.6×10^{-6}/s;最大辐散中心在 300 hPa,强度达到 9.1×10^{-6}/s,无辐散层出现在 400 hPa 附近。垂直速度的垂直分布显示,近地面层(850 hPa)到对流层顶 200 hPa 均为上升运动,最强上升运动分别出现在 500 hPa 和 400 hPa,最大值分别达-52.6×10^{-3} hPa/s 和-52.2×10^{-3} hPa/s,这与无辐散层高度一致。说明低空辐合、高层辐散有利于垂直运动的加强,使得上升运动到对流层中部达到最强。强烈的上升运动为强沙尘暴的发生、发展提供了必要的动力条件。

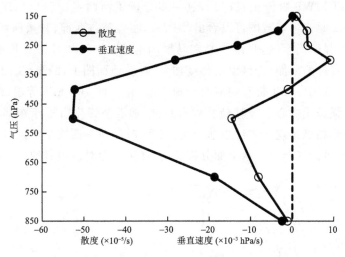

图 6　2018 年 3 月 19 日 20 时沙尘暴出现时民勤站散度和垂直速度的垂直剖面

6.2 稳定度

研究指出,沙尘暴发生时,大气层结多表现为不稳定状态。根据 19 日民勤站 $V-3\theta$ 曲线分析,在沙尘暴出现前 19 日 08 时(图略),上下层风垂直切变明显,低层 850 hPa 为东南风,700 hPa 以上为偏西风,且上层风速大于低层风速,有利于垂直运动发展,满足潜在动力不稳定条件;θ_* 850 hPa 以上到 400 hPa 出现明显的向左弯曲现象,即随高度上升减小,表明垂直方向的温度递减率较大,且 θ_{se} 与 θ_* 线在 850 hPa 以下很接近,在中层 850 hPa 以上到 600 hPa 相差较大,表明低层大气为干热状态,满足热力不稳定条件。所以 $V-3\theta$ 曲线分析,19 日 08

时存在动力和热力不稳定,一旦有冷平流冲击触发,则可释放能量,产生强的垂直运动,使高空动量下传,增大低层的风速,加剧强沙尘暴的发展。到 19 日 20 时(图略),上下层风垂直切变减弱,700 hPa 以下为西北风,600 hPa 以上为西南风,且低层风速加大,风向自下而上转变为逆时针,表示气层抑制上升运动发展;θ_* 低层出现向右弯曲,表明低层已有冷空气进入,θ_{se} 与 θ_* 转变为自下而上很接近,特别是 500 hPa 等压面以上,θ_{se} 与 θ_* 两条曲线几乎重合,表明中高层大气接近饱和状态,大风沙尘天气减弱结束,河西走廊东部凉州及民勤部分乡镇出现降水天气。

6.3　锋生函数

锋生是使锋区温度水平梯度加大的过程,锋消是作用相反的过程。在不考虑非绝热加热的情况下,标量锋生函数表达式为:

$$F=F_1+F_2 \tag{1}$$

$$F_1=-\frac{1}{|\nabla\theta|}\left[\left(\frac{\partial\theta}{\partial x}\right)^2\frac{\partial\mu}{\partial x}+\left(\frac{\partial\theta}{\partial y}\right)^2\frac{\partial\nu}{\partial y}+\frac{\partial\theta}{\partial x}\frac{\partial\theta}{\partial y}\left(\frac{\partial\mu}{\partial x}+\frac{\partial\upsilon}{\partial y}\right)\right] \tag{2}$$

式(2)表示大气水平运动对锋生的作用。

$$F_2=-\frac{1}{|\nabla\theta|}\left(\frac{\partial\theta}{\partial x}\frac{\partial\omega}{\partial x}+\frac{\partial\theta}{\partial y}\frac{\partial\omega}{\partial y}\right)\frac{\partial\theta}{\partial p} \tag{3}$$

式(3)表示大气垂直运动对锋生的作用。

锋生函数(F)>0 为锋生,预示未来锋区加强,锋生函数(F)<0 为锋消,预示未来锋区减弱。本研究利用 ECMWF 数值预报产品,进一步分析了河西走廊沙尘出现时段内的锋生函数,从 3 月 19 日 08 时锋生函数图可以看出(图7a),在内蒙古西部、甘肃河西走廊西部酒泉到青海西北部一带有强的锋生区,强度中心在马鬃山附近,达 63.6×10^{-5} K/m,强锋生区处在 700 hPa 等温线密集带的前侧,锋区温度梯度加大,对应地面图上,酒泉、玉门出现浮尘。到 19 日 20 时(图7b),700 hPa 锋生带移到河西走廊东部,相应的 700 hPa 等温线密集带也移到河西走廊东部一带,强锋生中心已经移到甘肃省东部,随着强锋生带逐渐东移,16 时开始,河西走廊东部凉州、民勤相继出现大风沙尘暴天气,到 20 时风速逐渐减小,河西走廊东部沙尘天气结束,到 21 时大风天气结束。从上面分析看出,锋生过程对沙尘暴的产生起重要作用(孙军

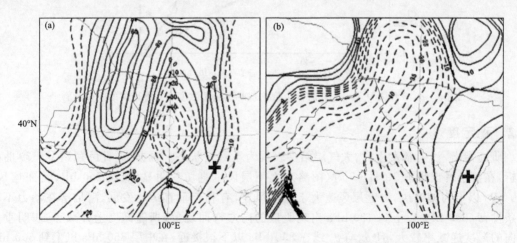

图 7　2018 年 3 月 19 日 08 时(a)和 20 时(b)700 hPa 锋生函数(单位:10^{-5} K/m)

等,2002),即当冷锋移到这一地区时,由于强烈的局地锋生加大了冷锋前后的变压和变温梯度,锋生次级环流和地转偏差风也会不断加大,并把沙尘吹起,造成沙尘暴的发生。

7 讨论

与历史上春季区域性低槽强沙尘暴对比(表2),本次强沙尘暴过程冷空气强度、槽前后变高梯度、冷锋前后变压梯度均为最弱,所以河西走廊中西部只出现扬沙天气,只有冷锋进入河西走廊东部后在民勤出现强沙尘暴,强沙尘暴相比也是最弱(2014年4月23日民勤未出现沙尘暴),为什么500 hPa如此弱的系统在河西走廊东部也会出现强沙尘暴,究其原因:首先和冷锋进入河西走廊东部的时间有关,此次过程冷锋进入河西走廊东部的时间是14时,是太阳辐射最强的时段,所以气温日变化造成冷锋移至河西走廊东部产生强烈锋生引发强风是沙尘暴暴发的直接原因;其次河西走廊东部700 hPa变形场造成的强烈辐合和强斜压为此次沙尘暴的暴发提供了辐合上升和动量下传条件;沙尘区域强烈的上升运动有利于增大近地面沙尘浓度;河西走廊东部上空随高空西风急流动量下传和北风插入南风下部,沙尘暴暴发;上湿下干、上冷下暖的分布特征,为沙尘暴暴发提供了潜在不稳定的环境条件;河西走廊东部特殊的地理位置:东、西、北三面被腾格里沙漠和巴丹吉林大沙漠包围,具备丰富的沙源;与前期气候背景有关,凉州、民勤前期连续1个月未出现降水天气,气温异常偏高,有利于地面解冻回暖,裸露地表土质疏松,为沙尘暴的暴发提供了温床。

表2 春季区域性低槽强沙尘暴历史个例谱

时间 (年.月.日)	500 hPa冷中心温度(℃)	500 hPa低压中心(dagpm)	500 hPa槽前后ΔH_{24}(dagpm)	冷锋前后Δp_3(hPa)	地面热低压中心(hPa)	锋面进入河西走廊东部时间(北京时)
2008.5.2	−36	536	16	12.0	990.8	17时
2010.4.24	−33	549	27	9.7	1001.0	19时
2014.4.23	−37	541	46	10.8	997.0	02时
2018.3.19	−28	555	8	6.6	996.0	14时

8 结论

(1)此次沙尘暴天气出现在午后,由于午后太阳辐射加强,热低压中心加强,热力作用加大了地面冷锋前后的气压梯度和温度梯度,冷锋前后Δp_3达8.3 hPa,冷锋后河西走廊东部出现大风沙尘天气。因此,日变化造成冷锋移至河西走廊东部产生强锋生引发强风是此次沙尘暴暴发的直接原因。

(2)500 hPa蒙古国西部到新疆东部低槽是此次区域性沙尘暴产生的影响系统,700 hPa河西走廊东部存在变形场有利于锋生,造成强烈辐合和强斜压,为此次沙尘暴的形成和维持提供了辐合上升和动力条件。

(3)低空辐合、高层辐散,以及400 hPa的无辐散层和$-52.2×10^{-3}$ hPa/s的强上升运动区一致,有利于垂直运动的加强,强烈的上升运动为强沙尘暴的形成、发展提供了必要的动力条件。

(4)沙尘区域上空,随着高空西风急流动量下传,即风速为14 m/s的强风速带伸展到地面,以及北风插入到南风下部,600 hPa以下为北风控制之处,沙尘暴暴发。

(5)$V-3\theta$曲线显示,上下层风垂直切变和垂直方向大的温度递减率及上湿下干的状态,为此次沙尘暴的发生提供了动力不稳定和热力不稳定的环境条件。

(6)前期气温异常偏高、无降水的干旱气候和边界层逆温层破坏,中低层干热及地面风速增大,为沙尘暴天气暴发提供了前期气候背景和不稳定及动力条件。

参考文献

方宗义,朱福康,1997.中国沙尘暴研究[M].北京:气象出版社.

李红军,汤浩援,2017.北疆春季沙尘暴极多与极少年环流场特征[J].沙漠与绿洲气象,11(1):35-40.

李岩瑛,杨晓玲,王式功,2002.河西走廊东部近50a沙尘暴成因、危害及防御对策[J].中国沙漠,22(3):283-287.

闵月,李娜,汤浩,2017.2015年春季北疆沿天山一带一次强沙尘暴过程分析[J].沙漠与绿洲气象,11(5):30-37.

钱莉,杨金虎,杨晓玲,等,2010.河西走廊东部"2008.5.2"强沙尘暴成因分析[J].高原气象,29(3):719-725.

钱莉,杨永龙,王荣哲,等,2011.河西走廊"2010.4.24"黑风成因分析[J].高原气象,30(6):1653-1660.

钱正安,宋敏红,李万元,2002.近50年来中国北方沙尘暴的分布及变化趋势分析[J].中国沙漠,22(2):106-111.

孙军,姚秀萍,2002.一次沙尘暴过程锋生函数和地表热通量的数值诊断[J].高原气象,21(5):488-494.

汤绪,俞亚勋,李耀辉,等,2004.甘肃河西走廊春季强沙尘暴与低空急流[J].高原气象,23(6):840-846.

王劲松,李耀辉,康凤琴,等,2004."4.12"沙尘暴天气的数值模拟及诊断分析[J].高原气象,23(1):89-96.

王汝佛,冯强,尚可政,2014.2010春季我国一次强沙尘暴过程分析[J].干旱区地理,37(1):31-44.

王式功,杨德宝,金炯,等,1995.我国西北地区黑风暴的成因和对策[J]中国沙漠,15(1):19-20.

王式功,董光荣,陈惠忠,等,2000.沙尘暴研究的进展[J].中国沙漠,20(4):349-358.

王式功,王金艳,周自江,等,2003.中国沙尘天气的区域特征[J].地理学报,58(2):193-200.

许东蓓,杨民,孙兰东,等,1999.西北地区"4.18"强沙尘暴、浮尘天气成因分析[J].甘肃气象,17(2):6-9.

徐国昌,陈敏莲,吴国雄,1979.甘肃省"4.22"特大沙尘暴分析.气象学报,37(4):26-35.

张凯,高会旺,2003.东亚地区沙尘气溶胶的源和汇[J].安全与环境学报,3(3):7-12.

张瑞军,何清,孔丹,等,2007.近几年国内沙尘暴研究的初步评述[J].干旱气象,25(4):88-94.

赵庆云,张武,吕萍,等,2012.河西走廊"2010.4.24"特强沙尘暴特征分析[J].高原气象,31(3):688-696.

中国气象局,2003.地面气象观测规范[M].北京:气象出版社.

周自江,2001.近45年中国扬沙和沙尘暴天气[J].第四纪研究,21(1):9-17.

朱炳海,王鹏飞,束家鑫,1985.气象学词典[M].上海:上海辞书出版社.

朱乾根,林锦瑞,寿绍文,等,2000.天气学原理和方法·第三版[M].北京:气象出版社.

BONNIFIELD M P,1979. The Dust Bowl:Men,Dirt,and Depression[M]. University of New Mexico Press.

HOWARTH W,1984. The okies:Beyond the dust bowl[J]. National Geographic,166(3):322-349.

STALLINGS F L,2001. Black Sunday:The Great Dust Storm of April 14,1935 [M]. Eakin Press.

河西走廊中东部春季沙尘暴变化
特征及其典型个例分析[*]

杨梅[1,2]，李岩瑛[1,2]，张春燕[1]，杨吉萍[3]，罗晓玲[1]，聂鑫[2]

(1. 甘肃省武威市气象局,武威 733000;2. 中国气象局兰州干旱气象研究所,甘肃省干旱气候变化与减灾重点实验室/中国气象局干旱气候变化与减灾重点开放实验室,兰州 730020;3. 甘肃省民勤县气象局,民勤 733300)

摘要:河西走廊中东部是中国春季沙尘暴的高发区和重灾区,近40年来共造成经济损失超15亿,近百人死亡。该区春季沙尘暴具有明显的日变化,为了深入分析其时间变化规律,提高预报预警能力,利用该区3个代表站1961—2019年沙尘暴地面观测资料及2019年5月两次沙尘暴过程的气象资料,采用天气学、动力学和统计学相结合的方法,得出该区春季沙尘暴的昼夜时间变化特征和预报着眼点。结果表明:(1)河西走廊中东部春季沙尘暴日数近60年呈减少趋势,20世纪80年代显著减少,各站不同强度沙尘暴昼夜变化明显:白天多且风速较大,20世纪80年代后一般沙尘暴多于强沙尘暴,高发区均在民勤;(2)沙尘暴过境时各站盛行风向昼夜一致,集中在西北到偏北之间;强沙尘暴最强出现在00—01时,18—19时,一般沙尘暴最强出现在08—09时;(3)进一步对2019年5月午后和夜间发生的两次沙尘暴过程进行对比分析:午后过程风力大、有灾情;夜间过程强度强、持续时间长。两次过程虽然中低层形势基本相同,沙尘暴出现在水平螺旋度负值中心下游及地-气温差大值时,但高空500 hPa形势不同:午后过程为横槽转竖、气温日较差、风速日变化大,层结不稳定,有高空风动量下传,且近地面层最大风速的高度较低;夜间过程主要是不稳定低槽发展和蒙古气旋底部冷锋影响,配合强的垂直上升运动,但风垂直切变小;(4)河西走廊中东部春季沙尘暴不仅与大型的环流形势有关,还与垂直速度、水平螺旋度、全风速等物理量,以及地面温湿风日变化、不稳定参数和边界层要素有关。

关键词:春季沙尘暴;变化特征;预报着眼点;河西走廊中东部

前言

沙尘暴不仅影响当地人民生活生存环境和工农业生产,而且其向大气排放的沙尘通过远距离传输对下游地区空气质量、生态环境及气候变化等也造成严重影响(余予 等,2014;周旭 等,2017;石广玉 等,2008;宿兴涛 等,2011;张鹏 等,2018;安林昌 等,2018;田磊 等,2018),因此加强沙尘暴的分析研究已成为大家关注和国家防灾减灾的重点工作之一。众多学者在沙尘暴的时空分布、发生源地、移动路径和天气气候成因等方面做了大量研究。Yang 等(2013)认为东亚沙尘暴具有约10年的振荡周期;Indoitu 等(2012)强调近几十年中亚地区沙尘暴呈减少趋势,并确定了沙尘活跃区;Kurosaki 等(2003)研究了沙尘暴活动频次与地面风速的关系;张莉等(2003)分析了中国北方沙尘暴日数的演变趋势及其与各气象要素的关系;李万源等

---

* 本文已在《干旱区地理》2021年第44卷第5期正式发表。

(2010)通过线性拟合发现沙尘暴的正影响因子有风速和蒸发量,负影响因子有水汽压、相对湿度和最低气温等。中国北方的干旱、半干旱地区是沙尘暴的易发区,其中河西走廊是多发区;沙尘暴主要发生在春季,并具有明显的日变化,13—14时是风沙天气出现最多和强度最强的时段(景涛 等,2004;冯鑫媛 等,2010;张强 等,2005;赵建华 等,2009;钱莉 等,2015;李岩瑛 等,2019)。目前沙尘暴不仅仅作为气象灾害受到关注,还成为严重的环境问题。虽然高振荣等(2014)认为近55年来河西走廊沙尘暴呈明显振荡式减少趋势,但2019年5月河西走廊地区沙尘暴出现次数为近8年最多,而春季或春、夏时节的沙尘暴容易成灾。同样1980—2007年该区的沙尘暴发生次数减弱而强度增强(蒋盈沙 等,2019),尽管2009—2014年区域内绿洲面积均呈增加趋势(王新源 等,2019),降雨量和降雨频率增加,干期持续时间缩短,生态环境改善(廉陆鹉 等,2019),但1995—2015年的沙漠面积中西北干旱区减少最小(常茜 等,2020),人口快速增长加剧了沙漠化(马俊 等,2018),因此北部沙漠面积较多的河西走廊,出现强沙尘暴灾害的可能性依然存在。河西走廊中东部是中国沙尘暴发生次数最多,且死亡人数、经济损失等灾情较重的区域,如1977年4月22日中部张掖黑风死亡54人,1993年5月5日东部武威黑风直接经济损失1.36亿,死亡43人。春季沙尘暴出现多、灾情重,日变化较其他季节显著(李栋梁 等,2000;刘洪兰 等,2014),但目前对其不同强度沙尘暴昼夜变化的时间特征及成因研究较少。文中以1961—2019年河西走廊中东部春季沙尘暴为背景,重点对2019年5月11日和14—15日发生在河西走廊中东部的两次大风沙尘暴过程进行对比分析和诊断,以期得到春季大风沙尘暴昼夜变化规律和特点,提高预报预警能力。

1　研究区概况

河西走廊中东部地处青藏高原、内蒙古高原和黄土高原的接壤地带,西邻南疆塔克拉玛干大沙漠和戈壁荒漠,北与内蒙古巴丹吉林沙漠和腾格里沙漠接壤,西南倚靠青藏高原,东与黄土高原交错,地理位置大约位于97°～104°E,36°～40°N(图1),地形呈西北—东南走向的狭长平地,形如走廊。河西走廊中东部具有独特的地理环境,土壤含水率整体偏低(柳菲 等,2020),土地荒漠化严重,东部民勤荒漠化土地面积达94.5%,是沙尘暴的发源地和频发区,加之周边丰富的沙尘源地,为沙尘暴提供了丰富的沙源。且河西走廊中东部属大陆性干旱气候区,年降水量不足150 mm,尤其春季冷空气活动频繁,冷热变化剧烈,干旱频次剧增,风大沙

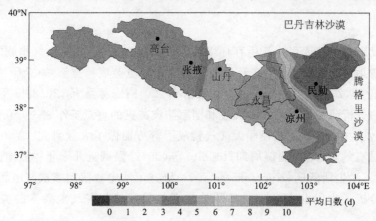

图1　1961—2019年河西走廊中东部气象站点及春季沙尘暴年平均日数空间分布

多,当冷空气东移南下通过走廊的狭管效应作用,风速显著增大,为沙尘暴的形成提供了有利的动力条件。

2 资料与方法

2.1 资料

选取 1961—2019 年河西走廊中东部张掖、凉州、民勤 3 个代表站沙尘暴春季地面观测资料,2019 年 5 月发生在河西走廊中东部两次沙尘暴过程天气过程的高低空气象观测资料。

2.2 方法

强沙尘暴能见度 0~500 m,一般沙尘暴能见度 500~1000 m。沙尘暴起始时间的确定四舍五入为整点,不同时段出现时间是每个时段的起始时间,能见度不明确按 999 m 计算。用线性趋势回归方法分析沙尘暴的年变化趋势。运用时间和春季沙尘暴日数的相关系数进行变化趋势的显著性检验。用距平统计方法研究沙尘暴的年代变化。通过水平螺旋度(李岩瑛等,2012)研究这两次沙尘暴过程水平螺旋度负值与大风沙尘暴发生时间和强度的对应关系,计算公式如下:

$$he = \int_0^h (\boldsymbol{V} - \boldsymbol{C}) \cdot \boldsymbol{\omega} \mathrm{d}z \tag{1}$$

式中,he 为水平螺旋度($\mathrm{m^2/s^2}$);$\boldsymbol{V}$ 和 $\boldsymbol{C}$ 分别是环境风场、风暴移动速度($\mathrm{m/s}$);h 是气层厚度(m);$\boldsymbol{\omega}$ 为水平涡度矢量($/\mathrm{s}$)。

3 春季沙尘暴气候特征

3.1 沙尘暴的年代际变化

河西走廊中东部张掖、凉州及民勤各年代际年均沙尘暴日数表明(图 2):张掖 20 世纪 60 年代较多,民勤、凉州 20 世纪 70 年代较多,民勤达 14.7 d;近 60 年 3 站沙尘暴呈减少趋势,20 世纪 90 年代迅速减少,民勤不足 7 d;2011—2019 年的年均沙尘暴日数不足 1 d。20 世纪 60—70 年代是春季沙尘暴天气的高发期。

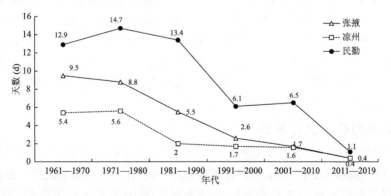

图 2 春季沙尘暴日数的年代际变化

3.2 沙尘暴的年际变化

1961—2019 年张掖、凉州及民勤春季沙尘暴日数年际变化的线性方程中倾向率分别为

−0.105、−0.268、−0.199,相关系数分别为 0.439、0.627、0.648,均通过了 0.01 的显著性检验,沙尘暴日数呈明显振荡式减少趋势(图3)。在 1979 年、2002 年(2001 年凉州)发生由多到少的突变;张掖 20 世纪 60 年代后期波动减少,80 年代减少显著,2003 年后随着植被增多,沙尘暴日数不足 2 d;凉州 20 世纪 80 年代开始减少,80 年代中期和 21 世纪初迅速减少,1984—1998 年、2003—2017 年小于 2 d;民勤自 20 世纪 60 年代呈波动减少,70 年代后期突增,自 80 年代又开始减少,2011—2017 年在 1 d 左右;但近 2 年(2018 年、2019 年)3 站的沙尘暴日数均呈增多趋势。

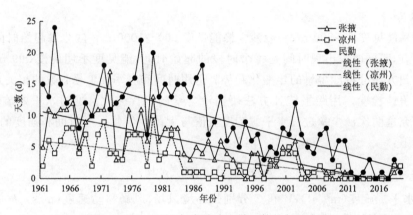

图 3　1961—2019 年春季沙尘暴日数的年际变化

3.3　沙尘暴昼夜年代际变化

各年代际春季不同强度沙尘暴的昼夜变化明显,且有一定的规律性。总体上各站年平均沙尘暴日数是减少的,白天多于夜间,20 世纪 80 年代后一般沙尘暴均多于强沙尘暴,但 2011—2019 年张掖和凉州强沙尘暴出现在夜间;不同强度沙尘暴不同时间段的高发区均在民勤。

张掖强沙尘暴呈持续减少趋势,2011—2019 年白天无强沙尘暴,而夜间上升为 0.2 d;一般沙尘暴昼夜变化一致,呈单峰值,20 世纪 80 年代达到最大值,2011—2019 年减少为 0~0.6 d。凉州不同强度沙尘暴昼夜变化基本一致,呈持续下降,20 世纪 80 年代到 21 世纪初夜间未出现强沙尘暴,而 2011—2019 年强沙尘暴为 0.1 d。民勤强沙尘暴昼夜变化一致,呈波动下降趋势,20 世纪 70 年代多于 60 年代,21 世纪初略有上升,2011—2019 年民勤强沙尘暴减少到 0.3 d 以下;民勤一般沙尘暴昼夜变化和张掖相似,呈单峰值,20 世纪 80 年代达到最大值,2011—2019 年民勤一般沙尘暴减少为 0.2~0.6 d(图 4)。

3.4　沙尘暴风向昼夜变化玫瑰图

1961—2019 年春季沙尘暴最大风速的风向玫瑰图表明(图 5),张掖、凉州及民勤 3 站沙尘暴过境最大风速的风向昼夜变化不明显,昼夜盛行风向一致,在西北到偏北之间。各站盛行风向略有不同,张掖以北北西为主,其次白天为北,夜间为西北;凉州以北为主,其次白天为北北西,夜间为北北东;民勤以西北为主,其次为北北西;主导风向主要受天气系统、测站周围小环境和地形影响。分析春季沙尘暴最大风速昼夜变化:最大风速昼夜变化明显,白天风速比夜间均大 1.0 m/s 左右,白天风速在 12.0~14.0 m/s,民勤最大,凉州最小(图略)。

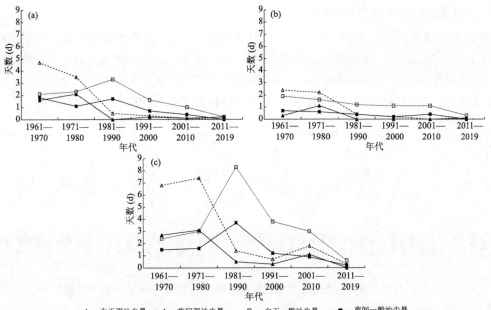

图 4 春季不同强度沙尘暴昼夜变化的年代际变化（a. 张掖，b. 凉州，c. 民勤）

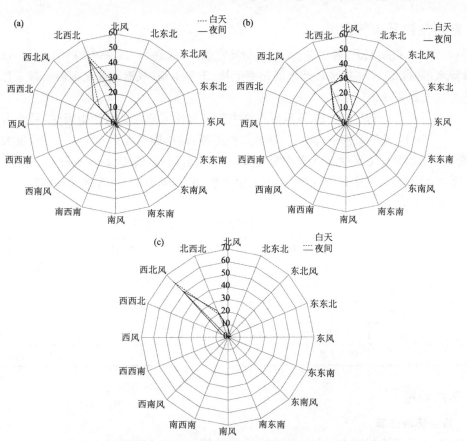

图 5 春季沙尘暴发生时的最大风速及其风向频率昼夜变化玫瑰图

（图中数值单位为‰，a. 张掖，b. 凉州，c. 民勤）

3.5 沙尘暴能见度的昼夜变化

分析 3 站春季强沙尘暴和一般沙尘暴能见度的昼夜变化,强沙尘暴变化基本趋于一致,张掖迟 1 h;00—01 时、18—19 时最强,能见度为 200～267 m,10—11 时次之;14—15 时、21—23 时较弱,能见度为 350～400 m(图 6a)。一般沙尘暴相反,张掖早 1 h;01—02 时、08—09 时较强,能见度为 500～630 m;00—01 时、18—19 时最弱,能见度为 700～800 m(图 6b)。

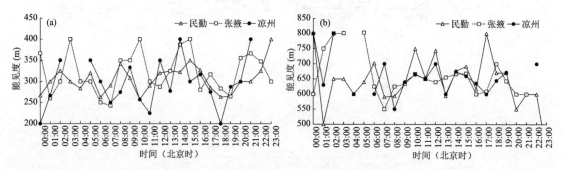

图 6　强沙尘暴和一般沙尘暴能见度昼夜变化(a.强沙尘暴,b.一般沙尘暴)

4　两次典型沙尘暴个例过程特征

4.1　前期气候及天气实况

2019 年气温持续偏高,降水 2—4 月上旬异常偏少,张掖 58 d、凉州 63 d 和民勤 66 d 未出现有效降水,是自 2014 年以来最严重的初春干旱,干旱少雨、气温偏高是河西走廊 5 月沙尘暴多发的主要气候背景。

2019 年 5 月 11 日和 14—15 日河西走廊中东部出现区域性大风沙尘天气,局地出现沙尘暴(表 1)。5 月 11 日午后张掖、凉州出现大风沙尘暴,最小能见度在 600～800 m,极大风力达 8 级,致使凉州区日光温室受损和农作物受灾,但持续时间短,仅 10 min 左右。5 月 14 日夜间 3 站出现大风沙尘暴,其中张掖、凉州出现强沙尘暴,极大风力达 7～8 级,持续时间长,达 1～2 h,强度强但风力弱。

表 1　2019 年 5 月两次沙尘暴过程实况对比

日期	站点	天气现象	极大风力(级)	最大风力(级)	最小能见度(m)	出现—结束时间
5 月 11 日 （午后）	张掖	沙尘暴	8 级	7 级	721	16:42—16:51
	凉州	沙尘暴	8 级	6 级	600	19:46—19:57
5 月 14— 15 日(夜间)	张掖	强沙尘暴	7 级	5 级	343	22:16—00:05
	民勤	沙尘暴	8 级	5 级	671	01:05—01:46
	凉州	强沙尘暴	7 级	5 级	446	02:16—03:32

4.2　环流特征

4.2.1　高空环流形势

2019 年 5 月两次过程 500 hPa 脊前均有强的偏北急流不断引导极地干冷空气向南暴发,槽前锋区加强,气压和温度梯度加大,使垂直上升运动加强。第一次大风沙尘暴的影响系统是横槽转竖,10 日贝加尔湖到新疆北部的横槽不断南压,11 日 08 时横槽转竖南压至河西走廊西部,20 时槽加深至河西走廊中部,槽后强的偏北急流引导极地冷空气向南暴发,中心风速增至 44 m/s(图 7a)。第二次强沙尘暴的影响系统是乌拉尔山脊前不稳定低槽发展东移南下,14 日 08 时西西伯利亚到新疆中东部为经向大槽,槽前疏散;20 时分成南北两个槽,南槽快速移至河西走廊西部,槽后西北风急流加强,中心风速达 52 m/s,夜间中东部出现强沙尘暴(图 7b)。

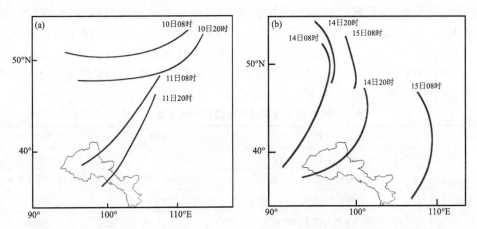

图 7　2019 年 5 月 10—11 日(a)和 14—15 日(b)500 hPa 主要影响系统移动路径

4.2.2　地面形势

冷锋是造成这两次沙尘暴的主要地面系统,沙尘暴发生在冷高压前部,3 h 变压较大的地区。第一次发生在冷锋后部,2019 年 5 月 11 日 08 时地面冷高压位于贝加尔湖西南部和新疆北部,地面热低压在河西走廊强烈发展,形成强的气压梯度区,近地层对流不稳定;17 时冷锋已移至河西走廊中东部,3 h 变压最大达 10.5 hPa,张掖出现大风沙尘暴;20 时热低压东移,中心值达 1000 hPa,冷锋过境凉州出现沙尘暴(图 8a)。第二次出现在蒙古气旋底部的冷锋后,2019 年 5 月 14 日蒙古气旋在(110°E,50°N)附近稳定少动,阻挡了地面冷高压的移动,使得冷锋前后气压梯度加大;20 时冷锋进入河西走廊西部,3 h 变压最大达 7.7 hPa,玉门、鼎新等地出现大风扬沙(图 8b);23 时蒙古气旋继续东移南压,锋面移至河西走廊中部,张掖出现大风强沙尘暴;02 时锋面过境使,东部凉州和民勤出现大风沙尘暴。

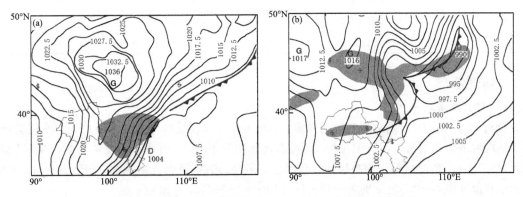

图 8　2019 年 5 月 11 日 20 时(a)、14 日 20 时(b)地面形势场
(阴影区表示沙尘暴区,G 为高压,D 为低压)

4.2.3　气象要素对比

　　两次过程都发生在最严重初春干旱的气候背景下,具有明显的日变化。虽然均有不稳定层结,地气温差较大,但第二次过程地面更干,下沉气流强,风速小而稳定,更易使地表沙尘吹起在近地面聚集形成强沙尘暴。河西走廊地面多戈壁沙漠,由于沙漠戈壁受热快散热也快,气温日较差特别大,风速日变化明显。午后过程地面剧烈升温、气压急剧降低,使得大气层结不稳定,热力对流最强,易形成动量下传,3 h 变压大,导致午后风速明显增大;夜间过程近地层空气变冷且形成两层逆温层,热力对流、不稳定层结均减弱,风速减小。多变的风向导致沙尘暴发生概率高达 5%~30%。张掖、民勤两次过程均为持续的西北风,而凉州第一次为西北风,第二次风向不断变化,由西北风转为北北东风,后期为东南风,有利于测站北部东南部腾格里沙漠沙尘的吹入,使凉州沙尘暴第二次强度强且持续时长(表 2)。

表 2　2019 年 5 月两次沙尘暴过程气象要素对比

种类	气象要素	11 日 20 时	14 日 20 时
	高空形势	横槽转竖	长波槽分裂南下
	地面系统	热低压后部冷锋型	蒙古气旋底部冷锋型
	冷锋过境时间	11 日 19 时	15 日 01 时
	河西走廊 3 h 最大变压差(hPa)	−10.5	−7.7
	河西走廊 3 h 最大变压差(出现时间)	11 日 17 时	14 日 20 时
	500 hPa 冷中心强度(℃)	−35	−37
	700 hPa 冷中心强度(℃)	−24	−20
不同点	500 hPa 槽前后 24 h 最大变温(℃)	−22	−11
	500 hPa 槽前后 24 h 最大变高差(gpm)	32	11
	700 hPa 槽前后 24 h 最大变温(℃)	−23	−11
	逆温层数(层)	1	2
	逆温层所在高度(hPa)	176	200、150
	2 km 以下最大风速(m/s)	14	5
	垂直风切变	4.5	2.2
	下沉对流有效位能	34.8	1022.1
	地面影响系统	冷锋	冷锋
相同点	当天最大地气温差(℃)	26.7	26.5
	最大上升速度(m/s)	5.3	5.4

4.3　物理量场

4.3.1　垂直速度场

　　分析 5 月 13—15 日垂直速度时间剖面(图 9a,b),15 日凌晨沙尘暴区各层均为上升运动,有利于该区域地面沙尘扬起。13 日 08—20 时垂直速度为正值,20 时垂直速度值开始变负且明显增大,14 日 08—20 时从低层到高层为一致的上升运动,张掖、民勤分别在 500 hPa、600 hPa 出现最大垂直速度中心,中心值分别为 -42×10^{-5} hPa/s、-26×10^{-5} hPa/s。

4.3.2　全风速场

　　强风是吹起地面沙尘的动力条件。分析 5 月 10—15 日全风速时间剖面图(图 9b~d),11

日张掖和民勤 250 hPa 急流中心值分别为 46 m/s、54 m/s,强风速带向地面伸展,850 hPa 分别为 14 m/s、12 m/s 中心,造成沙尘暴。14 日夜间张掖和民勤高空急流分别出现在 250 hPa、170 hPa,中心值分别为 50 m/s、56 m/s,20 时在 850 hPa 张掖风速达 14 m/s。11 日沙尘暴发生在 19 时,午后迅速升温,热力对流最强,大气层结极不稳定,有利于高空风动量下传,地面风速加大;14—15 日过程发生在夜间,虽高空最大风速中心值大,但其位置较高,近地层空气变冷,热力对流减弱,大气层结稳定,高空风速难以下传,沙尘暴区风速减小,所以第二次过程风速较小、强度强但未造成灾害损失。

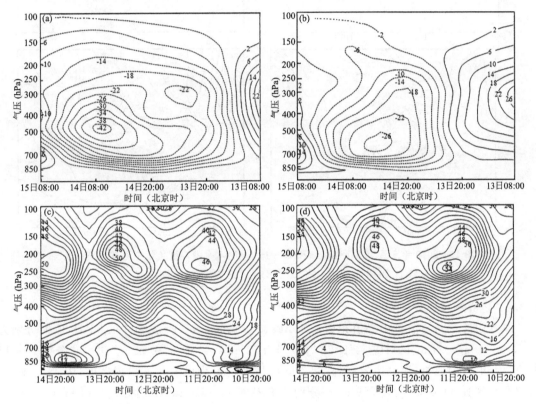

图 9 2019 年 5 月 13—15 日垂直速度(a,b.单位:10^{-5} hPa/s)和 10—15 日
全风速(c,d.单位:m/s)高度-时间剖面(a,c.张掖,b,d.民勤)

总之沙尘暴暴发于强的垂直运动上升区,垂直速度和高空风速的强度和高度与沙尘暴强度有关。张掖垂直速度中心强、范围大,高空风速大而动量下传高度低,因而沙尘暴较强。

4.3.3 水平螺旋度

水平螺旋度代表入侵边界层冷平流的强度和风随高度的逆转程度,其负值中心与下游沙尘暴发生强度有对应关系,负中心越强,地面大风、沙尘天气越强(李岩瑛 等,2012,2008;王伏村 等,2012);当水平螺旋度负中心≤−200 m^2/s^2,未来 24 h 内该区下游将出现沙尘暴;当≤−600 m^2/s^2 时,未来 6 h 内该区下游将有能见度小于 500 m 的强沙尘暴。这两次过程水平螺旋度负中心的移动与大风沙尘暴发生时间基本保持一致,但与其下游沙尘暴发生强度对应关系不好(图 10)。

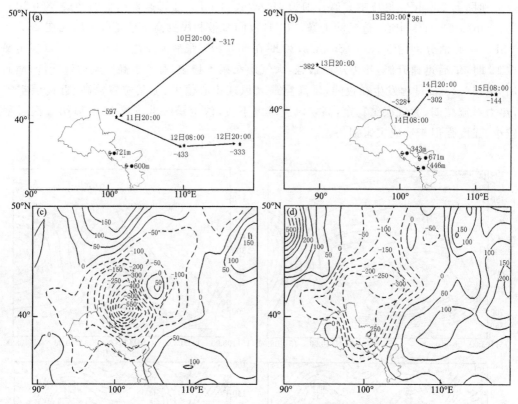

图 10　2019 年 5 月 10—12 日(a)和 13—15 日(b)水平螺旋度负值中心移动路径及
11 日 20 时(c)和 14 日 20 时(d)水平螺旋度场(单位:m²/s²)

4.3.4　边界层风速分析

　　两次过程高低空急流中心值相当,200 hPa、500 hPa、700 hPa 急流中心 11 日 20 时分别为 54 m/s、44 m/s、24 m/s,对应 14 日 20 时分别为 52 m/s、40 m/s、30 m/s。进一步分析 10—15 日 08 时和 20 时张掖、民勤边界层(高度 3 km 以下)的最大风速及其出现高度(图 11),张掖、民勤最大风速 11 日 08 时均为 9 m/s,分别位于 2980 m、2510 m;19 时分别为 14 m/s、18 m/s,分别位于 1140 m、840 m。张掖、民勤 14 日 20 时最大风速分别为 14 m/s、8 m/s,分别位于 500 m、300 m;15 日 08 时最大风速分别为 15 m/s、18 m/s,高度分别升至 1820 m、2300 m。沙尘暴发生前最大风速出现高度第二次较低,第一次过程发生在午后,风速较大且高度低;第二次过程发生在夜间,风速相近但出现高度升高,因而风速弱、但强度强且持续时间长。

5　结论

　　由河西走廊中东部 3 个代表站沙尘暴观测资料,运用天气学、动力学和统计学相结合的方法,分析河西走廊中东部春季昼夜沙尘暴的时间变化特征和预报着眼点以及对典型昼夜沙尘暴天气的影响系统、物理量、边界层特征和气象要素。得出如下结论:

　　(1)河西走廊中东部近 60 年春季沙尘暴呈减少趋势,20 世纪 60 年代、70 年代较多,但 80 年代开始显著减少。分析原因是 70 年代大风日数较多,1988 年以后大风日数显著减少,气温显著升高,降水增多。春季沙尘暴日数与年大风日数呈正相关、与春季气温呈负相关,相关系

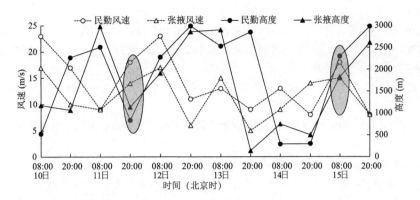

图 11　2019 年 5 月 10—15 日 08 时和 20 时张掖、民勤边界层（3 km 以下）最大风速及出现高度（阴影区）

数分别达 0.71、−0.59，均通过了 0.01 显著性检验。与降水呈负相关，但相关系数较小，仅为 −0.18。

（2）近 60 年沙尘暴白天基本多于夜间，20 世纪 80 年代后一般沙尘暴均多于强沙尘暴。高发区均在民勤，丰富沙源、风多而强是其居于河西走廊之首的重要客观原因，但大风、气温和降水等是造成沙尘暴强度和日数变化的直接气象因素。沙尘暴过境各站盛行风向不同，昼夜盛行风向一致，集中在西北到偏北之间；风速白天较强，民勤较大。不同强度沙尘暴能见度日变化相反，00—01 时、18—19 时强沙尘暴最强，而 08—09 时一般沙尘暴最强，张掖强沙尘暴较强，是因为张掖地处天气系统上游的西北方向，强沙尘暴常由蒙古气旋造成，具有强烈的上升运动，而张掖距离蒙古气旋较近，因而强度强、出现早。

（3）2019 年 5 月 11 日第一次沙尘暴过程 500 hPa 的影响系统是横槽转竖，沙尘暴发生在槽前，槽前的东北脊稳定少动。5 月 14—15 日第二次沙尘暴过程主要是乌拉尔山脊前不稳定低槽发展东南下，两次过程脊前均有强的偏北急流不断引导极地干冷空气向南暴发。大风沙尘暴的强度与下垫面、日变化密切相关。河西走廊地面多戈壁沙漠，地气温差和风速日变化显著，白天热力对流最强，层结不稳定，导致午后过程风速大。夜间湿度小，不稳定层结减弱，风垂直切变较小，因而更易形成持续时间较长的强沙尘暴。多变的风速、风向和新站周围荒漠环境，使凉州在第二次过程中沙尘暴强度强且持续时间长。

（4）沙尘暴发生在强的垂直运动上升区，垂直速度大值中心和最大风速的出现时间和高度与沙尘暴强度有关。两次过程高低空急流中心值相近，但午后升温有利于高空动量下传，使近地层的风速增大且高度降低；夜间高空风速较大但高度高，因无明显动量下传，风速较小，未造成灾害损失。水平螺旋度负中心的移动与这两次大风沙尘暴发生时间及区域基本保持一致，但对夜间沙尘暴强度预报效果较差。

（5）文中对河西走廊中东部春季沙尘暴时间变化特征的地理、气候和天气成因进行了对比分析，还需要大量沙尘暴个例从高低空垂直边界层等方面进一步证实。

参考文献

安林昌,张恒德,桂海林,等,2018.2015 年春季华北黄淮等地一次沙尘天气过程分析[J].气象,44(1):180-188.

常茜,鹿化煜,吕娜娜,等,2020.1992—2015 年中国沙漠面积变化的遥感监测与气候影响分析[J].中国沙漠,

40(1):57-63.

冯鑫媛,王式功,程一帆,等,2010.中国北方中西部沙尘暴气候特征[J].中国沙漠,30(2):394-399.

高振荣,李红英,瞿汶,等,2014.近55年来河西地区沙尘暴时空演变特征[J].干旱区资源与环境,28(12):76-81.

蒋盈沙,高艳红,潘永洁,等,2019.青藏高原及其周边区域沙尘天气的时空分布特征[J].中国沙漠,39(4):83-91.

景涛,钱正安,姜学恭,等,2004.影响中国北方特强沙尘暴的环流系统分型研究[J].干旱资源与环境,18(1):14-18.

李栋梁,刘德祥,2000.甘肃气候[M].北京:气象出版社.

李万源,吕世华,董治宝,等,2010.中国北方春季沙尘暴频次的多要素线性拟合[J].高原气象,29(5):1302-1313.

李岩瑛,张强,李耀辉,等,2008.水平螺旋度与沙尘暴的动力学关系研究[J].地球物理学报,51(3):692-703.

李岩瑛,张强,2012.水平螺旋度在沙尘暴预报中的应用[J].气象学报,70(1):144-154.

李岩瑛,张爱萍,李红英,等,2019.河西走廊边界层高度与风沙强度的关系[J].中国沙漠,39(5):11-20.

廉陆鹍,刘滨辉,2019.近58 a我国西北地区干期与湿期变化特征[J].干旱区地理,42(6):1301-1309.

刘洪兰,张强,张俊国,等,2014.1960—2012年河西走廊中部沙尘暴空间分布特征和变化规律[J].中国沙漠,34(4):1102-1108.

柳菲,陈沛源,于海超,等,2020.民勤绿洲不同土地利用类型下土壤水盐的空间分布特征分析[J].干旱区地理,43(2):406-414.

马俊,牟雪松,王永达,等,2018.近1 ka以来河西地区的沙漠化及对高强度人类活动的响应分析[J].干旱区地理,41(5):1043-1052.

钱莉,滕杰,胡津革,2015."14.4.23"河西走廊特强沙尘暴演变过程特征分析[J].气象,41(6):745-754.

石广玉,王标,张华,等,2008.大气气溶胶的辐射与气候效应[J].大气科学,32(4):826-840.

宿兴涛,王汉杰,宋帅,等,2011.近10年东亚沙尘气溶胶辐射强迫与温度响应[J].高原气象,30(5):1300-1307.

田磊,张武,常倬林,等,2018.河西走廊干旱区春季沙尘气溶胶对辐射的影响初步研究[J].干旱区地理,41(5):923-929.

王伏村,许东蓓,王宝鉴,等,2012.河西走廊一次特强沙尘暴的热力动力特征分析[J].气象,38(8):950-959.

王新源,刘世增,陈翔舜,等,2019.河西走廊绿洲面积动态及其驱动因素[J].中国沙漠,39(4):212-219.

余予,孟晓艳,刘娜,等,2014.近50年春季沙尘活动及其对PM_{10}质量浓度的影响[J].高原气象,33(4):988-994.

张莉,任国玉,2003.中国北方沙尘暴频数演化及其气候成因分析[J].气象学报,61(6):744-750.

张鹏,王春姣,陈林,等,2018.沙尘气溶胶卫星遥感现状与需要关注的若干问题[J].气象,44(6):725-736.

张强,王胜,2005.论特强沙尘暴(黑风)的物理特征及其气候效应[J].中国沙漠,25(5):675-681.

赵建华,张强,李耀辉,等,2009."7.17"西北夏季沙尘暴数值模拟[J].中国沙漠,29(6):1222-1228.

周旭,张镭,陈丽晶,等,2017.沙尘暴过程中沙尘气溶胶对气象场的影响[J].高原气象,36(5):1422-1432.

INDOITU R,ORLOVSKY L,ORLOVSKY N,2012. Duststorms in Central Asia:Spatial and temporal variations[J]. Journal of Arid Environments,85:62-70.

KUROSAKI Y,MIKAMI M,2003. Recent frequent dust events and their relation to surface wind in East Asia[J]. Geophysical Research Letters,30(14):1736.

YANG Y Q,WANG J Z,NIU T,et al,2013. The variability of spring sand-duststorm frequency in northeast Asia from 1980 to 2011[J]. Journal of Meteorological Research,27(1):119-127.

河西走廊罕见强沙尘天气传输及其过程持续特征[*]

杨晓玲[1,2]，李岩瑛[1,2]，陈静[1]，郭丽梅[1]，陈英[1]，赵慧华[1]

（1. 甘肃省武威市气象局，武威 733099；2. 中国气象局兰州干旱气象研究所，甘肃省干旱气候变化与减灾重点实验室/中国气象局干旱气候变化与减灾重点开放实验室，兰州 730020）

摘要：2021 年 3 月 15—19 日河西走廊出现了近 10 年范围最广、持续时间最长的罕见强沙尘天气过程。利用 MICAPS 常规气象观测资料以及物理量场资料，从天气气候成因、环流形势演变、物理量诊断等方面分析了此次沙尘天气的传输及过程持续特征。结果表明：(1)2021 年 3 月 14 日受强烈发展的蒙古低压槽影响，蒙古国南部及内蒙古中西部暴发了强沙尘暴，前期蒙古国及中国北方异常变暖是导致沙尘暴暴发的诱因之一。(2)受高空贝加尔湖深厚低压槽后西北气流引导冷空气东移南下、高空急流动量下传、配合地面冷锋过境共同影响，蒙古国中西部高低空的沙尘粒子被输送到河西走廊，造成河西走廊 15 日凌晨到上午出现局地强沙尘暴和扬沙天气。(3)强沙尘暴出现后，700 hPa、850 hPa 及近地面内蒙古、华北、宁夏及陕西一带盛行偏东气流，将蒙古国及内蒙古的沙尘输送到了河西走廊，造成河西走廊 15 日下午至 19 日出现浮尘天气。(4)沙尘天气维持期间，地面冷高压移速缓慢，河西走廊位于地面冷高压后部，地面风速和湿度较小，不利于沙尘的沉降和水平扩散；河西走廊上空盛行下沉气流、逆温层深厚、大气干燥及层结稳定，不利于低层沙尘的垂直扩散和沉降，对沙尘的持续起到促进作用。

关键词：沙尘；传输；持续；逆温；河西走廊

引言

沙尘暴是中国北方地区春季发生的灾害性天气，往往会造成重大损失。近年来，中国学者在沙尘暴研究方面取得了很大的进展（王世功 等，2000；李耀辉，2004；张小曳，2006）。杨晓玲等（2005）对武威市一次沙尘暴天气过程分析指出，强冷空气的卷入使西伯利亚冷槽强烈发展，为沙尘暴的发展提供了动力条件，而西伯利亚冷槽的垂直结构为沙尘暴提供了动量下传机制，地面冷锋后部形成的大风为沙尘暴的形成创造了基本条件。肖贤俊等（2004）对 2002 年 3 月一次特强沙尘暴诊断分析发现，该次沙尘暴由蒙古气旋后部冷锋锋生产生的偏西北大风引发，近地面风速的垂直切变和地面热通量的加大使边界层湍流加强扬起地面沙尘，地面锋区附近风场的强水平切变、锋面垂直环流及锋后斜压转换的作用，将地面卷起的沙尘带到高空，引发强沙尘暴。王文等（2004）利用模式输出资料对一次强沙尘暴分析发现，高空急流在能量转换过程中起到非常重要的作用。王劲松等（2004）对甘肃河西走廊一次强沙尘暴的强风天气形势和地面风场进行数值模拟指出，沙尘暴暴发前 3 h 河西走廊出现西北大风，并有大风向这一地

---

* 本文已在《干旱区研究》2022 年第 45 卷第 5 期正式发表。

区明显辐合,沙尘暴发生在地面处于干暖状态的地区。林良根等(2006)利用模式结果对一次强沙尘暴天气分析表明,强沙尘暴过程中有明显的干空气侵入,这种干空气侵入将对流层高层高位涡带入低层,促进了对流层低层气旋及对流运动的发展,继而引起强沙尘暴的发生。岳平等(2006)从大气层结稳定度角度分析了内蒙古西部和河西走廊一次沙尘暴过程,指出大气层结不稳定起激发作用,沙尘暴暴发前风速迅速增大,为起沙提供了动力条件。江吉喜(1993)利用卫星云图分析1993年5月5日甘肃、宁夏特大沙尘暴指出,这场沙尘暴主要由冷锋前部的一次飑线活动造成。刘淑梅等(2002)对2001年4月兰州二次区域性强沙尘暴天气进行了对比分析,总结了沙尘暴的一些预报思路和要点。目前很多研究工作主要针对典型的沙尘暴或强沙尘暴过程,对浮尘天气关注相对较少(郭萍萍 等,2015;褚金花 等,2014;张亚茹 等,2018;田磊 等,2018)。

　　浮尘指在无风或风力较小的情况下,尘土、细沙均匀地浮游在空中,使水平能见度<10 km,具有持续时间长、能见度低、尘土较细、不易消散等特征,易对人体造成较大危害。2021年3月15—19日河西走廊出现了一场维持时间长达5 d的罕见强沙尘天气过程,造成的影响较大。本研究在分析沙尘天气的气候背景和大气环流形势演变的基础上,着重分析后期浮尘天气的传输和持续特征,旨在找出此次浮尘天气形成和长时间维持的原因,以加深对河西走廊浮尘天气的进一步认识,将为浮尘天气的预报预警提供科学的参考依据,同时对生态环境的保护和改善具有积极意义。

1　研究区概况

　　河西走廊位于甘肃省西北部,在祁连山以北,合黎山以南,乌鞘岭以西,甘肃新疆边界以东,为西北—东南走向的狭长平地。地域上包括甘肃省的河西五市:武威、张掖、金昌、酒泉和嘉峪关。西部敦煌市与库木塔格沙漠相连,北部金塔县与巴丹吉林沙漠接壤,东北部民勤县被腾格里沙漠包围。地势南高北低,其海拔高度为1139~3100 m,年降水量40~410 mm,年蒸发量1500~3311 mm。气候干燥、冷热变化剧烈,自东而西年降水量逐渐减少,干燥度逐渐增大,风大沙多,特别是河西走廊东部民勤是中国沙尘天气的多发地之一。

2　数据与方法

2.1　数据来源

　　选取2021年3月15—19日MICAPS常规气象观测资料以及物理量场资料,所用资料均由中国气象局天气预报室提供。

2.2　研究方法

　　采用统计学、天气动力学、诊断分析等方法,结合天气学原理和方法,分析2021年3月15—19日沙尘天气的传输及其持续特征。垂直速度场、涡度场表征动力条件,其中,垂直速度场为正,表示下沉气流,垂直速度场为负,表示上升气流;涡度场为正,表示辐散,涡度场为负,表示辐合。探空资料($T\text{-}\ln p$)、K指数表征大气稳定度条件,其中,$T\text{-}\ln p$图上有逆温层、假相当位温(θ_{se})直线下降、温度露点差($T-T_d$)大,表示大气层结稳定,反之亦然;K指数越小,大气越稳定,K指数越大,大气越不稳定。

3 结果与分析

3.1 沙尘天气实况与前期气候特征

3.1.1 沙尘天气实况

2021年3月15—19日河西走廊出现了一场罕见的大范围持续性强沙尘天气,其中15日凌晨到上午马鬃山、鼎新、玉门、高台、张掖、民勤6站出现了沙尘暴,张掖、民勤为强沙尘暴,最小能见度分别为248 m、270 m,个别站点出现了扬沙,大多数站点为浮尘,敦煌、瓜州、玉门、鼎新、乌鞘岭5站极大风速大于17.0 m/s,多数站点极大风速大于10.0 m/s;15日下午到19日区域内所有站点风速明显减小,极大风速小于5.0 m/s,所有站点均为浮尘天气,最小能见度在0.1~1.6 km,武威能见度最小,为0.1 km(15日),沙尘天气持续时间长达3~5 d(图1)。15—19日沙尘天气经历了由强变弱的发展过程,19日夜间沙尘天气逐渐消散。这次沙尘天气的影响范围和持续时间都是河西走廊近10年来罕见。

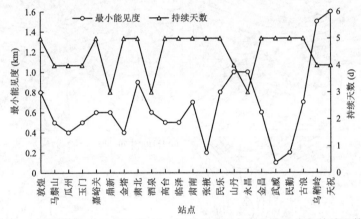

图1 河西走廊2021年3月15—19日沙尘天气最小能见度和持续天数

3.1.2 前期气候特征

通常沙尘天气暴发前期降水偏少、气温偏高,干燥裸露的地表为大范围沙尘天气的发生提供丰富的沙尘源(闫月 等,2017;常兆丰 等,2009)。国家气候中心的数据显示,2021年1月至3月上旬中国北方大部及蒙古国南部气温较常年同期偏高1~2 ℃,降水异常偏少,特别是2021年3月上旬西北大部分地区、内蒙古中西部、蒙古国西南部气温较同期高4~6 ℃,降水偏少,是非常有利于沙尘天气发生的气候条件。另外,根据段伯隆等(2021)的研究,2021年3月蒙古国植被覆盖度只有0.07,属高强度沙漠化土地;中国北方植被覆盖度为0.12,属中度沙漠化土地,且3月处于土壤逐渐解冻时期,为沙尘天气的发生提供了良好的沙源。

2021年1月至3月上旬河西走廊气温也异常偏高,较历年同期高3.7 ℃,特别是2月气温较历年同期偏高4.5 ℃,为有气象观测记录以来最高,降水持续偏少。前期高温少雨的气候条件、干燥的大气环境不利于浮游尘土、细沙的沉降,是导致3月15—19日河西走廊沙尘天气长时间持续的原因之一。

3.2 大尺度环流形势

3.2.1 高空环流形势

3月14日08时500 hPa高度场上,欧亚大陆整体呈"两脊一槽"形势,西伯利亚为高压脊,脊前至贝加尔湖有深厚的低压槽,槽前锋区强烈,伴随冷涡中心强度达－40 ℃,最大风速达42 m/s(图 2a)。700 hPa 贝加尔湖也有深厚的低压槽,伴随冷中心强度达－28 ℃,且冷涡落后于低压槽,低压槽将加深,冷涡前部等温线密集,10 个纬距内有 8 条等温线,冷平流非常强,低压槽前部的蒙古国为 0 ℃暖中心,槽前后温差达 28 ℃,等温线和等压线交角接近 90°,具有强斜压性和斜压不稳定特征(图 2b),高低空河西走廊均处在西北气流的控制中。随着冷涡的东移南压,500 hPa、700 hPa 低压槽强烈发展,14 日下午到夜间蒙古国中西部地区暴发了大范围的强沙尘暴,受高空贝加尔湖深厚低压槽后西北气流引导冷空气东移南下,配合高空急流动量下传影响,将蒙古国中西部高空的沙尘粒子输送到河西走廊,15 日凌晨至上午河西走廊局地出现了沙尘暴、扬沙等天气。

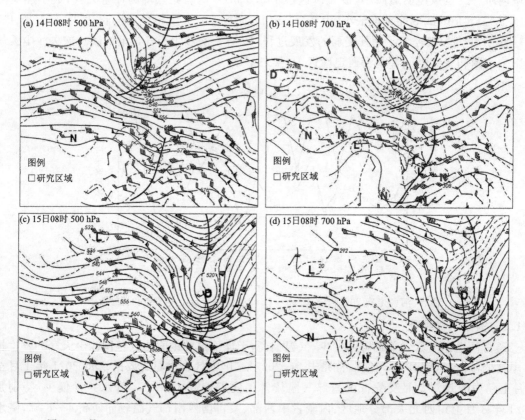

图 2　3 月 14—15 日 08 时 500 hPa 和 700 hPa 环流形势(实线为等高线,单位:dagpm)、
虚线为等温线(单位:℃),D 表示高度低中心,L 表示温度低中心,N 表示温度高中心)

15 日 08 时 500 hPa 蒙古国的低压槽东移南压至中国东北地区,并发展为低涡,强度达516 dagpm,槽底及槽前最大风速达 40 m/s(图 2c),700 hPa 蒙古国的低压槽发展为低涡,强度达 268 dagpm,高空冷气团的高度有所下降,低空河西走廊由原来的西北气流转为偏东气流(图 2d)。15 日白天内蒙古中西部出现沙尘暴,甘肃中西部、宁夏北部、陕西北部及华北北部出现大范围的沙尘天气,河西走廊上空 500 hPa 为西北气流,700 hPa 为偏东气流,且均有暖舌从青藏高原伸展到河西走廊,表现为暖平流,即河西走廊上空为下沉气流。16 日 08 时后,500 hPa 除东北地区仍受蒙古气旋影响外,欧亚大陆基本处于平直的纬向环流控制,河西走廊风速小于20 m/s,对低层的抽吸作用不明显。700 hPa 环流形势变化不大,基本为偏东气流,风速

在 8～10 m/s,河西走廊高低空均有暖脊,对流层结相对稳定,这种环流形势一直维持到 18 日 20 时(图略),期间河西走廊浮尘天气一直维持。18 日夜间新一轮冷空气从新疆进入河西走廊,19 日 08 时 500 hPa、700 hPa 河西走廊均为西北气流控制,风速增大,冷平流明显,浮尘天气逐渐消散。

3.2.2 低空异常偏东北气流

此次沙尘天气维持期间,低空 850 hPa 从蒙古国到华北经内蒙古、宁夏、陕西等地建立了异常显著偏东北气流(图 3)。14 日 08 时新疆到河西走廊为西北气流,15 日 08 时蒙古国到内蒙古为偏北气流,河西走廊转为偏东气流,受此偏北转偏东气流输送带的影响,低空蒙古国及沿途的沙尘被这支偏北转偏东气流输送到了河西走廊,15 日凌晨河西走廊出现了沙尘天气,16—18 日这支偏北—偏东气流一直维持,将高空缓慢沉降的沙尘及低空沿途的沙尘源源不断地输送到河西走廊,是河西走廊浮尘天气长时间维持的沙尘来源,由于河西走廊风速较小,本地没有明显的沙尘补充。19 日白天河西走廊转为西北气流,沙尘输送路径被切断,但浮尘天气一直持续到了夜间,这可能是由于尘土、细沙的扩散、沉降需要一定的时间,即浮尘天气结束略滞后于天气系统。

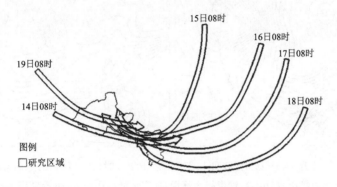

图 3　3 月 14—19 日 08 时 850 hPa 气流动态(箭头表示气流方向)

3.2.3 地面系统

3 月 14 日 14 时地面西伯利亚至蒙古国—贝加尔湖一带为强盛冷高压,中心强度达 1040.0 hPa,其前部蒙古国为强盛热低压,中心强度达 885.0 hPa,等压线密集,气压梯度和 3 h 变压大,高、低压中心差为 155 hPa,在等压线密集、3 h 变压较大区前部有一强冷锋面,此时锋面后部出现了大风、沙尘暴天气(图 4a)。随着冷高压东移南压的影响,14 日傍晚到夜间,蒙古国及内蒙古的大部分地区出现了沙尘暴,15 日 02 时冷高压范围进一步扩大,此时地面锋面底部进入河西走廊西部,冷高压占据了蒙古国及内蒙古的大部分区域,中心加强为 1042.5 hPa,热低压东移至蒙古高原东北部到黑龙江一带,新疆为热低压,青藏高原上为冷高压,河西走廊处于鞍型场的中心、强冷高压后部的偏东气流中(图 4b),15 日 02—08 时地面锋面自西向东在河西走廊过境是造成 15 日凌晨至上午出现大风、局地沙尘暴和扬沙天气的原因之一。15 日 08 时伴随蒙古国及内蒙古冷高压东移南压,其底部偏东气流进一步加强,河西走廊位于冷高压后部偏东南气流中,偏东转偏东南气流将蒙古国、内蒙古及沿途近地面的沙尘输送到了河西走廊,河西走廊出现了大范围的浮尘天气(图 4c)。15 日 20 时河西走廊等压线更加密集,偏东南气流维持(图 4d)。16—18 日冷高压移速缓慢,河西走廊的偏东南气流一直维持,且风速和湿度较小,不利于沙尘的水平和垂直扩散,使得浮尘天气得以长时间持续(图略)。19日伴随新疆新一轮冷空气的东移,河西走廊偏东气流转为西北气流,且风速增大,水平扩散加大使沙尘逐渐趋于消散。

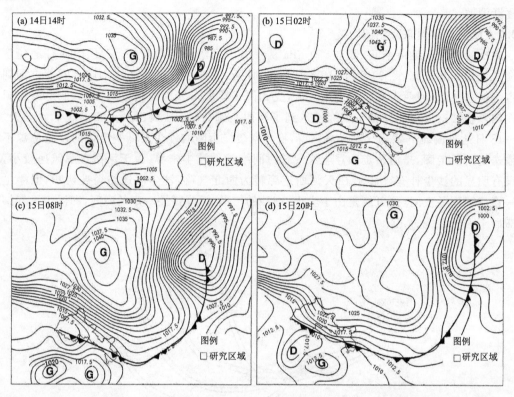

图4　3月14日14时(a)和15日02时(b)、08时(c)、20时(d)地面系统
(实线为等压线(hPa),锯齿线为锋面,D表示低压中心,G表示高压中心)

3.3　动力条件分析

3.3.1　垂直速度场

垂直速度场上,14日20时500 hPa新疆处于强烈上升气流中心区,中心值达-1.0×10^{-5}hPa/s,河西走廊位于其东南部弱上升气流区(图5a),700 hPa新疆也有对应上升气流中心,中心值达-0.6×10^{-5}hPa/s,河西走廊也位于其东南部的弱上升气流区(图5b),表现为高层上升气流比低层强,说明高层对低层具有抽吸作用,大气层结不稳定。15日08时500 hPa蒙古国南部、内蒙西部到河西走廊为明显下沉气流中心,中心值达0.4×10^{-5}hPa/s(图5c),700 hPa也对应有下沉气流中心,中心值达0.3×10^{-5}hPa/s(图5d)。16日08时500 hPa、700 hPa河西走廊垂直速度与15日08时基本一致,中心值分别达0.3×10^{-5}hPa/s(图5e)、0.1×10^{-5}hPa/s(图5f)。17—18日下沉气流中心缓慢东移,河西走廊仍处于下沉气流范围内,且15—18日均为高层下沉气流比底层略强,说明大气层结相对稳定。

3.3.2　涡度场

涡度场上,14日20时500 hPa新疆东部、甘肃至青藏高原上为明显的辐散带,涡度中心强度为-3×10^{-5}/s(图6a),700 hPa河西走廊、内蒙古中西部至蒙古国东部为明显的辐合带,

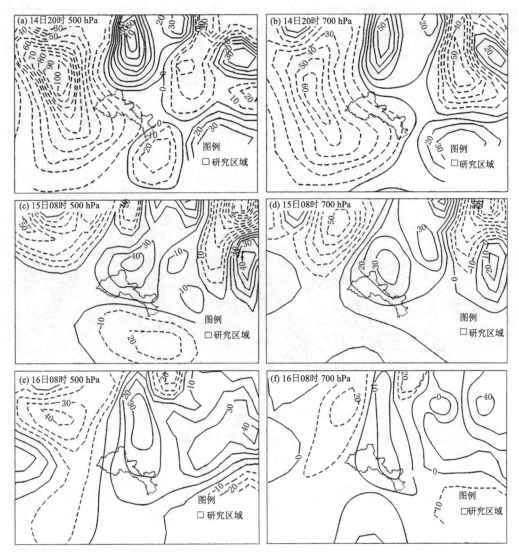

图5　3月14日20时、15—16日08时500 hPa和700 hPa垂直速度场
（实线为正等垂直速度线（单位：10^{-7} hPa/s），虚线为负等垂直速度线（单位：10^{-7} hPa/s））

涡度中心强度为 10×10^{-5}/s，河西走廊位于辐合中心的底部（图6b），表现为高层辐散低层辐合，说明大气层结不稳定。15日08时500 hPa甘肃至青藏高原上为辐合带，涡度中心强度为 2×10^{-5}/s，河西走廊位于辐合中心的后部（图6c），700 hPa河西走廊、内蒙古西部至蒙古国为明显的辐散带，涡度中心强度为 -5×10^{-5}/s，河西走廊位于辐散中心的底部（图6d）。16日08时500 hPa辐合带、涡度中心强度与15日08时基本一致（图6e），700 hPa河西走廊至内蒙古为辐散带，强度有所减弱，涡度中心强度为 -2×10^{-5}/s，河西走廊位于辐散中心（图6f）。17—18日500 hPa、700 hPa涡度中心缓慢东移，强度有所减弱，河西走廊仍处于高层辐合、底层辐散范围内，即涡度场上也表现为下沉运动，与垂直速度场相一致。

　　由上述分析可知，14日夜间到15日凌晨河西走廊上升气流明显，大气层结不稳定，易激发深对流的发生，使风速增大，为起沙提供了动力条件。15日白天到19日下沉气流在河西走廊上空长时间维持,大气处于相对静稳状态,沙尘天气不易水平和垂直扩散,是沙尘天气长时间维持的主要原因之一(段海霞 等,2007;马井会 等,2013;张培 等,2019)。沙尘天气维持期间,大气较为稳定,本地起沙条件能力弱。

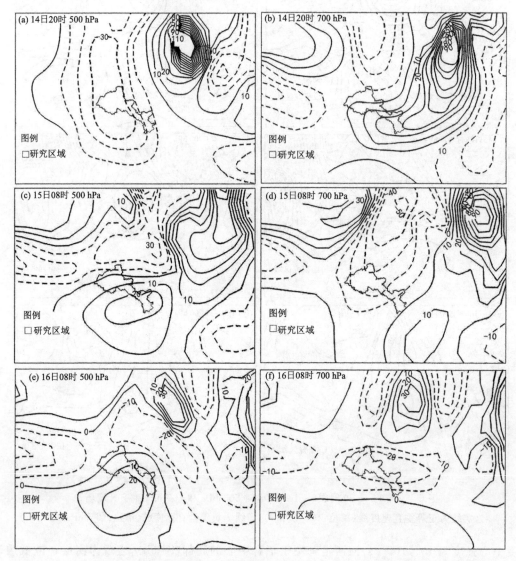

图6　3月14日20时、15—16日08时500 hPa和700 hPa涡度场
(实线为正等涡度线($10^{-6}\ \text{s}^{-1}$),虚线为负等涡度线($10^{-6}\ \text{s}^{-1}$))

3.4　大气稳定度

3.4.1　探空资料($T\text{-}\ln p$)

从稳定度的角度,以民勤站探空曲线为例分析这次河西走廊浮尘天气持续大气层结特征发现,14日20时$T\text{-}\ln p$图上民勤站几乎未出现逆温层,500 hPa以下大气处于干暖状态,特别是700~500 hPa非常干燥,干暖的大气极易触发干对流,为大风沙尘提供了热力不稳定条件。15日08时850~700 hPa存在一个明显的逆温层,16日08时逆温层厚度进一步抬升,高度将

近 750 hPa,17 日 08 时出现了双逆温层,低层 850 hPa 至 2000 m 有一较薄的逆温层,700～600 hPa 为深厚逆温层,18 日 08 时双逆温层仍然存在,高度有所降低,低层逆温在 850 hPa 以下,上层逆温在 2800 m 至 700 hPa(图略)。持续深厚的逆温层像盖子一样抑制了沙尘的垂直扩散,对沙尘的维持起到促进作用。另外,15—18 日,民勤从地面到高层假相当位温(θ_{se})基本呈直线下降趋势,说明没有不稳定能量,大气层结较为稳定,民勤地面至 500 hPa 温度落点差($T-T_d$)在 10～30 ℃,说明 500 hPa 以下大气干燥,特别是近地层非常干燥,不利于低层浮尘的沉降。总之,本次浮尘天气维持期间,河西走廊大气层结极为稳定,这与白冰等(2016)、杨静等(2011)研究的浮尘天气的垂直结构一致。

3.4.2 K 指数

K 指数场上,14 日 20 时新疆东部至河西走廊西部为弱的负 K 指数区,河西走廊东部为弱的正 K 指数区(图略),层结相对不稳定。15 日 08 时内蒙古至甘肃有 K 指数≤−60 ℃的负中心,河西走廊处于 K 指数负中心后部等值线密集区(图 7a)。16 日 08 时 K 指数负中心略有东移,强度有所减弱,中心值为−45 ℃(图略)。17 日 08 时 K 指数负中心分裂为东西向的 2 个,一个东移入海,一个仍位于内蒙古至甘肃,K 指数中心值为−40 ℃,河西走廊处于 K 指数的负值区(图 7b)。18 日 08 时 K 指数负中心进一步东移减弱,河西走廊仍处在负值的范围内(图略)。这种负 K 指数的配置表明河西走廊上空大气层结非常稳定。

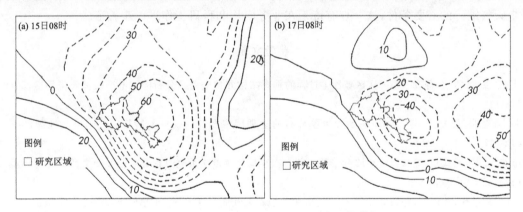

图 7 3 月 15 日(a)和 17 日(b)08 时 K 指数场
(实线为正等 K 指数线(℃)、虚线为负等 K 指数线(℃))

4 结论

利用 MICAPS 常规气象观测资料以及物理量场资料,分析了河西走廊罕见强沙尘天气传输及其过程持续特征,得到了以下结论:

(1)3 月 14 日下午到夜间,受强烈发展的蒙古低压槽影响,蒙古国南部及内蒙古中西部地区暴发了强沙尘暴。前期蒙古国及中国北方干旱少雨、气温偏高是造成此次强沙尘暴天气的重要原因,植被覆盖度偏低为强沙尘天气的发生提供了较好的沙源。

(2)3 月 15 日凌晨到上午受贝加尔湖高空深厚低压槽后西北气流引导冷空气东移南下、高空急流动量下传、配合地面冷锋过境共同影响,造成了河西走廊局地大风、沙尘暴、扬沙等天气。强沙尘暴出现后,中低层 700 hPa、850 hPa 及近地面的偏东北气流将蒙古国、内蒙古及沿途沙尘源源不断输送到了河西走廊,造成了河西走廊 15 日下午至 19 日的强浮尘天气,这与杨晓军等(2021)模拟的沙尘质点后向轨迹的沙源来自蒙古国东部地区的结果较为一致。

　　(3)浮尘天气维持期间,高低空风速较小,不利于沙尘的垂直输送,地面冷高压移速缓慢,河西走廊位于地面冷高压后部,地面风速和湿度小,不利于沙尘的沉降和水平扩散,对沙尘的持续起到促进作用。另外,沙尘传输至河西走廊后,受祁连山脉的阻挡而堆积也是浮尘强度加强和维持的可能原因之一,这一点需在今后的工作中进一步研究。

　　(4)对14日20时垂直速度、涡度、探空曲线及K指数分析表明,高、低层盛行上升气流、无逆温层、大气干暖和大气处于相对不稳定状态,有利于大风、沙尘天气的产生。15—18日出现了相反的状态,高低层盛行下沉气流、逆温层深厚、底层大气干燥且处于相对静稳状态,抑制了低层沙尘的垂直扩散和沉降,对浮尘的维持起到促进作用。

　　本研究从气候成因、环流形势演变、物理量诊断等方面分析了此次河西走廊沙尘天气发生、传输和长时间持续的原因,仅停留在初步分析诊断的基础上,但沙尘形成的物理机制非常复杂,如边界层的热力不稳定、触发的低层干对流、混合层高度的变化等对沙尘天气发生发展的具体影响、逆温层高度和厚度与沙尘天气强弱的关系如何(马梁臣 等,2013;李小龙 等,2007;张亚妮 等,2013)、沙尘传输途中与地形地貌的关系如何及其他特殊气象条件(仇会民等,2018;李耀辉 等,2006)对连续沙尘天气的作用等,还需在今后的工作中深入探讨和研究。此外,本研究得出了"本次浮尘天气维持期间,河西走廊大气层结极为稳定"的结论,这可能是浮尘天气维持的必要条件,这一点有待于在业务应用和科研工作进一步验证。

参考文献

白冰,张强,吕巧谊,等,2016.一次区域沙尘过程的垂直结构和传输路径分析[J].干旱区资源与环境,30(9):128-133.
常兆丰,赵明,韩福贵,等,2009.民勤沙尘暴分布的地理因素及其前期气象特征[J].干旱区地理,32(3):412-417.
褚金花,陈斌,王式功,等,2014.2013年春季兰州一次罕见持续浮尘天气过程分析[J].干旱区资源与环境,28(12):58-63.
段伯隆,刘新伟,郭润霞,等,2021."3·15"北方强沙尘暴天气成因分析[J].干旱气象,39(4):541-553.
段海霞,李耀辉,2007.2006年北京一次持续浮尘天气过程的分析[J].干旱气象,23(3):48-53.
郭萍萍,杨建才,殷雪莲,等,2015.甘肃省春季一次连续浮尘天气过程分析[J].干旱气象,33(2):303-309.
江吉喜,1993.1993年5月5日甘肃等地特大沙尘暴成因分析[J].甘肃气象,11(3):35-39.
李小龙,方宗义,2007.2006年两次影响北京的沙尘天气对比分析[J].气候与环境研究,12(3):320-328.
李耀辉,2004.近年来我国沙尘暴研究的新进展[J].中国沙漠,24(5):616-622.
李耀辉,任余龙,寿绍文,2006.一次强沙尘过程起沙与沙尘输送的位涡分析及模拟研究[J].高原气象,25(增刊1):22-32.
林良根,寿绍文,沈之林,2006.一次强沙尘暴过程中干空气侵入的数值模拟和诊断分析[J].南京气象学院学报,29(3):371-378.
刘淑梅,王学良,2002.2001年兰州地区春季沙尘暴天气的对比分析[J].甘肃气象,20(2):5-8.
马井会,张国琏,耿福海,等,2013.上海地区一次典型连续浮尘天气过程分析[J].中国环境科学,33(4):584-593.
马梁臣,刘海峰,王宁,等,2013.2011年长春市一次持续浮尘天气成因分析[J].气象与环境学报,29(6):24-30.

闵月,李娜,汤浩,2017.2015 年春季北疆沿天山一带一次强沙尘暴过程分析[J].沙漠与绿洲气象,11(5):
　　30-37.

仇会民,周成龙,杨帆,等,2018.塔里木盆地东部地区一次典型区域性沙尘天气分析[J].气象与环境学报,34
　　(2):19-27.

田磊,张武,常倬林,等,2018.河西走廊干旱区春季沙尘气溶胶对辐射的影响初步研究[J].干旱区地理,41
　　(5):923-929.

王劲松,李耀辉,康凤琴,等,2004."4·12"沙尘暴天气的数值模拟及诊断分析[J].高原气象,23(1):89-96.

王世功,董光荣,陈惠忠,等,2000.沙尘暴研究的进展[J].中国沙漠,20(4):349-356.

王文,隆霄,李耀辉,等,2004."2003·3"强沙尘暴过程的中尺度动力学诊断分析[J].干旱气象,22(3):17-21.

肖贤俊,刘还珠,宋振鑫,等,2004.2002 年 3 月 19 日沙尘暴暴发条件分析[J].应用气象学报,15(1):1-9.

杨静,武疆艳,李霞,等,2011.乌鲁木齐冬季大气边界层结构特征及其对大气污染的影响[J].干旱区研究,28
　　(4):717-723.

杨晓军,张强,叶培龙,等,2021.中国北方 2021 年 3 月中旬持续性沙尘天气的特征及其成因[J].中国沙漠,41
　　(3):245-255.

杨晓玲,丁文魁,钱莉,等,2005.一次区域性大风沙尘暴天气成因分析[J].中国沙漠,25(5):702-705.

岳平,牛生杰,王连喜,等,2006.一次夏季强沙尘暴形成机理的综合分析[J].中国沙漠,26(3):370-374.

张培,王高飞,艾克代·沙拉木,2019.南疆西部一次浮尘天气过程与传输特征分析[J].农业与技术,39(6):
　　148-149.

张小曳,2006.2006 年春季的东北亚沙尘暴[M].北京:气象出版社.

张亚妮,张碧辉,宗志平,等,2013.影响北京的一例沙尘天气过程的起沙沉降及输送路径分析[J].气象,39
　　(7):911-922.

张亚茹,陈永金,刘永芳,等,2018.沙尘影响下华北地区一次重污染天气形成与消散过程分析[J].干旱区地
　　理,41(6):1241-1250.

第四篇
沙尘暴天气预报技术与方法

河西走廊东部近 50 年沙尘暴气候预测研究[*]

李岩瑛[1,2]，俞亚勋[1]，罗晓玲[2]，马兴祥[2]，张爱萍[3]，王汝忠[3]

(1. 中国气象局兰州干旱气象研究所，甘肃省干旱气候变化与减灾重点实验室，兰州 730020；
2. 甘肃省武威市气象局，武威 733000；3. 甘肃省民勤县气象局，民勤 733300)

摘要：应用甘肃省河西走廊东部武威市 5 站(乌鞘岭、古浪、永昌、凉州区、民勤)近 50 年月、年气象资料和沙尘暴个例，详细分析了沙尘暴产生的气候背景和气候影响因子。在分析二十多种气象要素的基础上，做出沙尘暴不同时间、不同范围的日数和强度预报方程。研究表明：河西走廊东部的沙尘暴是武威市北部干旱气候、丰富的地表沙源与大风天气相互作用的结果；沙尘暴日数与该市中北部冬春季的气温、年降雨量和大风日数有关；沙尘暴强度与武威市前期的干旱、异常增温、大风日数有关。

关键词：沙尘暴；大风；干旱指数；气候预测

引言

甘肃省河西走廊东部是中国沙尘暴天气的高发区及重灾区之一(李岩瑛 等，2002)，对于沙尘暴的气候学特征、动力和其他物理量诊断，有关专家已进行了详细的研究(刘景涛 等，2003；王可丽 等，2003；申彦波 等 2003a，2003b；王文 等，2000；郑新江 等，2001；成天涛 等，2001)，但对于如何从气候角度预测沙尘暴的探讨较少。2003 年中国气象局把沙尘暴正式列入灾害性天气进行短期评定，而对沙尘暴的短期气候预测并未做出评定标准要求，但是随着人们生活水平的提高，各行各业对天气预报的超前性和准确性、多样化和精细化提出了更高的要求。本研究利用 50 年来该区气候资料，旨在探讨该区沙尘暴多发的气候原因，从而做出沙尘暴的日数、范围和强度气候预测，为地方党政部门提前决策、指挥生产、改善生态环境和防灾减灾提供准确的参考依据。

1 影响河西走廊东部沙尘暴的因子

1.1 沙尘暴出现的气候背景

干旱气候是沙尘暴产生的背景，对民勤及凉州区风速≥20 m/s，最小能见度≤200 m 的强沙尘暴个例统计表明，近 50 年来民勤出现强沙尘暴 46 例，凉州区出现 26 例。强沙尘暴发生的当月或前两个月中民勤或凉州区月降水距平百分率至少有一个月<−40％，该区中北部有干旱发生，或者民勤当月或前两个月中月气温正距平≥3 ℃。当有较强大风天气来临时，极易形成黑风暴。

---

* 本文已在《高原气象》2004 年第 23 卷第 6 期正式发表。

　　高低空有利于大风的环流形势是沙尘暴产生的充分条件之一,系统性锋面大风天气过程是造成沙尘暴天气的直接原因,它发生的强度和频率直接影响着沙尘暴的强度和频率,而沙尘暴发生的强度与当年是否有 ENSO 现象发生有关(李岩瑛 等,2002)。经过对甘肃省 1955—2002 年 64 例强或特强沙尘暴个例进行分型统计分析得出:影响西北地区东部的强或特强沙尘暴以冷锋型最多,占总次数的 73%,而冷锋型沙尘暴发生前地面有热低压或热倒槽强烈发展,如南疆热低压、河西热低压和蒙古低压等。而蒙古低压主要出现在西北路径和北方路径的沙尘暴中,占总次数的 66.7%(岳虎 等,2003)。

1.2　大风与沙尘暴的关系

　　大风是发生沙尘暴的动力条件,为消除气候变量年变差的系统影响,增强两变量的可比性,利用差积曲线对相关要素进行归一化处理,来探讨大风与沙尘暴的关系(李林 等,2002;汤奇成 等,1992)。经近 50 年资料统计,当风速≥7 m/s 时,可能会出现沙尘暴;由于 6 级以上大风引发沙尘暴的概率大,灾情重,故大风日的选取标准定为当日中 10 min 平均最大风速≥10.7 m/s,或瞬时最大风速≥17 m/s 为一个大风日(图 1)。其中:

$$K = T_i / \overline{T} \tag{1}$$

$$C_v = \delta / \overline{T} \tag{2}$$

$$\delta = \sqrt{\sum_{i=1}^{n}(T_i - \overline{T})/(n-1)} \tag{3}$$

式中,$\overline{T}$ 表示近 50 年(1953—2000 年)民勤大风日数或沙尘暴日数的平均值,T_i 表示民勤逐年大风或沙尘暴日数,i 表示年数,即 $i=$ 年份$-1953+1$,δ 表示 1953—2000 年多年均方差。

　　对民勤和凉州区两站的大风、沙尘暴日数经过归一化 $\sum (K-1)/C_v$ 处理后,民勤 1953—2000 年的相关系数达 0.47,通过了 0.001 显著性检验;凉州区 1951—2000 年的相关系数达0.32,通过了 0.01 显著性检验。

　　利用民勤和凉州区 3—5 月、年大风日数和沙尘暴日数,进一步探讨大风和沙尘暴的关系,建立大风与沙尘暴的逐步回归预报方程如下:

　　$y_{12} = 4.37 + 0.81X_2 + 0.27X_4$,绝对误差≤5 时,1954—2000 年(47 年)历史检验率为 78.7%;

　　$y_{21} = 0.76 + 0.78X_2 + 0.09X_3$,绝对误差≤5 时,1954—2000 年(47 年)历史检验率为 89.4%。

　　上式中,X_2 为凉州区当年 3—5 月大风日数,X_3 为民勤当年年大风日数,X_4 为民勤当年3—5 月大风日数;y_{12} 为民勤当年 3—5 月沙尘暴日数,y_{21} 为凉州区当年沙尘暴日数。民勤当年沙尘暴日数和凉州区当年 3—5 月沙尘暴日数预报方程略。

　　从图 1 和表 1 可知,大风日数与沙尘暴日数有很好的相关,均通过了 0.05 的显著性检验。通过预报方程可得知:沙尘暴日数与凉州区 3—5 月大风日数有显著的正相关,相关系数超过0.78,其次是民勤当年 3—5 月大风日数。当大风日数多时,沙尘暴日数相应也多。从资料中分析得出,若当年干旱少雨,但没有大风天气,则沙尘暴日数也少,如 1995 年和 1997 年武威市非常干旱,但无大风沙尘暴天气。资料还表明,民勤 98% 以上的 7 级大风常伴有沙尘暴天气,大风是强沙尘暴产生的必要条件,而在风速较小时也会产生沙尘暴,但强度较弱。

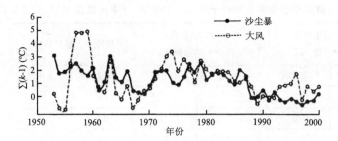

图1　1953—2000年民勤沙尘暴日数与大风日数差积曲线

表1　各年代大风日数和沙尘暴日数的相关系数

起止年	民勤	信度	凉州区	信度
1951—2000	0.47	0.001	0.32	0.05
1961—2000	0.62	0.001	0.56	0.001
1971—2000	0.69	0.001	0.55	0.01
1981—2000	0.64	0.01	0.56	0.02

1.3 干旱指数与沙尘暴

考虑到干旱异常气候通常具有高温少雨,即强的蒸发需求与水分补给不足这两个方面的特征,采用柳崇健(1998)提出的大气干旱指数(X):

$$X = \Delta T/\delta_T - \Delta R/\delta_R \tag{4}$$

式中,$\Delta T = T - T_P$,即该月平均气温(T)与该月多年平均(T_P)的差,$\Delta R = R - R_P$,是该月降水量(R)与该月多年平均降水量(R_P)的差;δ_T 与 δ_R 分别代表该站该月的平均气温、月降水量的标准差:

$$\delta_T = \{\frac{1}{L} \sum_{i=1}^{n} (T_i - T_P)^2\}^{1/2} \tag{5}$$

$$\delta_R = \{\frac{1}{L} \sum_{i=1}^{n} (R_i - R_P)^2\}^{1/2} \tag{6}$$

式中,L 为资料年数,这种大气干旱指数是相对于当地多年平均气候状态而言的,适用于定量描述月、季干旱或雨涝的反常气候情况。

文中主要采用1971—2000年(30年)资料作对比分析。选取冬半年干旱指数,取前一年11月至当年2月的月平均干旱指数和当年3—5月春季的月平均干旱指数,来说明沙尘暴发生的前期干旱气候背景。

沙尘暴发生的必备条件是民勤当月或前一个月干旱指数至少>1.5,经对近50年资料分析,沙尘暴出现前期的冬、春季干旱指数较大。

从表2可以看出,武威市中北部20世纪90年代以后冬春干旱的频率增多,强度增大,其中区域性冬旱出现在1991年、1999年和2001年;区域性春旱出现在1969年、2000年和2001年。由于气温升高,干旱年份增多,山区水资源减少,加大了地表水资源的蒸发量;土壤失墒严重,加剧了武威市生态环境的进一步恶化,加快了荒漠化的进程。但是由于大风日数自20世纪90年代以后显著减少,因而沙尘暴日数相应减少。

表2　武威市中北部各年代干旱出现的年数、干旱指数及大风、沙尘暴日数

年代	冬季(去年11月至当年2月) 月均干旱指数≥0.5		春季(3—5月) 月均干旱指数≥1		年均沙尘暴日数(d)		年均大风日数(d)	
	民勤	凉州区	民勤	凉州区	民勤	凉州区	民勤	凉州区
1950	1	3	1	0	46	20	34	15
1960	2	2	2	1	31	12	16	19
1970	1	1	2	0	39	9	35	14
1980	1	2	4	0	31	3	23	12
1990	6	4	6	1	12	2	17	4

注:干旱指数越大,干旱越严重。

1.4　河西走廊东部沙尘暴发生的气候规律及环流特征

1.4.1　地理分布特点

河西走廊东部的沙尘暴一年四季均可发生,主要集中在3—7月,对1953—2003年资料统计得出:3—7月的沙尘暴日数占全年沙尘暴总日数的百分比,民勤为63%、凉州区为69%、古浪为70%,而有人员伤亡的强沙尘暴日数全部集中在3—7月。从地理分布上来看,河西走廊北部靠近沙漠的民勤县沙尘暴日数最多,强度最大。凉州区次之,向南逐渐减少,天祝山区最少。统计近50年的资料,民勤、凉州区各种强度沙尘暴日数如表3。

表3　河西走廊东部民勤、凉州区沙尘暴天气日数分布(单位:d)

地名/沙尘暴强度	特强(黑风)	强	中	弱
民勤(北部)	19	60	200	1211
凉州区(南部)	10	29	85	345

1.4.2　时间分布特点

河西走廊东部沙尘暴日数年际分布特点为20世纪50年代最多,民勤10年年平均沙尘暴日数为46 d;从20世纪60年代至90年代沙尘暴日数是递减的,90年代最少,民勤10年年平均沙尘暴日数为12 d,但从1998年以来又有回升趋势。其分布情况如图2所示。

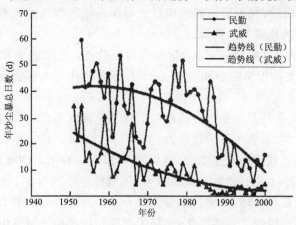

图2　河西走廊东部民勤、凉州区(武威)50年来历年年沙尘暴总日数

从以上分析可知,武威市沙尘暴日数 20 世纪 50 年代最多,民勤年最多日数达 59 d(1953年);90 年代最少,最少日数为 5 d(1997 年)。区域黑风日数 20 世纪 50 年代有 8 d,90 年代2 d。而武威市(凉州区)沙尘暴日数远少于民勤,最多为 34 d(1951 年和 1953 年),最少为 0(1988 年,1990 和 1997 年)。

月际分布:武威市沙尘暴各月均会出现,其中 3—7 月出现最多。近 50 年来,民勤平均占全年总沙尘暴日数的 63%,凉州区占 69%。而春季 3—5 月是该区生态环境最恶劣的时段,这一时段及前期由于凉州区及北部雨雪稀少,干旱和气温持续偏高造成地表土质疏松,蒸发量大于降水量,沙漠和疏松地表为沙尘天气提供了丰富的物质条件。而此时正值冷空气频繁活动时段,丰富的物质条件和较强的动力条件相互作用,使该区的主要灾害性沙尘暴天气多发生在这一时段。而其他季节沙尘暴天气出现日数较少、强度较弱。这是由于夏、秋季降水次数多且量大,地表植被覆盖好,正值作物的生长旺季,不易起尘;冬季,气温较低,冷热对流较弱,沙尘不易扬起。

日际分布:一天中发生在午后的沙尘暴强度最强。这是因为午后太阳辐射强,近地层温度高,当高空有冷空气经过时,有利于高低空对流加强,风力加大而发生强沙尘暴。如造成凉州区人畜伤亡的 4 次特强沙尘暴天气均出现在 15—20 时。凉州区最强的沙尘暴天气发生在1959 年 4 月 27 日下午至夜间,瞬间极大风速为 34.0 m/s,持续时间达 10 多个小时。

1.4.3 强度分析

从年际分布来看,沙尘暴日数总趋势是减少的,但 20 世纪 90 年代受全球气候变暖影响,该区连续多年发生春旱、春末初夏旱,冬春季气温明显偏高至特高,沙尘暴强度明显加强,尤其是 1998 年以后这种趋势最为明显。这是因为持续的暖冬和春季温度偏高,降水稀少,使地表疏松,沙尘源丰富,一旦有冷空气活动,即可形成强沙尘天气。如 1993 年 5 月 5 日发生了 20世纪 90 年代以来最强的沙尘暴天气,造成武威地区直接经济损失达 1.36 亿元,43 人死亡。2000 年 4 月 12 日发生了 20 世纪 90 年代以来次强沙尘暴天气。

1.4.4 沙尘暴发生的环流特征

沙尘暴的起因主要是由高空较强的大风天气形势与地面干燥疏松的沙尘源表层,以及较好的热力条件共同作用的结果。水平能见度的大小主要与下垫面地表性质有关,而风力的大小主要取决于高低空大风天气系统的强弱。沙尘暴的强弱主要取决于风力的大小,风力越大起沙量越多。产生沙尘暴的天气形势有三种:(1)系统性锋面沙尘暴,此类沙尘暴来势猛,强度大,破坏力强,占沙尘暴总数的 70%,全年均可出现;(2)对流性沙尘暴,风力大,持续时间短,占 10%,主要出现在夏季(6—8 月);(3)脊前动量下传沙尘暴,起止时间与太阳的升落同步,强度随太阳辐射的强弱而变化,占沙尘暴总数的 20%,主要出现在春季至夏季(3—7 月)。

系统性锋面沙尘暴主要包括新疆冷槽型和西风槽东移发展型,其沙尘暴发生时的环流特点是:

新疆冷槽型:高空 500 hPa 新疆附近(35°～55°N,70°～90°E)有冷槽存在,槽后乌山脊较强,槽前后正负变高和变温较大,差值常常在 20(gpm 或℃)以上,槽附近风速较大。对应 700hPa 有较强的密集等温线,锋区较强,民勤与乌鲁木齐附近站的温差常＞10 ℃。地面有冷锋存在,锋面前后正负 3 h 变压较大,常在 4 hPa 以上(图 3)。

西风槽东移发展型:高空 500 hPa 中亚至新疆(35°～55°N,60°～80°E)为西风气流,有小槽存在,西风气流较强,对应在低空至地面锋区表现不明显,但地面新疆西部常有 8 hPa 以上

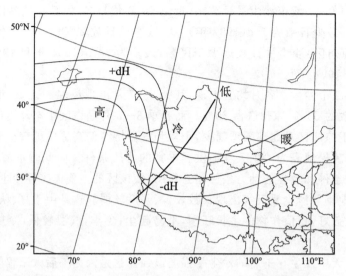

图 3　河西走廊东部沙尘暴出现的 500 hPa 环流背景

的 3 h 正变压中心存在。此类沙尘暴日数出现较少,但常常在东移过程中不断加强发展,会造成较强的大风沙尘暴天气。

2　建立沙尘暴预报方程

利用民勤、凉州区 20 多种不同季节气温、降水和大风等气象因子,在逐步回归筛选的基础上,建立不同时间年、春季(3—5 月),不同范围局地(民勤)、区域性沙尘暴日数,不同强度分三级(2,1,0)预报回归方程,进一步分析沙尘暴日数产生的气候因子,其中 2 表示有区域性强沙尘暴或黑风,1 表示有区域性沙尘暴,0 表示无区域性沙尘暴。

2.1　局地沙尘暴日数方程(民勤)

$$Y_1 = 76.87 - 0.09X_1 - 3.96X_2 - 6.49X_3 + 0.63X_4 - 1.13X_5$$

春季(3—5 月)方程略,上式中 Y_1 为民勤年沙尘暴日数,X_1 为民勤当年年降水量,X_2 为民勤前期冬季(去年 11 月至当年 2 月)月平均气温,X_3 为民勤 3—5 月平均气温,X_4 为民勤当年大风日数,X_5 为民勤 3—5 月大风日数。

历史检验:经 1954—2000 年(47 年)检验,通过 0.05 显著性水平检验,民勤年沙尘暴日数的绝对误差在 10 d 内算正确,准确率达到 61.7%,3—5 月沙尘暴日数的绝对误差在 5 d 内算正确,准确率达到 72.3%。

试报准确率:2001—2003 年试报准确率,年沙尘暴日数为 66.7%,3—5 月沙尘暴日数为 66.7%。

上述分析表明,民勤沙尘暴日数与年降水量、春季大风日数和冬春季气温呈反比,与年大风日数呈正比,与年降水量、大风日数关系较为密切。

2.2　区域性沙尘暴日数方程(民勤、凉州区)

由于区域性沙尘暴主要集中在春季(3—5 月),以凉州区出现沙尘暴代表区域性沙尘暴,
春季:$Y_2 = 11.96 - 0.01X_0 - 0.47X_1 + 3.22X_2 - 3.85X_3 - 0.14X_4$

年度方程略,上式中 Y_2 为凉州区 3—5 月沙尘暴日数、X_0 为凉州区当年年降水量,X_1 为凉

州区前期冬季(去年 11 月至当年 2 月)平均气温,X_2 为凉州区 3—5 月平均气温,X_3 为民勤 3—5 月平均气温,X_4 为民勤 3—5 月大风日数。

历史检验:经 1954—2000 年(47 年)检验,通过 0.05 显著性水平检验,区域年沙尘暴日数的绝对误差在 5 d 内算正确,准确率达到 76.6%。3—5 月沙尘暴日数的绝对误差在 2 d 内算正确,准确率达到 63.8%。

试报准确率:2001—2003 年试报准确率,年沙尘暴日数为 100%,3—5 月沙尘暴日数为 100%,如表 4 所示。

表 4 2001—2003 年沙尘暴日数预报结果检验

年		民勤		凉州区	
		年	3—5 月	年	3—5 月
2001	预报	25	8	6	5
	误差	10	1	2	1
2002	预报	11	6	1	2
	误差	−3	−6	−3	−2
2003	预报	19	8	0	0
	误差	8	1	0	0

注:误差=预报量−实况。

上述分析表明,春季区域性沙尘暴与该区中部的春季气温呈正比,与中部的年降水量、冬季气温、民勤的春季气温和大风日数呈反比,与中北部的春季气温关系较为密切。

2.3 沙尘暴强度预报方程

强沙尘暴发生的气候条件:

X_1:当月或前两个月中民勤或凉州区月降水距平百分率至少有一个月 <-40%;

X_2:民勤当月或前两个月中月气温正距平 $\geqslant 3$ ℃;

X_3:民勤当月或前一个月的干旱指数至少 >1.5;

X_4:短期(24 h)内民勤和凉州区同时出现 6 级以上大风;

X_5:是否 ENSO 出现年。

满足以上条件为 1,否则为 0。

$$Y=(X_1+X_2)\times X_3\times X_4+X_5$$

当 $Y\geqslant 2$ 时,当年有区域性强沙尘暴或黑风;$Y=1$ 时,有区域性沙尘暴;$Y=0$ 时,无区域性沙尘暴。

经检验,预报 2001 年和 2002 年有区域性沙尘暴,2003 年无区域性沙尘暴,预报正确。

3 结论

(1)河西走廊东部的沙尘暴是武威市干旱气候、丰富的地表沙源与大风天气相互作用的结果,当该市北部沙漠边缘冬春季有明显的干旱,发生大风时有强沙尘暴天气出现。

(2)沙尘暴日数与武威市中北部冬春季的气温、年降雨量和大风日数的多少有关、局地沙尘暴与沙源区的降水量大小关系密切,而区域性沙尘暴与春季气温的高低关系密切。

(3)沙尘暴强度与武威市前期的干旱、气温异常升高、强大风日数及 ENSO 年有关。

提高沙尘暴气候预测的关键是做好短期气候中的冬春季气温、年降水趋势和大风日数预报。

<h2 align="center">参考文献</h2>

成天涛,沈志宝,2001.中国西北大气沙尘光学特性的数值试验[J].高原气象,20(3):291-297.

李林,赵强,2002.青海沙尘暴天气研究[J].气象科技,20(4):218221.

李岩瑛,杨晓玲,王式功,2002.河西走廊东部近 50a 沙尘暴成因、危害及防御对策[J].中国沙漠.22(3):283-286.

柳崇健,1998.天气预报技术的若干进展[M].北京:气象出版社.

刘景涛,郑明倩,2003.内蒙古中西部强和特强沙尘暴的气候学特征[J].高原气象,22(1):51-64.

申彦波,沈志宝,杜明远,等,2003a.敦煌春季沙尘天气过程某些参量和影响因子的变化特征[J].高原气象,22(4):378-384.

申彦波,沈志宝,汪万福,2003b.2001 年春季中国北方大气气溶胶光学厚度与沙尘天气[J].高原气象,22(2):185-190.

汤奇成,曲耀光,周聿超,等,1992.中国干旱区水文及水资源利用[M].北京:科学出版社.

王可丽,江灏,吴虹,2003.2001 年春季中国北方沙尘暴的环流动力结构分析[J].高原气象,21(3):303-308.

王文,程麟生,2000."93.5"黑风暴的对称不稳定诊断分析[J].高原气象,18(2):127-137.

岳虎,王锡稳,李耀辉,2003.甘肃强沙尘暴个例分析研究(1955—2002)[M].北京:气象出版社.

郑新江,徐建芬,罗敬宁,等,2001.1998 年 4 月 14—15 日强沙尘暴过程分析[J].高原气象,20(2):180-185.

河西走廊东部沙尘暴预报方法研究[*]

李岩瑛[1,2]，李耀辉[1]，罗晓玲[2]，王汝忠[3]，郭良才[4]

(1. 中国气象局兰州干旱气象研究所,甘肃省干旱气候变化与减灾重点实验室,兰州 730020;

2. 甘肃省武威市气象局,武威 733000;3. 甘肃省民勤县气象局,民勤 733300;

4. 甘肃省酒泉市气象局,酒泉 735000)

摘要:利用中国沙尘暴多发区——甘肃省河西走廊东部民勤、凉州区等 5 站近 50 年的气象资料,详细分析了河西东部沙尘暴频繁发生的气象因素,应用近 20 年的气象资料,结合近 50 年的典型个例做出沙尘暴的长期、中期、短期和短时预报预警系统。研究结果表明:长期预报取决于冬、春季气温、降水量和大风日数;中期依靠使用国内外数值预报产品;短期与大气环流条件、分型指标有关;短时临近预报与高空大风形势、地面上游有无大风沙尘暴天气有关。

关键词:河西东部;沙尘暴;预报方法

沙尘暴是河西东部地区一种危害极大的灾害性天气,它的频繁发生既是环境状况恶化的重要表现,又大大加快了土地沙漠化的进程,对中国工农业生产造成了严重的危害,近 50 年来已造成该区两亿多元的经济损失。特别是随着全球变暖的加剧,强沙尘暴发生频率明显增加,危害越来越大,该区 2000 年春季以来沙尘暴肆虐频繁就是最好的例证。因此,沙尘暴研究与防治是国家实施西部大开发战略,加快生态环境建设的首要任务之一。文中应用大量翔实的气象资料,对沙尘暴的发生、发展和消亡过程进行追踪分析,旨在对其做出准确的预报预警。

目前,沙尘暴的形成及其对大气生态环境的影响已引起了全球科学界的重视,并开展了一系列研究。研究表明:发展有效的黑风暴天气防护体系,建立中尺度天气监测网和预报、预警系统,是减轻黑风暴危害的有力措施之一。对该区沙尘暴形成机理和预报方法以及对环境质量、人体健康和气候变化的影响等有人已做了多方面的分析探讨(张晔,1993;孙军,1998;李岩瑛 等,2002);本研究主要解决如何对其做出准确的预报预警,在河西东部建立严密的沙尘暴监测网。

1 预报时效和范围

由于沙尘暴天气多集中在春、夏季,而且强度最强、灾情最重,所以预报时间为 3—7 月,预报范围为河西东部民勤县、凉州区、永昌县、古浪县,从 50 年的沙尘暴资料统计分析,民勤县的年均沙尘暴日数在 30 d 左右,凉州区不足 8 d,永昌县不足 4 d,其他县更少,所以预报重点为民勤县和凉州区。

应用资料为 1981—2000 年的逐日气象资料,以及 1951—2000 年的典型沙尘暴个例资料。

---

* 本文已在《中国沙漠》2004 年第 24 卷第 5 期正式发表。

2　影响沙尘暴的主要气候因子分析

2.1　气温

从 50 年河西东部 5 站 10 年平均气温看,20 世纪 90 年代最高,80 年代次之,60—70 年代最低,其中民勤 90 年代平均气温最高为 8.7 ℃,升温幅度最大,各站比 80 年代升温均在 0.5 ℃ 以上。从月平均气温分析,武威及北部沙源区 11 月至翌年 2 月气温在 0 ℃ 以下,3—5 月升温幅度在全年中最大,升温在 7~8 ℃ 以上;而南部山区古浪、天祝 11 月至翌年 3 月气温较低,在 0 ℃ 以下。

2.2　降水

北部沙源区民勤冬半年(11 月至翌年 4 月),月降水量不足 5 mm,8 月最多(近 40 mm);凉州区及永昌冬半年月降水量不足 10 mm,7—8 月最多在 40 mm 左右,当有利于大风的天气形势出现时极易产生沙尘暴天气。而南部山区古浪、天祝 3—10 月月降水量平均在 10 mm 以上,其中 4—9 月降水量平均在 20 mm 以上,6—8 月最大,在 50~90 mm。河西走廊北邻巴丹吉林沙漠,东与腾格里沙漠接壤,气温较高、蒸发量大、干旱少雨;而南部位于祁连山水源涵养林区,气温较低、蒸发量小、降水较多,这正是河西走廊东部沙尘暴发生北多南少的气候原因(表 1)。

表 1　河西东部 1971—2000 年年平均气温、降水量与沙尘暴日数分布

气象要素	民勤	永昌	武威	古浪	天祝
年平均气温(℃)	8.1	5.0	7.8	5.1	−0.1
年平均降水量(mm)	111.4	202.1	163.6	357.8	393.2
年沙尘暴日数(d)	27	4	5	3	1

2.3　天气环流条件

除气候背景外,能否发生沙尘暴天气还要看动力条件,如果无利于大风产生的天气条件,则无沙尘暴天气发生。如 1990 年及 1997 年河西东部持续高温少雨,但该区无区域性沙尘暴天气。沙尘暴天气的强弱主要取决于风力的大小,风力越大起沙量越多。产生沙尘暴的天气形势有 3 种:①系统性锋面大风,此种沙尘暴来势猛,强度大,破坏力强,占沙尘暴总数的 70%,全年均可出现;②对流性大风,风力大,持续时间短,占 10%,主要出现在夏季(6—8 月);③脊前动量下传风,起止时间与太阳的升落同步,强度随太阳辐射的强弱而变化,占沙尘暴总数的 20%,主要出现在春、夏季(3—7 月)。

沙尘暴的强弱主要是用水平能见度和风力两项确定。能见度与沙源区的沙尘量、降雨量、气温、地面的干燥程度和植被情况有关;而风力的大小主要取决于高低空天气系统的强弱及测站周围建筑物的高低、多少。

3　长、中、短期预报着眼点

沙尘暴的发生主要由三方面的因素综合造成的:气象因素(气温、降水、天气环流条件及海-气相互作用等);下垫面因素(地形地貌特征,植被土壤状况);人文因素(水利、生态环境保护、农林牧建设等)。以下主要从气象角度出发做沙尘暴的预报。

3.1 年度预报

年度预报主要看是否有 ENSO 现象发生,当 ENSO 出现时,当年及次年沙尘暴日数较多,强度较强;其次分析前期降水量、气温和蒸发等气象因子,选取多个因子与沙尘暴的强度、发生日数建立预报方程(略),对年度趋势预报进行分析研究。

3.2 中期分月预报(3~30 d)

主要利用国内 T106 或 T213、德国天气在线 10 d 内预报、欧美等数值预报产品的形势预报场,分析环流形势时空演变特征及要素反映,判断是否有利于沙尘暴产生的天气形势出现,当有征兆出现时,可对实况场做一些客观、诊断分析,分析各要素变化情况,以进一步确定其发展趋势的可能性。

沙尘暴天气出现的前期气候背景分析:主要看前 2~3 个月降水量、气温状况。经分析,出现沙尘暴时,民勤当月或前两月内干旱少雨,气温偏高;民勤当月或前期 2 个月内的月降水量距平百分率至少有 2 个月为负距平,其中有 1 个偏少 5 成以上;当月平均气温或前期 2 个月内平均气温距平为正;区域黑风出现时民勤当月月平均气温≥3 ℃。

在这里,主要应用大气干旱指数分析该区出现沙尘暴天气时前期大气的干燥程度。

考虑到干旱异常气候通常具有高温少雨,即强的蒸发需求与水分补给不足这两个方面的特征,采用柳崇健(1998)提出的大气干旱指数(X):

$$X = \Delta T/\delta_T - \Delta R/\delta_R \tag{1}$$

式中,$\Delta T = T - T_P$,即该月平均气温(T)与该月多年平均(T_P)的差;$\Delta R = R - R_P$,即该月降水量(R)与该月多年平均降水量(R_P)的差;δ_T 与 δ_R 分别代表该站该月的平均气温、月降水量的标准差:

$$\delta_T = \{\frac{1}{L}\sum_{i=1}^{L}(T_i - T_P)^2\}^{1/2} \tag{2}$$

$$\delta_R = \{\frac{1}{L}\sum_{i=1}^{L}(R_i - R_P)^2\}^{1/2} \tag{3}$$

式中,L 为资料年数,选取 1971—2000 年共 30 年气候资料。这种大气干旱指数是相对于当地多年平均气候状况而言的,适合于定量地描述月、季干旱或雨涝的反常气候情况。

3.3 短期预报(24 h)

做好短期 24 h 预报是预防沙尘暴天气灾害的关键。首先分析前 5 d 内的降水和气温情况,本地当日 14 时气温的 24 h 变温,当日或前一日降水量大小,本区是否持续高温干旱;然后看高空有无大风的天气形势,高空正负变高差较大;新疆至河西有无强冷锋东移;地面冷锋强度、变压场分布;河西一带热力不稳定程度。根据沙尘暴发生的天气形势和日际特点,将沙尘暴天气分为新疆冷槽型、西风槽东移发展型和高空脊前西北气流型 3 种类型:

(1)新疆冷槽型(图 1)。①高空 500 hPa 新疆附近(35°~55°N,70°~90°E)有冷槽存在,槽后乌拉尔山脊较强,槽前后正负变高和变温较大,差值常常在 20 ℃以上;②槽线附近风速较大,一般大于 34 m/s;③对应 700 hPa 有较强的密集等温线,锋区较强,民勤与乌鲁木齐附近冷中心的温差常在 10 ℃以上;④地面有冷锋存在,锋面前后正负 3 h 变压较大,常在 4 hPa 以上。满足以上 3 条,即可考虑报沙尘暴。

(2)西风槽东移发展型(图 2)。①高空 500 hPa 中亚至新疆(35°~55°N,60°~80°E)为西

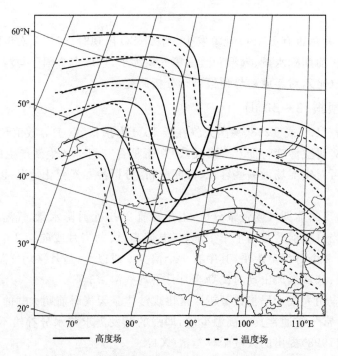

图 1　新疆冷槽型沙尘暴 500 hPa 典型环流形势场

风气流,有小槽存在,西风气流较强;②对应在低空至地面锋区表现不明显,但地面在新疆西部常常有 8 hPa 以上的 3 h 正变压中心存在。此类沙尘暴日数出现较少,但常在东移过程中不断加强发展,常会造成武威市较强的大风沙尘暴天气。满足以上两条,即可考虑报沙尘暴。

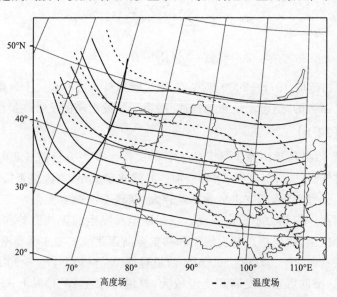

图 2　西风槽东移发展型沙尘暴 500 hPa 典型环流形势场

　　(3)高空脊前西北气流型(图 3)。①高空 500 hPa 新疆至河西(35°~55°N,80°~100°E)为强脊,华北地区为低压槽,武威市处于脊前强西北气流中;②700 hPa 武威市附近高空风速较大,在 20 m/s 左右,同时河西上空有较强的正变高和正变温场存在;③对应地面 08 时、14 时升温明显,一般 24 h 升温超过 5 ℃,但 3 h 变压不明显。此类沙尘暴有较强的日变化,常出现在晴天 12 时前后,随太阳辐射的增强而增强,反之亦然。满足以上 3 条,即可考虑报沙尘暴。

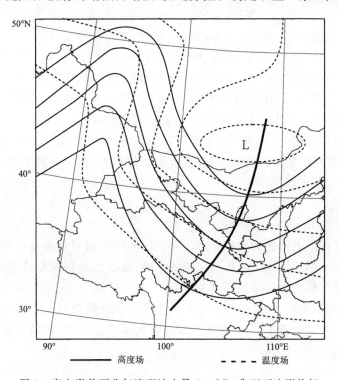

图 3   高空脊前西北气流型沙尘暴 500 hPa 典型环流形势场

根据上述的天气分型,分别确定短期预报指标,经过 2000—2003 年春季的预报检验,沙尘暴预报准确率在 50% 以上,区域性强沙尘暴预报准确率为 93.3%。

3.4   短时临近预报(6 h)

沙尘暴天气是一种中小尺度天气系统,生命期在几十分钟至十几小时,暴发快、来势猛、灾情重,特别是发生在白天的沙尘暴对人们的生产、生活影响极大(王锡稳 等,2003)。

短时指标主要考虑高空地面有无大风的天气形势,主要看高空变高场分布、高低空(35°~55°N,80°~100°E)有无小于 $-600 \ \mathrm{m^2/s^2}$ 负垂直螺旋度中心存在,地面冷锋强度、变压场分布及热力不稳定因子等;地面看新疆至河西上游有无大风沙尘暴天气产生,有无 8 hPa 以上 3 h 变压,根据天气形势确立详细指标。经在 2000—2003 年使用,对强沙尘暴天气有较强的预测、预警能力。

3.5   与大风天气的对比分析

通过对沙尘暴天气与大风天气的气候背景、天气背景的对比分析,进一步找出预报沙尘暴的着眼点,为沙尘暴的预报预防起到良好的预警作用。

近 50 年资料统计结果表明:民勤出现大风时,98% 以上伴有沙尘暴天气,而且 7 级以上的强风均伴有沙尘暴,这说明沙尘暴天气主要是由强风引起的。而只有大风无沙尘暴的天气取决于冷锋的干湿程度、下垫面的沙源多少和季节,多发生在夏、秋季(6—10 月),前 3 天内降水量累计较大,在 5 mm 以上。

利用民勤和凉州区近 50 年 3—5 月的年大风日数和沙尘暴日数,进一步探讨大风和沙尘暴的关系,建立大风与沙尘暴的逐步回归预报方程如下(王锡稳 等,2003):

$$Y_{12} = 4.37 + 0.81X_2 + 0.27X_4$$

绝对误差≤5 时算正确,1954—2000 年(47 年)历史检验准确率为 78.7%;

$$Y_{21} = 0.76 + 0.78X_2 + 0.09X_3$$

绝对误差≤5 时算正确,1954—2000 年(47 年)历史检验准确率为 89.4%。

式中,X_2 为凉州区当年 3—5 月大风日数;X_3 为民勤当年大风日数;X_4 为民勤当年 3—5 月大风日数;Y_{12} 为民勤当年 3—5 月沙尘暴日数;Y_{21} 为凉州区当年沙尘暴日数。

通过预报方程可以得知:大风与沙尘暴有着很好的相关,均通过信度为 0.05 的显著性检验;沙尘暴日数与凉州区的 3—5 月大风日数有密切的正相关,相关系数在 0.78 以上,其次是民勤当年 3—5 月大风日数。

4　难点和结论

(1)干旱、丰富的地表沙源和大风是沙尘暴发生的气候原因和必备条件,而沙尘暴天气的中期预报难度在于干旱和大风天气的预报是否准确;强沙尘暴与前期持续高温、干旱少雨、短期强风天气和高低空热力不稳定层结有关。

(2)在沙尘暴短期预报中,系统性锋面大风型沙尘暴预报较容易,而脊前动量下传大风和对流性大风引起的沙尘暴难度较大;在系统性锋面大风沙尘暴中,新疆冷槽型预报较容易,而西风槽东移发展型较难。

参考文献

李岩瑛,杨晓玲,王式功,等,2002.河西走廊东部近 50a 沙尘暴成因、危害及防御对策[J].中国沙漠,22(3):283-286.

柳崇健,1998.天气预报技术的若干进展[M].北京:气象出版社.

孙军,1998.西北地区沙尘暴预报方法的研究[D].南京:南京气象学院.

王锡稳,牛若云,冀兰芝,等,2003.甘肃沙尘暴短期、短时业务化预报方法研究[J].应用气象学报,14(6):682-684.

张晔,1993.不可忽视的黑风暴[J].气象知识,13(4):83-86.

河西走廊东部沙尘暴气候特征及短时预报[*]

杨晓玲[1,2]，丁文魁[1]，王鹤龄[2]，张爱萍[3]，周华[4]

(1. 甘肃省武威市气象局，武威 733000；2. 中国气象局兰州干旱气象研究所，甘肃省干旱气候变化与
减灾重点实验室/中国气象局干旱气候变化与减灾重点开放实验室，兰州 730020；
3. 甘肃省民勤县气象局，民勤 733300；4. 甘肃省古浪县气象局，古浪 733400)

摘要：沙尘暴是甘肃省河西走廊东部多发的灾害天气之一。利用河西走廊东部5个气象站1961—2014年月沙尘暴资料，运用统计学方法分析了河西走廊东部各地沙尘暴日数的时空分布特征及变化趋势，同时选取1990—2009年逐日 NCEP 再分析资料，依据气流的南北配置对沙尘暴天气进行了环流分型，采用诊断方法、因子组合和日常的经验预报等方法对不同层次、不同物理量进行分析和计算，构建了具有经验性的预报因子库，利用线性相关、经验预报和最大靠近原则等诊断分析方法建立了沙尘暴诊断预报模式。结果表明：受天气系统、地形地貌以及海拔高度等影响，沙尘暴日数低海拔地区多于高海拔地区。年、年代沙尘暴日数呈显著减少趋势，递减率为民勤＞凉州＞永昌＞古浪＞天祝。年沙尘暴日数的时间序列存在着5~6年的准周期变化，北部年沙尘暴日数发生了突变，而南部没有发生突变。沙尘暴日数月变化也比较一致，峰值出现在4月，谷值出现在9—10月。沙尘暴日数均为春季最多，秋季最少。沙尘暴的环流形势分为3类：西北气流型、西南气流型和西风气流型。确定了各型沙尘暴预报模式的预报指标和阈值。诊断模式的预报准确率在73.3%以上，达到了较高的预报水平，填补了沙尘暴精细化预报的空白，可为沙尘暴的业务预报预警提供客观有效的指导产品。

关键词：沙尘暴；气候特征；环流形势；诊断预报模式；河西走廊

沙尘暴是指大风将地面沙尘吹（卷）起或被高空气流带到下游地区，使空气很混浊，水平能见度明显下降，水平能见度小于 1 km 的天气现象(中国气象局，2003；朱炳海 等，1985)。沙尘暴是一种灾害性天气，不仅给工农业生产活动和交通运输带来不利影响，还给人们的生活造成不便，而且导致空气环境质量恶化，严重危害人体健康。近年来，关于沙尘暴的问题引起了国内外的广泛关注，气象学者对沙尘暴多有研究，并获得了不少有意义的研究成果(曾庆存 等，2006；沈志宝 等，1994；邱新法 等，2001；周自江 等，2002；范一大 等，2006；杜吴鹏 等，2009；张增祥 等，2001；苟诗薇 等，2012；柳丹 等，2014)。河西走廊东部地处干旱、半干旱的内陆地区，尤其是中北部，年降水量少，植被稀疏，沙漠戈壁众多，为沙尘暴提供了大量的沙源，冬春季冷空气活动频繁，大风天气多，沙尘暴的发生频率很高，沙尘暴已经成为当地最严重的气象灾害之一(王式功 等，2000；王涛 等，2001)。目前对河西走廊东部沙尘暴气候学特征、时空分布特征、天气成因以及灾害预防等已做了大量研究(王式功 等，1996；赵晶 等，2003；江灏 等，2004；杨晓玲 等，2005；张锦春 等，2008；杨先荣 等，2011；李岩瑛 等，2002)，但对当地沙尘暴预报预测，特别是短时预报的研究还鲜见报道。本研究以河西走廊东部各地 1961—2014 年最新沙尘

* 本文已在《中国沙漠》2016年第36卷第2期正式发表。

暴资料和 1990—2009 年 NCEP 再分析资料为基础,对沙尘暴的气候变化特征及其环流特征做了详细分析,并建立了沙尘暴的短时预报模式,填补了当地沙尘暴精细化预报的空白,将会大幅度提高沙尘暴的预报预警能力,为防御沙尘暴灾害以及为地方政府部门决策提供科学的参考依据。

1　研究区概括

河西走廊东部地处青藏高原北坡,南靠祁连山脉,北邻腾格里和巴丹吉林两大沙漠,东接黄土高坡西缘,地理位置介于 $101°06′\sim104°14′E$,$36°30′\sim39°24′N$,海拔高度在 $1300\sim4872$ m,地势南高北低,地形、地貌极为复杂,从北向南依次为民勤、永昌、武威、古浪和天祝,其中北部民勤为沙漠戈壁干旱区,中部凉州为绿洲平川区,北部永昌和南部的古浪、天祝属于祁连山边坡的山区,历史上曾以"通一线于广漠,控五郡之咽喉"而闻名于世,是季风性气候与大陆性气候、高原气候与沙漠气候的交汇处,是较典型的气候过渡带,属于温带干旱、半干旱气候区(白肇烨 等,1988)。河西走廊东部干旱少雨,年降水量在 $113\sim405$ mm,由南向北递减,年平均气温在 $0.1\sim8.4$ ℃,由南向北递增,无霜期长,日照时数长,蒸发和辐射强,风多沙大,特别是河西走廊东部以民勤为中心区域是中国沙尘暴多发区之一。

2　资料来源与方法

2.1　资料来源

所用资料来源于河西走廊东部武威市永昌、民勤、凉州、古浪和天祝乌鞘岭气象站的逐日沙尘暴资料,时间序列为 1961—2014 年,共 54 年。NCEP 再分析数值预报资料由国家气候中心气候诊断预测室提供,其水平分辨率为 $1°×1°$,时间间隔为 6 h(02 时、08 时、14 时、20 时,北京时间,下同)。预报对象为 1990—2009 年各地逐日沙尘暴资料,预报因子选取 1990—2009 年逐日 NCEP 再分析数值预报资料,层次为 300 hPa、500 hPa、700 hPa、850 hPa,关键区为 $(35°\sim45°N,90°\sim110°E)$,共有 $11×21$ 个格点。

2.2　研究方法

2.2.1　沙尘暴日数时空分布特征分析方法

季节划分按照 3—5 月为春季、6—8 月为夏季、9—11 为秋季和 12 月至翌年 2 月为冬季。利用逐日沙尘暴资料,求得月、季、年和年代沙尘总日数,分析年代、年和月沙尘暴日数的变化趋势以及沙尘暴日数年极值。沙尘暴日数的年变化趋势采用线性趋势计算方法:用 x_i 表示样本量为 n 的气候变量,用 t_i 表示 x_i 所对应的时间,建立 x_i 和 t_i 的一元线性回归方程:$x_i = a + bt_i, i = 1,2,3,\cdots,n$,其中 b 为气候变量的倾向率,$b>0$ 表示直线递增,$b<0$ 表示直线递减,$b×10$ 表示每 10 年的变化率(魏凤英,2007)。变化趋势的显著性采用时间 t 与序列变量 x 之间的相关系数即气候趋势系数(R)进行检验。根据蒙特卡罗模拟方法:通过信度 $α=0.1$、$α=0.05$、$α=0.01$ 显著性检验所对应的相关系数临界值依次为 0.3058、0.3653、0.4430,当气候趋势系数绝对值大于上述临界值时,分别认为气候趋势系数较显著、显著、很显著(施能 等,2001;Livezey et al.,1983)。运用方差分析方法进行了周期分析,方差分析周期的主要思路是把要素时间序列按不同时间间隔进行分组,如果某个组的组内数据比较均匀,即方差小,而组间的方差较大,那么这个组的时间间隔就是该时间序列的主要周期,按不同长度周期进行排

列,求出 F 值并进行检验(周石清 等,2001;王媛媛 等,2012)。运用累计距平法对沙尘暴日数进行突变分析,为检验转折是否达到气候突变的标准,计算转折年份的信噪比进行突变检验,信噪比不小于 1.0 时认为存在气候突变,即最大信噪比的年份定义为气候突变出现的年份(杜军 等,2007)。

2.2.2　沙尘暴环流特征分型方法

由于不同的环流形势产生沙尘暴的物理机制不同,依据气流的南北配置对 NCEP 再分析资料 500 hPa 环流形势进行天气分型(丁文魁 等,2011)。具体计算公式如下:

$$\Delta H_1 = h_1 + h_2 - 2h_3 \tag{1}$$
$$\Delta H_2 = h_4 + h_5 - 2h_6 \tag{2}$$

式中,h_1、h_2、h_3、h_4、h_5 和 h_6 均为 500 hPa 位势高度,其具体位置为 $h_1 = h_{500}(40°N, 97.5°E)$、$h_2 = h_{500}(40°N, 100°E)$、$h_3 = h_{500}(40°N, 102.5°E)$、$h_4 = h_{500}(37.5°N, 95°E)$、$h_5 = h_{500}(37.5°N, 97.5°E)$ 和 $h_6 = h_{500}(37.5°N, 100°E)$,括号内为格点的经纬度。其中,$\Delta H_1 > 0$、$\Delta H_2 > 0$ 为西北气流型;$\Delta H_1 < 0$、$\Delta H_2 < 0$ 为西南气流型,其余为西风气流型。

2.2.3　沙尘暴短时预报方法

2.2.3.1　预报因子的构建

选取 NCEP 再分析资料进行沙尘暴短时预报,主要是因为 NCEP 再分析资料空间分辨率高($1° \times 1°$),时间间隔短($6\ h$),比较适合做短时预报。采用诊断方法、因子组合和日常的预报经验等手段对不同层次、不同物理量进行分析计算,求得多种预报因子,建成具有经验性的预报因子库(俞善贤,1991;陈百炼,2003)。因子库包括温度(T)、相对湿度(rh)、水汽压(E)、比湿(q)、露点温度(T_d)、温度露点差($T - T_d$)、全风速(u, v)、风速的分量(u, v)、散度(div)、涡度(vor)、垂直速度(omega)、温度平流(T_adv)、湿度平流(rh_adv)和涡度平流(vor_adv)等反映动力、水汽和热力条件的常规要素,还包括总能温($\sum T$)、总比湿($\sum Tq$)、理查森数(R_i)、风暴相对螺旋度(SRH)等反映对流不稳定的非常规要素(丁文魁 等,2011;俞善贤,1991)。

2.2.3.2　预报指标和阈值的确定

采用相关系数、经验预报和最大靠近原则等方法对各型的沙尘暴实况和预报因子进行诊断分析(牛叔超 等,2000;王立荣 等,2008),确定了各型沙尘暴的预报指标和阈值。

西北气流型预报指标和阈值:(1)300 hPa 全风速$\geqslant 40\ m/s$;(2)500 hPa 全风速$\geqslant 25\ m/s$;(3)700 hPa 全风速$\geqslant 12\ m/s$;(4)500 hPa 西风风速$\geqslant 19\ m/s$;(5)$500 \sim 700\ hPa$ 全风速$\geqslant 13\ m/s$;(6)$500 \sim 700\ hPa$ 温度差$\leqslant -14\ ℃$;(7)$500 \sim 700\ hPa$ 能温差(能温是温度的另一种表现形势,其定义为 $T_\delta = (e/P) \times 1555 + 15 + T$,即为水汽压与气压的比,乘以 1555,加上 15,再加上温度,是一个与水汽压、气压相关的相当温度,总能温是各层能温的和,能温差是不同层次能温的差)$\leqslant 7\ ℃$;(8)850 hPa 温度平流$\leqslant -10 \times 10^{-4} ℃/s$;(9)700 hPa 散度$\leqslant 0 \times 10^{-5}/s$;(10)700 hPa 垂直速度$\leqslant -1 \times 10^{-5}\ hPa/s$;(11)理查森数$\leqslant 5$。满足任意 6 条或以上,预报未来 6 h 内有沙尘暴发生。

西南气流型预报指标和阈值:(1)300 hPa 温度平流$< -3 \times 10^{-4} ℃/s$;(2)500 hPa 温度平流< 0;(3)总比湿$< 22\ g/kg$;(4)总能温$> 230\ ℃$;(5)700 hPa 温度平流$< 3.5 \times 10^{-4} ℃/s$;(6)850 hPa 温度平流< 0;(7)850 hPa 湿度平流$< -20 \times 10^{-4} \%/s$;(8)850 hPa 涡度平流$> 40 \times 10^{-5}/s$;(9)700 hPa 垂直速度$< -2.5 \times 10^{-5}\ hPa/s$;(10)风暴相对螺旋度$< 1\ m^2/s^2$。满足任意 6 条或以上,预报未来 6 h 内有沙尘暴发生。

西风气流型预报指标和阈值:(1)300 hPa 全风速>15 m/s;(2)700 hPa 饱和比湿<15 g/kg;(3)总比湿<35 g/kg;(4)总能温>220 ℃;(5)300 hPa 温度平流≤0×10⁻⁴℃/s;(6)500 hPa 温度平流<-1×10⁻⁴℃/s;(7)850 hPa 湿度平流<-30×10⁻⁴‰/s;(8)850 hPa 涡度平流>40×10⁻⁵/s;(9)700 hPa 垂直速度<-3.5×10⁻⁵ hPa/s;(10)700 hPa 散度>10×10⁻⁵/s;(11)风暴相对螺旋度<-1 m²/s²。满足任意6条或以上,预报未来6h内有沙尘暴发生。

入选的预报指标为高、低层全风速,高、低层温度差、比湿、总比湿、总能温、温度平流、湿度平流、涡度平流、散度、垂直速度、理查森数和风暴相对螺旋度等,这些因子都是反映动力条件、水汽条件、热力条件和不稳定条件的因子,在日常预报工作中也是预报沙尘暴的首选因子。

3 结果与分析

3.1 沙尘暴的时空分布特征

3.1.1 空间分布

统计分析河西走廊东部5个气象站近54年沙尘暴资料发现:沙尘暴日数由北向南递减(图1a),年平均沙尘暴日数民勤最多(23.0 d),天祝最少(0.8 d),凉州次多(5.4 d),古浪次少(2.3 d),永昌居中(3.3 d)。河西走廊东部海拔高度由北向南递增(图1b),沙尘暴日数和海拔高度在空间分布表现为负相关,其相关系数达-0.672,即低海拔地区的沙尘暴日数明显多于高海拔地区。此外,沙尘暴的空间分布还与局地地形、下垫面和天气系统有关,北部民勤地处沙漠边缘,为空旷的戈壁荒漠,建筑物和遮挡物较少,其自身就是沙尘的源地(李耀辉 等,2014),再加上气温较高、干旱少雨、蒸发强烈,风速大,沙尘暴日数多;天祝位于南部高寒山区,气温低、阴雨日数多、气候润湿、蒸量小,平均海拔在3000 m以上(在700 hPa的高度上),虽常年风速大,但缺少沙源,沙尘暴日数少;凉州地处绿洲平川区,气温较高,阴雨日数较少,虽风速较小,但凉州处在民勤的下游,当上游民勤出现沙尘暴时,在有利的天气条件下,沙尘漂浮到下游凉州,使凉州沙尘暴日数居于次多;永昌地处北部山区,气温较低,阴雨日数相对较少,风

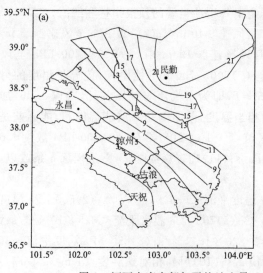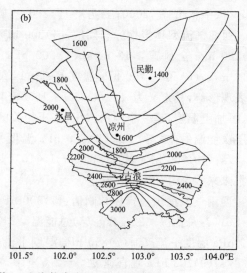

图1 河西走廊东部年平均沙尘暴日数(a)和海拔高度(b)的空间分布

速相对较大,但沙源不充足,使其沙尘暴日数处于次少;古浪地处南部山区,气温较低,阴雨日数较多,风速小,由于上下游的效应,使其沙尘暴日数处于居中。这与郭铌等(2004)的研究结论比较一致。

3.1.2 时间变化

3.1.2.1 年、年代变化

河西走廊东部各地年沙尘暴日数总体呈减少趋势(图2),用线性趋势统计54年来各地年沙尘暴日数的递减率为永昌-1.017 d/10a,气候趋势系数 R 为-0.5766;民勤-7.127 d/10a,R 为-0.7632;凉州-2.168 d/10a,R 为-0.7547;古浪-0.975 d/10a,R 为-0.5423;天祝-0.372 d/10a,R 为-0.4458,递减率的绝对值为民勤>凉州>永昌>古浪>天祝,民勤的递减趋势尤为显著。根据蒙特卡罗模拟方法规定,各地气候趋势系数的绝对值均大于0.4430,通过了0.01的显著性检验,递减趋势很显著。由图2可知,各地年沙尘暴日数的变化步调比较一致,运用方差分析周期发现,年平均沙尘暴日数的时间序列存在5~6年的准周期变化,经 F 检验,通过了0.05的显著性检验。河西走廊东部多年平均沙尘暴日数为34.8 d,各地年沙尘暴最多日数永昌10 d(1972年),民勤58 d(1963年),凉州27 d(1966年),古浪11 d(1972年),天祝5 d(1972年);各地年沙尘暴日数最少日数均为0 d,出现的年份较多。

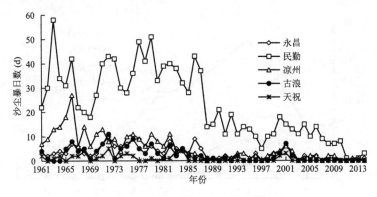

图2 河西走廊东部年沙尘暴日数变化

表1为河西走廊东部逐年代沙尘暴日数距平,距平的计算是以54年平均作为基准。由表1可知,各地沙尘暴日数的年代变化比较一致,总体上在减少。永昌20世纪60年代持平、70年代偏多、80年代略偏多、90年代至21世纪最初14年偏少;民勤20世纪60年代偏多、70年代特多、80年代偏多、90年代至21世纪最初14年特少;凉州20世纪60—70年代偏多、80年代至21世纪最初14年偏少;古浪20世纪60年代略偏多、70年代偏多、80年代持平、90年代至21世纪最初14年偏少;天祝20世纪60—70年代略偏多、80年代持平、90年代至21世纪最初14年略偏少。总之,各地均以20世纪70年代最多,21世纪最初14年最少,70年代至21世纪10年代减少的日数永昌5.7 d、民勤31.1 d、凉州11.0 d、古浪5.1 d、天祝1.3 d。90年代以来减少的趋势尤为明显,说明20世纪90年代以来,随着全球气候的变暖使得冷空气活动频次减少和强度减弱,这种全球范围的气候变化必然会对区域性的气候造成影响,分析发现河西走廊东部冷空气的频次明显减少了(表1),可能是引起沙尘暴减少的主要原因之一。

表 1　河西走廊东部逐年代沙尘暴日数距平及年平均冷空气频次

	沙尘暴日数距平(d)					冷空气次数
	永昌	民勤	凉州	古浪	天祝	
1960 年代	0.3	7.4	7.1	0.9	0.6	75
1970 年代	3.7	16.3	3.5	3.4	0.7	81
1980 年代	0.7	7.7	−2.0	−0.3	0.3	69
1990 年代	−1.8	−10.8	−3.3	−1.6	−0.6	55
2001—2014 年	−2.0	−14.8	−3.9	−1.7	−0.6	48

3.1.2.2　月变化

河西走廊东部沙尘暴日数月变率较大,在 23～191 d,各地变化比较一致,表现出一个明显的高峰和一个明显的低谷,其中 2—4 月迅速增多,4 月为明显高峰,4—6 月迅速减少,6—9 月缓慢减少,9—10 月为明显低谷,10 月至翌年 1 月缓慢增多(图 3)。其中春季(3—5 月)为沙尘暴的高发时段,占全年沙尘总日数 43.6%～82.2%;4 月最多,占 17.1%～51.1%;3 月、5 月次之,分别占 12.5%～32.4%、5.1%～16.9%;再次为夏季(6—9 月)共占 5.6%～28.4%;冬季占 4.4%～19.4%;秋季 9—11 月为沙尘暴的少发时段,共占 2.2%～8.8%,其中 9 月最少,仅占 0.0%～1.7%。

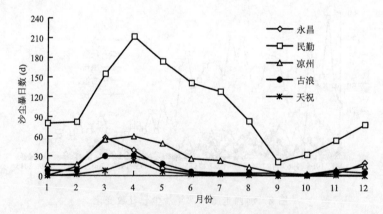

图 3　河西走廊东部 54 年月总沙尘暴日数变化曲线

3.1.2.3　突变

河西走廊东部沙尘暴日数转折的年份均出现在 80 年代(图 4)。永昌、民勤 20 世纪 60 年代至 80 年代中期均呈增多趋势,1987 年开始呈减少趋势,即 80 年代中期至 21 世纪最初 14 年为减少阶段,1987 年信噪比分别为 1.06、1.64,通过了信噪比检验,因此,永昌、民勤沙尘暴日数突变的时间为 1987 年。凉州 20 世纪 60 年代至 80 年代前期呈增多趋势,1982 年开始呈减少趋势,即 80 年代前期至 21 世纪最初 14 年为减少阶段,1982 年信噪比为 1.31,通过了信噪比检验,因此,凉州沙尘暴日数突变的时间为 1982 年。古浪、天祝 20 世纪 60 年代至 80 年代中期均呈增多趋势,1984 年开始呈减少趋势,即 80 年代中期至 21 世纪最初 14 年为减少阶段,1984 年信噪比分别为 0.82、0.66,均没有通过了信噪比检验。因此,认为古浪、天祝沙尘暴日数只是在 1984 年出现了转折,但没有发生突变。

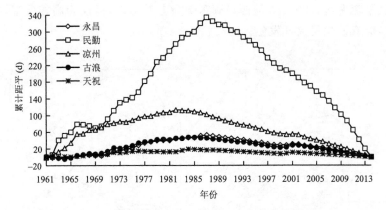

图 4　河西走廊东部年沙尘暴日数累计距平曲线

3.2　沙尘暴环流特征

3.2.1　西北气流型

　　500 hPa 新疆东北部到河西走廊为一致的西北气流,河西走廊上空存在明显的强风速中心(图 5a)。700 hPa 河西走廊为偏北气流,配合有 16 m/s 以上强风速中心,北部有冷平流(图 5b)。700 hPa 以上高空风速较大,高低空不稳定,风速垂直切变大,850 hPa 有冷平流,700 hPa 为上升运动,地面有辐合。高低空温差和能温较大配合,有利于高空风速下传,容易形成动量下传大风,引发沙尘暴天气,甚至强沙尘暴。

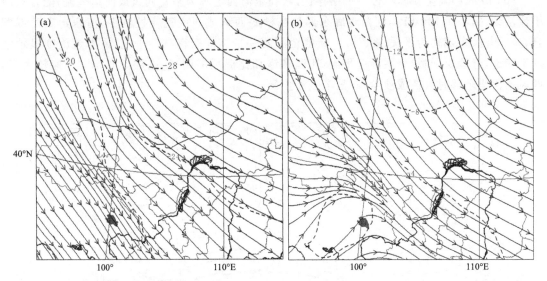

图 5　2004 年 3 月 2 日西北气流型沙尘暴天气 500 hPa(a)和 700 hPa(b)环流形势
(箭头实线为流场;虚线为<0 ℃温度场,实线为≥0 ℃温度场单位为℃,下同)

3.2.2　西南气流型

　　500 hPa 新疆至河西中西部有一低槽,温度槽落后于高度槽,在高度槽区和槽后有明显冷平流,河西走廊东部处在槽前弱脊中(图 6a);700 hPa 有高原低涡、切变线或低槽配合,河西走廊东部为暖平流控制,较为干暖(图 6b)。高空存在深厚的冷平流,温度平流反应明显,低层湿度平流较弱,暖平流明显,700 hPa 河西走廊东部为上升运动,低层为高能低湿,配合高低空温差和能温较大,会有沙尘暴天气发生。

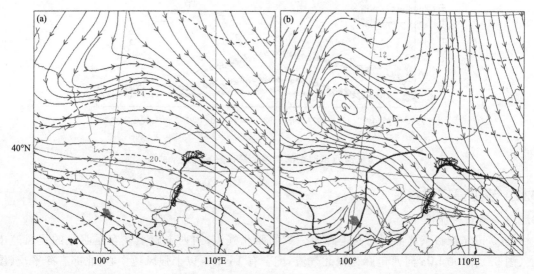

图 6　2000 年 4 月 12 日西南气流型沙尘暴天气 500 hPa(a)和 700 hPa(b)环流形势

3.2.3　西风气流型

500 hPa,中亚至新疆一带有低槽存在,新疆至河西走廊为平直西风或西南气流,配合有冷平流活动(图 7a);700 hPa,河西走廊东部处在槽底西风或西南气流控制中,河西走廊西部配合有冷平流,东部较为干暖(图 7b)。新疆至河西一带高低空存在冷平流,风暴螺旋度显示强烈不稳定,近地层干暖,低层湿度平流,比湿和饱和比湿反应明显,高层 300 hPa 风速较大,当西风槽快速东移时可造成沙尘暴,甚至强沙尘暴。

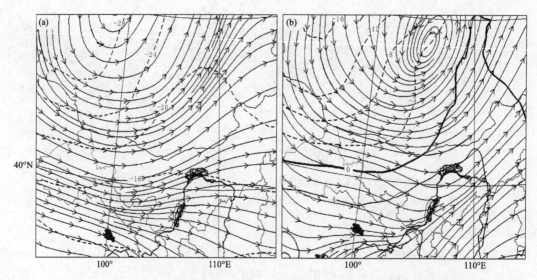

图 7　1998 年 4 月 18 日西风气流型沙尘暴 500 hPa(a)和 700 hPa(b)环流形势

3.3 短时预报

河西走廊东部地域范围小,通常受同一天气系统的影响,天气气候特征大致相同,沙尘暴天气又主要在民勤多发,特别是近年来沙尘暴日数在迅速减少,南部的站点几乎无沙尘暴出现,因此本诊断预报模式主要针对以民勤为落区进行预报。诊断预报模式于2010年投入业务运行,诊断模式每隔6 h定时运行一次,启行的时间设定为02时30分、08时30分、14时30分和20时30分。模式对2010—2014年的沙尘暴进行试预报,2010—2014年,各地出现沙尘暴日数永昌2 d、民勤13 d、凉州2 d、古浪0 d、天祝0 d。根据中国气象局下发的《中短期天气预报质量检验办法》,灾害性天气预报准确率 TS 由公式(3)计算:

$$TS = \frac{NA}{NA + NB + NC} \times 100\%$$
(3)

式中,NA 为预报正确日数、NB 为空报日数、NC 为漏报日数。

由表2可知,预报准确率大于或等于73.3%,达到了一定的水平,超过了以往人工对沙尘暴的预报能力,因此该预报模式具有较高的参考价值,填补了沙尘暴精细化预报的空白,可为沙尘暴的业务预报预警提供客观有效的指导产品。

表2　河西走廊东部各地沙尘暴预报情况及准确率

	NA(d)	NB(d)	NC(d)	TS(%)
永昌	2	0	0	100
民勤	11	2	2	73.3
凉州	2	0	0	100

注:古浪、天祝为未预报未出现。

4 结论

受海拔高度、地形地貌、天气系统等的影响,河西走廊东部沙尘暴日数由北部沙漠地区向南部山区逐渐减少,低海拔地区明显多于高海拔地区;各地年、年代沙尘暴日数总体呈显著减少趋势,递减率为民勤>凉州>永昌>古浪>天祝,均通过了0.01的显著性检验,民勤的减少趋势尤为显著,沙尘暴日数的时间序列均存在5～6年的准周期变化,通过了0.05的显著性检验,永昌、民勤和凉州年沙尘暴日数发生了突变,古浪和天祝没有发生突变;各地月沙尘暴日数变化也比较一致,4月为明显高峰,9—10月为明显低谷,沙尘暴日数均为春季最多,夏季次之,秋季最少。

河西走廊东部沙尘暴发生的典型环流形势可归纳为西北气流型、西南气流型和西风气流型3类。采用诊断方法、因子组合和日常的预报经验等方法对不同层次、不同物理量进行分析和计算,求得多种预报因子,构建成具有经验性的预报因子库。利用线性相关、经验预报和最大靠近原则等诊断分析方法,确定了各型预报指标和阈值。诊断模式的预报准确率在73.3%以上,达到了一定的预报水平,填补了沙尘暴精细化预报的空白,可为沙尘暴的业务预报预警提供客观有效的指导产品。

参考文献

白肇烨,许国昌,孙学筠,等,1988.中国西北天气[M].北京:气象出版社.

陈百炼,2003.降水温度分县客观预报方法研究[J].气象,29(8):48-51.

丁文魁,杨晓玲,2011.石羊河流域面雨量预报方法研究[J].水资源与水工程学报,22(5):69-73.

杜军,李春,廖健,等,2007.近45年拉萨浅层地温对气候变化的响应[J].气象,33(10):61-67.

杜吴鹏,高庆先,王跃思,等,2009.沙尘天气对我国北方城市大气环境质量的影响[J].环境科学研究,22(9):1021-1026.

范一大,史培军,朱爱军,等,2006.中国北方沙尘暴与气候因素关系分析[J].自然灾害学报,15(5):12-18.

苟诗薇,伍永秋,夏冬冬,等,2012.青藏高原冬、春季沙尘暴频次时空分布特征及其环流背景[J].自然灾害学报,21(5):135-143.

郭铌,张杰,韩涛,等,2004.西北特殊地形与沙尘暴发生的关系探讨[J].中国沙漠,24(5):576-581.

江灏,吴虹,尹宪志,等,2004.河西走廊沙尘暴的时空变化特征与其环流背景[J].高原气象,23(4):248-552.

李岩瑛,杨晓玲,王式功,2002.河西走廊东部近50a沙尘暴成因、危害及防御对策[J].中国沙漠,22(3):283-287.

李耀辉,沈洁,赵建华,等,2014.地形对民勤沙尘暴发生发展影响的模拟研究——以一次特强沙尘暴为例[J].中国沙漠,34(3):849-860.

柳丹,张武,陈艳,等,2014.基于卫星遥感的中国西北地区沙尘天气发生机理及传输路径分析[J].中国沙漠,34(6):1605-1616.

牛叔超,朱桂林,李燕,等,2000.T106产品夏季相对湿度概率预报自动化系统[J].气象,26(3):37-39.

邱新法,曾燕,缪启龙,2001.我国沙尘暴的时空分布规律及其源地和移动路径[J].地理学报,56(3):316-322.

沈志宝,文军,1994.沙漠地区春季的大气浑浊度及沙尘天气对地面辐射平衡的影响[J].高原气象,13(3):330-338.

施能,马丽,袁晓玉,等,2001.近50a浙江省气候变化特征分析[J].南京气象学院学报,24(2):207-213.

王立荣,王丽荣,匡顺四,等,2008.对流参数气候特征在短期预报中的应用[J].气象与环境学报,24(5):38-41.

王式功,杨德保,孟梅芝,等,1996.甘肃河西"5.5"黑风天气系统结构及其成因分析[C]∥方宗义.中国沙尘暴研究.北京:气象出版社.

王式功,董光荣,陈惠忠,等,2000.沙尘暴研究的进展[J].中国沙漠,20(4):349-356.

王涛,陈广庭,钱正安,等,2001.中国北方沙尘暴现状及对策[J].中国沙漠,21(4):322-327.

王媛媛,张勃,2012.陇东地区近51a气温时空变化特征[J].中国沙漠,32(5):1402-1407.

魏凤英,2007.现代气候统计诊断与预测技术·第二版[M].北京:气象出版社.

杨先荣,王劲松,张锦泉,等,2011.高空急流带对甘肃沙尘暴强度的影响[J].中国沙漠,31(4):1046-1051.

杨晓玲,丁文魁,钱莉,等,2005.一次区域性大风沙尘暴天气成因分析[J].中国沙漠,25(5):702-705.

俞善贤,1991.一个着眼于预测能力及稳定性的因子普查方法[J].气象,17(9):40-43.

张锦春,赵明,方峨天,等,2008.民勤沙尘源区近地面降尘特征研究[J].环境科学研究,21(3):17-21.

张增祥,周全斌,刘斌,等,2001.中国北方沙尘灾害特点及其下垫面状况的遥感监测[J].遥感学报,5(5):377-382.

赵晶,徐建华,2003.河西走廊沙尘暴频数的时序分形特征[J].中国沙漠,23(4):415-419.

曾庆存,董超华,彭公炳,等,2006.千里黄云—东亚沙尘暴研究[M].北京:科学出版社.

中国气象局,2003.地面气象观测规范[M].北京:气象出版社.

周石清,陈建江,耿峻岭,2001.单因子方差分析法对三屯河年均流量序列的周期分析[J].新疆水利,122(3):25-29.

周自江,王锡稳,牛若芸,2002.近47年中国沙尘暴气候特征研究[J].应用气象学报,13(2):193-200.

朱炳海,王鹏飞,束家鑫,1985.气象学词典[M].上海:上海辞书出版社.

LIVEZEY R E,CHEN W Y,1983.Statistical filed significance and its determination by monte carlo techniques[J].Monthly Weather Review,111(1):46-59.

夏季强沙尘暴天气成因分析及预报[*]

李玲萍[1,2]，罗晓玲[1,2]，王锡稳[1]

（1. 中国气象局兰州干旱气象研究所，甘肃省干旱气候变化与减灾重点实验室/中国气象局干旱气候变化与
减灾重点开放实验室，兰州 730020；2. 甘肃省武威市气象局，武威 733000）

摘要：利用常规气象观测资料，对 2005 年 7 月 17 日发生在甘肃省河西走廊的近 20 年夏季最强的一次区域性强沙尘暴天气过程，从气候成因、天气形势和动力诊断等方面进行了分析探讨。并同与历史同期个例和春季沙尘暴天气进行了对比分析，结果表明，夏季强沙尘暴天气是在河西走廊地区长时间极端干旱的气候背景下，新疆冷空气分裂东移南下，配合当地极有利的热力不稳定层结条件引发的大风沙尘暴天气。最后给出了夏季沙尘暴天气的短期预报指标，为夏季沙尘暴预测、预警提供了一定的科学依据。

关键词：夏季沙尘暴；气候特点；诊断分析；个例对比；短期预报

引言

　　沙尘暴是河西地区一种危害极大的灾害性天气，它的频繁发生既是环境状况恶化的重要表现，又大大加快了土地沙漠化的进程，对中国工农业生产造成了严重的危害（赵景波 等，2002；文倩 等，2001；董安祥 等，2003）。特别是随着全球气候变暖的加剧，强沙尘暴发生频率明显增加，危害越来越大（翟盘茂 等，2003）。国外从 20 世纪 20 年代开始对沙尘暴的时空分布、成因、结构以及监测、对策方面进行了研究，与国际上相比中国起步较晚，甘肃省沙尘暴研究是 20 世纪 70 年代才开始，对河西走廊西部沙尘暴个例分析则是沙尘暴多发季节（冬春季），夏季的沙尘暴分析研究较少。在人们的印象中，沙尘暴是河西地区春季特有的产物，其他季节出现的频率低，强度弱，使人们形成了一种麻痹思想，出现在 2005 年 7 月 16—17 日河西走廊的强沙尘暴天气给我们敲响了警钟。因此，本研究应用大量详实的气象资料，以出现在 2005 年 7 月 16—17 日河西走廊的强沙尘暴天气为例，对夏季沙尘暴的发生发展从气候成因、天气形势和动力诊断等方面进行分析探讨，旨在对其准确预报预警寻找依据。

1　天气实况

　　2005 年 7 月 17 日受地面热低压和新疆东移弱冷空气共同影响，甘肃省河西走廊和内蒙古西部的部分地区先后出现大风、沙尘天气。截至 17 日 14 时，甘肃省河西走廊 5 市共有 13 个气象观测站观测到沙尘暴，其中，6 站达强沙尘暴，金塔、鼎新、张掖、永昌、山丹、金昌等站出现能见度小于 500 m 的强沙尘暴。金塔从 17 日 02 时 43 分开始出现强沙尘暴，持续到 07 时 12 分结束，最小能见度 200 m，最大风速达 25.1 m/s；张掖 06 时 40 分开始出现强沙尘暴，08

---

　　* 本文已在《甘肃科学学报》2007 年第 19 卷第 3 期正式发表。

时前后结束,最小能见度只有 100 m,最大风速 18.7 m/s(图 1)。查阅历史资料可知,此次强沙尘暴天气过程是自 1975 年以来强度最强、范围最大的一次夏季沙尘暴天气过程。

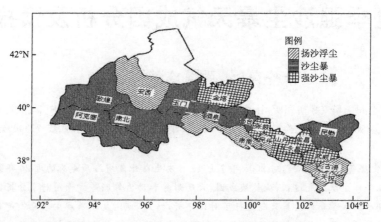

图 1　2005 年 7 月 17 日河西走廊沙尘天气实况

2　前期气候特征及其与历史同期对比

甘肃省河西地区地处干旱、半干旱的内陆地区,尤其是北部,降水量特少,冬春连旱、春末夏初干旱频繁发生,植被稀疏,沙漠戈壁众多,为沙尘暴提供了大量的沙源。冷空气进入河西走廊,在其"狭管效应"的作用下(岳平 等,2005),风力可被加速 1.6 倍,在有利的天气动力条件下,对形成沙尘暴有推波助澜作用。

以武威市为例,通过对 20 世纪 70 年代以来夏季沙尘暴历史个例的前期气候特征分析对比可知:区域性夏季沙尘暴天气发生前期气温较高,降水较少,不同程度发生过干旱,前期气温偏高是夏季沙尘暴暴发的共同点。由于 2005 年 7 月前期气温为历史之最高,又出现了有气象资料记载以来仅次于 2001 年的严重干旱,而且在沙尘暴天气出现前 5 d 武威连续出现了34 ℃以上高温天气,在历史上少见,因此次沙尘暴天气为近 20 年夏季之最强。

2.1　干旱加剧了沙漠化进程

资料显示,从 2004 年冬季到 2005 年 7 月中旬前期河西地区降水偏少,气温偏高,植被稀疏,返青推迟。特别是 2005 年春季以来河西地区干旱严重,降水时空分布极不均匀,总体上在春季(4 月到 5 月上旬)、春末夏初(5 月下旬到 6 月底)和伏期(7 月中旬)出现了 3 个明显的降水偏少时段,气温持续偏高,地表蒸发加大。干旱严重,为沙尘暴的出现提供了前期气候背景(张德二 等,2001)。

2.2　前期气候特征与历史同期对比

与历年同期相比,2005 年 1—6 月武威市气温偏高 1.6 ℃,张掖市偏高 2.4 ℃,酒泉市偏高 0.8 ℃,7 月上旬武威、酒泉气温偏高 1.2 ℃,张掖偏高 1.4 ℃,同时在沙尘暴发生前 6 d 内河西持续出现 34 ℃左右高温天气,特别是武威、张掖 6 月气温是 1970 年以来的最高,酒泉仅次于 2004 年,位居次高;7 月中旬降水量武威偏少 9 成,张掖偏少 8 成,酒泉偏少 0.2 成。高温少雨为沙尘暴暴发提供了温床。

2.3 干土层加厚,加剧了下垫面的沙尘化程度

据武威市气象局在凉州区东沙窝荒漠地段测定,正常情况 0~50 cm 平均土壤相对湿度≤3.7%时,土壤即处于重旱状态。2005 年 7 月武威市气象局在凉州区东沙窝荒漠地段测定 0~50 cm 平均土壤相对湿度只有 0.9%~1.6%,长时间土壤处于重旱状态,干旱严重。高温干旱的气候条件,造成了浅层土壤水分强烈蒸发、干土层厚度增加、加剧了下垫面的沙尘化程度。低层大气热能增加,导致河西走廊出现了自 1975 年以来夏季最强的一次沙尘暴天气过程。

3 与春季沙尘暴的对比分析

经分析,河西走廊东部武威市 5 站(凉州区、民勤县、永昌县、古浪县和乌鞘岭)1971—2000 年春季(3—5 月)沙尘暴日数占全年沙尘暴总日数的 61.9%,夏季(6—8 月)沙尘暴日数占全年沙尘暴总日数的 13.4%,沙尘暴天气主要集中在春季。春、夏季沙尘暴有如下异同点:春、夏季沙尘暴的强弱都主要由风力大小和水平能见度来决定,强风是产生沙尘暴的动力,而风力大小主要取决于高低空风速的强弱;夏季沙尘暴地面气压场所反映的冷高压与热低压之间相互作用与春季沙尘暴相同;春、夏季沙尘暴过境时,气象要素都表现为气压跃升、气温下降、湿度升高和地温下降等特征;根据冷空气的来向,春季沙尘暴有 3 条路径(西北路径、西方路径、北方路径),夏季沙尘暴有 2 条路径(西北路径、西方路径);根据影响系统,夏季沙尘暴影响天气系统主要是高空小槽、切变线、强锋区、热低压和地面冷锋,春季沙尘暴影响天气系统主要是高空槽、强锋区、蒙古冷涡、热低压和地面冷锋;春季沙尘暴发生区对应垂直螺旋度反应明显(负值较大),夏季沙尘暴发生区对应垂直螺旋度反应不明显(负值较小)。

4 天气学成因分析

从高低空环流形势对比分析知,夏季沙尘暴天气的高低空环流形势基本相似(1986 年一次例外),500 hPa 高空形势图上在巴湖西北方附近有一深厚冷槽(图略),变高场和变温场都是西北—东南走向,冷槽分裂小槽或冷槽主力东移南压至乌鲁木齐到哈密之间,对应 700 hPa 在高原和整个河西地区或者河西西部都是暖气团所包围,有 18 ℃以上的暖中心存在;地面热低压强盛,偏东风强;冷锋前后变压大;锋面过境引发沙尘暴天气。

2005 年 7 月 16—17 日发生在甘肃省河西走廊的强沙尘暴天气过程,低层最暖,热低压最强,冷锋前后 3 h 变压最大。因此,使其成为近 20 年之最强。

4.1 高空环流形势演变

16 日 08 时 500 hPa 天气形势图上在巴尔喀什湖一带有一深厚的冷槽(图 2),冷中心强度达−20 ℃,与民勤站温差达 17 ℃,温差大,冷空气势力强;16 日 20 时,500 hPa 天气形势图上冷中心强度加强为−21 ℃(图略),冷空气势力进一步加强;16 日 08 时 500 hPa 天气形势图上最大正变压为 20.0 hPa(图略),变温为 12.0 ℃,在西北—东南向强变高、变温场的作用下,冷空气主力在东移过程中逐渐南压;17 日 08 时 500 hPa 天气形势图上分裂小槽到哈密一带,冷空气自西向东开始影响河西走廊,相继出现大风、沙尘暴天气。

大风、沙尘暴天气出现前 24—48 h,700 hPa 天气形势图上(图略),从高原到河西走廊温度偏高,大部分站点都在 18 ℃以上,最高的达 25 ℃,在其暖中心的抵挡下,冷空气移速缓慢。

因此,从整个形势演变过程中可以看出,冷空气虽然很强,但其主力主要停留在新疆及以

西地区,在西北—东南向变高、变温场配置下,其小股冷空气分裂东移南压,冷锋过境造成河西走廊区域性的大风、强沙尘暴天气。

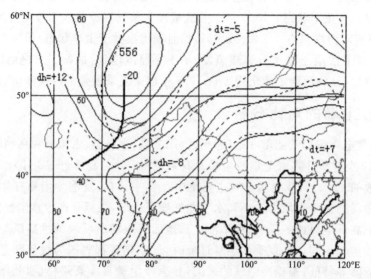

图 2　2005 年 7 月 16 日 08 时 500 hPa 高空形势(实线为高度场,虚线为温度场)

4.2　地面形势演变

2005 年 7 月 16 日 14 时地面形势图上(图略),锋面在哈密附近,地面热低压中心强度为 888 hPa,冷锋前后最大 3 h 变压达 6.6 hPa,气压梯度大,酒泉有 35 ℃高温天气。17 时地面热低压加强为 858 hPa,冷锋前后最大 3 h 变压达 7.0 hPa,20 时冷锋位于敦煌附近,地面热低压东移至高台并进一步加强为 852 hPa,从 23 时开始,锋面进入河西走廊,随着锋面过境,河西走廊自西向东相继出现大风、沙尘暴天气(岳虎 等,2003)。

此次沙尘暴天气地面主要特点是,地面热低压强,冷锋前后变压大,地面东风大。

4.3　物理量诊断分析

4.3.1　涡度、散度

分析 2005 年 7 月 16 日 20 时 400 hPa 和 700 hPa 的涡度和散度场发现(图 3,图 4),这次区域性大风、沙尘暴的分布与高空涡度、散度场有很好的对应关系。通过涡度、散度的诊断可知,沙尘暴发生区对应 700 hPa 以下都是正涡度,强辐合;500 hPa 以上都是负涡度,强辐散,有利于上升运动的维持和发展(朱乾根,2000)。

4.3.2　大气层结状态分析

研究指出,沙尘暴发生时,大气层结多表现为不稳定状态(徐国昌 等,1979)。根据 $V-3\theta$ 曲线分析,在出现沙尘暴前 6—12 h,700 hPa 上风切变明显,低层东南风大,高层偏西风和西北风强,有利于启动抬升机制,以 16 日敦煌站为例(图 5)。θ_{se} 与 θ_{*} 线在 850 hPa 以下很接近,在中层(600 hPa 附近)相差较大,反映低层饱和程度高也是强对流的重要特征,θ_{se} 在 500 hPa 以下随高度上升递减,θ_{se} 线较陡,反映低层较暖、高层较冷。低层暖湿,高层干冷,表现出明显的对流不稳定层结,为沙尘暴的发生提供了潜在不稳定的环境条件,一旦有冷平流冲击触发,则可释放能量,产生强的垂直运动,使高空动量下传,增大低层的风速,加剧强沙尘暴的发展。

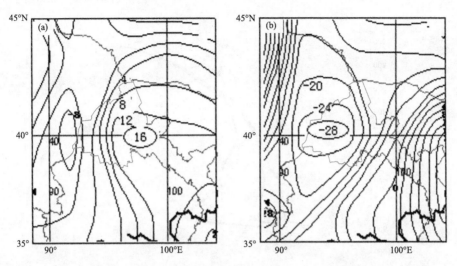

图3 2005年7月16日20时高空涡度场(a.700 hPa,b.400 hPa,单位：×10⁻⁵/s)

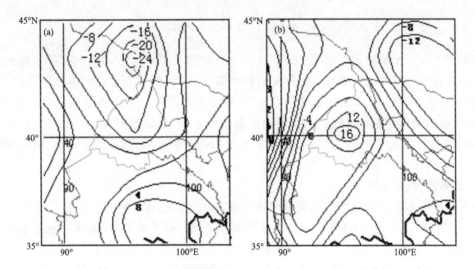

图4 2005年7月16日20高空散度场(a.700 hPa,b.400 hPa,单位：×10⁻⁵/s)

5 夏季沙尘暴的预报着眼点

做好短期(24 h)和短时(6 h)临近预报是预防沙尘暴天气灾害的关键。首先分析前期气候特点：降水和气温情况；是否持续高温干旱；然后看高空有无大风的天气形势：高空变高、变温大小及冷空气走向；地面上游有无冷锋及锋面前后变压大小；热力不稳定程度。

根据夏季沙尘暴发生的天气形势和日际特点，将沙尘暴天气按冷空气路径分为西北路径和西方路径。

5.1 短期预报(24 h)

5.1.1 西北路径(占90%)

冷空气自巴尔喀什湖北部向东南方向移动，在中国新疆天山发生堆积，然后整体或分裂东移，影响河西走廊。

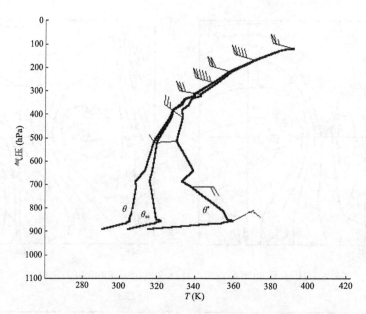

图 5　2005 年 7 月 16 日 08 时敦煌 $V-3\theta$ 曲线

①高空 500 hPa 新疆附近(45°～60°N,60°～90°E)或(35°～50°N,80°～95°E)有冷槽存在,冷中心强度在 -20 ℃以上,槽前后正负变高和变温较大,民勤与冷中心的温差在 15 ℃以上;②对应 700 hPa 青藏高原到河西是暖中心控制,暖中心超过 15 ℃,强沙尘暴暖中心都在 20 ℃以上,有较强的密集等温线,锋区较强;③地面有冷锋存在,锋面前后正负 3 h 变压较大,常在 4 hPa 左右(强对流天气 3 h 变压不明显);④地面热低压中心较强,在 840～960 hPa。满足以上 3 条,即可考虑报沙尘暴。

5.1.2　西方路径(占 10%)

冷空气自巴尔喀什湖南部向东南方向移动,经新疆然后东移,影响河西走廊。

①高空 500 hPa(30°～50°N,70°～90°E)为西风气流,有冷槽存在,冷中心强度在 -18 ℃以上;②对应 700 hPa 青藏高原到河西是暖中心控制,暖中心达 20 ℃以上;③地面有冷锋存在,锋面前后 3 h 变压较大,常在 3.1 hPa 以上;④地面热低压中心较强,超过 917 hPa。此类沙尘暴日数出现较少,但常常在东移过程中不断加强发展,常会造成武威市较强的大风沙尘暴天气。满足以上 3 条,即可考虑报沙尘暴。

5.2　短时临近预报(6 h)

由于沙尘暴天气是一种中小尺度天气系统,生命期在几十分钟至十几小时,暴发快、来势猛、灾情重,特别是发生在白天的沙尘暴对人们的生产生活影响极大(王式功 等,1995)。恰当的短时临近预报指标对强沙尘暴天气的发生有较强的预测预警能力。

短时指标主要考虑高空、地面有无大风的天气形势,主要看高空变高场分布、地面冷锋强度、变压场分布及热力不稳定因子等。预报指标如下:①地面图上河西上游有大风沙尘暴天气产生;②地面图上河西走廊有 6 hPa 以上 3 h 变压。满足以上 2 条,6 h 内有区域性大风、沙尘暴。

6　结论

(1)发生在 2005 年 7 月 17 日甘肃省河西走廊的强沙尘暴天气是近 20 年夏季最强的一次,影响时间长、范围大、强度强、天气尺度大。

(2)前期高温少雨的干旱气候,为夏季沙尘暴天气暴发提供了气候背景。

(3)此次沙尘暴天气主要表现为高空小股冷空气分裂东移南压,地面冷锋前后三小时变压较大(≥7.0 hPa)。

(4)沙尘暴发生区对应 700 hPa 以下都是正涡度,强辐合;500 hPa 以上都是负涡度,强辐散。

(5)大气层结强烈不稳定,为夏季沙尘暴天气暴发提供了热力机制。

(6)夏季沙尘暴和春季沙尘暴影响系统和路径不同。

(7)夏季沙尘暴预报着眼点:前期气候特点是否持续高温干旱;高空有无大风的天气形势,即高空变高、变温差大小及冷空气走向;地面上游有无冷锋及锋面前后变压差大小;上升运动强度及不稳定程度。

参考文献

董安祥,白虎志,俞亚勋,等,2003.影响河西走廊春季沙尘暴的物理因素初步分析[J].甘肃科学学报,15(3):25-30.

王式功,杨德保,周玉素,等,1995.我国西北地区"94.4"沙尘暴成因探讨[J].中国沙漠,15(4):332-338.

文倩,戴君峰,崔卫国,等,2001.关于现代浮沉的研究与进展[J].干旱区研究,18(4):68-71.

徐国昌,陈敏连,吴国雄,1979.甘肃省"4.22"特大沙尘暴分析[J].气象学报,37(4):26-35.

岳虎,王锡稳,李耀辉,等,2003.甘肃强沙尘暴个例分析研究[M].北京:气象出版社.

岳平,牛生杰,刘晓云,2005."7.12"特异沙尘暴成因研究[J].干旱区研究,22(3):345-349.

翟盘茂,李晓燕,2003.中国北方沙尘天气的气候条件[J].地理学报,58(增刊):125-131.

张德二,孙霞,2001.我国历史时期降尘记录南界的变动及其对北方干旱气候的推断[J].第四纪研究,21(1):1-7.

赵景波,杜娟,黄春长,2002.沙尘暴发生的条件和影响因素[J].干旱区研究,19(1):58-62.

朱乾根,2000.天气学原理和方法[M].北京:气象出版社.

水平螺旋度与沙尘暴的动力学关系研究[*]

李岩瑛[1,2,3]，张强[1,2]，李耀辉[2]，孙爱芝[4]，尚宝玉[1]，陈龙泉[3]

(1. 兰州大学大气科学学院,甘肃省干旱气候变化与减灾重点实验室/中国气象局干旱气候变化与
减灾重点开放实验室,兰州 730000;2. 中国气象局兰州干旱气象研究所,兰州 730020;
3. 甘肃省武威市气象局,武威 733000;4. 西南大学地理科学学院,重庆 400715)

摘要:应用 2002—2006 年高空流场和地面观测资料,计算近地面至 500 hPa 水平螺旋度的大小。结果表明:水平螺旋度负值中心值越大,500 hPa 到近地面风速越大,西风增强,风速垂直切变越大,辐合上升运动越强,形成沙尘暴的强度就越强。水平螺旋度负值中心常常在河西走廊附近最强,导致其下游东南方发生沙尘暴。水平螺旋度负值中心与其下游沙尘暴发生强度有一致的对应关系:当水平螺旋度负值中心 $\leqslant -200\ m^2/s^2$ 时,未来 24 h 内该区下游将有沙尘天气出现,当 $\leqslant -600\ m^2/s^2$ 时,6 h 内该区下游将有能见度小于 500 m 的强沙尘暴天气出现,当 $\leqslant -1000\ m^2/s^2$ 时,6 h 内该区下游将有能见度小于 50 m 的特强沙尘暴天气出现。

关键词:水平螺旋度;近地面风场;沙尘暴;强度;动力学关系

引言

　　20 世纪 90 年代后期以来,随着全球气候的变暖,沙尘暴影响明显增强,如何做好沙尘暴的预报,有效地减轻沙尘暴的危害,已成为当前全球气候变化研究的重点工作之一。在通常的沙尘暴预报中集中考虑冷空气的强度、高低空风速、变高场、地面气压场的变化(李岩瑛 等,2004;钱正安 等,2006;岳虎 等,2003;周秀骥 等,2002;范可 等,2006),而在实际预报中,发现上述这些因素还远不能满足定量的沙尘暴预报需要。沙尘暴动力学研究表明,沙尘暴的起沙过程主要由中小尺度风暴系统引起,而在中小尺度系统中,螺旋度是一个用来衡量风暴入流气流强弱以及沿入流方向上涡度分布状况的参数。它不仅表达了风场旋转的强弱,而且反映了对旋转性的输送,是一个反映动力条件的物理参数。许多研究发现,螺旋度能够较好地刻画强对流天气的空间物理结构,对雷暴、龙卷、大范围暴雨等强对流天气的发生发展和分析预报有一定的指示作用(Lilly,1986;Woodall,1990;Davies-Jones et al.,1990)。螺旋度是一个十分重要的动力学指标,重要性还在于它比涡度包含了更多的辐散风效应,更能体现大气的运动状况,其值的正负情况反映了涡度和速度的配合程度。自 20 世纪 80 年代以来,气象学者将螺旋度应用到对强对流风暴的旋转发展维持机制和其他相关的大气现象研究中,并对其在强对流天气分析预报中的应用进行了数值试验诊断分析(黄勇 等,2006;杨越奎 等,1994)。赵光平等(2001)、陶健红等(2004)、王劲松等(2004)、申红喜等(2004)、张海霞等(2007)、王建鹏等(2006)通过强沙尘暴典型个例将垂直螺旋度应用到沙尘暴研究中,得出沙尘暴区上空垂直螺

---

* 本文已在《地球物理学报》2008 年第 51 卷第 3 期正式发表。

旋度分布的特征是高层为负值,低层为正值,对流层中、低层螺旋度正的大值区与沙尘暴发生区具有较好的一致性,可以进一步判断沙尘暴的暴发时间、持续过程和移动路径,为准确预报沙尘暴提供参考依据。从量级上看(至少在风暴初期),水平螺旋度的量级远大于垂直螺旋度,较大程度上决定了总螺旋度的情况,其预示性和重要性充分体现在预报中(陆慧娟 等,2003)。岳平等(2007)通过民勤沙尘暴典型个例分析发现,水平相对风暴螺旋度与沙尘暴的强度在时间上依然具有很好的对应关系,但应用水平螺旋度长期计算来追踪沙尘暴天气并做详细分析预报尚不多见。文中使用的水平螺旋度值是在近地面 925 hPa、850 hPa、700 hPa 三层高低空相对风暴水平螺旋度的叠加和,既有水平方向上相对风暴水平螺旋度值的范围,又有垂直方向上相对风暴水平螺旋度值的强度,因而在沙尘暴的范围和强度预报上比垂直螺旋度更直观简洁。沙尘暴初期发生的范围和强度主要取决于相对风暴水平螺旋度,文中主要讨论相对风暴水平螺旋度与沙尘暴的动力学关系,侧重沙尘暴范围和强度的预报。

甘肃省河西走廊东部是中国乃至中亚地区沙尘暴天气的高发区之一,这里北邻巴丹吉林沙漠,东接腾格里沙漠,境内戈壁、沙地广为分布。该区北部东与腾格里沙漠接壤,境内多新月形沙丘和沙丘链,常年降水稀少,气候干燥,多年平均气温达 8 ℃左右,降雨量仅 110～160 mm,蒸发量高达 2600～3000 mm,大风沙尘暴日数较多,盛行风向为西北至西北西,年均8 级以上大风达 25 d 左右,民勤年最多沙尘暴日数达 59 d(1953 年),武威 34 d(1953 年),为沙尘暴天气的发生提供了较为丰富的沙源、动力和热力条件,其中民勤县是中国沙尘暴出现最多的地方(李岩瑛 等,2002;王式功 等,2003;赵兴梁,1993)(图 1)。该区出现的区域性强沙尘暴常常向下游移动,是影响中国北方乃至日本等地大气环境的重要沙尘源地(张小曳 等,1996;Iwasaka et al. ,1983;刘红年 等,2004)。

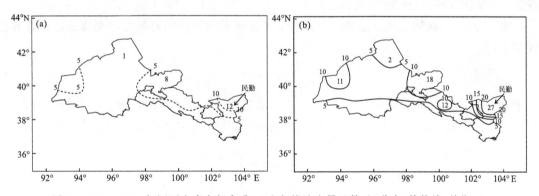

图 1 1971—2000 年河西走廊东部春季(a)和年均沙尘暴日数(b)分布(等值线,单位:d)

本研究旨在应用高空流场资料和地面观测资料计算近地面层水平螺旋度,探讨中国沙尘暴发生中心之一的甘肃河西走廊东部水平螺旋度与沙尘暴的关系及其在沙尘暴预报中的意义。

1 资料

(1)计算分析资料:2002—2006 年逐日 08 时和 20 时 925 hPa、850 hPa、700 hPa、500 hPa 四层流场客观分析资料,在(12°～80°N,32°～160°E)范围内对 33×18 个格距为 4°的格点资料进行计算分析。一个格距的水平距离在中纬度大约为 400 km。此资料在气象信息综合分析处理系统(MICAPS)中每天 08 时和 20 时分发,数据稳定可靠。由于沙尘暴发生范围在数百千米到上千千米,应用本资料有利于监测大范围强沙尘暴的发生发展,在计算水平螺旋度与沙尘暴动力尺度特征资料分析中是可行的。

(2)沙尘暴实况资料:2002—2006 年(12°~80°N,32°~160°E)范围内高空 08 时和 20 时,地面每隔 3 h 或每隔 1 h 加密实况观测资料;1 h 内的详细资料来自甘肃省武威市 5 个气象观测站点 2002—2006 年地面气象观测月报表及天气实况图表,这 5 个站为:民勤、凉州区、永昌、古浪和乌鞘岭。

2　计算方法及理论依据

螺旋度是表征流体边旋转边沿旋转方向运动的动力特性的物理量,最早用来研究流体力学中的湍流问题,在等墒流体中具有守恒性质。其严格定义为

$$he = \iiint V \cdot (\nabla \times V) \mathrm{d}\tau \tag{1}$$

通常人们所说的螺旋度是局地螺旋度 he,定义为

$$he = V \cdot (\nabla \times V) \tag{2}$$

根据向量分析的定义,螺旋度属于假标量:

$$he = V \cdot (\nabla \times V) = u\left(\frac{\partial w}{\partial y} - \frac{\partial v}{\partial z}\right) - v\left(\frac{\partial w}{\partial x} - \frac{\partial u}{\partial z}\right) + w\left(\frac{\partial v}{\partial x} - \frac{\partial u}{\partial y}\right) \tag{3}$$

式(3)右端项各有不同的意义,它们分别与 x、y、z 方向的风速和涡度的分量联系在一起,其值相同时也可能会有不同的运动形式。可分别称为 x-螺旋度,y-螺旋度(合称为水平螺旋度),z-螺旋度,分别记为 he_1、he_2、he_3。

水平螺旋度,确切地说是忽略垂直运动水平分布不均下的相对风暴水平螺旋度。计算公式如下:

$$he = \int_0^h (V - C) \cdot \omega \mathrm{d}z \tag{4}$$

式中,$V=(U,V)$ 为环境风场,$C=(C_x,C_y)$ 为风暴移动速度,h 为气层厚度,he 的单位为 $\mathrm{m}^2/\mathrm{s}^2$。由于垂直速度的水平切变小于水平速度的垂直切变,所以 ω 主要决定于风的垂直切变。ω 为水平涡度矢量,可化简为 $\omega = k \times \frac{\partial V_H}{\partial z} = \frac{\partial u}{\partial z}j - \frac{\partial v}{\partial z}i$。式(4)变为

$$he = \int_0^h \left[(V - C_y) \times \frac{\partial u}{\partial z} - (U - C_X) \times \frac{\partial v}{\partial z}\right] \mathrm{d}z \tag{5}$$

在实际应用中,h 通常取 3 km,将(5)式用求和近似代替,计算公式如下:

$$he = \sum_{k=1}^n \left[(v_k(i,j) - C_y(i,j))(u_k(i,j) - u_{k-1}(i,j)) - \right.$$
$$\left. (u_k(i,j) - C_x(i,j))(v_k(i,j) - v_{k-1}(i,j))\right] \tag{6}$$

式中,(u_k,v_k) 为各高度层上的水平风。在甘肃河西地区,$k=1,2,3$ 分别取近地面层 925 hPa、850 hPa、700 hPa 三层。

水平螺旋度取决于水平涡度和风暴相对风的大小,通常在计算中,风暴移速采用 Maddox (1976)的计算方法,他在研究中以平均风速的 75%,风向向右偏转 30° 估算风暴移速,其中平均风向、风速是取 850 hPa 至 300 hPa 气层中的平均风计算的。由于中国沙尘暴主要出现在

中纬度$(35°\sim50°\text{N})$，沙尘暴出现在近地面层 850 hPa 左右，因而在文中风暴移速以平均风速乘以 850 hPa 与 500 hPa 的实际风速比值，风向右移以 850 hPa 与 500 hPa 的偏转角度来确定，平均风向、风速取近地面 925 hPa、850 hPa 和 700 hPa 三层中的平均风计算。计算公式如下，其中 $k=1,2,3,4$ 分别为 925 hPa、850 hPa、700 hPa 和 500 hPa：

$$CC_x(i,j) = \sum_{k=1}^{3} u(i,j,k)/3,\ CC_y(i,j) = \sum_{k=1}^{3} v(i,j,k)/3,$$

$$\alpha(i,j) = \text{arctg}\left(\frac{CC_y(i,j)}{CC_x(i,j)}\right),\ \alpha(i,j) = 180/3.14\times\alpha(i,j),$$

$$\beta(i,j,2) = \text{arctg}\left(\frac{V(i,j,2)}{U(i,j,2)}\right),\ \beta(i,j,2) = 180/3.14\times\beta(i,j,2),$$

$$\beta(i,j,4) = \text{arctg}\left(\frac{V(i,j,4)}{U(i,j,4)}\right),\ \beta(i,j,4) = 180/3.14\times\beta(i,j,4),$$

$$\delta(i,j) = \beta(i,j,2) - \beta(i,j,4),\ \lambda(i,j) = \frac{\sqrt{U^2(i,j,2)+V^2(i,j,2)}}{\sqrt{U^2(i,j,4)+V^2(i,j,4)}},$$

$$(CC_x(i,j)\geqslant0,CC_y(i,j)\geqslant0)\text{时},\theta(i,j) = \alpha(i,j) - \delta(i,j),$$
$$(CC_x(i,j)\geqslant0,CC_y(i,j)\leqslant0)\text{时},\theta(i,j) = 180 - \alpha(i,j) + \delta(i,j),$$
$$(CC_x(i,j)\leqslant0,CC_y(i,j)\leqslant0)\text{时},\theta(i,j) = 180 + \alpha(i,j) - \delta(i,j),$$
$$(CC_x(i,j)<0,CC_y(i,j)\geqslant0)\text{时},\theta(i,j) = 270 + \alpha(i,j) - \delta(i,j),$$

$$C_x(i,j) = \sqrt{(CC_x^2(i,j)+CC_y^2(i,j))}\times\cos(\theta(i,j)\times\pi/180)\times\lambda(i,j),$$

$$C_y(i,j) = \sqrt{(CC_x^2(i,j)+CC_y^2(i,j))}\times\sin(\theta(i,j)\times\pi/180)\times\lambda(i,j), \qquad (7)$$

式中，$\beta(i,j,2)$、$\beta(i,j,4)$ 分别代表 850 hPa 和 500 hPa 的风向，$\delta(i,j)$ 为风向差值，$\lambda(i,j)$ 为 850 hPa 与 500 hPa 的风速比值，当风速比值$\geqslant1$ 时按 1 计算，$\theta(i,j)$ 为风暴风向，$C_x(i,j)$ 和 $C_y(i,j)$ 为风暴的水平移速，格点资料中，所应用的风向与风速的关系如图 2 所示，其中 $U>0$ 为西风，$V>0$ 为南风。

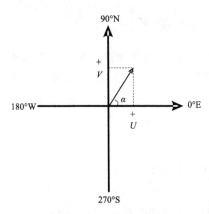

图 2　风向与风速的关系（a 为风向，U 为纬向风，V 为经向风）

当每天的高空天气报文收齐后，利用式(7)和式(6)可计算出$(12°\sim80°\text{N},32°\sim160°\text{E})$范围内的相对风暴水平螺旋度。

$$he(i,j) = \sum_{k=1}^{3} (u(i,j,k+1) - C_x(i,j))\times(v(i,j,k) - C_y(i,j))$$

$$(-(v(i,j,k+1)-C_y(i,j))\times(u(i,j,k)-C_x(i,j)) \tag{8}$$

式中，$he(i,j)$ 表示近地面 925 hPa、850 hPa、700 hPa 三层高低空的垂直水平螺旋度和。

水平螺旋度主要与水平方向的力管、涡度与气压梯度相联系，较强的负水平螺旋度中心常常与正的 3 h 变压中心相伴。水平螺旋度的负值中心越大说明高层经向风与低层风暴的经向风垂直切变大，低层中纬向风与风暴的纬向风水平切变大，形成逆时针螺旋式的辐合上升运动。经向风垂直切变和纬向风水平切变越大，风速越大旋转速度越快，辐合上升运动越强；同样，高空风速越大，风暴的东移速度越快(图 3)。而沙尘暴的强弱除沙源外主要取决于高低空风速的大小和强烈的辐合上升运动，因而水平螺旋度的负中心值越大，沙尘暴越强。相反，当水平螺旋度为正值时，高层纬向风与低层风暴的纬向风垂直切变大，低层中经向风与风暴的经向风水平切变大，形成顺时针螺旋式的辐散下沉运动，不利于沙尘暴的发生。

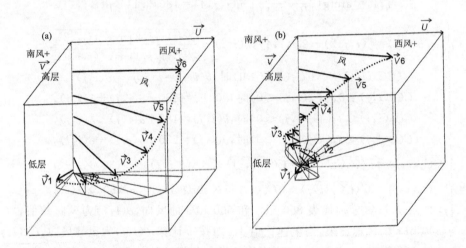

图 3　负值螺旋度时近地面至 500 hPa 风暴的垂直风场结构((a)一致辐合；(b)低层辐合，高层辐散)

3　螺旋度与近地面风场的关系

春季是沙尘暴发生的主要季节，区域性强沙尘暴和沙尘暴灾情均出现在春季，所以重点选取 2002—2006 年春季 08 时和 20 时 1469 个典型个例，水平螺旋度值按每隔 50 m²/s² 计算不同水平螺旋度值范围内各要素的平均值，得出水平螺旋度值与高低空各气象要素之间的关系。由于沙尘暴是风暴的直接产物，以下风暴用沙尘暴表示。

3.1　水平风速和风向

如图 4，分别计算不同水平螺旋度强度≤−1000 m²/s²、(−1000 m²/s²，−600 m²/s²]、(−600 m²/s²，−200 m²/s²]、(−200 m²/s²，200 m²/s²]和≥1000 m²/s² 的风场垂直结构，水平螺旋度强度平均值分别为 −1416 m²/s²、−797.8 m²/s²、−401.3 m²/s²、0.0 m²/s² 和 1206.4 m²/s²，得出不同水平螺旋度强度下的风场垂直结构特征：≤−200 m²/s² 时在 850 hPa 以下逆时针旋转，以上顺时针旋转；(−200 m²/s²，200 m²/s²]时在 850 hPa 以下顺时针旋转，以上逆时针旋转；≥1000 m²/s² 时在 700 hPa 以下顺时针旋转，以上逆时针旋转。螺旋度负值越大，沙尘暴的风速越大，其近地面层风速越大，尤其是当螺旋度值≤−1000 m²/s² 时沙尘暴 925 hPa、850 hPa、700 hPa 和 500 hPa 的风速分别在 10 m/s、14 m/s、21 m/s、29 m/s 和

47 m/s 左右；相反，当螺旋度值 $\geqslant 1000$ m^2/s^2 时沙尘暴 925 hPa、850 hPa、700 hPa 和 500 hPa 的风速分别在 11 m/s、15 m/s、22 m/s、25 m/s 和 29 m/s 左右。相同条件下，负值螺旋度的风速、旋转角度和风垂直切变要大于正值螺旋度的。

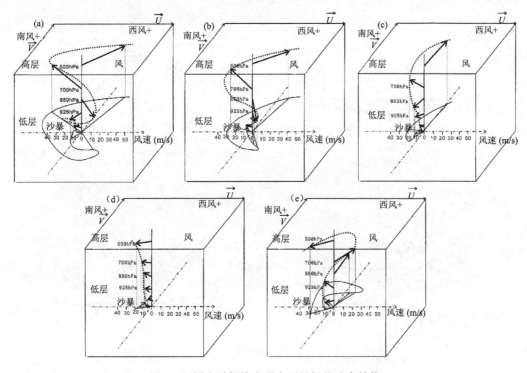

图 4　不同水平螺旋度强度下风场的垂直结构

如图 5，随着螺旋度绝对值的增大，高、低层风速也在增大，其中与 700 hPa 和 500 hPa 的风速较为密切：

$$V_7 = 6 \times 10^{-6}X^2 + 2 \times 10^{-5}X + 16.964 \quad R^2 = 0.65 \tag{9}$$

$$V_5 = 8 \times 10^{-6}X^2 - 0.0049X + 24.212 \quad R^2 = 0.65 \tag{10}$$

式(9)和式(10)中 X 为螺旋度值，R 为相关系数，下同。

风向中，螺旋度值除与沙尘暴和 500 hPa 呈线性正相关外，其他呈负相关，与 850 hPa 的风向关系较为密切，其次是 500 hPa 的风向：

$$\alpha_8 = -5 \times 10^{-6}X^2 - 0.0913X + 174.32 \quad R^2 = 0.76 \tag{11}$$

$$\alpha_5 = -3 \times 10^{-6}X^2 + 0.0785X + 155.93 \quad R^2 = 0.71 \tag{12}$$

纬向风（U 分量）中，螺旋度与沙尘暴风速呈线性增加（正相关），西风增强，但 925～850 hPa 呈线性减小（负相关），西风减小，而在 700～500 hPa 中随着螺旋度绝对值的增大，风速也在增大；而经向风（V 分量）中与沙尘暴和 500 hPa 呈线性减小，即螺旋度值越大南风减弱，而在 925～700 hPa 呈线性增大，即螺旋度值越大南风越强。其中螺旋度与 850 hPa 中的 U 和 V 分量关系较为密切：

$$U_8 = 2 \times 10^{-6}X^2 - 0.0063X + 5.11 \quad R^2 = 0.67 \tag{13}$$

$$V_8 = 3 \times 10^{-6}X^2 + 0.0111X + 0.4076 \quad R^2 = 0.85 \tag{14}$$

与 500 hPa 中的 V 分量关系也较为密切：

$$V_5 = 6 \times 10^{-6} X^2 - 0.0092X + 1.8843, R^2 = 0.78 \tag{15}$$

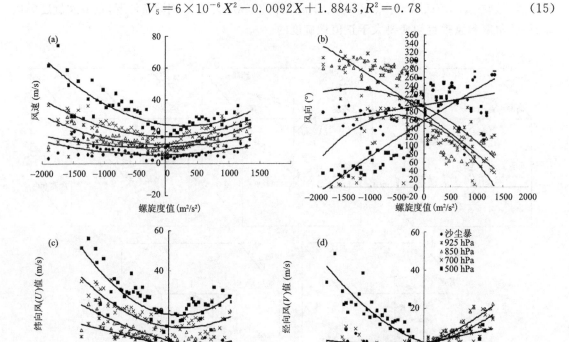

图 5　近地面层至 500 hPa 中水平风速、风向，以及纬向风速 U 和经向风速 V 与水平螺旋度值的关系

3.2　垂直风切变

如图 6，螺旋度负值越大，近地面层的高低空垂直风速切变越大，尤其是当螺旋度负值 $\leqslant -1000$ m²/s² 时 700 hPa 以下经向风切变均为负值，即低层北风较强，500～700 hPa 的纬向风垂直切变在 18 m/s，经向风垂直切变接近 30 m/s。相反，当螺旋度值 $\geqslant 1000$ m²/s² 时，850 hPa 以下经向风垂直切变在 12 m/s 左右，850 hPa 以上经向风垂直切变值为负，经向风减

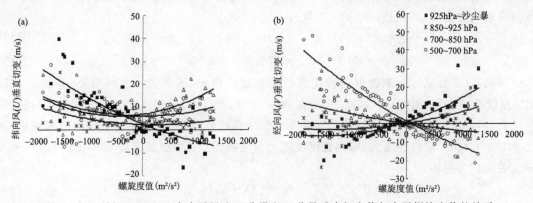

图 6　近地面层至 500 hPa 中水平风速 U 分量和 V 分量垂直切变值与水平螺旋度值的关系

小,高层北风较强。螺旋度绝对值较大时,850 hPa 以上负螺旋度值的风速切变显著大于正螺旋度值的风速切变。

U 分量垂直切变中螺旋度与 925 hPa－沙尘暴呈线性减小,其他高层随着螺旋度绝对值的增大,风速垂直切变值也在增大,其中与 925 hPa－沙尘暴关系较密切:

$$U_{9-沙} = -0.0102X + 3.9463 \quad R^2 = 0.67 \tag{16}$$

V 分量垂直切变中 850 hPa 以下略呈线性增加,850 hPa 以上呈显著线性减小,其中螺旋度与 500～700 hPa 关系较为密切:

$$V_{5~7} = 2 \times 10^{-6} X^2 - 0.0158X + 1.3949 \quad R^2 = 0.85 \tag{17}$$

3.3 垂直旋转角度和西风指数强度

如图 7,螺旋度绝对值越大,近地面层的高低空旋转角度越大,贴地层较小,但 500～700 hPa 最大,尤其是当螺旋度负值 ≤ -1000 m²/s² 时,各层的左右旋转角度较大。螺旋度值为负时,850 hPa 以下逆时针旋转,850 hPa 以上顺时针旋转;螺旋度值为正时,700 hPa 以下顺时针旋转,以上逆时针旋转。

螺旋度与 500～700 hPa 的角度关系密切:

$$\alpha_{5~7} = 5 \times 10^{-5} X^2 + 0.1282X - 1.0511 \quad R^2 = 0.59 \tag{18}$$

其次是与 700～850 hPa 的角度:

$$\alpha_{7~8} = -4 \times 10^{-5} X^2 + 0.0416X - 17.341 \quad R^2 = 0.43 \tag{19}$$

用地面到高空的纬向风(U)的矢量和来表征近地面层西风强度指数(刘飞 等,2006),通过对比分析得出:螺旋度与地面到 500 hPa 的纬向风(U)的矢量和呈线性减少关系,尤其与 925 hPa 和 850 hPa 纬向风(U)的矢量和较为密切:

$$U_{9+8} = -0.0128X + 9.0034 \quad R^2 = 0.67 \tag{20}$$

这说明近地面层西风指数越大,螺旋度负值越大。

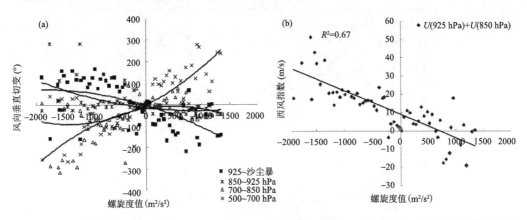

图 7 近地面层至 500 hPa 中垂直旋转角度值(正值为逆时针旋转)、西风指数与水平螺旋度值的关系

综合上述分析,负值螺旋度越大,相应近地面层风速越大,西风增强,风垂直切变越强,逆时针旋转辐合上升运动越强,因而沙尘暴发生的可能性越大,强度越强。螺旋度值综合体现了近地面层到 500 hPa 的水平风速、风垂直切变和辐合上升运动,在预报沙尘暴方面,比风速有更大的优越性。

4　螺旋度与沙尘暴的关系

4.1　空间分布对比

2002年3月18—22日在中国北方发生的沙尘暴是20世纪90年代以来范围最大、强度最强、持续时间最长和影响最严重的沙尘暴过程,西北、华北及东北部分地区出现了强沙尘暴。如北京3月20日发生了有历史记录以来最强的沙尘暴,总悬浮颗粒物浓度达10.9 mg/m³,高出国家颗粒物污染标准54倍,其他金属元素是平日的10倍以上;而青岛总悬浮颗粒物浓度比平时高出了4.1倍(赵琳娜 等,2004;孙业乐 等,2004;盛立芳 等,2003)。对这一发生在中国北方区域的沙尘暴强度与螺旋度最小负值中心等值线进行对比发现,强沙尘暴中心出现在最大螺旋度负值中心下游的东南方向,与其螺旋度的负中心等值线相对应,负中心值越大,对应沙尘暴强度越强,螺旋度负值中心-1000 m²/s²与强沙尘暴中心相对应(图略)。

进一步对2002年3月18—22日的沙尘暴过程进行螺旋度间隔为12 h,地面图间隔为3 h的移动跟踪分析,发现大风沙尘暴天气区域常出现在螺旋度负值中心的右前方。螺旋度负值中心从新疆西北部进入(18日08时达-467.7 m²/s²,中心在52°N,76°E),向东南方逐渐增强(18日20时达-856.8 m²/s²,中心在48°N,88°E),到河西走廊北部一带达最强(19日08时达-1576.2 m²/s²,中心在44°N,100°E),然后移向宁夏附近减弱(19日20时达-383.3 m²/s²,中心在44°N,104°E),向东南再度增强(20日08时达-492.0 m²/s²,中心在40°N,112°E);20日20时继续东移增强达-748.7 m²/s²,中心在(40°N,120°E);21日后逐渐减弱东移入海。相应地,沙尘暴首先于18日20时在新疆北部国境线以北生成,于19日08时影响甘肃河西中北部,然后迅速横扫中国北方大部分区域于19日20时到达东北,20—21日整个华北、东北处于大风沙尘暴中,21日08时沙尘暴南下到达韩国,22日05时沙尘暴完全移出中国,如图8。

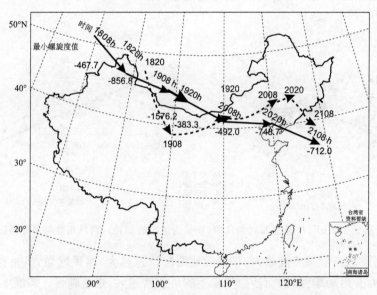

图8　2002年3月18—21日中国北方的一次强沙尘暴天气过程
间隔为12 h的最大负值水平螺旋度中心(实线,h为北京时)和沙尘暴前锋移动路径(虚线)

2003 年 7 月 20 日上午南疆盆地出现扬沙,其东部及青藏高原北部出现 8～9 级大风,下午至夜间河西走廊 6 站出现了近 10 年来少见的区域性夏季大风沙尘暴天气过程,(30°～50°N,80°～100°E)最小水平螺旋度值由 08 时的 －389.1 m²/s² 中心在(40°N,88°E)减弱东移为 20 时的 －211.1 m²/s²,中心在(40°N,92°E)(图略)。

4.2 水平螺旋度与沙尘暴强度的对应关系

通过计算 2002—2006 年春季 3—5 月共 448 个个例逐日 08 时 40°～50°N,90°～105°E 范围内的最小水平螺旋度,与河西走廊东部沙尘天气实况进行对应分析,找出沙尘暴强度与水平螺旋度负值中心的关系,见图 9。

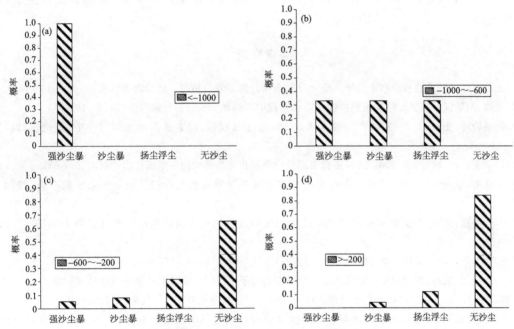

图 9　河西走廊东部(40°～50°N,90°～105°E)2002—2006 年春季 3—5 月逐日 08 时
不同沙尘强度天气在最小水平螺旋度范围值中出现的概率

从图 9 分析知,当水平螺旋度负值中心≤－1000 m²/s² 时,其下游出现强沙尘暴的概率是 100%;在－1000～－600 m²/s² 时,强沙尘暴、一般沙尘暴和沙尘出现在下游处的概率各占 33.3%;在－600～－200 m²/s² 时,强沙尘暴、一般沙尘暴发生的概率分别是 5.3% 和 7.9%,无沙尘概率接近 65%;在－200 m²/s² 以上时沙尘暴发生的概率不足 4%,无沙尘概率接近 84%。以上分析说明水平螺旋度负值中心越大,沙尘暴出现的可能性越大,强度越强,但在实际预报中需要与高空冷槽中冷空气和大风的强度、地面冷锋前后 3 h 变压、地表干旱和植被状况配合综合判断。在 2001—2006 年长期的预报中发现,当水平螺旋度负值中心≤－1000 m²/s² 时,其下游有 3 站以上区域性特强沙尘暴(黑风)发生概率为 100%。

5　结论

水平螺旋度值与高低层风速呈指数分布,随着水平螺旋度绝对值的增大,风速增大,旋转角度加大,高低空垂直风速切变越大,辐合辐散增强。负值水平螺旋度越大,相应的近地面层风速越大,西风增强,风垂直切变越强,逆时针旋转辐合上升运动越强。

负值水平螺旋度与沙尘暴的关系较为密切,水平螺旋度负值中心越大,表明该区近地面层风速越大,高低空风垂直切变越大,辐合上升运动越强,因而沙尘暴越强。而其负值中心常常在河西走廊附近最强,而河西走廊东部的民勤县是中国沙尘暴天气发生最多、强度最强的地区,这在天气学意义上揭示了河西走廊东部是中国四大沙尘暴沙源地之一的重要原因。

沙尘暴多发生在水平螺旋度负值中心的下游东南方,当有≤−200 m²/s² 水平螺旋度中心时,未来 24 h 内该区下游将有沙尘暴天气出现;当有≤−600 m²/s² 水平螺旋度中心时,6 h内该区下游将有能见度小于 500 m 的强沙尘暴天气出现;当有≤−1000 m²/s² 水平螺旋度中心时,700 hPa 风速达 30 m/s 左右,6 h 内该区下游将有能见度小于 50 m 的特强沙尘暴(黑风)天气出现。

参考文献

范可,王会军,2006.北京沙尘频次的年际变化及其全球环流背景分析[J].地球物理学报,49(4):1006-1014.
黄勇,张晓芳,陆汉城,2006.平均螺旋度在强降水过程中的诊断分析[J].气象科学,26(2):171-176.
李岩瑛,杨晓玲,王式功,2002.河西走廊东部近 50a 沙尘暴成因、危害及防御对策[J].中国沙漠,22(3):283-286.
李岩瑛,李耀辉,罗晓玲,等,2004.河西走廊东部沙尘暴预报方法研究[J].中国沙漠,24(5):607-610.
刘飞,何金海,姜爱军,2006.亚洲夏季西风指数与中国夏季降水的关系[J].南京气象学院学报,29(4):517-525.
刘红年,蒋维楣,2004.沙尘表面非均相化学过程的气候效应的初步模拟研究[J].地球物理学报,47(3):417-422.
陆慧娟,高守亭,2003.螺旋度及螺旋度方程的讨论[J].气象学报,61(6):684-691.
钱正安,蔡英,刘景涛,等,2006.中蒙地区沙尘暴研究的若干进展[J].地球物理学报,49(1):83-92.
申红喜,李秀连,石步鸠,2004.北京地区两次沙尘(暴)天气过程对比分析[J].气象,30(2):12-16.
盛立芳,耿敏,王园香,等,2003.2002 年春季沙尘暴对青岛大气气溶胶的影响[J].环境科学研究,16(5):11-13.
孙业乐,庄国顺,袁惠,等,2004.2002 年北京特大沙尘暴的理化特性及其组分来源分析[J].科学通报,49(4):340-346.
陶健红,王劲松,冯建英,2004.螺旋度在一次强沙尘暴天气分析中的应用[J].中国沙漠,24(1):83-87.
王建鹏,沈桐立,刘小英,等,2006.西北地区一次沙尘暴过程的诊断分析及地形影响的模拟试验[J].高原气象,25(2):259-267.
王劲松,李耀辉,康凤琴,等,2004."4·12"沙尘暴天气的数值模拟及诊断分析[J].高原气象,23(1):89-96.
王式功,王金艳,周自江,等,2003.中国沙尘天气的区域特征[J].地理学报,58(2):193-200.
杨越奎,刘玉玲,万振拴,等,1994."91.7"梅雨锋暴雨的螺旋度分析[J].气象学报,52(3):379-384.
岳虎,王锡稳,李耀辉,2003.甘肃强沙尘暴个例分析研究(1955—2002)[M].北京:气象出版社.
岳平,牛生杰,张强,2007.民勤一次沙尘暴天气过程的稳定度分析[J].中国沙漠,27(4):668-671.
张海霞,尤凤春,周伟灿,等,2007.强沙尘暴天气形成机制个例分析[J].气象科技,35(1):101-106.
张小曳,沈志宝,张光宇,等,1996.青藏高原远源西风粉尘与黄土堆积[J].中国科学(D 辑),26(2):147-153.
赵光平,王连喜,杨淑萍,2001.宁夏区域性沙尘暴短期预报系统[J].中国沙漠,21(2):178-183.
赵琳娜,孙建华,赵思雄,2004.2002 年 3 月 20 日沙尘暴天气的影响系统、起沙和输送的数值模拟[J].干旱区资源与环境,18(1):72-79.

赵兴梁,1993.甘肃特大沙尘暴的危害与对策[J].中国沙漠,13(3):1-5.

周秀骥,徐祥德,颜鹏,等,2002.2000 年春季沙尘暴动力学特征[J].中国科学(D 辑),32(4):327-334.

DAVIES-JONES R,PONALD BURGESS. 1990. Test of helicity as tornado forecasting parameter[C] // Preprint,16th Conference on Severe Local Storm. 588-593.

IWASAKA Y,MINOURA H,NAGAYA K,1983. The transport and special scale of Asian dust-storm clouds: A case study of the duststorm event of April 1979[J]. Tellus,35B:189-196.

LILLY D K,1986. The structure,energetics and propagation of rotating convective storms. Part II:Helicity and storm stabilization[J]. Journal of the Atmospheric Sciences,43:126-140.

MADDOX,1976. An evaluation of tornado proximity wind and stability data[J]. Monthly Weather Review,104:133-142.

WOODALL G R,1990. Qualitative forecasting of tornatic activity using storm-relative environmental helicity [C] // Preprint,16th Conference on Severe Local Storm. 311-315.

水平螺旋度在沙尘暴预报中的应用[*]

李岩瑛[1,2]，张强[1]

(1. 中国气象局兰州干旱气象研究所,甘肃省干旱气候变化与减灾重点实验室/中国气象局
干旱气候变化与减灾重点开放实验室,兰州 730020,2. 甘肃省武威市气象局,武威 733000)

摘要:为了更准确地预报中国北方沙尘暴的强度和范围,应用 2002—2010 年 3—6 月逐日 08 时和 20 时高空流场资料、高空图资料和地面每 3 h 的天气图资料,计算近地面至 500 hPa 的水平螺旋度。结果表明,螺旋度负值中心值越大,辐合上升运动越强,风速越大,对应沙尘暴的强度就越强。螺旋度负值中心常常在河西走廊附近最强,沙尘暴发生在螺旋度负值中心附近或下游。在沙尘关键区(40°～48°N,84°～120°E)出现螺旋度≤−600 m²/s² 的负值中心时,6 h 内该区或其下游将产生能见度低于 500 m 的强沙尘暴,螺旋度负值中心与下游沙尘暴发生区有良好的对应关系。通过对中国北方区域性强沙尘暴典型个例、甘肃省河西走廊东部沙尘天气的对比分析,螺旋度有较强的日变化,白天强于夜间,对冬春季中国北方干旱区的冷锋型沙尘暴天气有较强的预报能力。

关键词:水平螺旋度;沙尘暴;预报应用

引言

甘肃省河西走廊东部是中国乃至中亚地区沙尘暴天气的高发区之一,这里北邻巴丹吉林沙漠,东接腾格里沙漠,境内戈壁、沙地广为分布,气候干旱,蒸发量大,大风日数较多,为沙尘暴天气的发生提供了较为丰富的沙源和动力条件。特别是 20 世纪 90 年代后期以来,随着全球气候的变暖,暖冬现象日益明显,冬春干旱频繁发生,该区的沙尘暴日数明显增多,已造成 2 亿多元的经济损失,严重地影响着人们的生产和生活(李岩瑛 等,2002;李国昌 等,2002)。如何做好沙尘暴的预报,有效减少沙尘暴的危害,改善生态环境,已成为当前西部大开发的重点工作之一。在沙尘暴预报中通常集中考虑冷空气的强度、高低空风速、变高场、地面气压场的变化,而在实际预报工作中,发现对于定量的沙尘暴预报这些还远不能满足需要。螺旋度归类为垂直螺旋度、水平螺旋度及完全螺旋度,同时又将垂直螺旋度划分为局地垂直螺旋度和积分垂直螺旋度(岳彩军 等,2006),由于表达式不同,采用坐标不同、风向不同,正负值也不同。就沙尘暴预报而言,无非反映的是低层辐合上升运动,而高层辐散,即低层涡度为正,垂直速度为上升运动,对于 Z 坐标系中的局地垂直螺旋度,低层为正,高层为负,而 p 坐标系中的积分垂直螺旋度则相反。垂直螺旋度在沙尘暴预报中的应用,如赵光平等(2001)使用积分垂直螺旋度确定强沙尘暴落区,而陶健红等(2004)、王劲松等(2004)、申红喜等(2004)却用局地垂直螺旋度进行沙尘暴的分析和预报。结果表明,沙尘暴区上空螺旋度垂直分布为高层负值,低层正值,高、低层螺旋度数值的演变与沙尘暴的出现均有一定的对应关系。沙尘暴动力学研究表

---

* 本文已在《气象学报》2012 年第 70 卷第 1 期正式发表。

明,沙尘暴的起沙过程主要由中小尺度风暴系统引起,而在中小尺度系统中,水平螺旋度的量级远大于垂直螺旋度。从量级上看(至少在风暴初期),水平螺旋度的量级远大于垂直螺旋度,较大程度上决定了总螺旋度的情况,其预示性和重要性充分体现在预报中,而垂直螺旋度更倾向于一个能反映系统的维持状况和系统发展、天气现象的剧烈程度的一个参数(陆慧娟 等,2003)。文中采用 Z 坐标系中的水平相对螺旋度(p 坐标系中为水平局地螺旋度),利用风场进行计算,当中、低空西北风较强时,反映低层负值较明显,而当中低层为强东南风时,高低空配置则相反。

岳平等(2007)通过对民勤沙尘暴典型个例的分析发现水平相对风暴螺旋度与沙尘暴的强度在时间上具有很好的对应关系;李岩瑛等(2008)应用 2002—2006 年资料分析了水平螺旋度与沙尘暴的动力学关系,表明水平螺旋度与沙尘暴有较好的时空和强度预报关系。然而,目前应用水平螺旋度来追踪预报沙尘暴天气在中国尚不多见。本研究旨在应用 MICAPS 高空流场资料计算水平螺旋度,对中国北方沙尘多发区的沙尘暴天气预报进行研究。

1 资料和方法

应用 2002—2010 年 3—6 月 MICAPS 逐日 08 和 20 时(北京时,下同)11 类数据格式资料:地面、850 hPa、700 hPa 和 500 hPa 四层流场客观分析资料,在($12°\sim80°$N,$32°\sim160°$E)范围内对 33×18 个格距为 4° 的格点资料进行计算分析。

沙尘暴实况资料主要来自 2002—2010 年 3—6 月 MICAPS 资料亚欧($12°\sim80°$N,$32°\sim160°$E)范围内地面每隔 3 h 或逐时的加密实况观测资料及同期甘肃省武威市民勤、凉州区、永昌、古浪和乌鞘岭(代表南部天祝县)5 站天气图表逐日资料。

水平螺旋度,确切地说,是忽略垂直运动水平分布不均匀下的相对风暴水平螺旋度

$$A_{he} = \int_0^h (V - C) \cdot \omega \mathrm{d}z \qquad (1)$$

式中,$V=(u,v)$ 为环境风场,$C=(C_x,C_y)$ 为风暴移动速度,h 为气层厚度,水平螺旋度 A_{he} 的单位为 $\mathrm{m^2/s^2}$。由于垂直速度的水平切变小于水平速度的垂直切变,所以 ω 主要决定于风的垂直切变。ω 可化简为 $\omega = k \times \dfrac{\partial V_H}{\partial z} = \dfrac{\partial u}{\partial z} j - \dfrac{\partial v}{\partial z} i$ 为水平涡度矢量。式(1)变为

$$A_{he} = \int_0^h \left[(v - C_y) \frac{\partial u}{\partial z} - (u - C_x) \frac{\partial v}{\partial z} \right] \mathrm{d}z \qquad (2)$$

在实际计算时,h 通常取 3 km,将式(2)用求和近似代替,则有

$$A_{he} = \sum_{k=1}^n \{ [v_k(i,j) - C_y(i,j)][u_k(i,j) - u_{k-1}(i,j)] - [u_k(i,j) - C_x(i,j)][v_k(i,j) - v_{k-1}(i,j)] \} \qquad (3)$$

式中,(u_k, v_k) 为各高度层上的水平风。在甘肃河西地区,$k=1,2,3$,分别取近地面层 925 hPa、850 hPa 和 700 hPa 三层。

水平螺旋度取决于水平涡度和风暴相对风速的大小,通常在计算中,风暴移速采用 Maddox(1976)的计算方法,其在研究中以平均风速的 75% 估算风暴移速,风向向右偏转 30°。其中,平均风向、风速是取 850～300 hPa 气层中的平均风计算出的。由于中国沙尘暴主要出现在 35°～50°N,沙尘暴出现在近地面层的 850 hPa 左右,因而在本文中以平均风速乘以 850 与 500 hPa 实际风速的比值作为风暴的移速,用 850 hPa 与 500 hPa 的平均风向偏转角度来确定

风向右移程度,平均风向、风速取近地面 925 hPa、850 hPa 和 700 hPa 三层中的平均风计算(李岩瑛 等,2008)。

　　在格点资料中,$u>0$ 为西风,$v>0$ 为南风。当每天的高空天气报文收齐后,可计算出($12°\sim80°$N,$32°\sim160°$E)范围内的相对风暴水平螺旋度。

$$A_{he}(i,j) = [u(i,j,k+1) - C_x(i,j)][v(i,j,k) - C_y(i,j)] -$$
$$[v(i,j,k+1) - C_y(i,j)] \times [u(i,j,k) - C_x(j,j)] \tag{4}$$

式中,$k=1,2,3$ 分别代表 925 hPa、850 hPa、700 hPa 层,$k+1=4$ 代表 500 hPa 层,$A_{he}(i,j)$ 表示近地面 925 hPa、850 hPa、700 hPa 三层高低空的垂直水平螺旋度和。

2　螺旋度客观判别沙尘暴及其强度的指标条件

　　槽型沙尘暴的高空形势是中亚到河西($35°\sim60°$N,$65°\sim95°$E)为冷温槽,一般槽前后风速较大,有很强的正负变高和变温,配合地面有冷锋,锋面前后有明显的 3 h 变压,本地处于热低压控制,强度变化主要与冷空气、风速强弱有关,无明显的日变化,此类沙尘暴来势迅猛,破坏力大,是造成甘肃省武威市沙尘暴危害的主要天气系统,个例约占 80%。水平螺旋度是沙尘暴短期预报中冷槽型沙尘暴的重要判别指标(图 1),由于造成区域性、灾情重的沙尘暴几乎均是槽型沙尘暴,所以,准确预报出此类沙尘暴的强度是沙尘暴关注的重点,而水平螺旋度是其预报的重要指标之一。

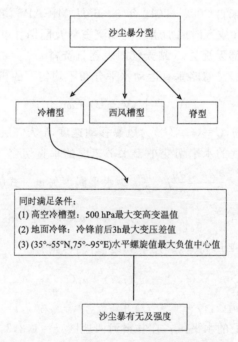

图 1　甘肃省武威市沙尘暴短期预报的流程

　　沙尘暴大多是强西北风的产物,主要集中在近地面 3 km 以下,而 500 hPa 以上的高层螺旋度值多为正值,削弱了沙尘暴的预报能力。如 2002 年 3 月 19 日 08 时,地面至 400 hPa 的螺旋度负值中心为 -1587.3 m²/s²,而高空 400~150 hPa 仅为 -35.4 m²/s²;2010 年 4 月 24 日 20 时,地面至 400 hPa 的螺旋度负值中心为 -1028.3 m²/s²,而 400~150 hPa 却为

501.8 m²/s²,高低空的正负中心并不重合,本指标是经过多次天气过程对比分析得出的。

水平螺旋度的预报条件是当沙尘暴分型满足槽型时,需与高空槽、地面冷锋等指标配合,在具备水平螺旋度负值中心 $\leqslant -200$ m²/s² 时,未来 24 h 内该区下游将有沙尘天气出现,当螺旋度值 $\leqslant -600$ m²/s² 时,6 h 内该区下游将有能见度低于 500 m 的强沙尘暴天气出现,当螺旋度值 $\leqslant -1000$ m²/s² 时,6 h 内该区下游将有能见度低于 50 m 的特强沙尘暴天气出现。

强沙尘暴与下垫面的沙源、前期持续高温、干旱少雨关系密切(李岩瑛 等,2004a,2004b),由于中国各地下垫面条件差别很大,而沙尘暴主要来自沙尘关键区和多发区,所以,特别要注意沙尘关键区的下垫面条件分析。春季升温快,蒸发大,进一步用河西走廊东部 5 个气象站 1961—2007 年逐月积雪深度、积雪日数和沙尘天气的常规观测资料分析可得出:甘肃省河西东部冬春季积雪对沙尘暴的影响较大,积雪深度与春季沙尘的相关系数为 -0.25。该区域性强沙尘暴发生时需满足:

(1)气候背景条件:$(X_1 + X_2) \times X_3 = 1$,其中,$X_1$ 为当月或前两个月中民勤或凉州区月降水距平百分率至少有 1 个月小于 -40%;X_2 为民勤当月或前两个月中月气温正距平 $\geqslant 3$ ℃;X_3 为民勤当月或前一个月的干旱指数 $y > 1.5$。

$$y = \frac{\Delta T}{\delta T} - \frac{\Delta R}{\delta R} \tag{5}$$

式中,$\Delta T = T - T_p$,即该月平均气温 T 相对于该月多年平均(T_p)的距平;$\Delta R = R - R_p$,为该月降水量(R)相对于该月多年平均(R_p)的距平;δT 与 δR 分别代表该站该月的平均气温、月降水量的标准差,选取 1971—2000 年共 30 年气候资料。

(2)积雪条件:当月民勤最大积雪深度小于 1 cm。

据分析 2010 年 4 月 24 日甘肃省武威市仅民勤发生黑风,上述气候背景条件不满足,积雪条件满足,而螺旋度负值中心在(44°N,100°E)为 -1028.3 m²/s²,这说明在干旱沙尘区沙尘暴发生的动力条件起主要作用,而下垫面条件可影响沙尘暴的范围和强度。

由于螺旋度值是沙尘暴发生的必要条件,所以,文中沙尘暴的空报率就等于 1 减去沙尘暴出现的百分率。

3 螺旋度在沙尘强度预报中的应用

水平螺旋度主要与水平方向的力管、涡度与气压梯度相联系,较强的负水平螺旋度中心常与正的 3 h 变压中心相伴。而沙尘暴的大小除沙源外,主要取决于高低空风速的大小和强烈的辐合上升运动。低层负值螺旋度越大,一方面表明近地面层风速越大,西风增强,水平方向上容易起沙;另一方面风垂直切变逆向增强,在垂直方向上形成逆时针旋转辐合上升运动,利于沙尘向空中输送,因而沙尘暴发生的可能性越大,强度越强。螺旋度既考虑了大气旋转、扭曲的特性,同时又考虑了水平和垂直方向的输送作用,比单一地用涡度或散度描述大气物理结构,意义更加清晰。负值螺旋度综合体现了近地面层到 500 hPa 的水平风速、风垂直切变和辐合上升运动,因而在预报沙尘暴方面,比风速有更大的优越性。相反,当水平螺旋度为正值时,高层纬向风与低层风暴的纬向风垂直切变大,低层中经向风与风暴的经向风水平切变大,形成顺时针螺旋式的辐散下沉运动,不利于沙尘暴的发生。

南疆民丰至和田的沙尘暴高发中心有其独特性,这里沙源丰富、地形呈盆状且气温高、干旱少雨,在风力很小的情况下也可以形成沙尘暴,但由于盆地周围高大山脉地形的阻挡作用,形成的沙尘暴不容易向东传输,局地沙尘暴很多,向外传输的沙尘暴远少于河西走廊东部的沙尘暴。河西走廊东部的黑风常常会向下游传输,形成范围和强度直接影响中国北方,这也是本文突出河西沙尘暴预报的重要原因。

3.1 空间预报

3.1.1 全国、甘肃省和南疆地区

从图 2 看出,不同螺旋度值在无沙尘、沙尘(扬沙和浮尘)和沙尘暴不同强度中,沙尘出现概率最小,不足 15%,在全国范围内无沙尘的概率最大在 50%~80%。螺旋度值 ≥ −200 m²/s² 时,南疆地区无沙尘、沙尘的概率高于甘肃省,出现沙尘暴的概率仅为 25.5%,远小于甘肃省的 41%;在螺旋度值 ≤ −200 m²/s² 时,南疆地区无沙尘和沙尘的概率均小于甘肃省的,但沙尘暴出现的概率略高,超过 68%;当螺旋度值 ≤ −600 m²/s² 时,甘肃省沙尘暴出现的概率达 82.5%,而南疆地区高达 100%。这说明当螺旋度负值增强时,南疆地区出现沙尘暴的概率显著增加,南疆地区沙尘暴对新疆北部或西部的水平螺旋度负值中心反映较甘肃显著。

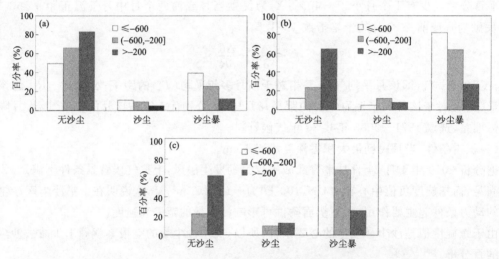

图 2　2002—2010 年 3—6 月 08 时不同螺旋度值下各级沙尘天气出现的百分率分布
(a. 全国,b. 甘肃省,c. 南疆地区)

3.1.2 沙尘关键区

由于全国沙漠和沙地主要集中在北方地区,在东北或 36°N 以南很少出现沙尘天气,甘肃省发生在河西走廊一带,故将全国、甘肃省和南疆地区沙尘多发地区作为沙尘关键区进行分析。

图 3 表明当螺旋度负值中心越大,其附近或下游出现沙尘暴的概率越大,而无沙尘的概率减小。如当最小螺旋度值 ≤ −600 m²/s² 时,在沙尘源区(44°~48°N,90°~100°E)沙尘暴出现的概率为 87.5%,满足槽型条件下甘肃省和南疆地区沙尘暴出现的概率均为 100%,而在北方地区(36°~48°N,84°~128°E)沙尘暴出现概率只有 46.8%,这说明沙尘暴的发生与下垫面关系较密切。经逐日跟踪分析,螺旋度的负值中心相同时在不同区域产生的结果不同,如当最小螺旋度值 ≤ −600 m²/s² 时出现在沙尘源区如南疆盆地、河西走廊、中蒙长城以北时多有强沙尘暴发生;出现在青藏高原时为雷雨大风;而在长江中下游、东北、沿海时常伴有暴风雨。

由于高空风速和蒙古气旋的季节变化,螺旋度负值中心也随季节变化,表现为春季最强、

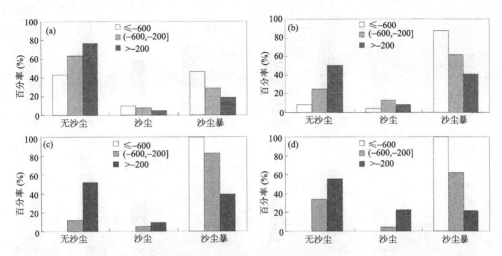

图3 2002—2010 年 3—6 月 08 时沙尘关键区内不同螺旋度值下各级沙尘天气出现的百分率分布(a. 中国北方:36°~48°N,84°~128°E;b,c. 甘肃省:44°~48°N,90°~100°E;d. 南疆地区:32°~48°N,60°~90°E;a,b. 沙尘天气,c,d. 槽型沙尘天气)

夏秋较弱。

进一步根据全国区域性沙尘划分标准:5 站及以上出现沙尘,3 站及以上出现沙尘暴,分析螺旋度值对区域性沙尘暴的预报能力,当最小螺旋度值$\leqslant-600$ m²/s²,其附近或下游出现沙尘暴时,甘肃省约 90%、全国约 83.9%会出现 3 站以上区域性沙尘暴。

3.2 时效预报

由于水平螺旋度值$\leqslant-600$ m²/s² 时出现的沙尘暴概率大、强度强、范围广,故重点针对 2002—2010 年 3—6 月 08 和 20 时水平螺旋度值$\leqslant-600$ m²/s² 时的典型个例进行 6 h 和 24 h 预报时效分析。

从图 4 中分析得出:无论是局地沙尘暴或区域性沙尘暴出现的概率甘肃省总是高于中国北方,白天多于夜间,螺旋度负值$\leqslant-1000$ m²/s² 引起的沙尘暴概率高于$\leqslant-600$ m²/s² 的概率,24 h 内发生的概率高于 6 h 的概率。就出现范围来看,螺旋度$\leqslant-600$ m²/s² 时中国北方沙尘暴的出现概率为 30%~40%,甘肃省为 50%~80%;$\leqslant-1000$ m²/s² 时中国北方沙尘暴的出现概率提高到 40%~80%,甘肃省为 50%~100%。对甘肃省而言,当螺旋度$\leqslant-1000$ m²/s² 出现在 08 时,有区域性沙尘暴的概率为 100%,出现在 20 时则概率仅为 50%。

上述说明螺旋度负值越大,沙尘暴出现的概率越大,同一螺旋度负值时白天出现沙尘暴的概率较大,西北干旱沙尘关键区出现沙尘暴的概率较大。沙尘暴出现的概率与螺旋度负值中心、日变化和下垫面关系密切。

经过对螺旋度的负值中心与其下游沙尘暴天气区域的移动跟踪分析,该方法适用于中国北方冬春季沙尘暴的预报,但对于夏秋季和湿润下垫面地区其预报能力较弱。

4 重大沙尘暴过程预报

4.1 空间对比

2002 年 3 月 18—21 日沙尘暴天气过程中螺旋度最小负值中心移动路径、沙尘暴强度与

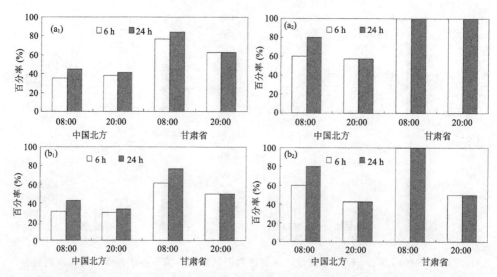

图4 2002—2010年3—6月08和20时沙尘关键区内不同螺旋度值时沙尘暴出现的百分率
分布(a. 局地沙尘暴的日变化,b. 区域性沙尘暴的日变化;1 表示螺旋度值≤−600 m²/s²,
2 表示螺旋度值≤−1000 m²/s²)

螺旋度最小负值中心等值线的对比分析(图略),这次沙尘暴过程是 20 世纪 90 年代以来范围
最大、强度最强、影响最严重和持续时间最长的一次过程,西北、华北及吉林省西北部出现了强
沙尘暴。北京 2002 年 3 月 20 日发生了有历史记录以来最强的沙尘暴,总悬浮颗粒物浓度达
10.9 mg/m³,高出国家颗粒物污染标准 54 倍,其他金属元素是平日的 10 倍以上,青岛总悬浮
颗粒物浓度达 0.721 mg/m³,比平时增加了 4.1 倍(赵琳娜 等,2004;孙业乐 等,2004;盛立芳
等,2003)。对 2002 年 3 月 18—21 日的沙尘暴过程进行螺旋度间隔为 12 h、地面图间隔为 3 h
的移动跟踪分析,发现大风沙尘暴天气区域常出现在螺旋度负值中心的右前方。从图 5 中看
出,螺旋度负值中心从新疆(18 日 08 时达 −315.3 m²/s²,中心在 52°N,76°E)向东南方逐渐增
强(18 日 20 时达 −748.2 m²/s²,中心在 48°N,88°E),到河西走廊北部一带达最强(19 日 08
时达 −1587.3 m²/s²,中心在 44°N,100°E),然后移向宁夏附近减弱(19 日 20 时达 −373.2
m²/s²,中心在 40°N,104°E),向东北再度增强(20 日 08 时达 −578.3 m²/s²,中心在 44°N,
120°E);20 日 20 时继续向西南移增强达 −807.2 m²/s²,中心在(32°N,116°E);21 日后逐渐减
弱东移入海。

由此可以看出,螺旋度的等值线与沙尘暴出现的强度在空间范围内对应一致,强沙尘暴中
心出现在最大螺旋度负值中心下游的东南方向,与其螺旋度的负值中心等值线相对应,负值中
心越大,对应沙尘暴强度越强,−600 m²/s² 最小螺旋度负值中心与强沙尘暴中心、
−1000 m²/s² 最小螺旋度负值中心与特强沙尘暴中心相对应。

2010 年 4 月 24—25 日南疆盆地出现大范围浮尘天气,局地出现了扬沙,青海中部、西
北部出现扬沙及沙尘暴,甘肃河西五市、宁夏、内蒙古中西部、陕西出现大范围扬沙及强沙
尘暴天气,其中甘肃河西走廊出现 6 站特强沙尘暴。24 日 19 时 09 分至 21 时 10 分甘肃省
民勤县出现黑风天气,最小能见度为 0 m,瞬时极大风速达 28.0 m/s,首要污染物 PM₁₀ 浓度
小时平均值高达 6.38 mg/m³,全县大田作物、设施农业、林牧业、水利、电力、交通及城市基

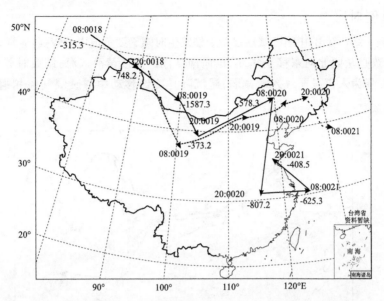

图 5　中国北方区域 2002 年 3 月 18—21 日强沙尘暴天气过程螺旋度最大负值中心(实线)和沙尘暴前锋(虚线)移动路径(箭头表示螺旋度负值中心≤－600 m²/s² 对应强沙尘暴区域)

础设施损失惨重,本次大风特强沙尘暴共造成民勤县各类直接经济损失达 2.5 亿元,武威市近 5 亿元。

　　2010 年 4 月 24 日上午新疆至河西走廊西部出现扬沙和沙尘暴(图 6),14 时河西走廊西部出现区域性大风沙尘暴,17 时继续东移,蒙古出现大风沙尘暴,20 时青藏高原及河西走廊出现了大范围的区域性大风沙尘暴天气过程,最小螺旋度值由 08 时的 －182 m²/s²(中心在48°N,84°E)迅速增强东移为 20 时的 －1028.3 m²/s²(中心在 44°N,100°E),25 日减弱东移。相应大风沙尘暴最强出现在 24 日 20 时前后,24 日夜间至 25 日 08 时减弱东移至宁夏、内蒙古中西部、陕西一带,25 日 14 时大风沙尘再度加强,25 日夜间西北至华北为大范围降水区,沙尘趋于结束。

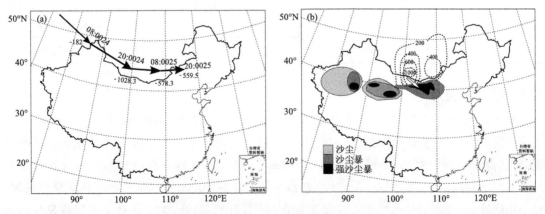

图 6　2010 年 4 月 24—25 日特强沙尘暴天气过程中(a)螺旋度负值中心移动路径、(b)螺旋度的负值中心等值线与其对应沙尘强度分布(箭头表示螺旋度负值中心≤－1000 m²/s² 对应强沙尘暴区域)

4.2　典型个例对比

从图7和表1结合看出,中国区域性强沙尘暴发生时螺旋度负值中心较强,通常≤−600 m²/s²,其移动路径大致是从西北向东移至华北,再向南从渤海湾或黄海入海,结束时分为干沉降和湿沉降两种,干沉降为入夜减弱或入海减弱;湿沉降是冷锋移动中与暖湿气流相遇变成雨雪,致使沙尘消失。

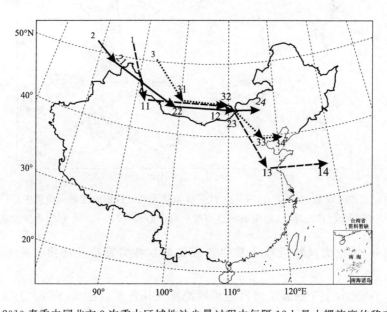

图 7　2010春季中国北方3次重大区域性沙尘暴过程中每隔12 h最小螺旋度的移动路径

表 1　对照图7中2010年春季中国北方3次重大区域性沙尘暴过程
中每隔 12 h 最小螺旋度值变化表(单位:m²/s²)

序号	过程时间	1	2	3	4	沙尘出现范围
1	2010 年 3 月 19—20 日	−757.4	−571.9	−1297.6	−510	从西北东部到华北均大风沙尘暴,华东大风沙尘,入黄海出现区域沙尘暴
2	2010 年 4 月 24—25 日	−182.0	−1028.3	−578.4	−559.5	西北五省区域大风强沙尘暴
3	2010 年 5 月 8—9 日	−922.8	−475.0	−676.1	−1270	西北东部及华北区域大风强沙尘暴

4.3　历史多例对比

对于 2002—2005 年春季3—5月逐日共368个个例,计算其08时40°~50°N,90°~105°E范围内的螺旋度值,将螺旋度值≤−400 m²/s²的个例挑选出来与中国北方沙尘天气进行对应分析(表2)。可以看出,当螺旋度≤−400 m²/s²时,24 h内下游沙尘天气出现百分率达100%,当螺旋度≤−600 m²/s²时,沙尘暴出现的概率达100.0%。在实际计算结果中发现,最小螺旋度≤−300 m²/s²的中心位置常常在(44°N,100°E)处,这正好是蒙古气旋发生的地方,也是沙尘暴出现最多的地方。

河西走廊东部螺旋度常常最强,其原因是:(1)冷锋翻过萨彦岭后,由于地形的下沉干绝热增温容易形成热低压而生成蒙古气旋;(2)该地 90% 以上为沙漠戈壁,地表午后升温快,有利于增强位势不稳定,加强上升运动;(3)河西走廊地形的狭管效应使东部出口处风速增大,涡度和风速增强,因而螺旋度负值中心常常在河西走廊附近最强,又因该地气候干旱,沙源丰富使河西走廊东部的民勤县成为沙尘暴最多的地方。

表 2　2002—2005 年春季逐日 08 时区域(40°~50°N,90°~105°E)最小螺旋度值≤−400 m²/s² 对应的中国北方沙尘天气

时间	最小螺旋度值(m²/s²)	中国北方 24 h 内沙尘实况
2002 年 3 月 19 日	−1587.3	中国北方区域性强沙尘暴
2002 年 4 月 6 日	−406.3	西北东北部、华北北部有区域性沙尘暴
2002 年 5 月 11 日	−537.3	有大风、降水但无沙尘
2003 年 4 月 9 日	−402.9	南疆浮尘,青藏高原北部、河西走廊及西北东北部大风沙尘暴
2003 年 5 月 14 日	−861.1	黄河北部有大风,大雨,内蒙古有一站沙尘暴
2003 年 5 月 21 日	−424.4	华北北部、内蒙古有大风、沙尘暴
2004 年 3 月 9 日	−655.4	河西走廊、西北东北部及华北北部区域大风沙尘暴
2004 年 3 月 16 日	−508.0	西北东北部扬沙,中国北方大风
2004 年 3 月 28 日	−614.3	河西走廊一站沙尘暴,西北东北部扬沙,中国北方大风
2004 年 4 月 28 日	−657.0	河西走廊沙尘暴,西北东北部及华北北部有沙尘
2004 年 5 月 1 日	−514.2	西北东北及内蒙古中西部扬沙,局地沙尘暴
2004 年 5 月 9 日	−420.7	甘肃河西、内蒙古和中西部扬沙,中蒙边境沙尘暴
2005 年 4 月 8 日	−422.4	西北东北部及内蒙古区域扬沙,局地有沙尘暴
2005 年 5 月 4 日	−505.0	西北至东北西部扬沙,中蒙边境沙尘暴
2005 年 5 月 28 日	−610.7	民勤强沙尘暴,西北东北部及内蒙古中西部沙尘暴

5　螺旋度在沙尘暴预报中的应用分析

应用 MICAPS 中 11 类数据格式资料,利用 2002—2010 年逐日 08 和 20 时地面至 500 hPa高空 4 层风场资料跟踪计算螺旋度,分析沙尘暴发生实况得出,螺旋度负值中心越大,对应沙尘暴越强。应用该方法后,通过对 2000—2004 年甘肃省武威市 12 次区域性沙尘暴过程跟踪预报,24 h 预报准确率由 2000 年的 25.0%,提高到 2004 年的 50.0%;6 h 短时预报准确率由 2000 年的 66.7%,提高到 2004 年的 100.0%;能见度低于 500 m 的强沙尘暴 24 h 或 6 h预报准确率由 2000 年的 50.0%,提高到 2004 年的 100.0%,无漏报,2003 和 2005 年无强沙尘暴天气,尤其对强沙尘暴天气发挥了很好的预警作用(表 3,表 4),并于 2006 年正式投入日常业务运行。

表 3　甘肃省武威市 2000—2005 年使用螺旋度前后预报准确率(%)效果对比

螺旋度	一般沙尘暴预报		强沙尘暴预报	
	24 h	6 h	24 h	6 h
使用前	25.0	66.7	50.0	50.0
使用后	50.0	100.0	100.0	100.0

表 4　2000—2005 年甘肃省武威市区域性沙尘暴预报准确率(%)结果检验

年份	一般沙尘暴 12 h 预报	强沙尘暴 6 h 预报
2000 年	2/2＝100.0	2/2＝100.0
2001 年	3/5＝60.0	4/5＝80.0
2002 年	3/4＝75.0	4/4＝100.0
2003 年	1/2＝50.0	无
2004 年	1/2＝50.0	1/1＝100.0
2005 年	1/2＝50.0	无

注:分子表示沙尘暴预报正确日数,分母表示沙尘暴预报正确日数＋空漏报日数。

　　实际应用中发现,螺旋度对于冷锋型沙尘暴的预报准确率较高,特别是 6 h 内的强沙尘暴天气过程准确率达 93.3%,如 2001 年 4 月 6 日 08 时最小螺旋度值为－1180.5 m^2/s^2(中心在 44°N,100°E)、2001 年 4 月 8 日 08 时螺旋度值为－1265.0 m^2/s^2(中心在 44°N,100°E)、2001 年 4 月 28 日 20 时螺旋度值为－416.2 m^2/s^2(中心在 40°N,92°E)、2002 年 4 月 4 日 08 时螺旋度值为－596.3 m^2/s^2(中心在 48°N,72°E),武威市中北部均出现了 3 站以上能见度低于 500 m 的强沙尘暴天气过程。但对于脊型沙尘暴预报能力较差,如 2001 年 3 月 26 日 11 时起,武威市中北部出现了较强的大风强沙尘暴天气过程,08 时螺旋度值为－443 m^2/s^2,但中心位置偏东在华北一带。螺旋度有较强的日变化,白天强,夜间弱(表 5,表 6)。

　　从表 6 看出,在中国传输的大范围区域性沙尘暴大多形成于甘肃省河西走廊和内蒙古一带,经华北、渤海入海,继而影响韩国和日本,所以,要注意沙尘关键区(40°～48°N,84°～120°E)的最小螺旋度值的变化。

表 5　2001—2010 年 3—4 月甘肃省河西走廊典型沙尘暴个例的螺旋度日变化

时间	螺旋度中心值(m^2/s^2)	瞬间极大风速(m/s),出现范围	最小能见度(km),沙尘暴强度
2001 年 3 月 26 日 08 时	－443.0	25,河西走廊东部	0.1,强沙尘暴
2001 年 3 月 26 日 20 时	－266.9		
2001 年 4 月 6 日 08 时	－1180.5	26,河西走廊	0.0,黑风
2001 年 4 月 6 日 20 时	－309.3		
2001 年 4 月 8 日 08 时	－1265.0	28,河西走廊及甘肃中部	0.0,黑风
2001 年 4 月 8 日 20 时	－469.3		
2002 年 3 月 19 日 08 时	－1587.3	22,河西走廊及甘肃中部	0.0,黑风
2002 年 3 月 19 日 20 时	－373.2		
2004 年 4 月 28 日 08 时	－657.0	25,河西走廊	0.6,沙尘暴
2004 年 4 月 28 日 20 时	－343.2		
2009 年 4 月 23 日 08 时	－818.6	14.7,河西走廊	0.3,强沙尘暴
2009 年 4 月 23 日 20 时	－323.3		

表 6　2002—2010 年 3—6 月中国北方出现 10 站以上区域沙尘暴个例的螺旋度日变化

时间	螺旋度中心值(m^2/s^2)	出现范围及路径	最小能见度(km),沙尘暴强度
2002 年 3 月 19 日 08 时	－1587.3	河西走廊、中国北方大部及渤海东部	0.0,黑风
2002 年 3 月 19 日 20 时	－373.2		

续表

时间	螺旋度中心值(m^2/s^2)	出现范围及路径	最小能见度(km),沙尘暴强度
2002 年 4 月 6 日 08 时	−728.7	内蒙古及华北大部	0.0,3 站以上黑风
2002 年 4 月 6 日 20 时	−584.4		
2002 年 4 月 7 日 08 时	−935.5	华北、东北南部及渤海附近	0.4,强沙尘暴
2002 年 4 月 7 日 20 时	−622.8		
2004 年 3 月 9 日 08 时	−858.4	河西走廊及西北、华北、东北及渤海附近	0.1,强沙尘暴
2004 年 3 月 9 日 20 时	−505.7		
2007 年 3 月 30 日 08 时	−616.0	内蒙古、华北大部及渤海附近	0.2,强沙尘暴
2007 年 3 月 30 日 20 时	−481.5		
2009 年 4 月 23 日 08 时	−818.3	河西走廊、西北、内蒙古	0.3,强沙尘暴
2009 年 4 月 23 日 20 时	−323.3		

6 问题与结论

(1)由于高空流场资料的间隔时间在 12 h 以上,日常预报中资料传输时间往往滞后超过 2 h,对 08 时的资料便于跟踪预报,而对夜间出现的强沙尘暴容易造成漏报,如 2010 年 4 月 24 日的黑风天气中,水平螺旋度的负值中心白天弱、夜间强。

(2)低层负值螺旋度越大,一方面表明近地面层风速越大,西风增强,水平方向上容易起沙,另一方面垂直风切变逆向增强,在垂直方向上形成逆时针旋转辐合上升运动,利于沙尘向空中输送,因而沙尘暴发生的可能性越大,强度越强。

(3)注意沙尘关键区(40°~48°N,84°~120°E)最小螺旋度值的变化,当螺旋度中心分别≤ −600 m^2/s^2、−1000 m^2/s^2 时,6 h 内该区下游对应将有能见度低于 500 m、50 m 的区域性强沙尘暴天气出现,并会向下游传输影响中国北方地区。

(4)螺旋度有较强的日变化,白天强,夜间弱,对于中国北方的冷锋型沙尘暴天气有较强的定量预报能力,适用于 MICAPS 系统资料中的日常天气预报,有很强的实际推广应用价值。该方法可时刻跟踪和监测沙尘暴的发生、发展,对中国北方干旱区的沙尘暴天气有良好的预警作用。

参考文献

李国昌,李岩瑛,等,2002.祁连山东部沙尘暴天气成因及气候规律分析[J].甘肃气象,22(1):1-4.

李岩瑛,杨晓玲,王式功,2002.河西走廊东部近 50a 沙尘暴成因、危害及防御对策[J].中国沙漠,22(3): 283-286.

李岩瑛,李耀辉,罗晓玲,等,2004a.河西走廊东部沙尘暴预报方法研究[J].中国沙漠,24(5):607-610.

李岩瑛,俞亚勋,罗晓玲,等,2004b.祁连山东部近 50 年沙尘暴气候预报研究[J].高原气象,23(6):851-856.

李岩瑛,张强,李耀辉,等,2008.水平螺旋度与沙尘暴的动力学关系研究[J].地球物理学报,51(3):692-703.

陆慧娟,高守亭,2003.螺旋度及螺旋度方程的讨论[J].气象学报,61(6):684-691.

申红喜,李秀连,石步鸠,2004.北京地区两次沙尘(暴)天气过程对比分析[J].气象,30(2):12-16.

盛立芳,耿敏,王园香,等,2003.2002 年春季沙尘暴对青岛大气气溶胶的影响[J].环境科学研究,16(5):

11-13.

孙业乐,庄国顺,袁惠,等,2004.2002 年北京特大沙尘暴的理化特性及其组分来源分析[J].科学通报,49(4): 340-346.

陶健红,王劲松,冯建英,2004.螺旋度在一次强沙尘暴天气分析中的应用[J].中国沙漠,24(1):83-87.

王劲松,李耀辉,康凤琴,等,2004."4.12"沙尘暴天气的数值模拟及诊断分析[J].高原气象,23(1):89-96.

岳彩军,寿亦萱,寿绍文,等,2006.我国螺旋度的研究及应用[J].高原气象,25(4):754-762.

岳平,牛生杰,张强,2007.民勤一次沙尘暴天气过程的稳定度分析[J].中国沙漠,27(4):668-671.

赵光平,王连喜,杨淑萍,2001.宁夏区域性沙尘暴短期预报系统[J].中国沙漠,21(2):178-183.

赵琳娜,孙建华,赵思雄,2004.2002 年 3 月 20 日沙尘暴天气的影响系统、起沙和输送的数值模拟[J].干旱区 资源与环境,18(1):72-79.

MADDOX,1976. An evaluation of tornado proximity wind and stability data[J]. Monthly Weather Review, 104:133-142.

河西走廊不同强度冷锋型
沙尘暴环流和动力特征*

李玲萍[1]，李岩瑛[1]，李晓京[1]，王博[2]，胡丽莉[1]

(1. 甘肃省武威市气象局,武威 733000；2. 甘肃省古浪县气象局,古浪 733100)

摘要: 利用常规气象观测资料、ECMWF ERA-Interim 逐 6 h 的 0.75°×0.75°再分析资料,对河西走廊 3 次不同强度区域性典型冷锋型沙尘暴的大气环流形势和高低层水平螺旋度、uv 分量场和垂直速度进行对比分析。结果表明:(1)影响沙尘暴强度和范围的主要因素有:高空冷空气强度,高低空风速,地面热低压中心,冷锋前后变压梯度以及冷锋入侵河西走廊的时间;(2)700 hPa 风速和冷锋入侵河西走廊的时间影响最明显,低空风速越大,沙尘暴往往越强,强沙尘暴一般出现在中午到傍晚。一般、强和特强沙尘暴 700 hPa 风速阈值分别为 18 m/s、22 m/s 和 24 m/s;(3)高(低)层正(负)水平螺旋大值中心越大,配合越好,下游沙尘暴强度越强,一般、强和特强沙尘暴的高(低)层水平螺旋度正(负)值中心阈值分别为 400(−200)m²/s²、800(−1000)m²/s² 和 1000(−1000)m²/s²;(4)uv 分量场分析显示,高空强风动量下传到近地面的风速越大,沙尘暴强度越强,一般、强和特强沙尘暴下传到近地面的 u、v 分量风速阈值分别为 8 m/s、10 m/s 和 12 m/s;(5)700 hPa 以下上升运动越强,沙尘暴强度越强,一般、强和特强沙尘暴 700 hPa 以下垂直速度中心阈值分别为 −0.4 Pa/s、−0.7 Pa/s 和 −1.4 Pa/s;(6)垂直风场表现为 ≥15 m/s 大风下传高度越低,沙尘暴强度越强,一般、强和特强沙尘暴下传高度分别为 600 m、500 m 和 50 m 以下。

关键词: 沙尘暴；大尺度环流；高低层水平螺旋度；u、v 分量场；垂直速度

前言

  沙尘暴的产生需要大风、沙源、不稳定的空气状态和局部地区的热力条件等基本条件(钱正安,1997),沙尘暴分为一般沙尘暴、强沙尘暴和特强沙尘暴(朱炳海 等,1985;王式功 等,2003;周自江,2001;王式功 等,2000)。目前,国内外学者对沙尘暴的环流和动力特征都已做了大量的分析研究。从大尺度环流特征来看,春季冷锋型沙尘暴区域上空往往对应冷槽分离并向南发展,在中纬度诱发地面冷锋,对地面的锋面传播起主要作用,极易造成沙尘暴的形成(Hamzeh et al.,2021;姜学恭 等,2014;陈楠 等,2006;汤绪 等,2004;Brazel et al.,1986;周秀骥 等,2002);低层辐合、高层辐散的强上升运动和强的下沉气流,高空急流引导强冷空气向下发展,使对流层上部大风动量下传,向下大量输送动量,促使锋生,使得地面风速加大,都有利于沙尘暴的形成(程海霞 等,2006;岳平 等,2008;Pauley et al.,1996;贺沅平 等,2021;李汉林 等,2020;魏倩 等,2021);高、低层水平及垂直螺旋度与下游沙尘暴的强弱有很好的对应关系,低层水平螺旋度负值中心值越大,下游沙尘暴的强度就越强,沙尘暴区上空垂直螺旋度值高层

---

* 本文已在《中国沙漠》2021 年第 41 卷第 5 期正式发表。

为负,低层为正,且低层垂直螺旋度正值越大,沙尘暴越强(李岩瑛 等,2008;陶健红 等,2004;王劲松 等,2004;赵光平 等,2001;申红喜 等,2004)。

甘肃河西走廊地处青藏高原北坡的中纬度地带,气候极其干燥,是沙尘暴的高发区之一。到了春季,由于冷、暖空气交替频繁,加上河西走廊地表干燥裸露,干土层厚,容易出现大风沙尘暴天气,特别是当强冷空气携带着大量沙尘路经此地时,由于河西走廊的地形狭管效应,使沙尘暴天气加强。沙尘天气不仅造成当地严重的经济损失,而且对生态环境也造成无法估算的影响。大范围特强沙尘暴往往造成严重的人员伤亡、经济损失及生态的恶化,如1993年5月5日的特强沙尘暴和2010年4月24日河西走廊特强沙尘暴分别造成武威地区经济损失1.68亿元,死亡43人和河西走廊经济损失达15亿元(钱莉 等,2011;2016)。

近年来关于河西走廊春季沙尘暴天气气候特征、沙尘源地及输送、危害、成因等角度众多学者做了大量研究(张强 等,2005;赵庆云 等,2012;李玲萍 等,2013,2019;李岩瑛 等,2002;李耀辉 等,2014;刘洪兰 等,2014)。但是河西走廊不同强度冷锋型沙尘暴在大气环流形势及动力特征方面有哪些不同点及相同点?目前还很少有详细对比分析,因此本研究选取河西走廊春季主要影响的冷锋型沙尘暴,并利用一般沙尘暴、强沙尘暴和特强沙尘暴典型个例对大气环流形势及其动力结构特征进行对比分析,帮助预报人员做好沙尘暴的预报预警。

1 资料和方法

文中采用常规气象观测资料(探空、地面)、ECMWF ERA-Interim 逐6 h 的 $0.75° \times 0.75°$ 再分析资料,对河西走廊区域不同强度冷锋型沙尘暴天气的大气环流形势及其动力结构特征进行对比分析。其中环流形势和螺旋度利用 MICAPS 逐日08和20时(北京时,下同)地面、950 hPa、850 hPa、700 hPa、500 hPa、400 hPa、300 hPa 和 250 hPa 流场客观分析资料。u、v 分量场和垂直速度利用 ECMWF ERA-Interim 逐6 h 的 $0.75° \times 0.75°$ 再分析资料。计算 ≥15 m/s 大风下传的最低高度利用的是河西走廊敦煌、酒泉、张掖和民勤4站逐日07时和19时每隔50 m 高度高空加密观测资料。研究区选取的格点海拔高度在 1139~3045 km,所以下文近地面为 700~850 hPa。

螺旋度是表征流体边旋转边沿旋转方向运动的动力特性的物理量,其定义为:

$$he = \iiint V \cdot (\nabla \times V) \mathrm{d}\tau \tag{1}$$

螺旋度的重要性还在于它比涡度包含了更多辐散风效应,更能体现大气的运动状况,其值的正负反映了涡度和速度的配合程度。从量级上来看,水平螺旋度比垂直螺旋度大,在实际预报应用中更具有预示性。水平螺旋度计算公式为

$$he = \int_0^h (V - C) \cdot \omega \mathrm{d}z \tag{2}$$

式中,$V = (u, v)$ 为环境风场,$C = (C_x, C_y)$ 为风暴移动速度,h 为气层厚度,水平螺旋度(he)的单位为 $\mathrm{m^2/s^2}$。由于垂直速度的水平切变小于水平速度的垂直切变,所以 ω 主要决定于风的垂直切变,ω 为水平涡度矢量,可化简为水平涡度矢量,h 为风暴入流厚度,通常取 $h = 3$ km 左右,在本文计算中 $\omega = \kappa \times \frac{\partial V_H}{\partial z} = \frac{\partial u}{\partial z} j - \frac{\partial v}{\partial z} i$,低层取 925~700 hPa 三层,高层取 400~250 hPa 3层。

利用河西走廊19个地面观测站的逐时资料将 2004—2019 年春季发生在河西走廊的 21

个区域性沙尘暴(3 个站点出现沙尘暴定为一次区域性沙尘暴过程,区域性沙尘暴过程中有 1
站出现强沙尘暴定义为一次强沙尘暴天气过程,有 1 站出现特强沙尘暴就定义为一次特强沙
尘暴天气过程)分为一般沙尘暴、强沙尘暴和特强沙尘暴。并通过普查历史天气图(以地面天
气图为主),对 21 个区域性沙尘暴进行分型,结果发现,河西走廊春季区域性沙尘暴主要有 4
种天气类型:大尺度冷锋后西北大风型(17)、雷暴大风型(1)、冷高压南部偏东型(2)、切变线
(1)。由此看出,河西走廊春季沙尘暴主要影响系统是大尺度冷锋后西北大风型。因此,文中
选取河西走廊区域性典型冷锋型一般沙尘暴(2010 年 3 月 28—29 日)、强沙尘暴(2006 年 4 月
10 日)、特强沙尘暴(2010 年 4 月 24 日)3 个个例,从大气环流形势和动力特征总结分析河西
走廊区域性不同强度冷锋型沙尘暴天气的特点,希望能够阐明不同强度沙尘暴在动力方面的
差异。

2　结果与分析

2.1　天气实况

2010 年 3 月 28 日 19 时 21 分至 29 日 11 时 24 分(北京时,下同)河西走廊在酒泉以西的
马鬃山、敦煌、玉门、瓜州及走廊东部的民勤出现了沙尘暴天气(下称个例 1,图 1a),最小能见
度为 0.6 km,出现在敦煌,风速最大出现在马鬃山,最大风速为 16.6 m/s,瞬间极大风速达
27.0 m/s。

2006 年 4 月 10 日 00 时 15 分开始,截至 23 时 03 分(下称个例 2,图 1b),河西走廊自西向
东在酒泉以东有 10 个站出现沙尘暴,其中酒泉、鼎新、金塔、张掖和民勤出现强沙尘暴,酒泉和
民勤最小能见度达 0.1 km,最大风速分别为 20.1 m/s、12.5 m/s。马鬃山最大风速和瞬间极
大风速分别为 21.6 m/s 和 32.0 m/s。

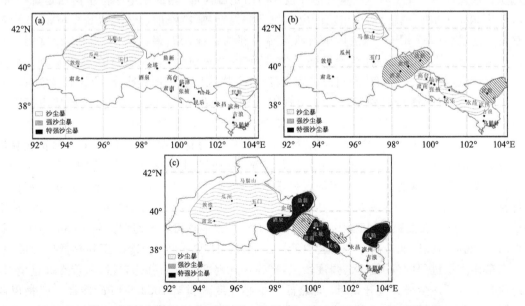

图 1　河西走廊 2010 年 3 月 28—29 日(a)、2006 年 4 月 9—10 日(b)和
2010 年 4 月 23—24 日(c)沙尘暴实况

2010 年 4 月 24 日 09 时 15 分至 22 时 13 分(下称个例 3,图 1c),整个河西走廊自西向东有 13 个测站出现了沙尘暴天气,其中酒泉、鼎新、张掖、临泽、民乐、民勤出现特强沙尘暴,高台、山丹出现强沙尘暴,19 时 09 分民勤出现能见度为 0 的黑风天气,最大风速达 17.4 m/s。风速最大出现在玉门,最大风速和瞬间极大风速分别为 18.6 m/s 和 26.6 m/s。

2.2　环流形势

2010 年 3 月 28—29 日,500 hPa 欧亚中高纬度为两脊一槽型,西伯利亚低涡底部不断有短波槽快速东移,冷中心强度达－41 ℃,随着乌拉尔山高压脊加强向东北方发展,脊前偏北风速增大,最大风速中心达 54 m/s,高空急流发展加强,不断引导冷空气南下,河西走廊最大风速达 26 m/s;700 hPa 冷中心为－26 ℃,槽后脊前有≥20 m/s 的强风速,河西走廊最大风速达 18 m/s,大气斜压性强;地面有河套热低压和新疆冷高压发展,28 日 23 时,冷锋位于马鬃山附近,冷锋前热低压中心达 1007.3 hPa,冷锋前后 Δp_3(3 h 变压)达 7.5 hPa,锋后马鬃山和敦煌出现沙尘暴;29 日 02 时热低压位置基本未动,热低压中心为 1006.8 hPa,冷锋位于酒泉附近,冷锋前后 Δp_3 达 6.6 hPa,锋后瓜州和敦煌出现沙尘暴;08 时热低压向东北方向移入河西走廊,冷锋一直位于河西走廊东部,锋后民勤出现沙尘暴天气,随着锋面逐渐移出河西走廊东部,11 时 24 分沙尘暴天气结束(图 2a)。

2006 年 4 月 9—10 日,500 hPa 欧亚范围内为两脊一槽型,西伯利亚宽广冷涡东移南压,冷中心强度达－51 ℃,底部有阶梯槽形成,贝加尔湖低槽偏北东移,新疆低槽东移南压影响河西走廊,乌拉尔山高压脊迅速加强,脊前最大风速中心为 44 m/s 的偏北风强风速带引导强冷空气南下影响河西走廊,河西走廊最大风速达 22 m/s;700 hPa 温度场明显落后于高度场,冷中心达－32 ℃,槽后脊前最大风速中心为 26 m/s,河西走廊最大风速达 22 m/s,等高线和等温线夹角近 90°,大气斜压性很强;地面,新疆到蒙古国东部的冷高压发展,河套和蒙古国西部热低压打通发展,10 日 02 时,冷空气前锋侵入河西走廊西部,热低压中心位于河西走廊中部,中心值为 985.1 hPa,鼎新、酒泉出现沙尘暴并呈加强趋势,冷锋前后 Δp_3 达 6.6 hPa,05 时河套热低压达最强(987 hPa),锋区位于河西走廊中部的张掖,Δp_3 最大达 8.7 hPa,冷锋后正变压最大区酒泉以西开始出现沙尘暴及强沙尘暴天气,08—14 时,高空锋区东移南压到河西走廊中东部,锋区增强,冷锋东移到河西走廊东部,高空锋区落后于地面冷锋,冷锋后冷空气不断补充堆积,酒泉以东锋后正变压最大区出现大范围沙尘暴天气,14—20 时,冷锋移出河西走廊,锋后沙尘暴天气持续,23 时 03 分河西走廊沙尘暴天气结束(图 2b)。

2010 年 4 月 24 日,500 hPa 欧亚范围内中高纬度为两脊一槽型,乌拉尔山和鄂霍次克海高压脊分别向东北方向和西北方向加强,贝加尔湖为一南北走向深厚冷槽,冷中心达－40 ℃,高空槽区狭窄深厚,槽前后冷暖平流都很强盛,乌拉尔山脊前偏北风速增大到 44 m/s,河西位于低槽底部强偏西气流中,最大风速达 28 m/s;700 hPa 主槽位置与 500 hPa 基本一致,冷中心达－24 ℃,槽后脊前最大风速中心为 30 m/s,河西走廊槽底部风速增大到 24 m/s,大气斜压性增强;地面新疆以北冷高压和河套热低压发展,24 日 11—20 时,冷高压和热低压发展,热低压在东移南压过程中范围扩大,强度增强,冷锋进入河西走廊后移速较慢,随着冷锋过境,11 时河西走廊西部沙尘暴天气开始,17 时热低压中心强度减弱至 1002.5 hPa,冷锋后张掖以西大范围沙尘暴天气暴发,20 时锋面加强东移到民勤以东,Δp_3 增大到 9.7 hPa,河西走廊出现大范围沙尘暴、强沙尘暴和特强沙尘暴天气,民勤特强沙尘暴持续时间长达 3 h 并出现能见度为 0 的黑风天气(图 2c)。

　　3 次不同强度区域性沙尘暴天气的共同特征为：①都为冷槽型沙尘暴，即西高东低环流形势，随着乌拉尔山高压脊的发展，河西走廊处于冷槽后强西北气流中。②地面都有冷高压和热低压发展，沙尘暴天气出现在冷锋附近气压等值线密集带。

　　3 次过程的不同特征为：①冷空气强度及位置。个例 1 冷中心强度达 −41 ℃，冷涡偏北东移，底部分裂低槽位于 40°N；个例 2 冷中心强度达 −51 ℃，冷涡主力也偏北东移，但底部分裂低槽东移南压过程中和中亚南部的低槽合并位置偏南，位于 35°N 附近；个例 3 冷中心强度最弱（−40 ℃），为南北走向深厚冷槽，南压到 30°N 附近（表 1）。②下传到 700 hPa 的风速。个例 1 下传到 700 hPa 的风速为 18 m/s，个例 2 为 22 m/s，个例 3 达 24 m/s（表 1）。③地面热低压强度。个例 1 地面热低压中心强度为 1006 hPa，个例 2 最强，为 985 hPa，个例 3 为 1002.5 hPa，但是 3 h 变压个例 3 最强，其次是个例 2，个例 1 最小。④冷锋过境时间不同，个例 1 冷锋 29 日 11 时已经移出河西走廊，个例 2 为 10 日 14 时太阳辐射最强时冷锋已经移出河西走廊东部，个例 3 中午前后太阳辐射最强时冷锋还停留在河西走廊西部，20 时移出河西走廊。

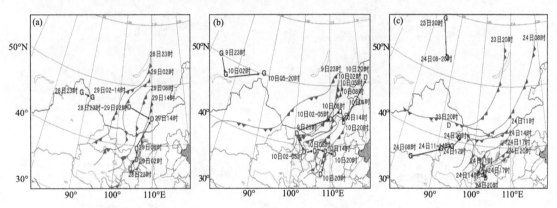

图 2　2010 年 3 月 28—29 日(a)、2006 年 4 月 9—10 日(b)和 2010 年 4 月 23—24 日
(c)各时次地面高、低压及锋面动态形势

表 1　河西走廊 3 次不同强度区域性冷锋沙尘暴天气实况

时间 (年-月-日)	沙尘暴 (强、 特强) 站数	高空形势	500 hPa (700 hPa) 冷中心 温度(℃)	500 hPa (700 hPa) 风速 (m/s)	冷锋前后 Δp_3(hPa)	高(低)层 水平螺旋度 (m²/s²)	u、v 近地面 风速(m/s)	700 hPa 垂直速度 (Pa/s)	≥15 m/s 大风下传 的最低 高度(m)
2010-03-28 —29	5(0,0)	冷涡底部 分裂小槽	−41 (−26)	26(18)	7.5	400(−200)	8	−0.4	≤600
2006-04-10	10(5,0)	冷涡底部 阶梯槽	−51 (−32)	22(22)	8.7	800 (−1000)	10	−0.7	≤500
2010-04-24	13(2,6)	深厚低槽 东移	−40(−24)	28(24)	9.7	1000 (−1000)	12	−1.4	≤50

2.3 水平螺旋度

2010 年 3 月 28 日 08 时至 29 日 08 时,高层水平螺旋度≥400 m²/s² 的高值区由河西走廊东部增大北抬东移到 50°N 以北 110°E 以东(图 3a)。受分裂冷空气影响,28 日 08 时低层水平螺旋度≤−200 m²/s² 的低值区由新疆东部东移到蒙古国到河西西部鼎新附近,中心值减小到−235 m²/s²,河西走廊西部出现沙尘暴天气,随着冷空气主力偏北东移,29 日 08 时螺旋度负值中心偏北东移,移出河西走廊(图 3d)。

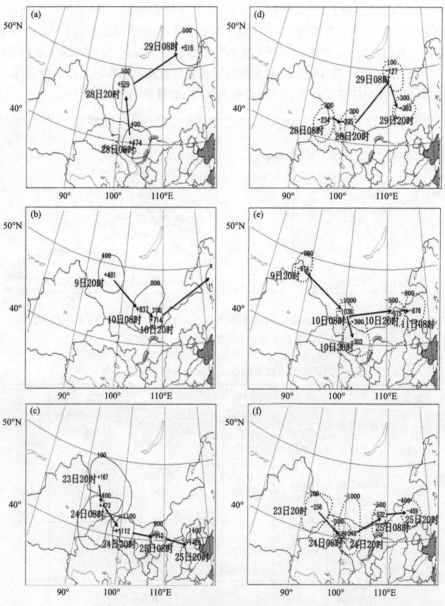

图 3　2010 年 3 月 28—29 日高层(a)低层(d)、2006 年 4 月 9—10 日高层(b)低层(e)和
2010 年 4 月 23—24 日高层(c)低层(f)各时次高低空螺旋度动态形势

2006 年 4 月 9 日 20 时至 10 日 20 时,高层水平螺旋度≥400 m^2/s^2 的高值区由蒙古国西部东移南下到蒙古国中部,中心范围由≥400 m^2/s^2 增大到的≥800 m^2/s^2,再减弱到≥700 m^2/s^2,并逐渐北抬东移出沙尘区(图 3b)。低层新疆西北部≤−900 m^2/s^2 的水平螺旋度低值区东移南下到内蒙古西北部,低值范围减小到−1000 m^2/s^2,10 日 20 时随着西伯利亚冷涡底部贝加尔湖低槽和新疆低槽东移螺旋度负值中心减弱分裂为两个,一个东移南下到酒泉以东到河西走廊东部,低值范围减小到≤−300 m^2/s^2,与酒泉以东到河西走廊东部的沙尘暴区符合;另一个向东北移到内蒙古东部(图 3e)。

2010 年 4 月 24 日 08—20 时,随着深厚的南北向冷槽东移,河西走廊西部高层≥400 m^2/s^2 的螺旋度大值区东移南压到河西走廊中东部,中心范围增大到≥1000 m^2/s^2(图 3c)。对应低层位于河西走廊西部≤−300 m^2/s^2 的负螺旋度值中心减小,≤−1000 m^2/s^2 并范围扩大,东移到河西走廊中东部,中心值达−1040 m^2/s^2(图 3f)。

3 次过程高、低层都有大的正、负水平螺旋度值,但是强度和高、低层水平螺旋度配合不同。个例 1 河西走廊上游低层水平螺旋度负值中心≤−200 m^2/s^2,高层水平螺旋度正值中心≥400 m^2/s^2,高、低层的正、负大值螺旋度区配合不一致。个例 2 低层水平螺旋度负值中心≤−1000 m^2/s^2,高层水平螺旋度正中心≥800 m^2/s^2,高、低层正、负螺旋度范围有较好的对应,但是高、低层螺旋度正、负大值中心不完全对应。个例 3 低层水平螺旋度负值中心≤−1000 m^2/s^2,高层水平螺旋度正中心≥1000 m^2/s^2,且系统移动过程中低层≤−1000 m^2/s^2 和高层≥1000 m^2/s^2 螺旋度大值中心重合,河西走廊东部出现黑风天气。这说明低层负螺旋度值和高层正螺旋度值越大,下游沙尘暴强度越强,高、低层大的正、负螺旋度值移动方向与其下游沙尘暴出现位置对应;高、低层螺旋度大值中心位置重合时,沙尘暴强度更强。

2.4　整层大气风场分布特征

2010 年 3 月 29 日 02—14 时,u 分量河西走廊上空高空偏北风急流动量下传,对流层中层 500 hPa 风速最大≥20 m/s,近地面层风速 08 时河西走廊西部和东部风速≥10 m/s(彩图 4a),14 时沙尘区东移到河西走廊东部(彩图 4b),河西走廊东部近地面层风速增大到≥12 m/s。v 分量显示,沙尘暴期间整个河西走廊上空 500 hPa 以下北风区域逐渐分裂向南插入到南风下部,将 600 hPa 以下的南风向上抬升,河西走廊近地面层北风风速逐渐增大,河西走廊西部风速最大≥8 m/s,河西中西部风速较小,为 2~4 m/s,走廊东部风速最大中心≥14 m/s。

2006 年 4 月 10 日 08—20 时,河西走廊上空高空偏北风急流动量下传,对流层中层 500 hPa 强风速带从 08 时的 16~18 m/s 增强到 14 时的≥26 m/s(彩图 4c),河西走廊酒泉以东近地面层西风增大到 8~12 m/s,河西走廊出现大范围沙尘暴天气,10 日 20 时(彩图 4d),随着西风急流增强,近地面层风速≥12 m/s;v 分量,10 日 08—20 时,整个河西走廊 600 hPa 以下受北风控制,600 hPa 以上受南风控制,近地层北风随着沙尘暴加强东移,风速逐渐增大,14 时(彩图 4c),河西走廊中东部近地层北风≥12 m/s,到 20 时(彩图 4d),河西走廊东部近地层北风最大≥14 m/s。

2010 年 4 月 24 日 14—20 时,河西走廊上空西风急流 14 时到 20 时逐渐增强(彩图 4e,f),动量下传,河西走廊西部沙尘暴区 500 hPa 有≥22 m/s 的强风速带,近地面层最大风速≥14 m/s,民勤站出现能见度为 0 的黑风天气。v 分量,沙尘暴发生过程中,河西走廊上空整层北风向南插入到南风下部,转为北风控制,北风风速逐渐增大,近地层北风最大≥16 m/s。

3 次沙尘暴过程 u、v 分量相同点:u 分量高层都存在≥30 m/s 的西风急流,且急流中心值

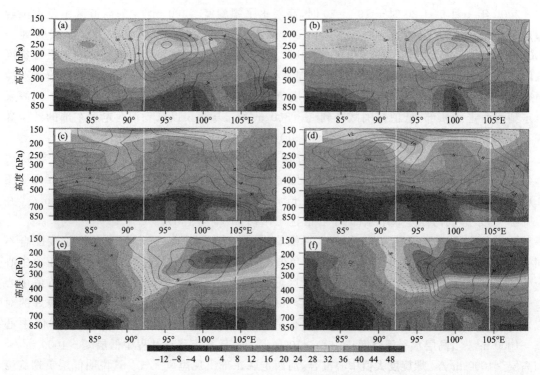

图 4　2010 年 3 月 29 日 08 时(a)、14 时(b),2006 年 4 月 10 日 14 时(c)、20 时(d)和 2010 年 4 月 24 日 14 时(e)、20 时(f)u、v 分量沿 39°N 的纬向剖面(单位:m/s;色阶为 u 分量;等值线为 v 分量;两条白色竖线之间为研究区域)

相当;v 分量研究区上空都是北风插入到南风下部并将近地层的南风向上抬起。不同点:3 次过程高空急流动量下传到近地面的风速有所不同。下传到近地面的最大风速个例 1≥8 m/s,个例 2 为 10~12 m/s,个例 3 下传到近地面的风速最大(≥12 m/s)。v 分量 3 次过程都是上空北风插入到南风下部并将近地层的南风向上抬起,到达低层的最大北风风速不同,个例 1 为 8~12 m/s,个例 2 低层达 10~14 m/s,个例 3 最大,为 12~16 m/s。说明高层大风动量下传到近地面的风速越大,沙尘暴强度越强。

2.5　垂直速度

从图 5 看出,2010 年 3 月 29 日 02—14 时,高层(500~300 hPa)垂直速度一直≥−0.4 Pa/s(彩图 5a,b),随着 700 hPa 以下垂直速度不断增强,中心值从 29 日 02 时的−0.2 Pa/s 减小到 29 日 14 时≤−0.4 Pa/s(彩图 5b),河西走廊自西向东出现沙尘暴天气。

2006 年 4 月 10 日 08—20 时随着高层(500~300 hPa)垂直速度从 10 日 08 时的−0.2 Pa/s 减小到 14 时的≤−0.3 Pa/s(彩图 5c),特别是 700 hPa 以下上升运动增强明显,垂直速度大值中心由≤−0.4 Pa/s 减小到≤−0.7 Pa/s,河西走廊多站出现强沙尘暴天气,10 日 20 时(彩图 5d),700 hPa 垂直速度减弱,中心增大到≤−0.4 Pa/s,沙尘暴强度减弱。

2010 年 24 日 14—20 时,高低层垂直速度从 24 日 14 时到 20 时迅速增强(彩图 5e,f),增大了将近 1 个量级,高层 500~300 hPa 垂直速度≤−0.6 Pa/s 增强到≤−1.0 Pa/s,700 hPa 以下垂直速度大值中心由≤−0.8 Pa/s 增强到≤−1.4 Pa/s,河西走廊出现大范围沙尘暴天气,6 站出现特强沙尘暴,民勤出现黑风,能见度为 0。

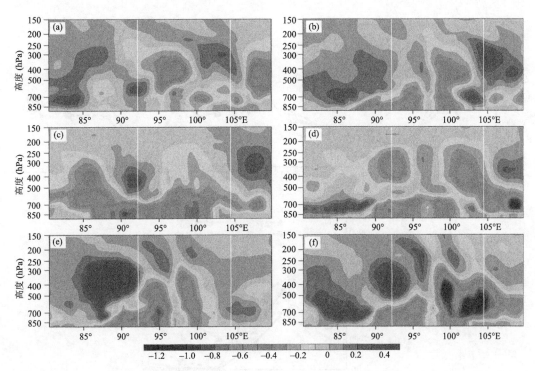

图5　2010 年 3 月 29 日 08 时(a)、14 时(b),2006 年 4 月 10 日 14 时(c)、20 时(d)和 2010 年 4 月 24 日 14 时(e)、20 时(f)垂直速度沿 39°N 的纬向剖面(单位:Pa/s;两条白色竖线之间为研究区域)

　　3 次过程垂直速度整层都表现为上升运动,但上升运动强度不同,个例 1 正、负垂直速度梯度较为疏散,强度较弱,中低层 700 hPa 以下上升运动较弱,垂直速度中心值≤-0.4 Pa/s,使得地面维持弱上升运动,风速较小,沙尘暴天气范围小,强度弱。个例 2 上升运动较第一次增强,特别是 700 hPa 以下上升运动较强,垂直速度中心值≤-0.7 Pa/s,地面风速较大,沙尘暴天气范围大,强度较强。个例 3 强度最强,正、负垂直速度梯度最大,700 hPa 以下垂直速度中心值≤-1.4 Pa/s,地面维持强上升运动,风速大,沙尘暴天气范围更大,强度更强。因为沙尘粒子主要集中在 700 hPa 以下,因此,沙尘暴过程中,中心位于 700 hPa 的强上升运动区对于沙尘扬升具有更为重要的意义(姜学恭 等,2014)。

2.6　垂直风场特征

　　沙尘暴暴发时大风下传高度突然降低,暴发后又开始升高,并且不同强度沙尘暴大风下传的最低高度也不同。沙尘暴暴发时,沙尘暴暴发区 29 日 07 时敦煌和民勤大风下传到 600 m 和 150 m,酒泉和张掖未出现沙尘暴,下传高度较高,都在 1500 m 以上(图6a)。强沙尘暴暴发时,10 日 07 时,敦煌、酒泉、张掖、民勤 4 站大风下传到 500 m 以下(图6b)。特强沙尘暴暴发时,24 日 19 时特强沙尘暴区大风下传到 50 m 以下,民勤和酒泉下传达地面(图6c)。

3　结论

　　(1)3 次过程 500 hPa 在中高纬度地区都为冷槽,地面都有冷高压及热低压存在,沙尘暴天气出现在冷锋过境前后的气压梯度大值带。沙尘暴的强度和冷空气强度,500 hPa、700 hPa 风速,地面热低压中心,冷锋前后变压梯度以及冷锋进入河西走廊的时间均有关系,其中冷锋

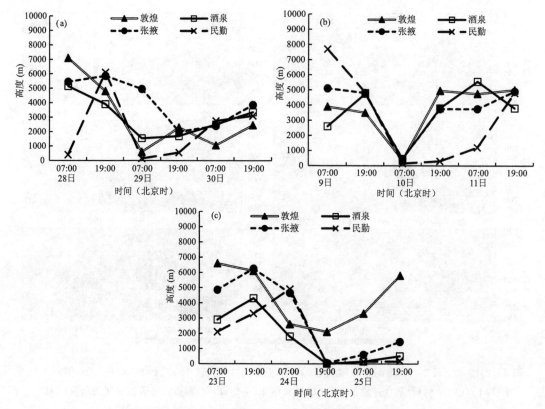

图 6　2010 年 3 月 28—30 日(a)、2006 年 4 月 9—11(b)日
和 2010 年 4 月 23—25 日(c)≥15 m/s 大风下传的最低高度

前后 3 h 变压、700 hPa 风速和冷锋进入河西走廊的时间影响最明显。3 h 变压越强,低空风速越大,沙尘暴越强,强沙尘暴一般出现在中午到傍晚。一般、强和特强沙尘暴 700 hPa 风速分别≥18 m/s、≥22 m/s 和≥24 m/s。

(2)高(低)层正(负)水平螺旋大值中心越大,配合越好,下游沙尘暴强度越强。个例 1 低层水平螺旋度负值中心≤−200 m²/s²,高层水平螺旋度正值中心≥400 m²/s²,高、低层的正、负大值螺旋度区配合不一致。个例 2 低层水平螺旋度负值中心≤−1000 m²/s²,高层水平螺旋度正中心≥800 m²/s²,高、低层正、负螺旋度范围有较好的对应,但是高、低层螺旋度正、负大值中心不完全对应。个例 3 低层水平螺旋度负值中心≤−1000 m²/s²,高层水平螺旋度正中心≥1000 m²/s²,且系统移动过程中低层≤−1000 m²/s² 和高层≥1000 m²/s² 螺旋度大值中心重合,河西走廊东部出现黑风天气。

(3)高空强风动量下传到近地面的风速越大,沙尘暴强度越强,一般、强和特强沙尘暴下传到近地面的 u、v 分量风速阈值分别为 8 m/s,10 m/s 和 12 m/s。

(4)从垂直速度看,3 次过程整层都表现为上升运动,由于沙尘粒子集中在 700 hPa 以下,所以 700 hPa 以下上升运动越强,沙尘暴强度越强。一般沙尘暴过程、强沙尘暴过程和特强沙尘暴过程中的 700 hPa 以下垂直速度中心值分别为≤−0.4 Pa/s、≤−0.7 Pa/s 和≤−1.4 Pa/s。

(5)高空加密观测资料分析发现,≥15 m/s 大风下传高度越低,沙尘暴强度越强,下传到600 m 以下就有沙尘暴出现,下传到 500 m 以下就有强沙尘暴出现的可能,下传到 50 m 以下,有特强沙尘暴,下传到地面时,有黑风天气。

参考文献

陈楠,陈晓光,赵光平,等,2006.宁夏不同强度沙尘暴环流差异特征的对比分析[J].高原气象,25(4):680-686.

程海霞,丁治英,帅克杰,等,2006.沙尘暴天气的高空急流统计特征及动力学分析[J].南京气象学院学报,22(4):422-425.

贺沅平,张云伟,顾兆林,2021.特强沙尘暴灾害性天气的研究及展望[J].中国环境科学,41(08):3511-3522.

姜学恭,云静波,2014.三类沙尘暴过程环流特征和动力结构对比分析[J].高原气象,33(1):241-251.

李汉林,何清,金莉莉,2020.塔克拉玛干沙漠腹地和北缘典型天气近地层风速廓线特征[J].干旱气象,38(6):965-978.

李玲萍,陈英,李文莉,等,2013.石羊河流域冬季冻土对沙尘天气的影响分析[J].土壤通报,44(5):1204-1209.

李玲萍,李岩瑛,孙占峰,等,2019.河西走廊东部沙尘暴特征及地面气象因素影响机制[J].干旱区研究,36(6):1457-1465.

李岩瑛,杨晓玲,王式功,2002.河西走廊东部近50a沙尘暴成因、危害及防御对策[J].中国沙漠,22(3):283-287.

李岩瑛,张强,李耀辉,等,2008.水平螺旋度与沙尘暴的动力学关系研究[J].地球物理学报,51(3):692-703.

李耀辉,沈洁,赵建华,等,2014.地形对民勤沙尘暴发生发展影响的模拟研究—以一次特强沙尘暴为例[J].中国沙漠,34(3):849-860.

刘洪兰,张强,张俊国,等,2014.1980—2012年河西走廊中部沙尘暴空间分布特征和变化规律[J].中国沙漠,34(4):1102-110.

钱莉,杨永龙,王荣哲,等,2011.河西走廊"2010.4.24"黑风成因分析[J].高原气象,30(6):1653-1660.

钱莉,姚玉璧,杨鑫,等,2016.河西走廊盛夏一次沙尘暴天气过程成因[J].中国沙漠,36(2):458-46.

钱正安,贺慧霞,瞿章,等,1997.我国西北地区沙尘暴的分级标准和个例谱及其统计特征[C]//方宗义.中国沙尘暴研究.北京:气象出版社.

申红喜,李秀连,石步鸠,2004.北京地区两次沙尘(暴)天气过程对比分析[J].气象,30(2):12-16.

汤绪,俞亚勋,李耀辉,等,2004.甘肃河西走廊春季强沙尘暴与低空急流[J].高原气象,23(6):840-846.

陶健红,王劲松,冯建英,2004.螺旋度在一次强沙尘暴天气分析中的应用[J].中国沙漠,24(1):83-87.

王劲松,李耀辉,康凤琴,等,2004."4.12"沙尘暴天气的数值模拟及诊断分析.高原气象,23(1):89-96.

王式功,董光荣,陈惠忠,等,2000.沙尘暴研究的进展[J].中国沙漠,20(4):349-358.

王式功,王金艳,周自江,等,2003.中国沙尘天气的区域特征[J].地理学报,58(2):193-200.

魏倩,隆霄,赵建华,等,2021.边界层参数化方案对一次西北地区沙尘天气过程影响的数值模拟研究[J].干旱区研究,38(1):163-177.

岳平,牛生杰,张强,等,2008.民勤一次沙尘暴的观测分析[J].高原气象,27(2):402-407.

张强,王胜,2005.论特强沙尘暴(黑风)的物理特征及其气候效应[J].中国沙漠,25(5):675-681.

赵光平,王连喜,杨淑萍,2001.宁夏区域性沙尘暴短期预报系统[J].中国沙漠,21(2):178-183.

赵庆云,张武,吕萍,等,2012.河西走廊"2010.4.24"特强沙尘暴特征分析[J].高原气象,31(3):688-696.

周秀骥,徐祥德,颜鹏,等,2002.2000年春季沙尘暴动力学特征[J].中国科学(D辑),32(4):327-334.

周自江,2001.近45年中国扬沙和沙尘暴天气[J].第四纪研究,21(1):9-17.

朱炳海,王鹏飞,束家鑫,1985.气象学词典[M].上海:上海辞书出版社.

BRAZEL A J,NICKING W C,1986. The relationship of weather types to dust storm generation in Arizona[J].

Journal of Climatology,6(3):255-275.

HAMZEH NASIM HOSSEIN,KARAMI SARA,KASKAOUTIS DIMITRIS G,et al,2021. Atmospheric dynamics and numerical simulations of six frontal dust storms in the Middle East Region[J]. Atmosphere,12(1):125-125.

PAULEY P M,BAKER N L,BARKER E H,1996. An observational study of the"interstate 5"dust storm case[J]. Bulletin of the American Meteorological Society,77:693-719.

河西大风沙尘暴集合概率预报系统

王伏村

(甘肃省张掖市气象局,张掖 734000)

摘要:使用历史观测、数值预报资料,应用天气学、数理统计、动力诊断方法建立大风沙尘暴天气相关物理量(3 h变压、锋区强度、锋生函数、水平螺旋度等)指标的分级预报阈值,结合 ECMWF 集合预报,制作格点不同强度等级的概率预报;统计河西走廊地面不同风速情况下,沙尘天气(浮尘、扬沙、沙尘暴)、沙尘暴出现的概率分布,建立沙尘天气、沙尘暴指数,制作沙尘天气预报客观量化的预报产品;检验大风集合概率预报的系统误差及预报技巧,确定不同风速级别的最优预报概率,提升大风沙尘天气预报精准度。在客观预报方法研究基础上,建立"大风沙尘暴集合概率预报系统",为预报员提供较准确的预报信息,在数十次大风沙尘天气预报服务中发挥了重要作用,为地方政府及有关部门提前安排部署防灾减灾工作争得了时间,最大程度减轻了灾害造成的损失。

关键词:大风;沙尘暴;锋区强度;锋生;水平螺旋度;集合预报;沙尘暴指数

1 大风沙尘暴预报方法

1.1 变压风与沙尘暴关系

大风沙尘天气地面冷锋附近地面风与等压线交角较大,已不满足地转关系,地转偏差风占主导作用,地转偏差风近似变压风,因此对实际风速大小起主导作用的不是水平气压梯度力的大小,而是变压的水平梯度的大小。大风沙尘暴天气主要出现在变压梯度大,即变压风大的区域。变压风在有强天气系统情况下可达到 10 量级。沙尘暴天气不是锋面所有区域都发生,主要出现在变压梯度大,即变压风大的区域。

锋后 3 h 正变压代表地面冷锋强度,正变压越大,大风沙尘暴天气越强。经大量大风沙尘天气个例统计分析表明,3 h 正变压≥3 hPa 时易出现 6～7 级大风、区域性扬沙及局地沙尘暴天气;3 h 正变压≥6 hPa 时易出现 8～9 级大风、区域性沙尘暴及局地强沙尘暴天气;3 h 正变压≥9 hPa 时易出现 10～11 级大风、区域性强沙尘暴及局地特强沙尘暴天气。

1.2 锋区强度和锋生函数与沙尘暴关系

锋区强度即位温的水平梯度的模,是表示锋区附近温度变化剧烈程度的物理量。西北地区以 700 hPa 为代表,冷空气越强,锋区强度越强,地面大风、沙尘天气越强。锋生是使锋区温度水平梯度加大的过程,锋消是作用相反的过程。标量锋生函数 $F>0$ 为锋生,预示未来锋区将加强,$F<0$ 为锋消,预示未来锋区将减弱。

经大量大风沙尘天气个例统计,锋区强度(位温梯度的模)≥5 K/100 km 时易出现 6～7 级大风、区域性扬沙及局地沙尘暴天气;锋区强度≥10 K/100 km 时易出现 8～9 级大风、区域性沙尘暴及局地强沙尘暴天气；锋区强度≥15 K/100 km 时易出现 10～11 级大风、区域性强沙尘暴及局地特强沙尘暴天气。

1.3　水平螺旋度与沙尘暴关系

通过研究水平螺旋度与沙尘暴的动力学关系发现，边界层中的动力作用从 0～3 km 水平螺旋度强度也可反映出来，水平螺旋度负值绝对值的大小代表入侵边界层冷平流的强度和风随高度逆转程度，负值中心越强，地面大风、沙尘天气越强。水平螺旋度负值中心与其下游沙尘暴发生强度有一致的对应关系。

水平螺旋度负值中心与其下游沙尘暴发生强度关系统计研究表明：当水平螺旋度负值中心≤−300 m^2/s^2 时，下游将有沙尘暴天气出现；当水平螺旋度负值中心≤−600 m^2/s^2 时，下游将有强沙尘暴天气出现；当水平螺旋度负值中心≤−900 m^2/s^2 时，下游将有特强沙尘暴天气出现。

1.4　沙尘天气指数及沙尘暴指数

统计河西走廊地面不同风速情况下沙尘天气（浮尘、扬沙、沙尘暴）、沙尘暴出现的概率分布，建立沙尘天气、沙尘暴指数模型，制作沙尘天气预报客观量化的预报产品，使预报员更直观地判断沙尘天气、沙尘暴出现的可能性及影响范围。

1.5　集合预报最优概率预报方法

通过不同风速级别、不同概率预报的 TS 评分来找出甘肃全省各站不同风速级别的最优预报概率。如：敦煌站 7 级预报概率等于 80% 时，预报 7 级以上大风的 TS 评分最高，达到 85.7%；民勤站 8 级预报概率等于 80% 时，预报 8 级以上大风的 TS 评分最高，达到 83.3%。小于最优概率或大于最优概率做出预报会出现更多的空、漏报。

2　大风沙尘暴集合概率预报系统

基于大风沙尘暴概率预报方法研究成果，建立"大风沙尘暴集合概率预报系统"（彩图 1）。"系统"以 B/S 为架构，后台利用 Matlab 编程语言科学计算及图形处理优势建立数据处理中心，使用 SQL Server 数据库和 ASP.NET 动态网站技术建立 Web 产品浏览网站。"系统"设计遵从天气预报流程及预报员工作习惯，信息集中度高，方便实用，将预报员从繁杂预报信息中解脱出来，极大地提高了预报工作效率；采用模块化设计，功能易扩展、预报范围基于全省范围开发，易推广。

3　预报效果

通过阵风风速、阵风极端天气指数、沙尘天气指数、沙尘暴指数等的预报验证，无论是大风风速或是沙尘影响范围都有较好的预报效果。以张掖为例，在集合最优概率预报方法应用后的近 3 年，预报员春季大风预报质量比应用之前平均提高 34.1%，沙尘天气预报准确率提高 25.6%。

2017 年 5 月 3 日河西走廊出现大风浮尘扬沙天气，平均风力 7～8 级，极大风速嘉峪关 30.5 m/s，酒泉 29.5 m/s，张掖 28.2 m/s。系统在风速量级、沙尘影响范围都有较好的预报效果（彩图 2）。

2018 年 3 月 19 日河西走廊出现大风沙尘天气，极大风速玉门 20.2 m/s，张掖 17.4 m/s，武威 19.2 m/s,民勤 19.8 m/s,民勤红沙岗站 24 m/s,民勤收成站 25 m/s。河西大部分地方出现浮尘、扬沙,武威、民勤出现沙尘暴。系统在风速量级、沙尘影响范围都有较好的预报效果(彩图 3)。

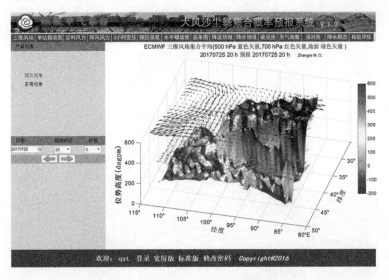

图 1　大风沙尘暴集合概率预报系统

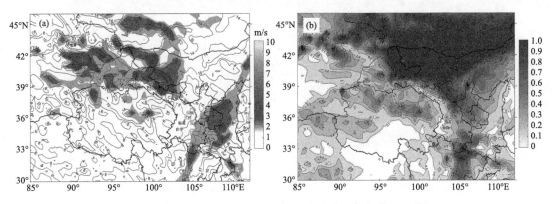

图 2　2017 年 5 月 3 日极大风速(a)和沙尘天气指数(b)预报

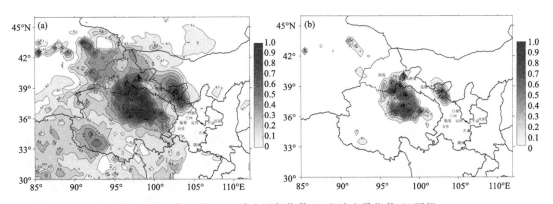

图 3　2018 年 3 月 19 日沙尘天气指数(a)和沙尘暴指数(b)预报

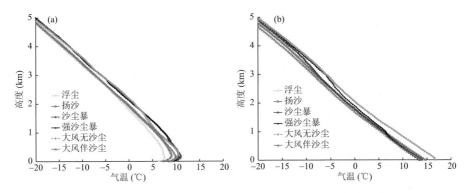

图 4 2006—2016 年春季 08 时(a)和 20 时(b)河西走廊 4 个
观测站不同沙尘强度中气温随高度的分布

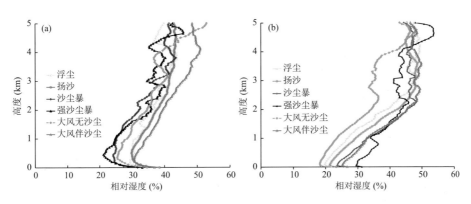

图 5 同图 4,但为相对湿度

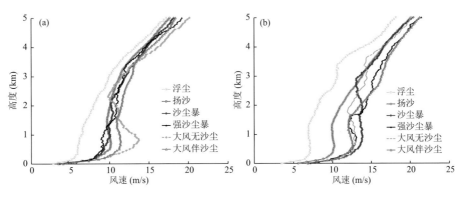

图 6 同图 4,但为风速

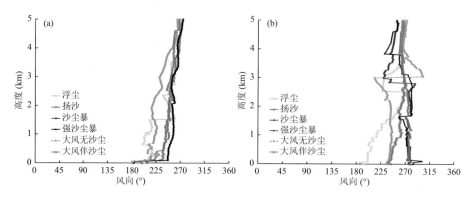

图7 同图4,但为风向

河西走廊不同强度冷锋型沙尘暴环流和动力特征

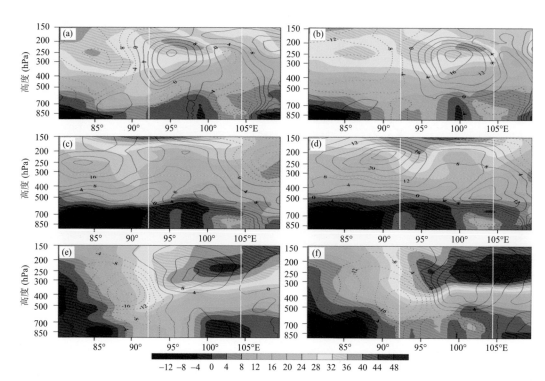

图4 2010年3月29日08时(a)、14时(b),2006年4月10日14时(c)、20时(d)和2010年4月24日14时(e)、20时(f)u、v分量沿39°N的纬向剖面(单位:m/s;色阶为u分量;等值线为v分量;两条白色竖线之间为研究区域)

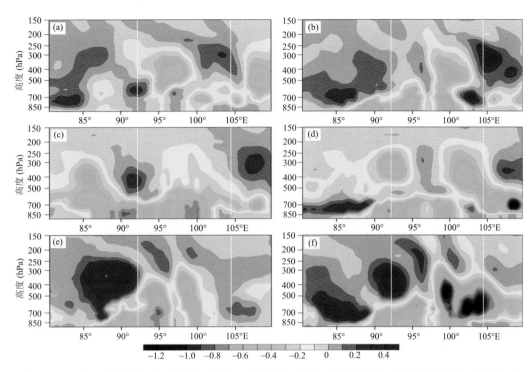

图 5   2010 年 3 月 29 日 08 时(a)、14 时(b)、2006 年 4 月 10 日 14 时(c)、20 时(d)和 2010 年 4 月 24
日 14 时(e)、20 时(f)垂直速度沿 39°N 的纬向剖面(单位:Pa/s;两条白色竖线之间为研究区域)

河西大风沙尘暴集合概率预报系统

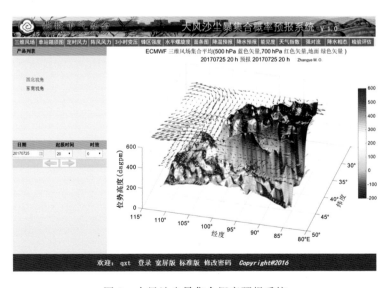

图 1   大风沙尘暴集合概率预报系统

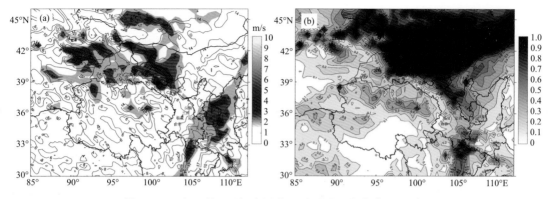

图 2 2017 年 5 月 3 日极大风速(a)和沙尘天气指数(b)预报

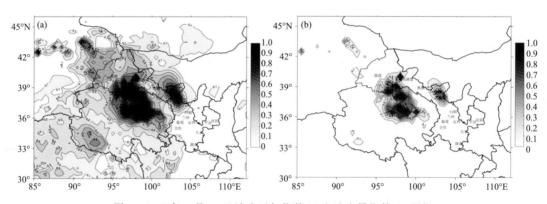

图 3 2018 年 3 月 19 日沙尘天气指数(a)和沙尘暴指数(b)预报